[NCS 구조해석 L5 기반]

ANSYS Workbench를 이용한

열역학 해석

심관보 지음

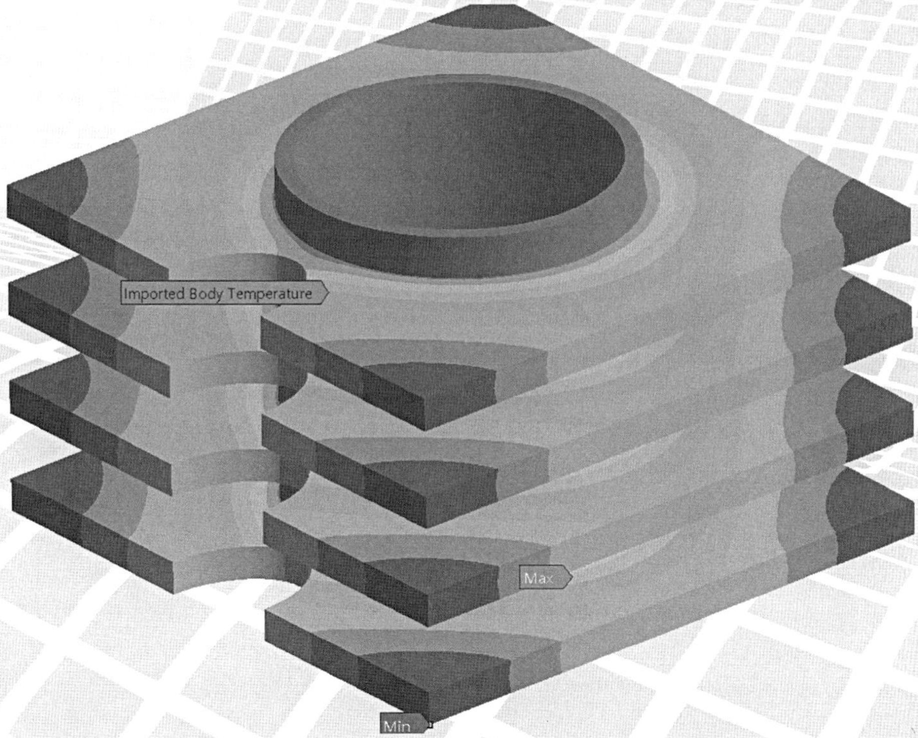

도서출판 홍릉

※ 모델링 데이터는 구글 드라이브에서 다운 받을 수 있습니다.
https://drive.google.com/drive/folders/15CPyVKxtJIri9f-Rufb1kBkbqbB-U9Ti?usp=sharing

※ 예제문제풀이는 유튜브에서 볼 수 있습니다(검색 : 심관보, KPS의 썸네일을 클릭하시면 됩니다).

[NCS 구조해석 L5 기반]

ANSYS Workbench를 이용한

열역학 해석

인 쇄 : 2025년 3월 26일 초판 1쇄
발 행 : 2025년 4월 7일 초판 1쇄

저 자 : 심관보
발행인 : 송 준
발행처 : 도서출판 홍릉
주 소 : 01093 서울시 강북구 인수봉로 50길 10
등 록 : 1976년 10월 21일 제5-66호

전 화 : 02-999-2274~5
팩 스 : 02-905-6729
e-mail : hongpub@hongpub.co.kr
http://www.hongpub.co.kr
ISBN : 979-11-5600-277-2(93550)

정 가 : 29,000원

[NCS 구조해석 L5 기반]

ANSYS Workbench를 이용한

관련도서

구조해석(입문과정)

구조해석(심화과정)

정역학해석

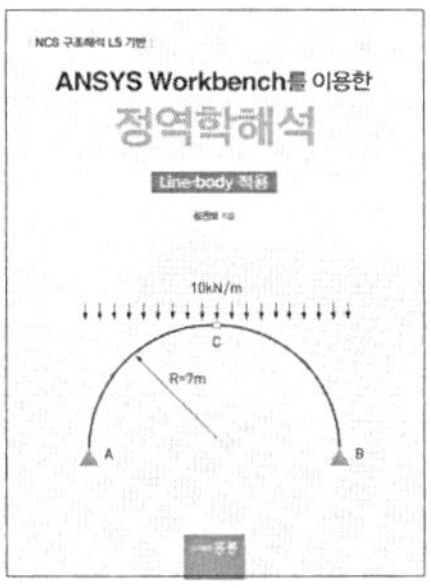

Explicit Dynamic

기계역학해석

구조해석사례집(Ⅳ)

구조해석사례집(Ⅴ)

구조해석사례집(Ⅵ)

진동해석

LS-DYNA(1)

AUTODYN(1)

ALE해석

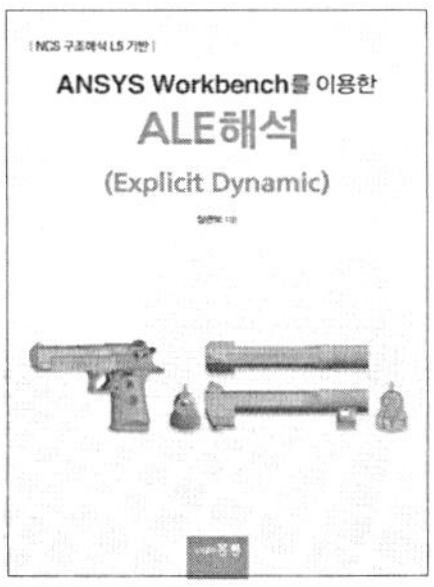

열역학 해석

저자소개

심관보

현) 한국공학대학교 교수
LG전자(주) 근무
㈜유디피 근무
연세대학교 기계공학과 석사
한국산업기술대학교 기계시스템설계 박사
품질관리기술사, 공장관리기술사

논문

(1) Thermal Shock Stress Intensity Factor By Bueckner's Weight Function Method(1990), Engineering Fracture Mechanics, vol37, No4, 1990

(2) 슬라이딩 방폭문의 최대탄성변위 산정, 표준인증안전학회표준인증안전학회지9(2)pp.1~13 2019.06

(3) 하중분배법과 수치해석을 사용한 방폭문의 최대탄성변위 실용 계산법, 대한기계학회 대한기계학회논문집 A43(10)pp.737~745 2019.10

(4) 수치해석 시뮬레이션을 통한 폭발압력을 받는 방폭문 제품인증 표준절차, 표준인증안전학회 표준인증안전학회지9(4)pp.1~17 2019.12

(5) 3면 지지 철근콘크리트 복합구조 방폭문의 최대탄성변위 산정 방법, 한국정밀공학회 한국정밀공학회지36(12)pp.1165~1172 2019.12

(6) 방폭문 실증시험을 반영한 골조형 방폭문 설계, 한국강구조학회 한국강구조학회 논문집32(2)pp.67~74 2020.04

(7) 하중분배법에 실험계획법을 적용한 콘크리트 충진형 강판문의 최적설계, 한국강구조학회 한국강구조학회 논문집 32(6)pp.351~361 2020.12

(8) 하중분배법을 사용한 격자형 방폭문의 최적화 설계, 한국강구조학회한국강구조학회 논문집32(6) pp.397~404 2020.12

(9) 폭발실증시험에서 철근 콘크리트 충전형 강판 방폭문의 성능등급 판정법, 표준인증안전학회 표준인증안전학회지11(4)pp.43~63 2021.12

(10) 가설 컨테이너 부자재를 사용한 단일공간(7mx6.5m)의 복층 컨테이너 구조설계에 대한 연구, 표준인증안전학회 표준인증안전학회지12(4)pp.1~25 2022.12

(10) 외부 충격을 경감시키는 건설 안전모의 영향성 평가, 표준인증안전학회 표준인증안전학회지12(4)pp.1~25 2022.12

(11) 탄약고 슬라이딩 방폭문 설계기준 및 성능평가방법, 표준인증안전학회 표준인증안전학회지13(1)pp.51~78 2022.12

박준우

- 전북기계공압고등학교 (졸)
- 한국공학대학교 로봇메카트로닉스공학과
- ㈜ 세한, 설계팀 근무

이하늘

- 전북기계공업고등학교 (졸)
- 한국공학대학교 로봇메카트로닉스공학과
- ㈜송산특수엘리베이터 설계팀 근무

장호재

- 삼척마이스터 고등학교 전기전자제어과 (졸)
- 한국공학대학교 로봇메카트로닉스공학과
- 동일 전자, 생산팀 근무

천민호

- 신길고등학교 (졸)
- 한국공학대학교 로봇메카트로닉스공학과
- ㈜태진MC 기업부설연구소 설계팀 근무

최승하

- 삼척마이스터고등학교 (졸)
- 한국공학대학교 로봇메카트로닉스공학과
- 동일전자, 소형모터생산공정 근무

머리말

한국 공학대학교 로봇메카트로닉스에서 2024년 겨울학기 유한 요소 구조해석 강의를 마무리하게 되었습니다. 유한 요소 구조해석은 하루 9시간의 밀도 높은 수업으로 5회차의 강의로 구성되어 진행되었으며 강의 주된 목표로는 열역학을 바탕으로 하는 구조물이 특정 재질에서 온도변화를 부여하였을 때 발생하게 되는 구조를 해석하는 것으로 구성하였습니다.

각종 시청각 자료와 현장 사례를 조사하여 열역학 구조해석에 필요한 모델을 직접 디자인하여 모델링을 진행하고 이러한 모델 데이터를 통해 열역학 구조해석 수행하여 CAE이용설계 능력을 성장할 수 있었을 거라 봅니다.
비록 강의 시간에 사용하는 소프트웨어는 교육용으로 이루어져 있기에 강의시간 외에 소프트웨어의 기능을 익히기 어렵고 구조해석을 연습하기에는 시간과 공간의 제한이 많기에 5회차라는 시간 동안 유한 요소 구조해석을 완벽하게 익히는 것은 무척이나 어렵다고 생각합니다.

강의를 평가하는 방식은 이론적 접근이 용이한 지필 고사 방식으로 진행하였으며 현장 적용 방법의 강의로는 사용 소프트웨어인 ANSYS를 사용하여 구조해석을 수행하여 주어진 모델과 필요하다면 직접 모델링 한 디자인을 사용하여 각각의 해석 조건을 부여하여 온도 변화량, 변위, 응력 값을 산정하여 해석하는 것으로 강의 중 수행한 문제와 텀프로젝트의 내용을 이 책에 담았습니다.
이 강의를 잘 따라와 준 최승하, 천민호, 장호재, 이하늘, 박준우, 김봉현 학생에게 감사를 드린다.

또한, 포기하지 않고 한걸음 한걸음 역량을 높여가며 이번 강의에서 높은 학점으로 이수하여 스스로 학업 만족도를 높인 점이 자랑스러우며
이번 프로젝트에 담긴 열정과 애정의 결과를 여기에 기록하여 다음 학습자들에게 도움이 되기를 바란다.

주관 집필자 심관보 교수

목 차

Chapter 1 : Static structural

Chapter 2 : Steady-state Thermal

1 Thermal static structural Analysis

1) 열팽창

구조물에 온도의 변화가 발생하면 구조물은 부피가 팽창하게 된다. 구조물에 구속조건이 없으면 구조물의 응력이 발생되지 않지만, 구조물에 구소조건이 있거나 온도의 구배가 발생되면 이로 인하여 구조물에 응력이 발생하게 된다.

ⓐ 온도변화에 의한 축방향 변형률을 다음과 같이 정의 할 수 있다.

$\epsilon = \alpha(\Delta T)$ 여기서 α : 열팽창계수, ΔT : 온도변화

ⓑ 온도 변화에 의한 변형은 다음과 같다.

$\Delta l = \epsilon . l = \alpha . (\Delta T) . l$

2) 온도변화에 의한 응력발생

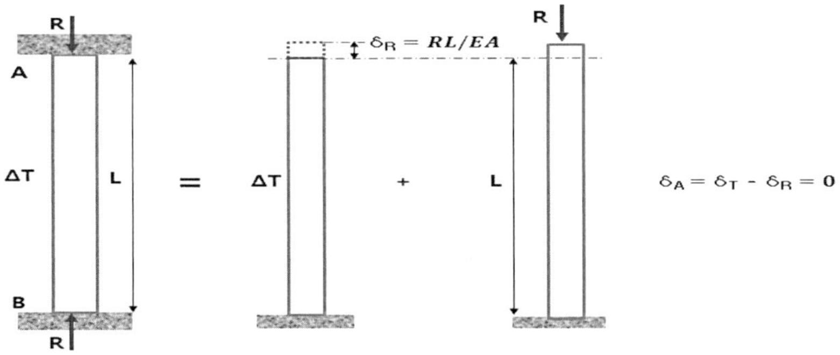

부정적 구조물 = 정정구조물 + 잉여력

열 변형의 변위 적합조건

온도응력을 받는 1차 부정정구조물 해석은 변위적합 조건에 의하여 산정된다.

$$\delta_T = \alpha(\Delta T)L\ (\uparrow) \qquad \delta_R = \frac{RL}{RA}\ (\downarrow)$$

변위적합 조건 : $\delta_A = \delta_T - \delta_R = 0$ 그러므로 $R = EA\alpha(\Delta T)$

3) 온도변화에 의한 휨 발생

(1) 모멘트에 의한 곡률 산정

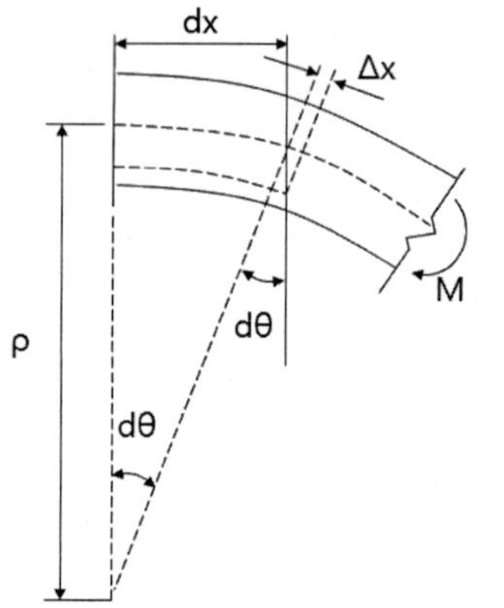

오일러-베르누이의 가정에서 다음 2가지를 가정한다.

① 탄성한도 내에서는 응력과 변형은 비례한다.
(후크의 법칙 성립)

② 변형전의 부재축의 직각인 단면은 휨에 의한 변형 후에도 부재축에 직각인 평면을 유지한다.
(평면유지법칙)

ⓐ $dx = \rho d\theta, \quad \epsilon = \dfrac{\delta}{l} = \dfrac{y\,d\theta}{\rho d\theta} = \dfrac{y}{\rho}$

ⓑ 중립축에서 y 만큼 떨어진 우치에서의 변형률

$$\epsilon = \frac{-\Delta x}{dx} = \frac{-y\,d\theta}{dx} =- \frac{y}{\rho} = -ky$$

ⓒ $\sigma = E\epsilon = -Eky$

$$M= \int \sigma dAy = - \int_A Eky^2 dA = -Ek\int y^2 dA =- EkI$$

$$k = -\frac{M}{EI} = \frac{1}{\rho}$$

$$\sigma = -Eky = -E(-\frac{M}{EI})y = \frac{M}{I}y$$

(2) 온도변화에 의한 곡률 산정

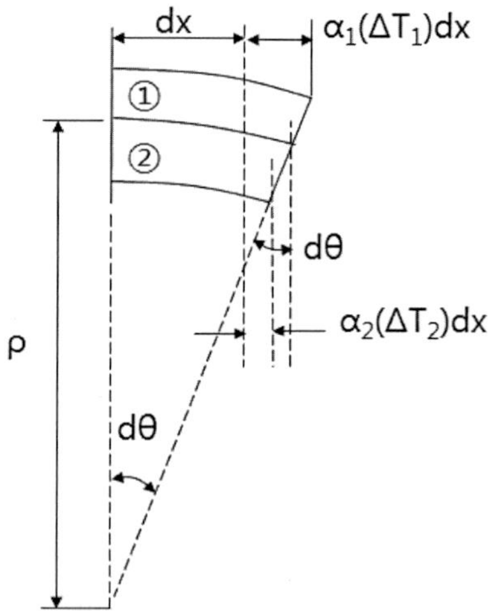

$$\frac{1}{\rho} = \frac{M}{EI} = \frac{d\theta}{dx} = \frac{(\alpha_1 \Delta T_1 dx - \alpha_2 \Delta T_2 dx)/h}{dx}$$

$$= \frac{\alpha_1 \Delta T_1 - \alpha_2 \Delta T_2}{h}$$

단면의 온도 변화가 동일할 경우에는

$$\frac{1}{\rho} =- \frac{M}{EI} = \frac{d\theta}{dx} = \frac{(\alpha_1 \Delta T dx - \alpha_2 \Delta T dx)/h}{dx}$$

$$= \frac{(\alpha_1 - \alpha_2)\Delta T}{h}$$

구조물에 발생하는 응력은 다음과 같다.

$$\sigma = -\frac{E(\alpha_1 - \alpha_2)\Delta T}{h}y$$

1. 아치의 열응력 해석

1) 구조해석 요구사항

아치가 열을 받을 때의 재료 거동을 해석 한다.
아치가 한쪽만 고정되었을 때의 거동을 해석한다.
아치가 양쪽 고정되었을 때의 거동을 해석한다.
아치의 온도가 22도에서 90로 증가한다.
아치의 재질은 구조강으로 한다.
아치의 변위와 응력을 해석한다.

A. 한쪽 고정

(1) 해석 시스템을 생성한다.(Static structural)

① Workbench의 Tool Box에서 Static Structural을 Project Schematic에 추가한다.

② Project 이름 변경한다.

③ 단위 선정 : Mechanical 창에서 Units menu > Metric 단위 (mm, kg, N)

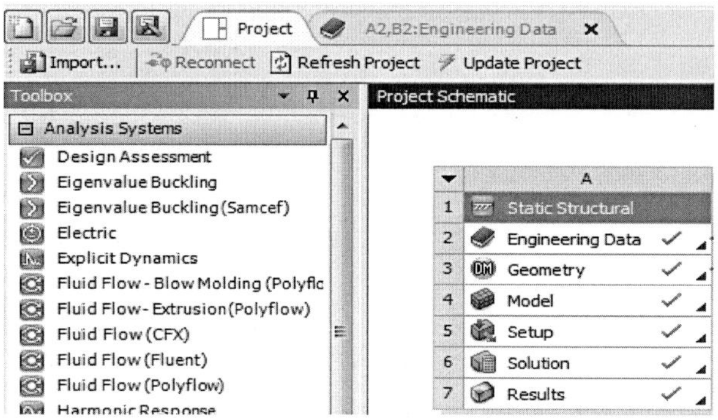

(2) 재료의 물성을 정의한다. (Engineering Data)

구조물의 재질은 기본으로 제공되는 구조강 (Structural Steel)로 한다.

(3) 해석 모델을 불러들이거나 모델링을 수행한다. (Geometry)

해석 모델은 Design Modeler에서 모델링한다.

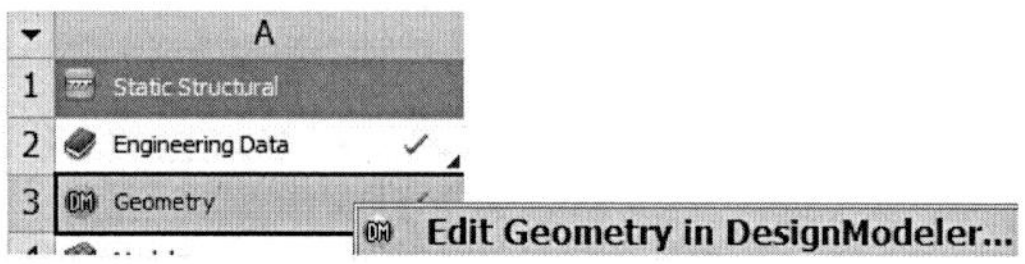

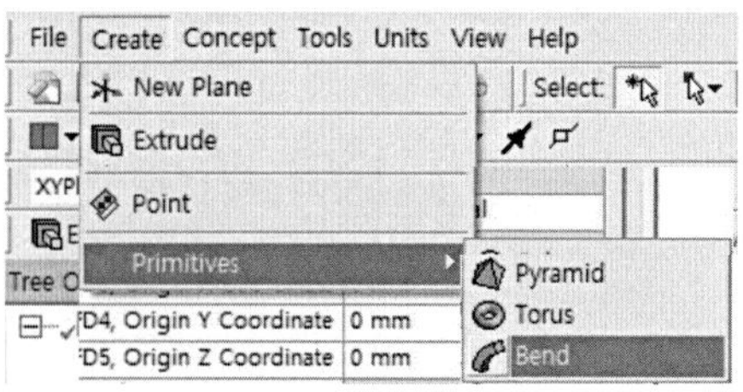

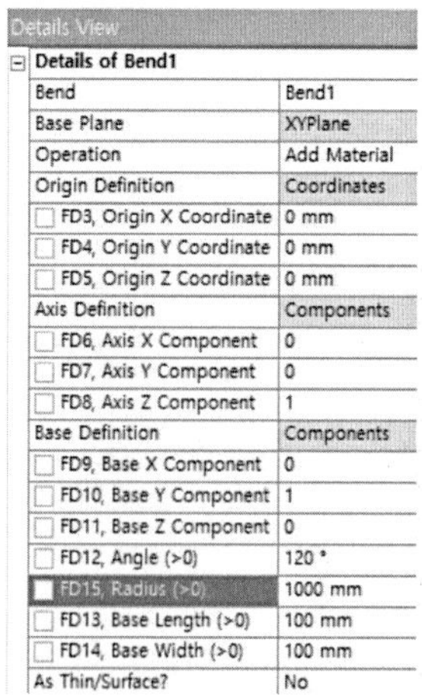

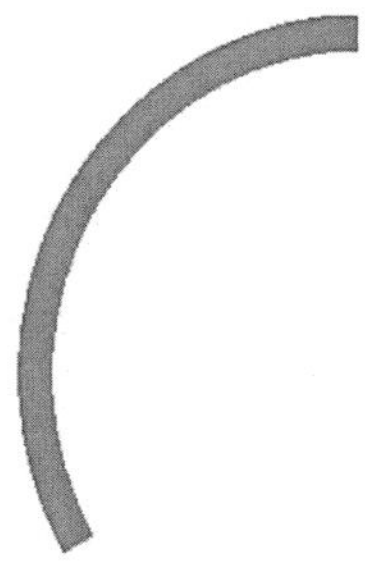

(4) 해석 모델의 환경을 설정한다. (Model)

① Mechanical 활성화 : Project Schematic > Static Structural > Model 더블클릭
② 모델 확인 : Outline > Model > Geometry > Solid
③ Solid 재질 변경 : Model > Geometry > Solid > Details > Material > Assignment Stiffness Behavior : Flexible, 재질 : structural steel
④ Solid의 이름 변경 : RMB > Rename

(5) 좌표계 설정 (Coordinate Systems)
변경내용 없음 (Global Coordinate Systems)

(6) 연결 관계 정의(Connections)
Geometry에 모델이 하나이므로 활성화 되지 않았음

(7) 격자 모델 생성 (Mesh)

① 격자 사이즈 결정 :
Outline > Model > Mesh > Details > Sizing > Element Size
Element Size : 10mm
② 격자 Update : Outline > Model > Mesh > RMB > Update
Graphic화면에서 모델에 mesh가 생성된 것 을 확인할 수 있다.
③ 격자 데이터 확인 : Detail > Statistics (Nodes, Elements)

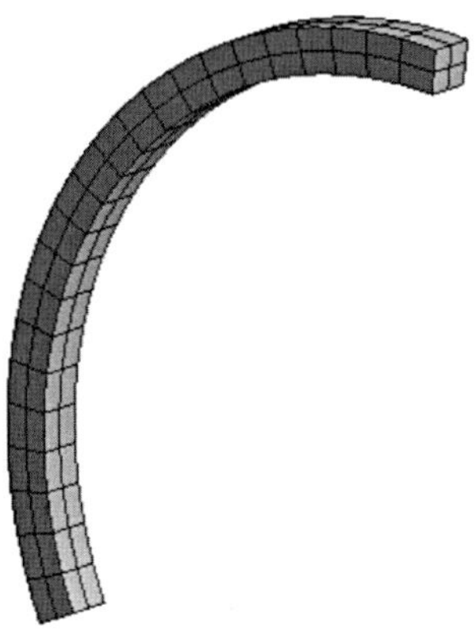

(8) 해석의 설정 정의(Analysis Settings) : Default 값을 사용한다.

(9) 초기 조건 정의 : 고려하지 않는다. (중력, 가속도 영향 무시)

(10) 구속조건 정의

(a) 고정 지점 설정

① Support 항목설정 : Fixed Support 적용

Outline > Static structure > RMB > Insert > Fixed Support

② Geometry 입력 : Graphic window에서 대상선택 > Detail > Geometry > Apply

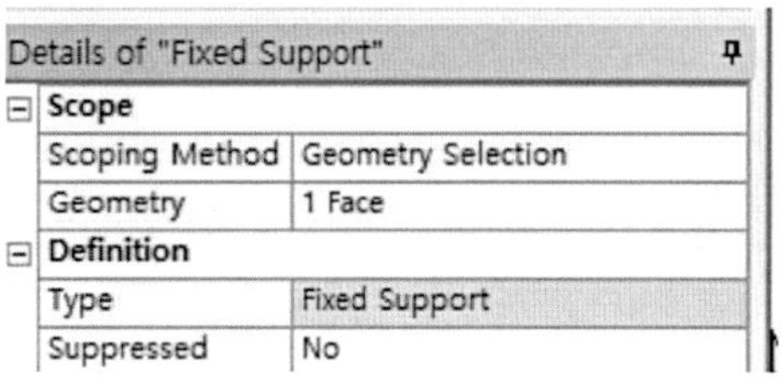

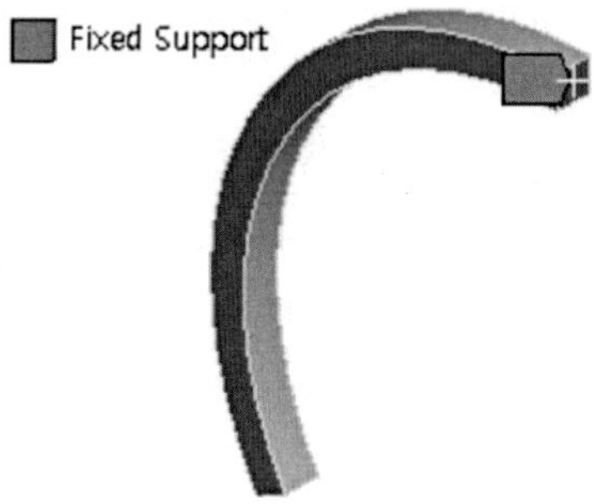

(b) 구조물 온도 설정

① 메뉴 선정 : Thermal Condition

Outline > Static structure > RMB > Insert > Thermal Condition

② Geometry 입력 :Graphic window에서 대상선택 > Detail > Geometry > Apply

③ 온도 입력 : Detail > Definition > Magnitude (90 ˚C)

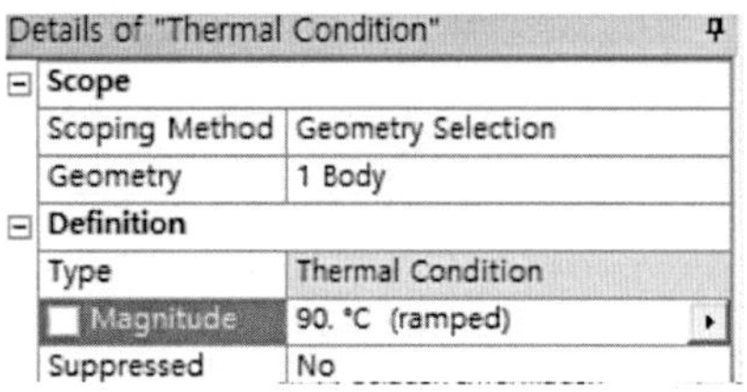

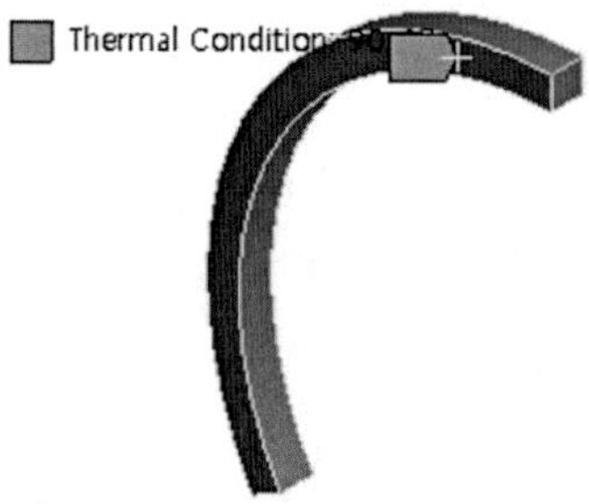

(11) 하중 조건 정의 : 설정하지 않음

(12) 해석 수행

① Analysis setting : Default 값 사용

② 해석 실행 : Tool bar > Solve

(또는 Outline > Static structure > Solution > RMB > Solve)

(13) 결과 확인

(a) Deformation

① 항목 선택 : Outline > Solution >RMB >Insert>Deformation> Total Deformation

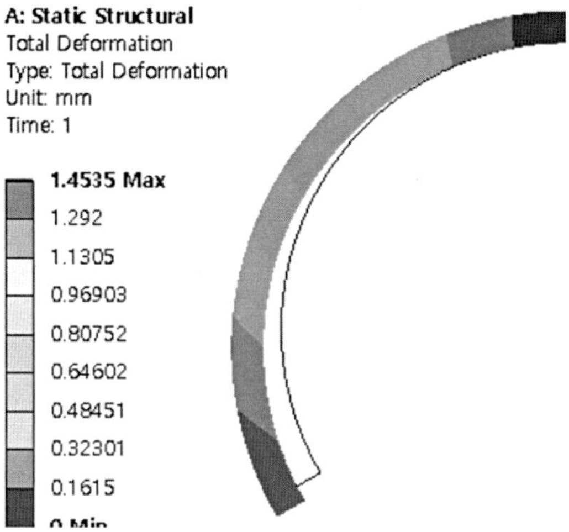

② 항목 선택 : Outline > Solution >RMB >Insert>Deformation> Directional Deformation

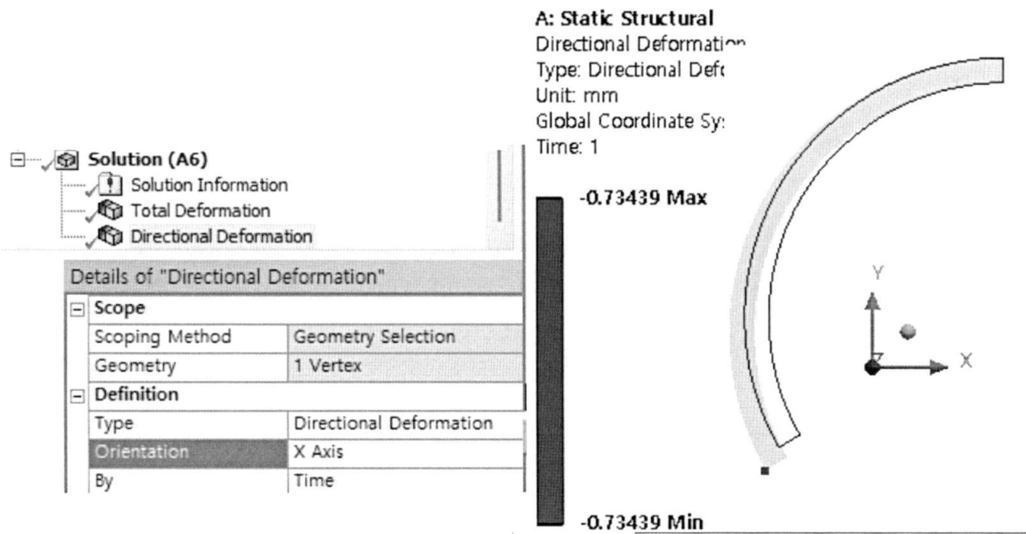

(b) 응력 : Normal Stress

① 항목 선택 : Outline > Solution >RMB >Insert> stress > Equivalent stress

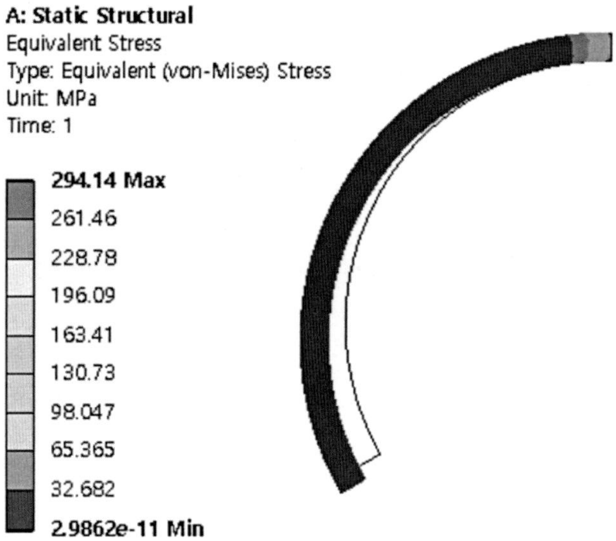

B. 양쪽 고정

A. 해석에서 변경된 부분만 기술한다.

(1) 해석 시스템을 생성한다.(Static structural)

① Workbench의 Tool Box에서 Static Structural을 Project Schematic에 추가한다.

② Project 이름 변경

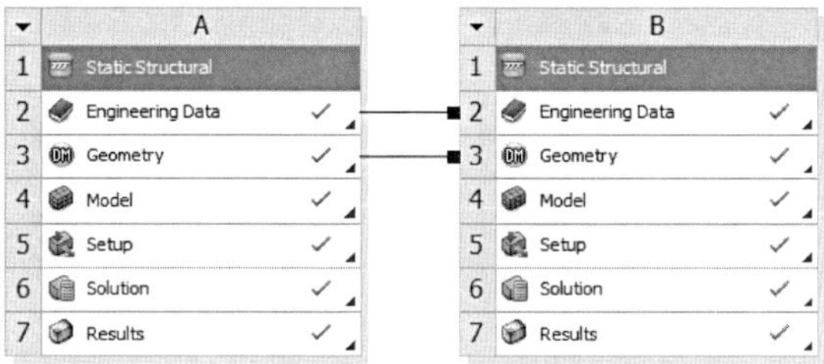

한쪽 고정 양쪽 고정

(10) 구속조건 정의

(a) 고정 지점 설정

① Support 항목설정 : Fixed Support 적용

Outline > Static structure > RMB > Insert > Fixed Support

② Geometry 입력 : Graphic window에서 대상선택 > Detail > Geometry > Apply

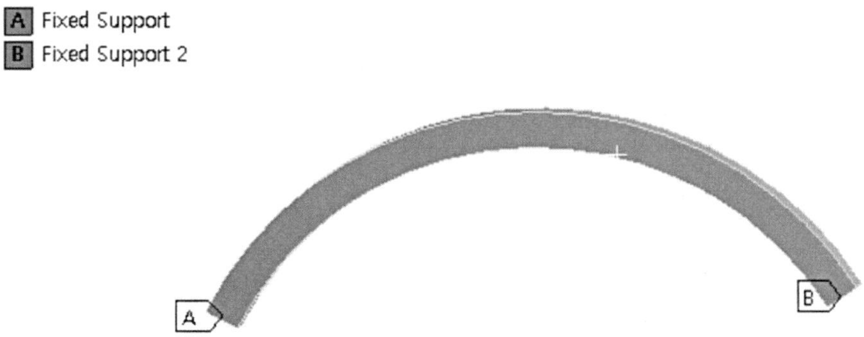

(b) 구조물 온도 설정

① 메뉴 선정 : Thermal Condition

Outline > Static structure > RMB > Insert > Thermal Condition

② Geometry 입력 : Graphic window에서 대상선택 > Detail > Geometry > Apply

③ 온도 입력 : Detail > Definition > Magnitude (90 ˚C)

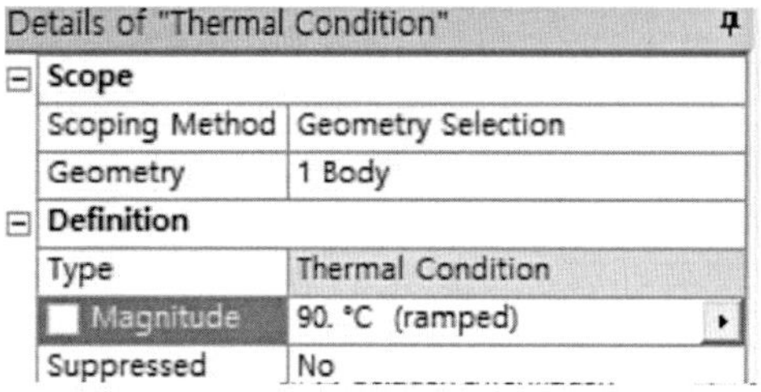

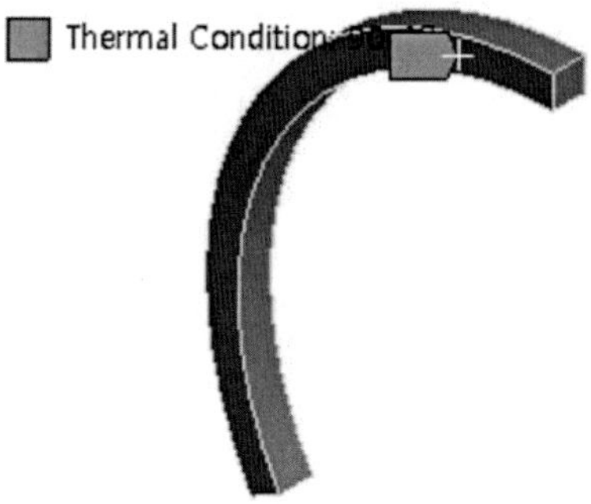

(13) 결과 확인

(a) Deformation

① 항목 선택 : Outline > Solution > RMB >Insert> Deformation> Total Deformation

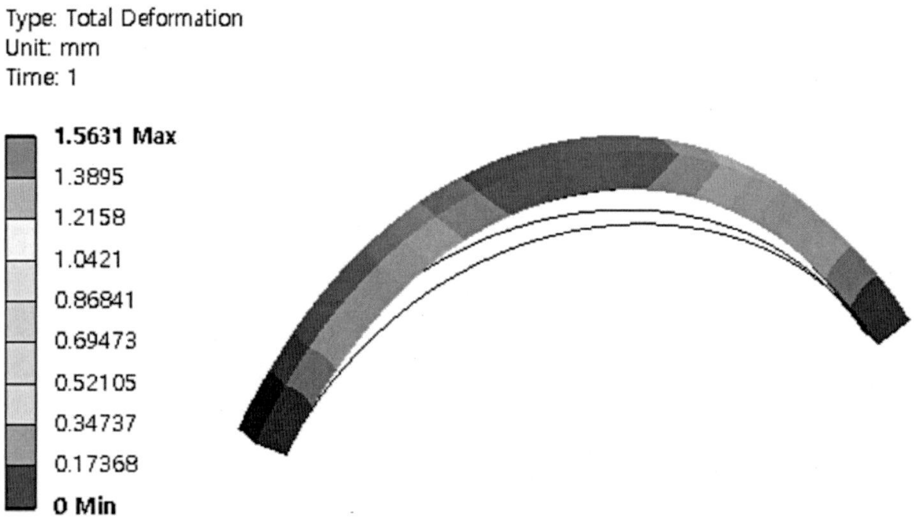

(b) 응력 : Normal Stress

① 항목 선택 : Outline > Solution >RMB >Insert> stress > Equivalent stress

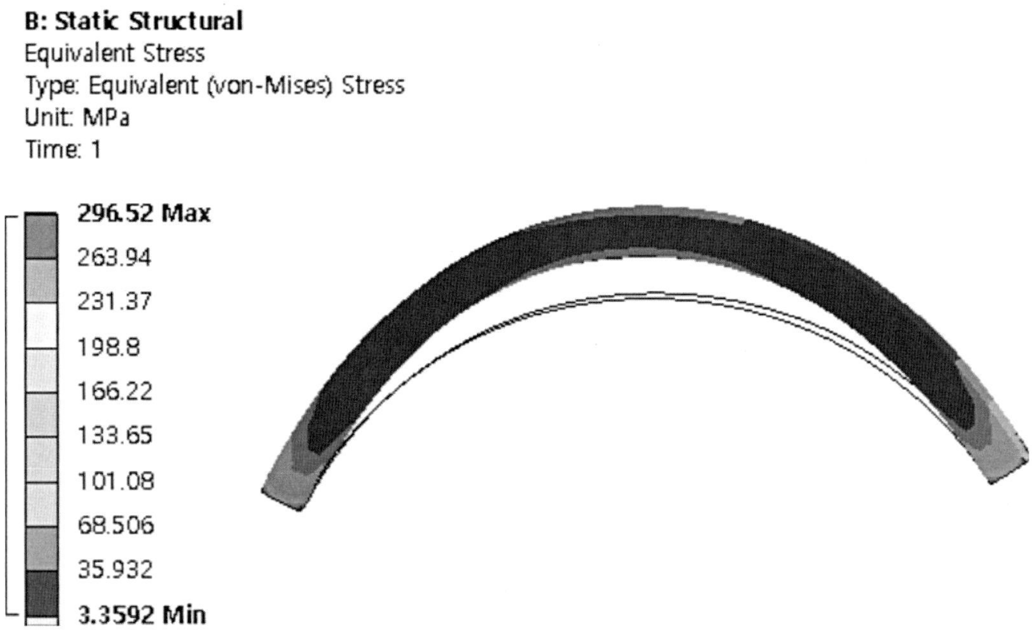

2. 쌍아치의 열응력 해석

1) 구조해석 요구사항

각각 다른 재료인 2개의 정사각형 단면(100mm×100mm)으로 구성되어 있다.

△T 만큼 온도가 변화한 경우 캔틸레버 단 부의 처짐량을 구하시오.

△T : 80℃

아치가 열을 받을 때의 재료의 거동을 해석한다.

Case A : 아치가 한쪽은 고정 다른 쪽은 롤러로 이동할 때 거동을 해석한다.

Case B : 아치가 양쪽 고정되었을 때의 거동을 해석한다.

아치의 재질은 구조강으로 한다.

아치의 변위와 응력을 해석한다. [1]

지점의 반력을 산정한다.

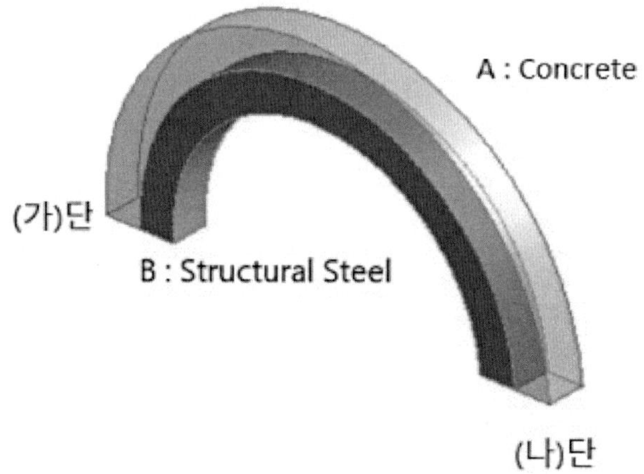

1) 2022533039 장호재

A. 한쪽 고정

(1) 해석 시스템을 생성한다.(Static structural)

① Workbench의 Tool Box에서 Static Structural을 Project Schematic에 추가한다.

② Project 이름 변경

③ 단위 선정 : Mechanical 창에서 Units menu > Metric 단위 (mm, kg, N, s)

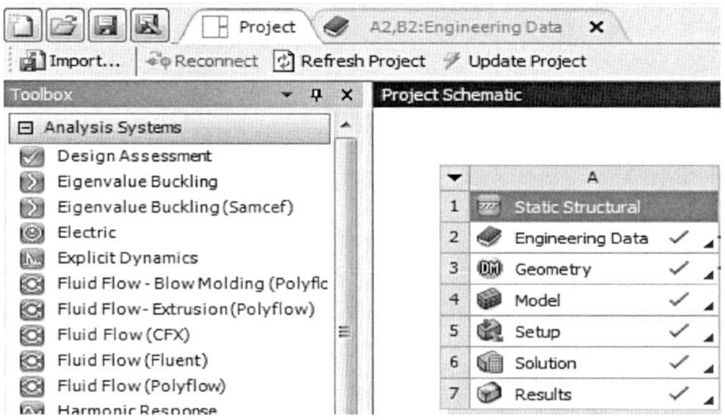

(2) 재료의 물성을 정의한다. (Engineering Data)

구조물의 재질은 기본으로 제공되는 구조강 (Structural Steel)로 한다.

(3) 해석 모델을 불러들이거나 모델링을 수행한다. (Geometry)

해석 모델은 Design Modeler에서 모델링한다.

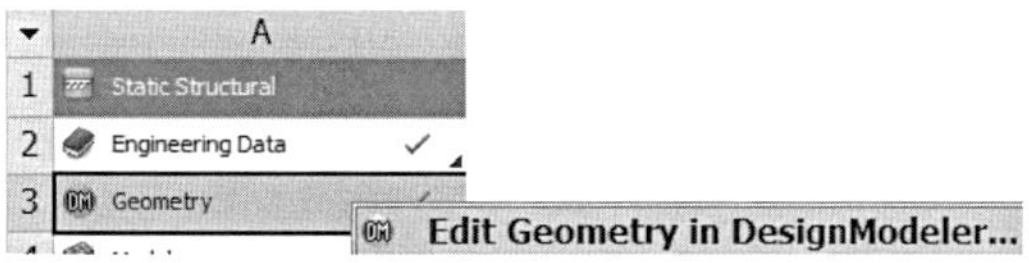

Details View

Details of Bend1	
Bend	Bend1
Base Plane	XYPlane
Operation	Add Material
Origin Definition	Coordinates
FD3, Origin X Coordinate	0 mm
FD4, Origin Y Coordinate	0 mm
FD5, Origin Z Coordinate	0 mm
Axis Definition	Components
FD6, Axis X Component	0
FD7, Axis Y Component	0
FD8, Axis Z Component	1
Base Definition	Components
FD9, Base X Component	0
FD10, Base Y Component	1
FD11, Base Z Component	0
FD12, Angle (>0)	180 °
FD15, Radius (>0)	500 mm
FD13, Base Length (>0)	100 mm
FD14, Base Width (>0)	100 mm
As Thin/Surface?	No

Details View

Details of Bend2	
Bend	Bend2
Base Plane	XYPlane
Operation	Add Frozen
Origin Definition	Coordinates
FD3, Origin X Coordinate	0 mm
FD4, Origin Y Coordinate	0 mm
FD5, Origin Z Coordinate	0 mm
Axis Definition	Components
FD6, Axis X Component	0
FD7, Axis Y Component	0
FD8, Axis Z Component	1
Base Definition	Components
FD9, Base X Component	0
FD10, Base Y Component	1
FD11, Base Z Component	0
FD12, Angle (>0)	180 °
FD15, Radius (>0)	600 mm
FD13, Base Length (>0)	100 mm
FD14, Base Width (>0)	100 mm
As Thin/Surface?	No

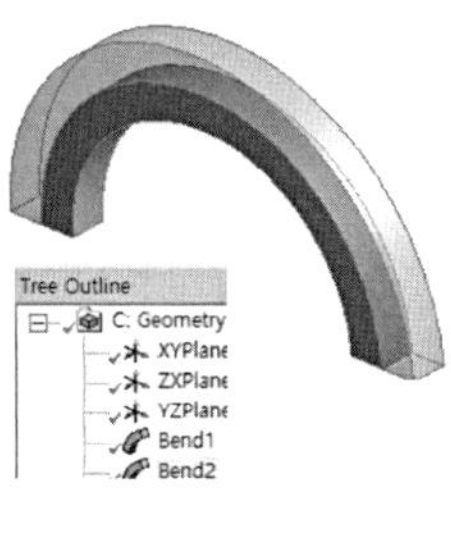

(4) 해석 모델의 환경을 설정한다. (Model)

① Mechanical 활성화 : Project Schematic > Static Structural > Model 더블클릭
② 모델 확인 : Outline > Model > Geometry > Solid
③ Solid 재질 변경 : Model > Geometry > Solid > Details > Material > Assignment Stiffness Behavior : Flexible, 재질 : structural steel
④ Solid의 이름 변경 : RMB > Rename

(5) 좌표계 설정 (Coordinate Systems) : 변경내용 없음

(6) 연결 관계 정의(Connections) : Geometry에 모델이 하나이므로 활성화 되지 않았음

(7) 격자 모델 생성 (Mesh)

① 격자 사이즈 결정 :
Outline > Model > Mesh > Details > Sizing > Element Size
Element Size : 10mm
② 격자 Update : Outline > Model > Mesh > RMB > Update
Graphic화면에서 모델에 mesh가 생성된 것 을 확인할 수 있다.
③ 격자 데이터 확인 : Detail > Statistics (Nodes, Elements)

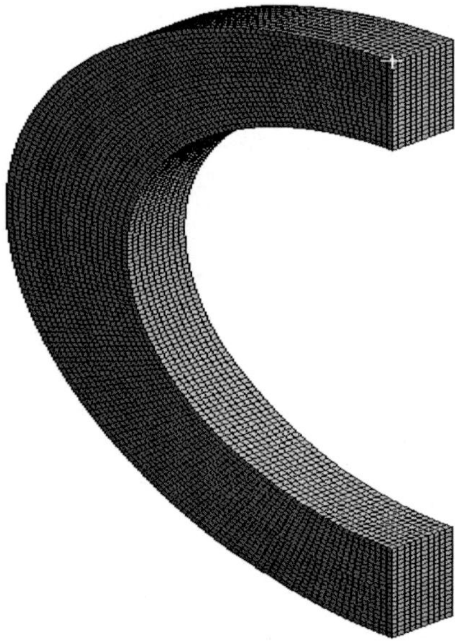

(8) 해석의 설정 정의(Analysis Settings) : Default 값을 사용한다.

(9) 초기 조건 정의 : 고려하지 않는다. (중력, 가속도 영향 무시)

(10) 구속조건 정의

(a) 고정 지점 설정

① Support 항목설정 : Fixed Support 적용

Outline > Static structure > RMB > Insert > Fixed Support

② Geometry 입력 : Graphic window에서 대상선택 > Detail > Geometry > Apply

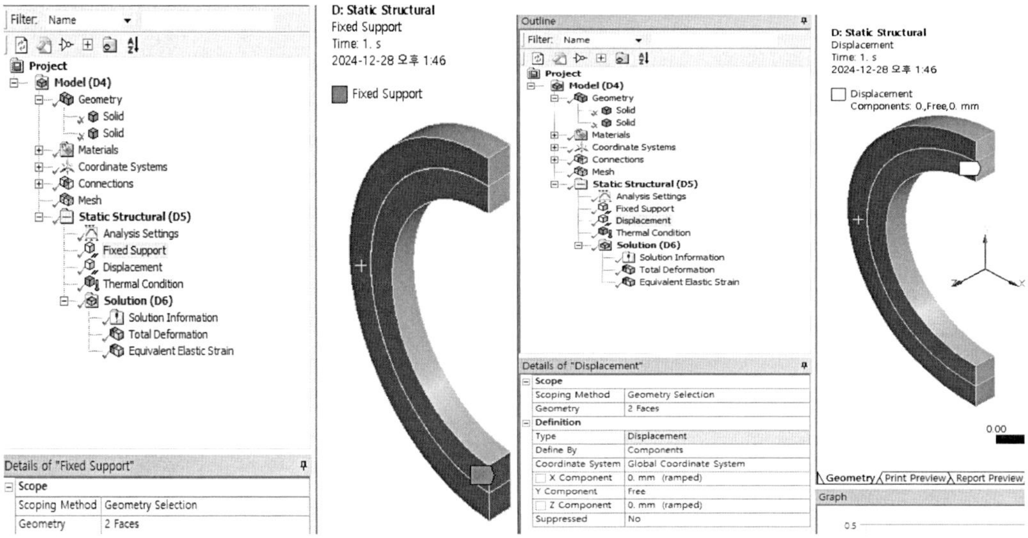

(b) 구조물 온도 설정

① 메뉴 선정 : Thermal Condition

Outline > Static structure > RMB > Insert > Thermal Condition

② Geometry 입력 :Graphic window에서 대상선택 > Detail > Geometry > Apply

③ 온도 입력 : Detail > Definition > Magnitude (90 ℃)

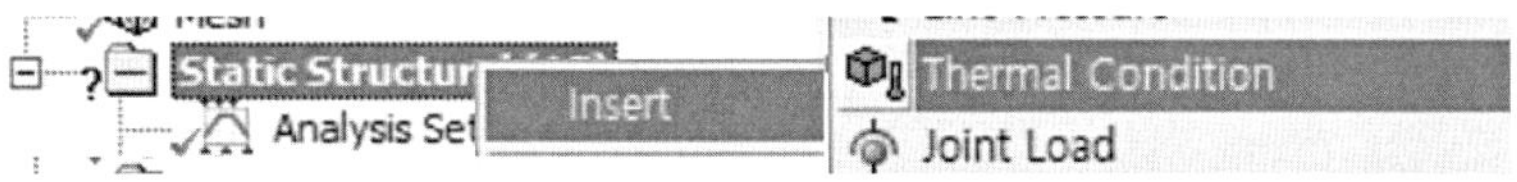

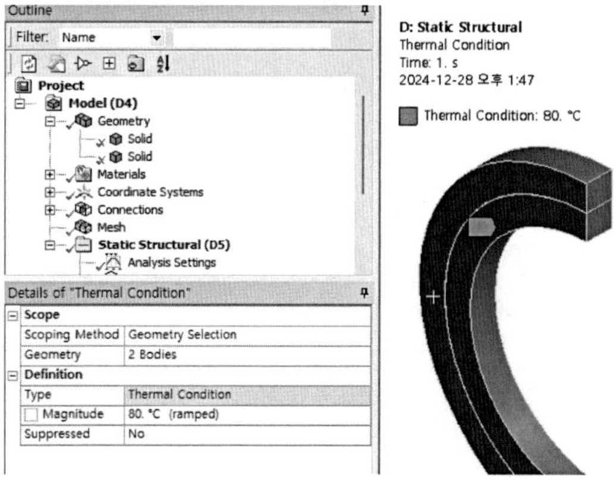

(11) 하중 조건 정의 : 설정하지 않음

(12) 해석 수행

① Analysis setting : Default 값 사용

② 해석 실행 : Tool bar > Solve

(또는 Outline > Static structure > Solution > RMB > Solve)

(13) 결과 확인

(a) Deformation

① 항목 선택 : Outline > Solution >RMB >Insert>Deformation> Total Deformation

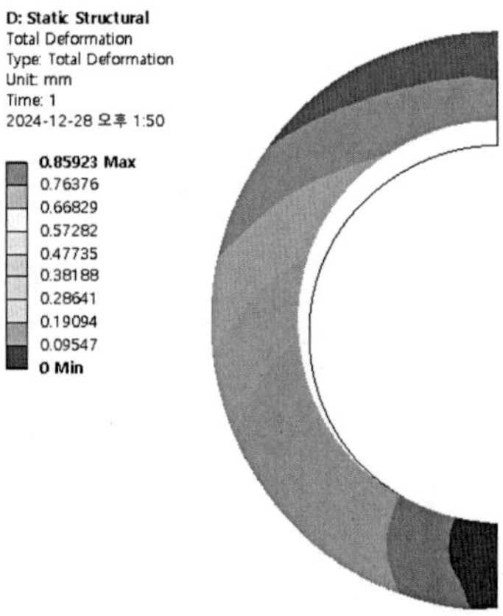

(b) 응력 : Normal Stress

① 항목 선택 : Outline > Solution >RMB >Insert> stress > Equivalent stress

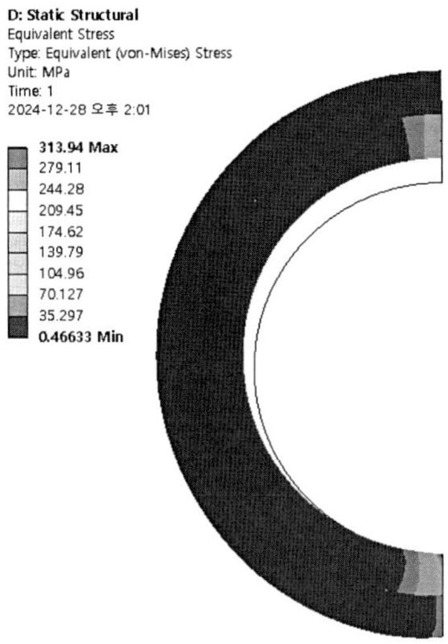

(c) 반력

① Force Reaction

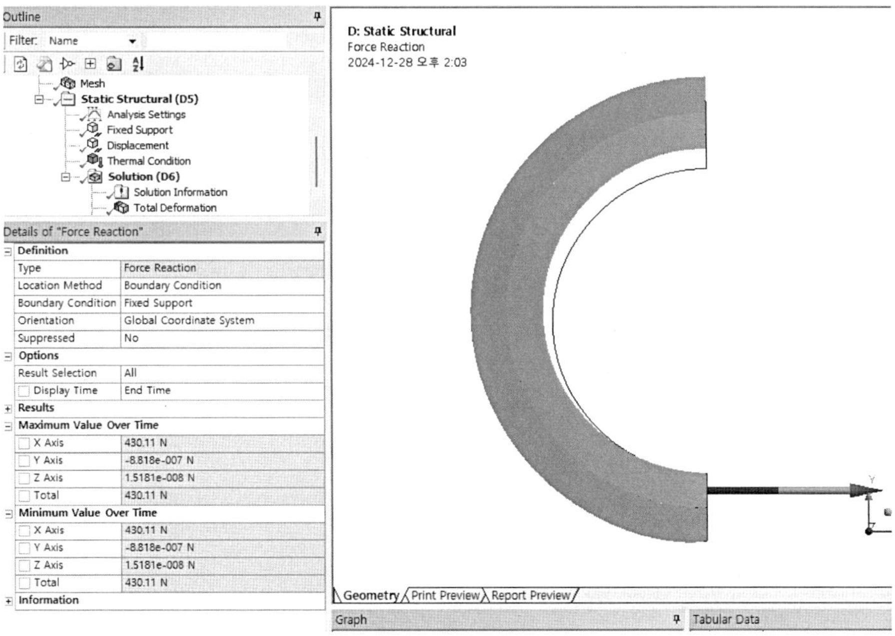

② Moment Reaction

Maximum Value Over Time	
X Axis	1.6446e-006 N·mm
Y Axis	4.9089e-006 N·mm
Z Axis	-3.0451e+006 N·mm
Total	3.0451e+006 N·mm
Minimum Value Over Time	
X Axis	1.6446e-006 N·mm
Y Axis	4.9089e-006 N·mm
Z Axis	-3.0451e+006 N·mm
Total	3.0451e+006 N·mm

B. 양쪽 고정

A. 해석에서 변경된 부분만 기술한다.

(1) 해석 시스템을 생성한다.(Static structural)

① Workbench의 Tool Box에서 Static Structural을 Project Schematic에 추가한다.

② Project 이름 변경

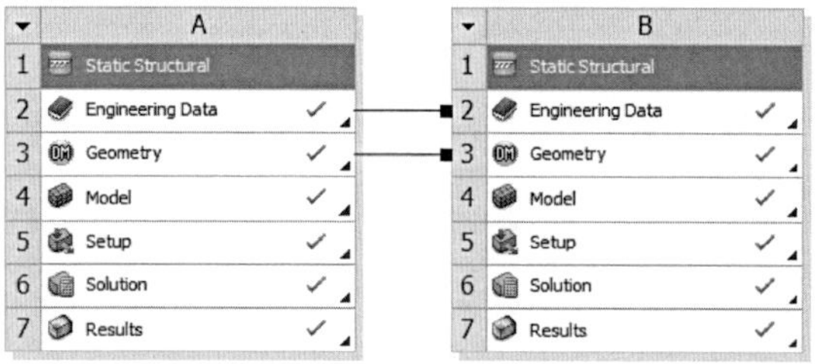

한쪽 고정 양쪽 고정

(10) 구속조건 정의

(a) 고정 지점 설정

① Support 항목설정 : Fixed Support 적용

Outline > Static structure > RMB > Insert > Fixed Support

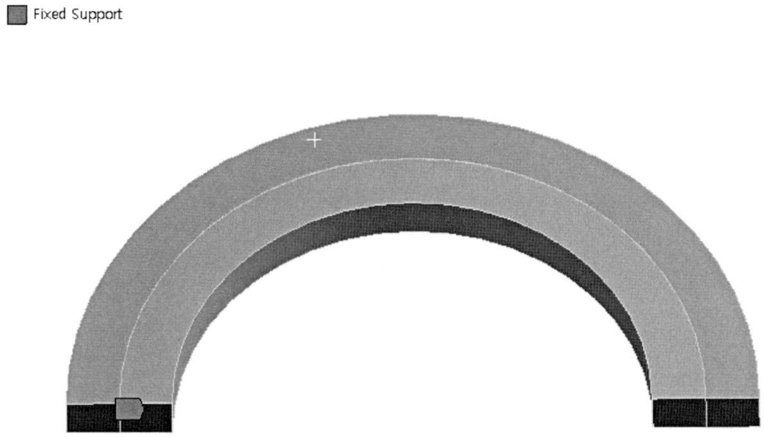

② Geometry

입력 : Graphic window에서 대상선택 > Detail > Geometry > Apply

(b) 구조물 온도 설정

① 메뉴 선정 : Thermal Condition

Outline > Static structure > RMB > Insert > Thermal Condition

② Geometry 입력 : Graphic window에서 대상선택 > Detail > Geometry > Apply

③ 온도 입력 : Detail > Definition > Magnitude (80 ˚C)

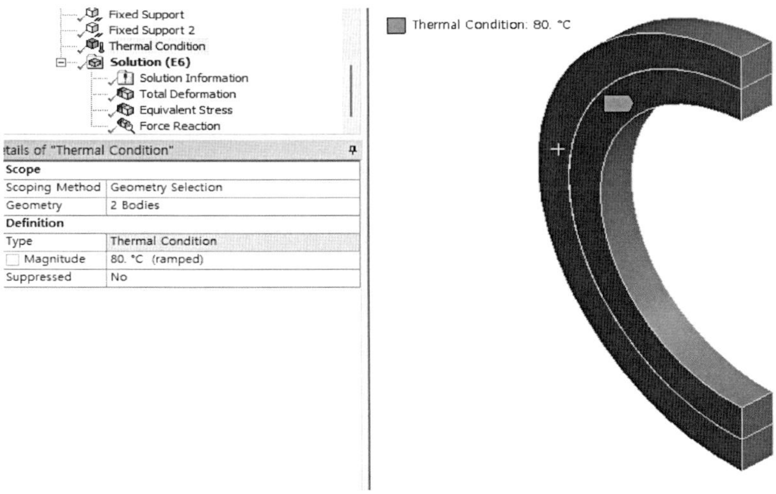

(13) 결과 확인

(a) Deformation

① 항목 선택 : Outline > Solution > RMB >Insert> Deformation> Total Deformation

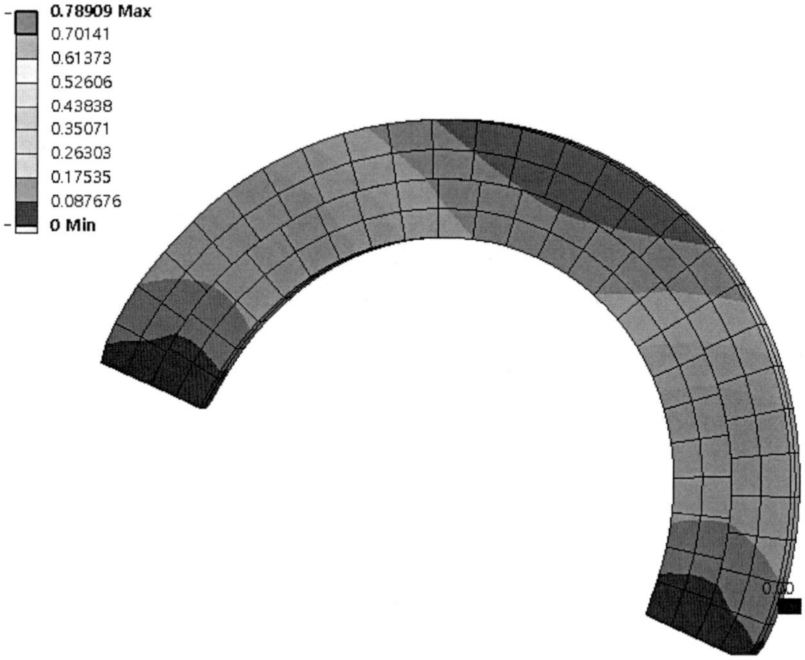

(b) 응력 : Normal Stress

① 항목 선택 : Outline > Solution >RMB >Insert> stress > Equivalent stress

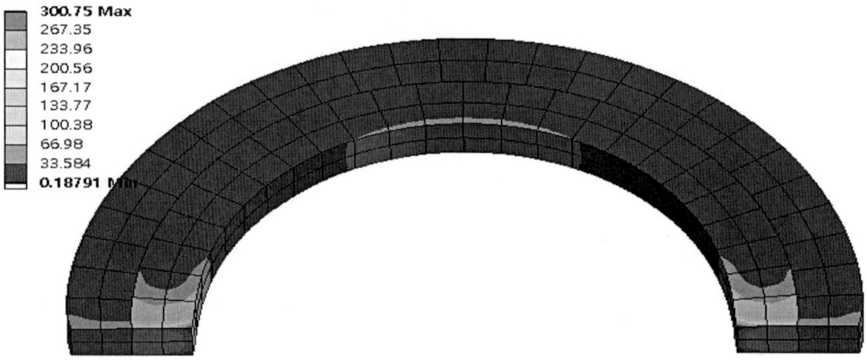

(c) 반력

① Force Reaction

Maximum Value Over Time	
X Axis	-9.8717e-008 N
Y Axis	3.067e-007 N
Z Axis	6.2391e-010 N
Total	3.222e-007 N
Minimum Value Over Time	
X Axis	-9.8717e-008 N
Y Axis	3.067e-007 N
Z Axis	6.2391e-010 N
Total	3.222e-007 N

② Moment Reaction

Maximum Value Over Time	
X Axis	1.648e-005 N·mm
Y Axis	-1.017e-005 N·mm
Z Axis	3.6021e-005 N·mm
Total	4.0896e-005 N·mm
Minimum Value Over Time	
X Axis	1.648e-005 N·mm
Y Axis	-1.017e-005 N·mm
Z Axis	3.6021e-005 N·mm
Total	4.0896e-005 N·mm

3. Shaft Ring 열 압입 2)

1) 구조해석 요구사항

Shaft Ring을 조립하려고 할 때 열응력을 사용하려고 한다.

부재는 구조강이다.

외부 링은 80도로 가열하여 25도로 낮춘다.

두 부재의 변위를 도시하시오.

두 부재의 응력을 도시하시오.

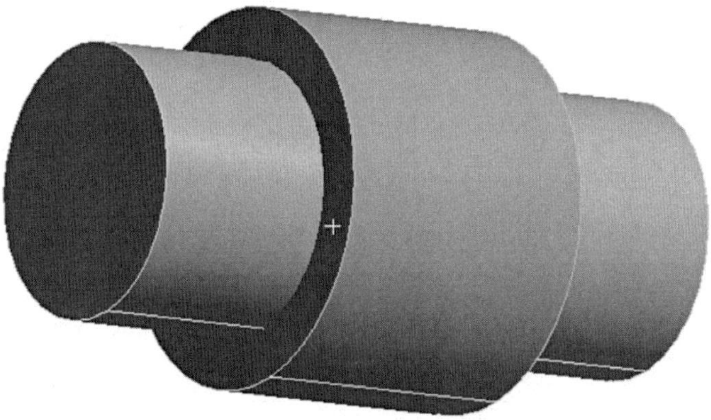

2) 한국공학대학교 로봇 메카트로닉스공학과 최승하

1) 구조해석

(1) 해석 시스템을 생성한다.(Static structural)

① Workbench의 Tool Box에서 Static Structural을 Project Schematic에 추가한다.
② Project 이름 변경
③ 단위 선정 : Mechanical 창에서 Units menu > Metric 단위 (mm, kg, N, s)

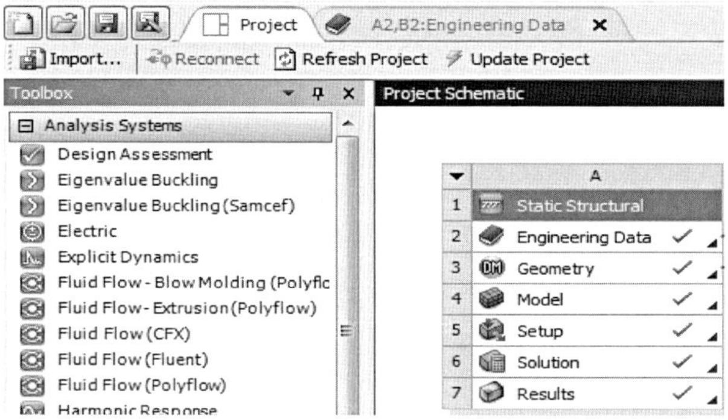

(2) 재료의 물성을 정의한다. (Engineering Data)
구조물의 재질은 기본으로 제공되는 구조강 (Structural Steel)로 한다.
구조강의 기본온도 설정은 22℃ 이다.

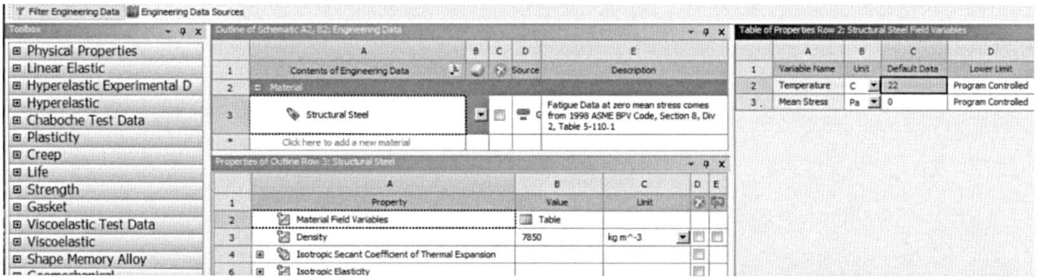

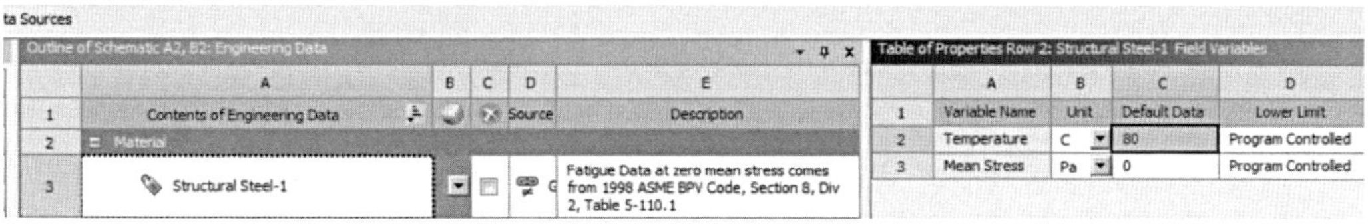

(3) 해석 모델을 불러들이거나 모델링을 수행한다. (Geometry)
외부에서 Stp 파일로 가져온다.

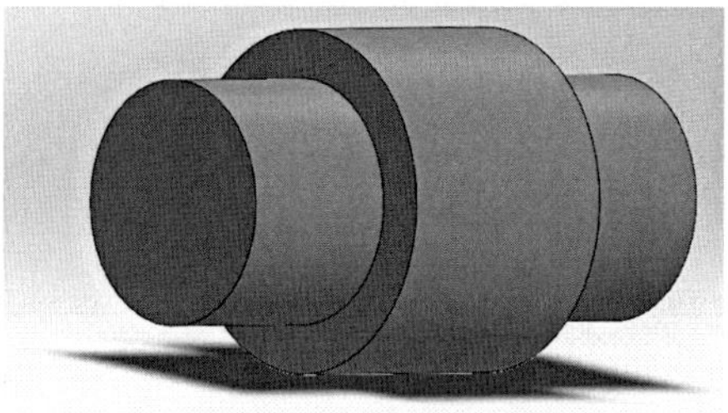

(4) 해석 모델의 환경을 설정한다. (Model)

① Mechanical 활성화 : Project Schematic > Static Structural > Model 더블클릭
② 모델 확인 : Outline > Model > Geometry > Solid

③ Solid 재질 변경 : Model > Geometry > Solid > Details > Material > Assignment Stiffness Behavior : Flexible, 재질 : structural steel
④ Solid의 이름 변경 : RMB > Rename

(5) 좌표계 설정 (Coordinate Systems)
변경내용 없음 (Global Coordinate Systems)

(6) 연결 관계 정의(Connections)
Geometry에 모델이 하나이므로 활성화 되지 않았음

(7) 격자 모델 생성 (Mesh)

① 격자 사이즈 결정 :
Outline > Model > Mesh > Details > Sizing > Element Size
Element Size : 10mm
② 격자 Update : Outline > Model > Mesh > RMB > Update
Graphic화면에서 모델에 mesh가 생성된 것 을 확인할 수 있다.
③ 격자 데이터 확인 : Detail > Statistics (Nodes, Elements)

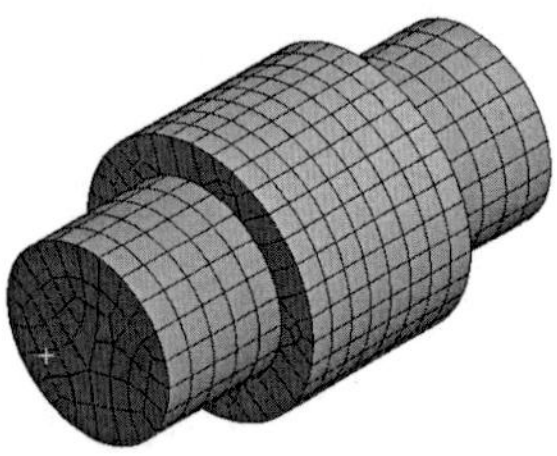

(8) 해석의 설정 정의(Analysis Settings) : Default 값을 사용한다.

(9) 초기 조건 정의 : 고려하지 않는다. (중력, 가속도 영향 무시)

(10) 구속조건 정의

(a) 고정 지점 설정

① Support 항목설정 : Fixed Support 적용

Outline > Static structure > RMB > Insert > Fixed Support

② Geometry 입력 : Graphic window에서 대상선택 > Detail > Geometry > Apply

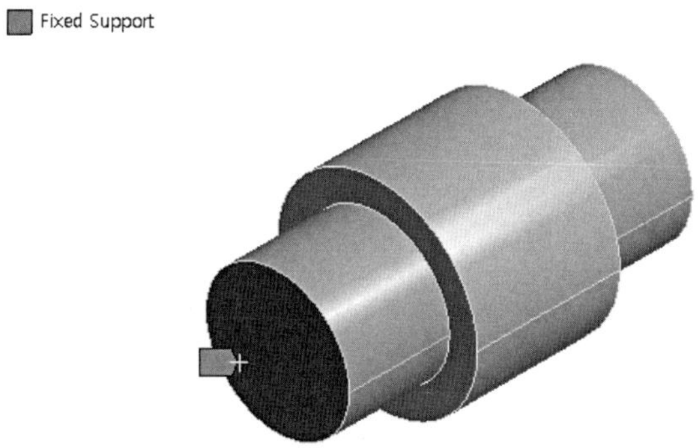

(b) 구조물 온도 설정

① 메뉴 선정 : Thermal Condition

Outline > Static structure > RMB > Insert > Thermal Condition

② Geometry 입력 :Graphic window에서 대상선택 > Detail > Geometry > Apply

③ 온도 입력 : Detail > Definition > Magnitude (90 ℃)

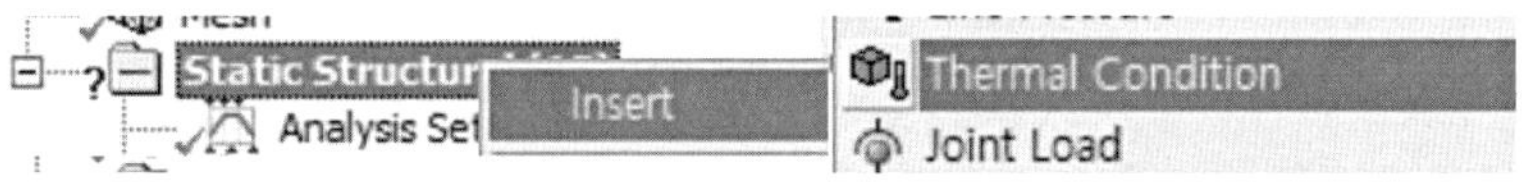

(11) 하중 조건 정의 : 설정하지 않음

(12) 해석 수행

① Analysis setting : Default 값 사용

② 해석 실행 : Tool bar > Solve

(또는 Outline > Static structure > Solution > RMB > Solve)

(13) 결과 확인

(a) Deformation

① 항목 선택 : Outline > Solution >RMB >Insert>Deformation> Total Deformation

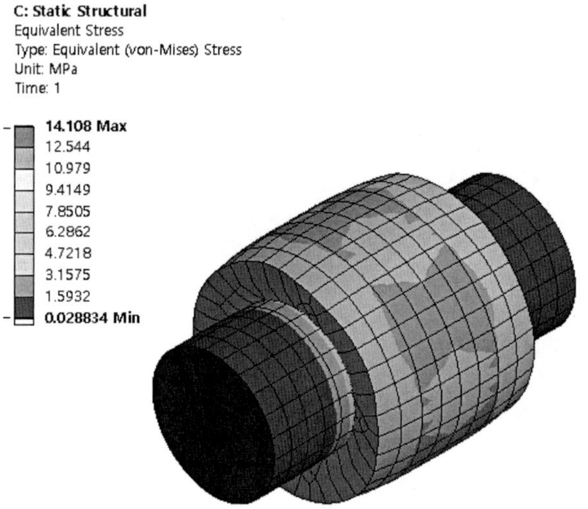

(b) 응력 : Normal Stress

① 항목 선택 : Outline > Solution >RMB >Insert> stress > Equivalent stress

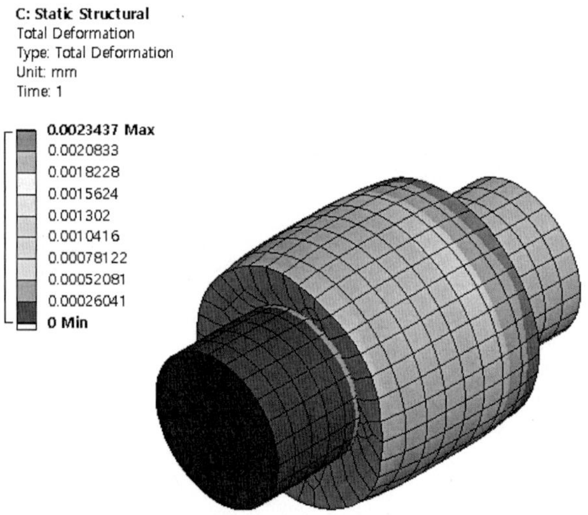

4. 필렛 용접 해석(I) [3]

1) 구조해석 요구사항 [4]

그림과 같은 구조체를 필렛 용접으로 결합한다.

부재의 모서리 부분은 완전히 고정되어 있다. 용접하는 동안 전체 부재의 온도가 400°C로 증가한다.

이런 조건에서 부재의 변형과 응력을 산정하시오.

수평판의 변형을 산정하시오.

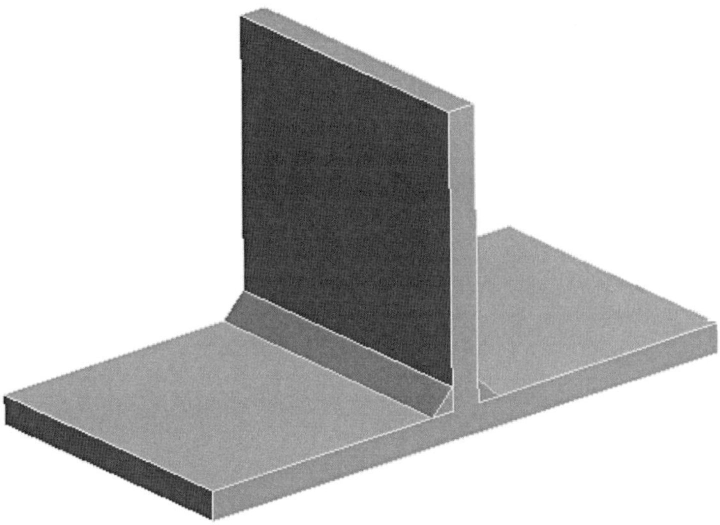

3) 이하늘

4) Tutorial Ansys Welding- Step by Stephttps://www.bing.com/videos/riverview/relatedvideo?&q=welding+analysis+ansys&&mid=0DAA27B0DDCA0CABEE210DAA27B0DDCA0CABEE21&&mcid=5880B57A2D0546E49FE4BCCB64DDF585&FORM=VRDGAR

1) 구조해석

(1) 해석 시스템을 생성한다.(Static structural)

① Workbench의 Tool Box에서 Static Structural을 Project Schematic에 추가한다.

② Project 이름 변경

③ 단위 선정 : Mechanical 창에서 Units menu > Metric 단위 (mm, kg, N, s)

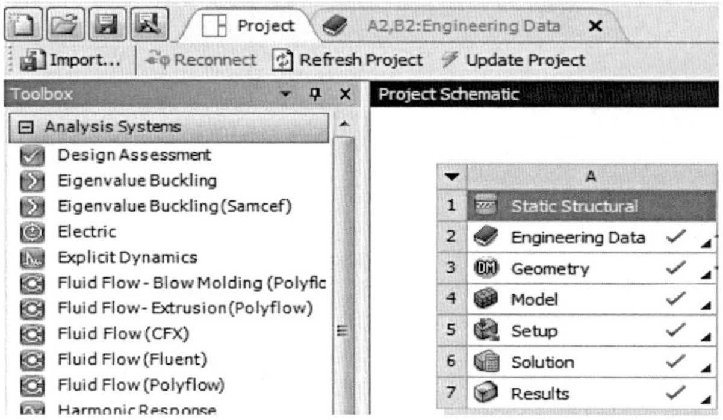

(2) 재료의 물성을 정의한다. (Engineering Data)

구조물의 재질은 기본으로 제공되는 구조강 (Structural Steel)로 한다.

구조강의 기본온도 설정은 22˚C 이다.

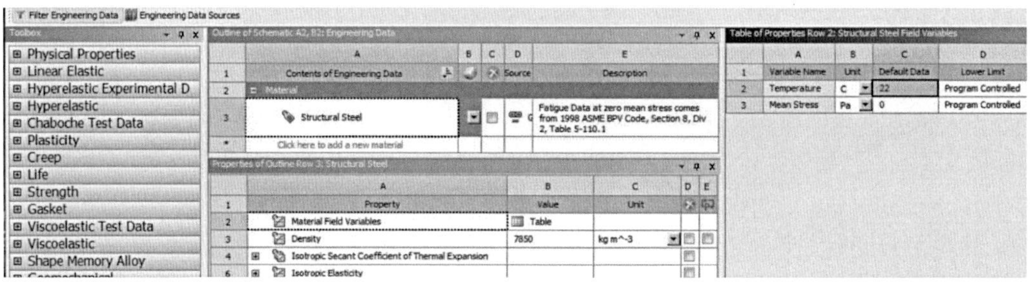

(3) 해석 모델을 불러들이거나 모델링을 수행한다. (Geometry)

외부에서 Stp 파일로 가져온다.

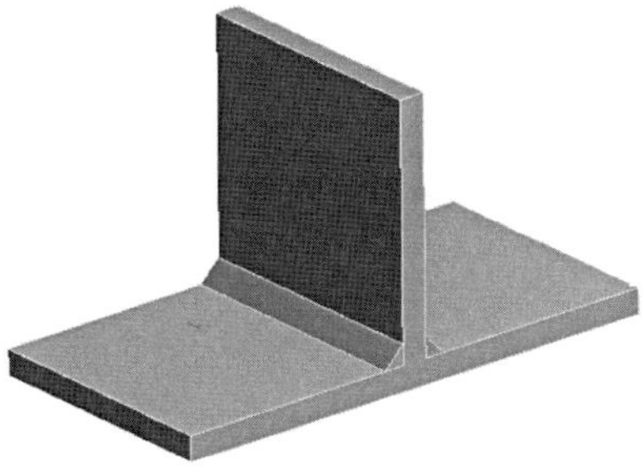

(4) 해석 모델의 환경을 설정한다. (Model)

① Mechanical 활성화 : Project Schematic > Static Structural > Model 더블클릭
② 모델 확인 : Outline > Model > Geometry > Solid

③ Solid 재질 변경 : Model > Geometry > Solid > Details > Material > Assignment Stiffness Behavior : Flexible, 재질 : structural steel
④ Solid의 이름 변경 : RMB > Rename

(5) 좌표계 설정 (Coordinate Systems)
변경내용 없음 (Global Coordinate Systems)

(6) 연결 관계 정의(Connections)
Geometry에 모델이 하나이므로 활성화 되지 않았음

(7) 격자 모델 생성 (Mesh)

① 격자 사이즈 결정 :
Outline > Model > Mesh > Details > Sizing > Element Size
Element Size : Default
② 격자 Update : Outline > Model > Mesh > RMB > Update
Graphic화면에서 모델에 mesh가 생성된 것 을 확인할 수 있다.
③ 격자 데이터 확인 : Detail > Statistics (Nodes, Elements)

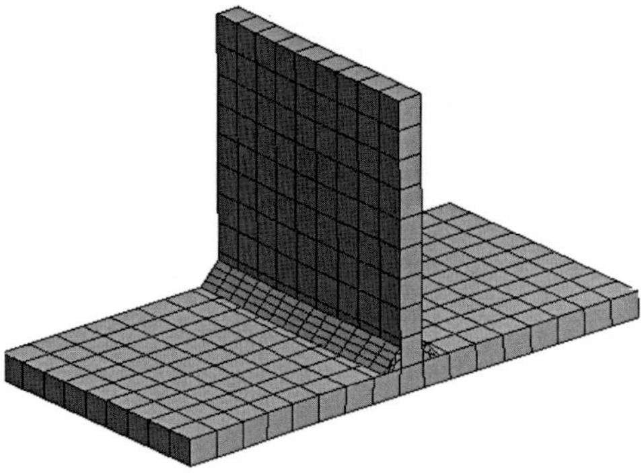

(8) 해석의 설정 정의(Analysis Settings) : Default 값을 사용한다.

(9) 초기 조건 정의 : 고려하지 않는다. (중력, 가속도 영향 무시)

(10) 구속조건 정의

(a) 고정 지점 설정

① Support 항목설정 : Fixed Support 적용

Outline > Static structure > RMB > Insert > Fixed Support

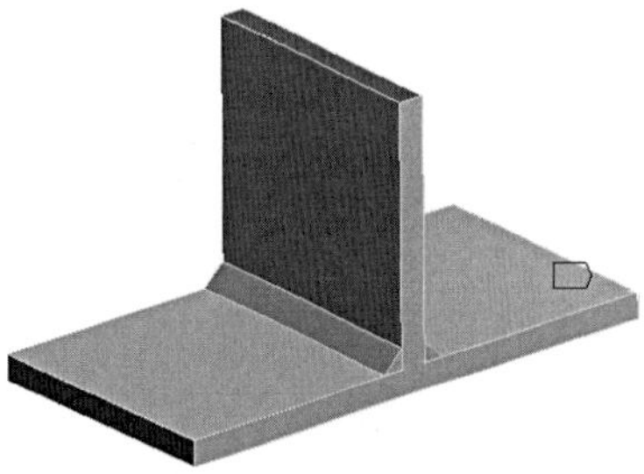

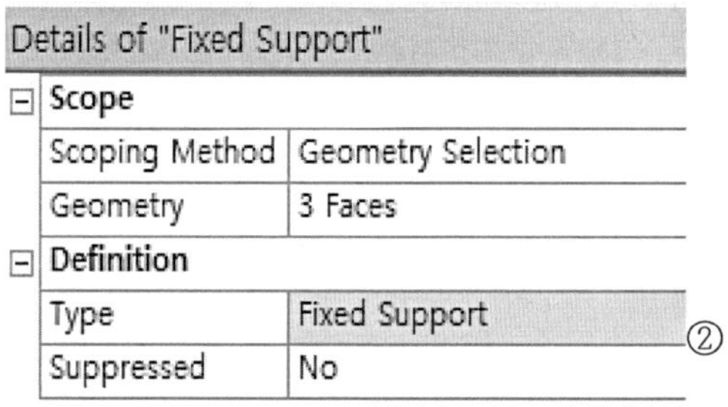

Details of "Fixed Support"	
Scope	
Scoping Method	Geometry Selection
Geometry	3 Faces
Definition	
Type	Fixed Support ②
Suppressed	No

Geometry 입력 : Graphic window에서 대상선택 > Detail > Geometry > Apply

(b) 구조물 온도 설정

① 메뉴 선정 : Thermal Condition

Outline > Static structure > RMB > Insert > Thermal Condition

② Geometry 입력 :Graphic window에서 대상선택 > Detail > Geometry > Apply

③ 온도 입력 : Detail > Definition > Magnitude (400˚C)

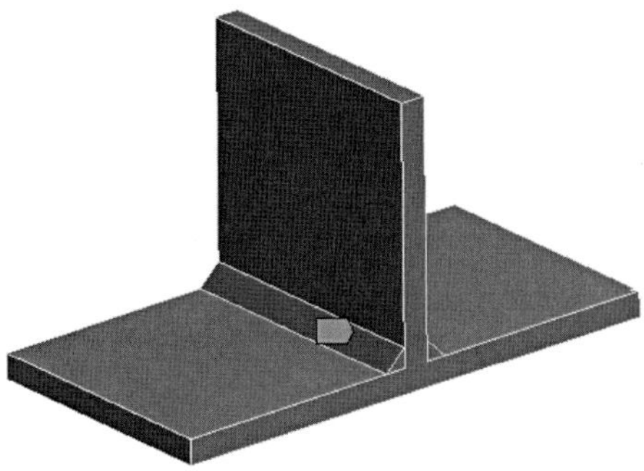

Details of "Thermal Condition"	
Scope	
Scoping Method	Geometry Selection
Geometry	3 Bodies
Definition	
Type	Thermal Condition
Magnitude	400. °C (ramped)
Suppressed	No

(1

1) 하중조건 정의 : 설정하지 않음

(12) 해석 수행

① Analysis setting : Default 값 사용

② 해석 실행 : Tool bar > Solve

(또는 Outline > Static structure > Solution > RMB > Solve)

(13) 결과 확인

(a) Normal Elastic Strain

① 항목 선택 : Outline > Solution >RMB > Strain > Normal

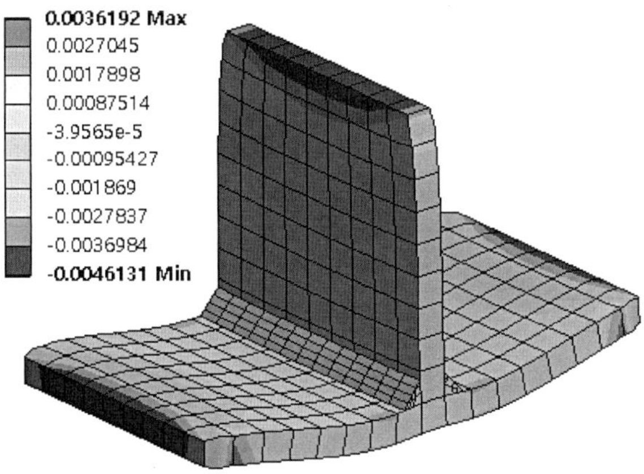

Details of "Normal Elastic Strain"	
Scope	
Scoping Method	Geometry Selection
Geometry	All Bodies
Definition	
Type	Normal Elastic Strain
Orientation	X Axis
By	Time
Display Time	Last
Coordinate System	Global Coordinate System
Calculate Time History	Yes
Identifier	
Suppressed	No
Integration Point Results	
Display Option	Averaged
Average Across Bodies	No
Results	
Minimum	-4.6131e-003 mm/mm
Maximum	3.6192e-003 mm/mm
Average	3.9309e-004 mm/mm

(b) Normal Stress

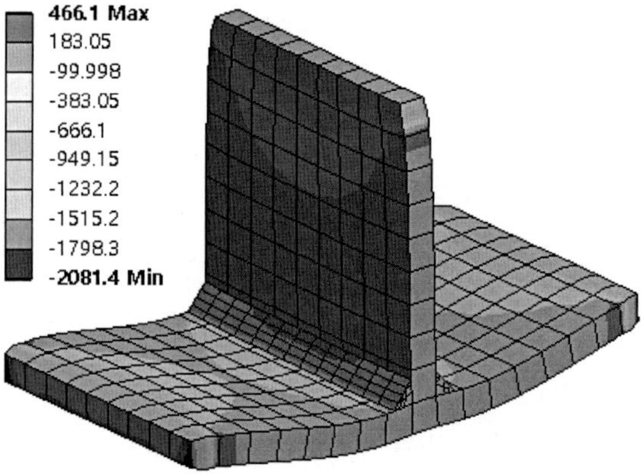

Scope	
Scoping Method	Geometry Selection
Geometry	All Bodies
Definition	
Type	Normal Stress
Orientation	X Axis
By	Time
Display Time	Last
Coordinate System	Global Coordinate System
Calculate Time History	Yes
Identifier	
Suppressed	No
Integration Point Results	
Display Option	Averaged
Average Across Bodies	No
Results	
Minimum	-2081.4 MPa
Maximum	466.1 MPa

(c) Normal Elastic Strain 2

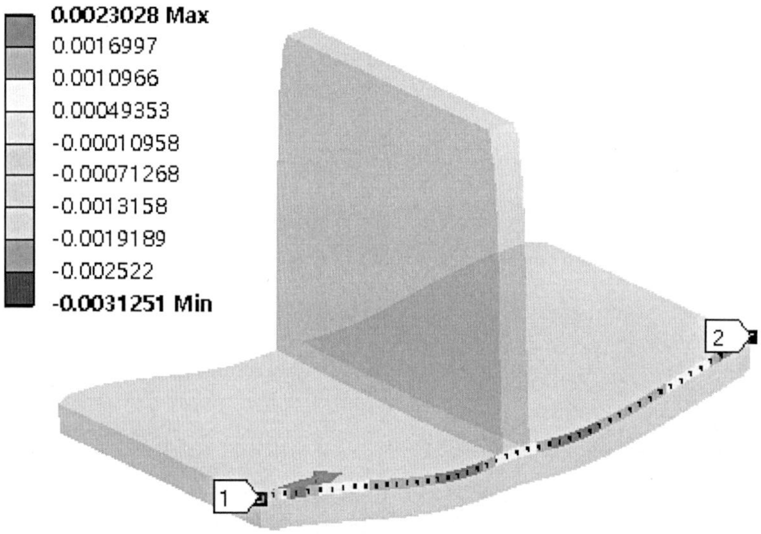

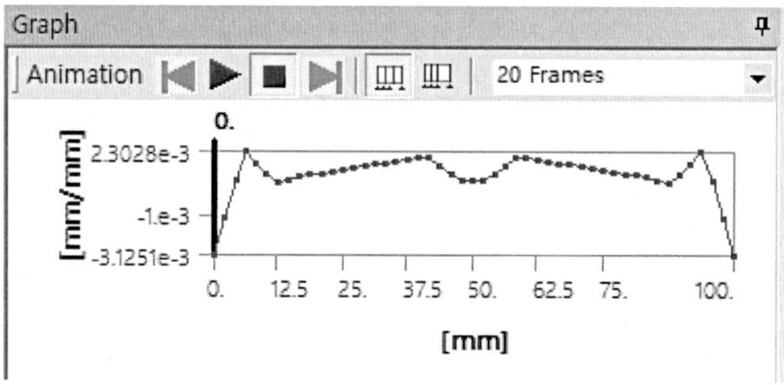

Tabular Data

	Length [mm]	Value [mm/mm]
1	0.	-3.1251e-003
2	2.0833	-1.188e-003
3	4.1667	7.4914e-004
4	6.25	2.3028e-003
5	8.3333	1.6837e-003
6	10.417	1.0647e-003
7	12.5	6.7474e-004
8	14.583	8.1957e-004

(d) Normal Stress 2

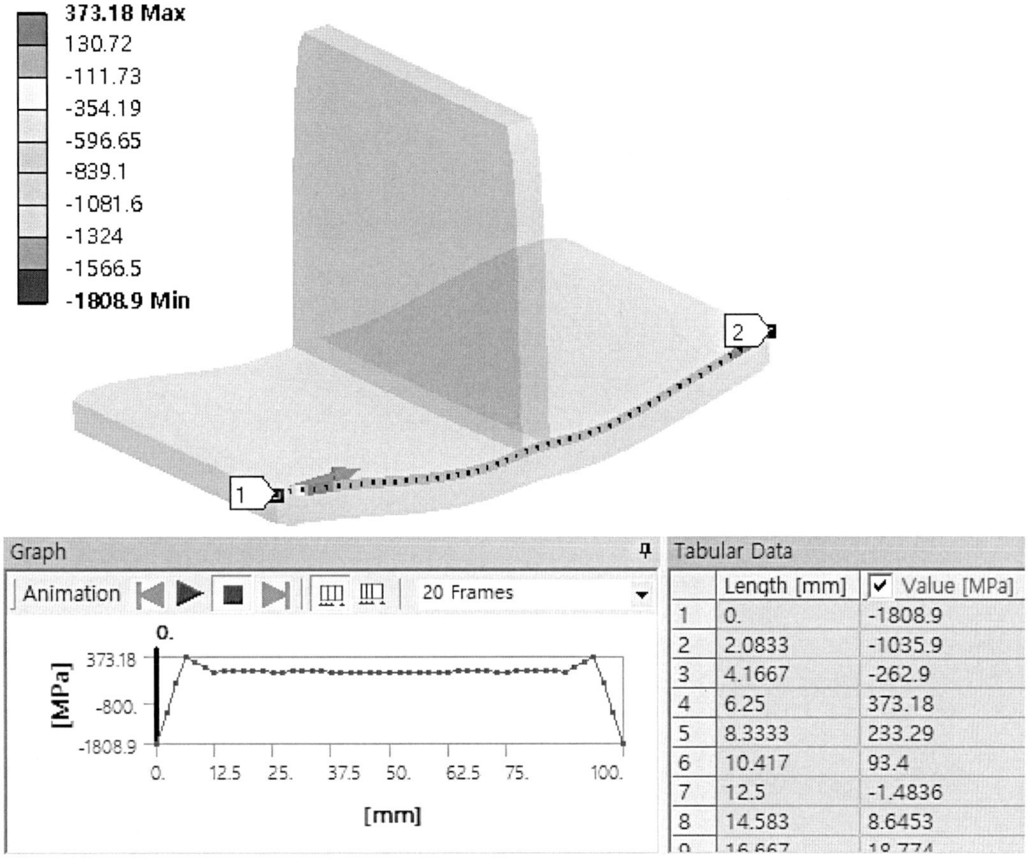

5. 필렛 용접 해석(II) [5]

1) 구조해석 요구사항

다음과 같은 구조체를 필렛 용접을 한다.
부재의 모서리 부분은 완전 고정되어 있다. 용접부 만 온도가 700˚C로 증가한다.
이런조건에서 부재의 변형과 응력을 산정하시오.
수평판의 변형을 산정하시오.

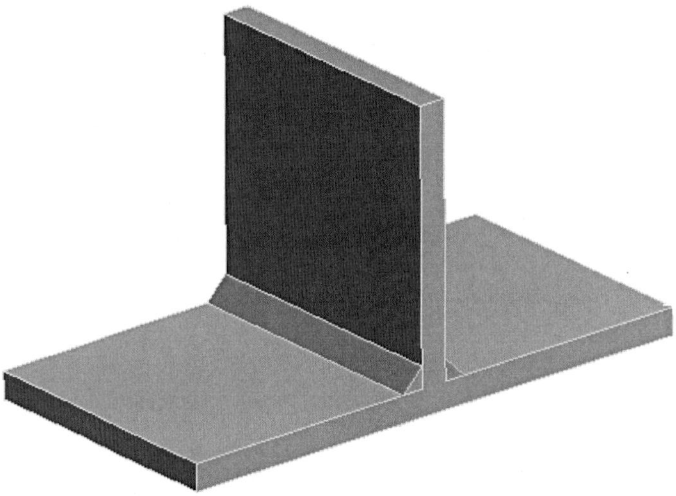

5) Simplified Modeling of Weld Distortion in Ansys Workbench Mechanical

https://www.bing.com/videos/riverview/relatedvideo?&q=welding+analysis+ansys&&mid=C1F74F852BE3A2F44958C1F74F852BE3A2F44958&mmscn=mtsc&aps=9&mcid=26A9D6B03EAC4C959B5D40339CDDBEE4&FORM=VRDGAR

2) 구조해석

(1) 해석 시스템을 생성한다.(Static structural)

① Workbench의 Tool Box에서 Static Structural을 Project Schematic에 추가한다.
② Project 이름 변경
③ 단위 선정 : Mechanical 창에서 Units menu > Metric 단위 (mm, kg, N, s)

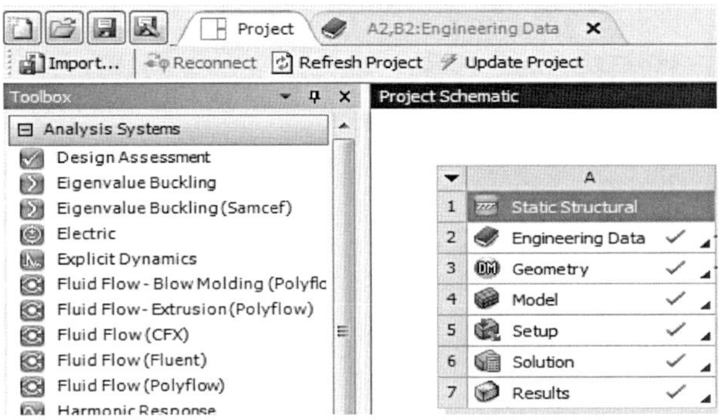

(2) 재료의 물성을 정의한다. (Engineering Data)
구조물의 재질은 기본으로 제공되는 구조강 (Structural Steel)로 한다.

(3) 해석 모델을 불러들이거나 모델링을 수행한다. (Geometry)
외부에서 Stp 파일로 가져온다.

(4) 해석 모델의 환경을 설정한다. (Model)

① Mechanical 활성화 : Project Schematic > Static Structural > Model 더블클릭
② 모델 확인 : Outline > Model > Geometry > Solid

③ Solid 재질 변경 : Model > Geometry > Solid > Details > Material > Assignment Stiffness Behavior : Flexible, 재질 : structural steel
④ Solid의 이름 변경 : RMB > Rename

(5) 좌표계 설정 (Coordinate Systems)
변경내용 없음 (Global Coordinate Systems)

(6) 연결 관계 정의(Connections)

Geometry에 모델이 하나이므로 활성화 되지 않았음

(7) 격자 모델 생성 (Mesh)

① 격자 사이즈 결정 :

Outline > Model > Mesh > Details > Sizing > Element Size

Element Size : 10mm

② 격자 Update : Outline > Model > Mesh > RMB > Update

Graphic화면에서 모델에 mesh가 생성된 것 을 확인할 수 있다.

③ 격자 데이터 확인 : Detail > Statistics (Nodes, Elements)

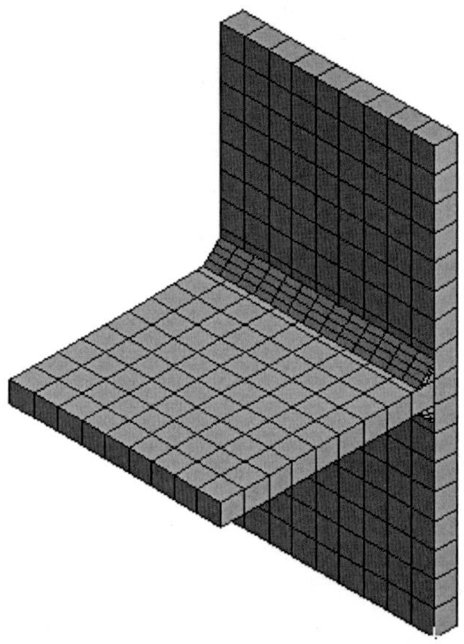

(8) 해석의 설정 정의(Analysis Settings) : Default 값을 사용한다.

(9) 초기 조건 정의 : 고려하지 않는다. (중력, 가속도 영향 무시)

(10) 구속조건 정의

(a) 고정 지점 설정

① Support 항목설정 : Fixed Support 적용

Outline > Static structure > RMB > Insert > Fixed Support

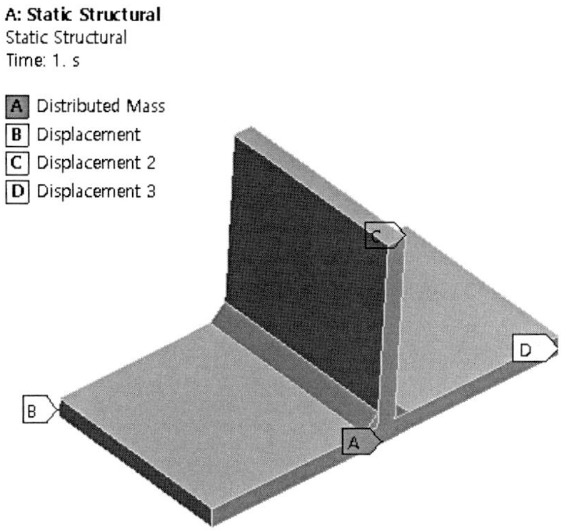

② Geometry 입력 : Graphic window에서 대상선택 > Detail > Geometry > Apply

(b) 구조물 온도 설정

① 메뉴 선정 : Thermal Condition

Outline > Static structure > RMB > Insert > Thermal Condition

② Geometry 입력 :Graphic window에서 대상선택 > Detail > Geometry > Apply

③ 온도 입력 : Detail > Definition > Magnitude (700 ˚C)

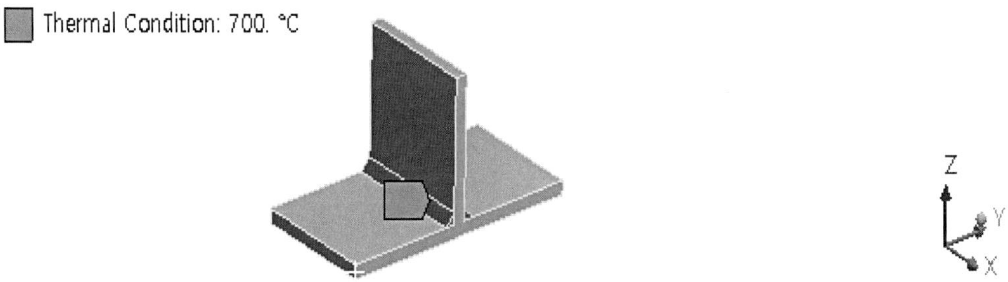

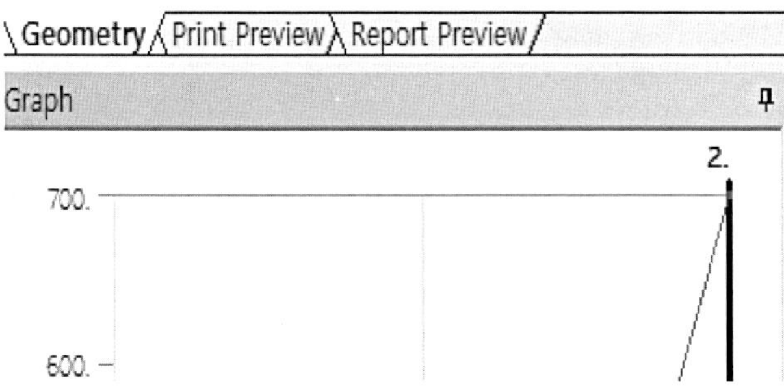

Tabular Data

	Steps	Time [s]	Temperature [°C]
1	1	0.	22.
2	1	1.	22.
3	2	2.	700.
*			

(11) 하중 조건 정의 : 설정하지 않음

(12) 해석 수행

① Analysis setting : Default 값 사용

② 해석 실행 : Tool bar > Solve

(또는 Outline > Static structure > Solution > RMB > Solve)

(13) 결과 확인

(a) 변화 : Total Deformating

① 항목 선택 : Outline > Solution >RMB >Insert>Strain> Total Deformation

(b) 응력 : Equivalent Stress

① 항목 선택 : Outline > Solution >RMB >Insert> stress > Equivalent Stress

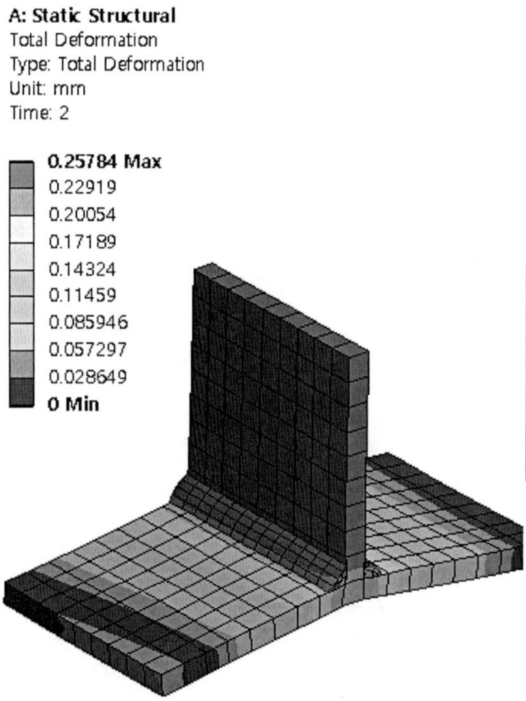

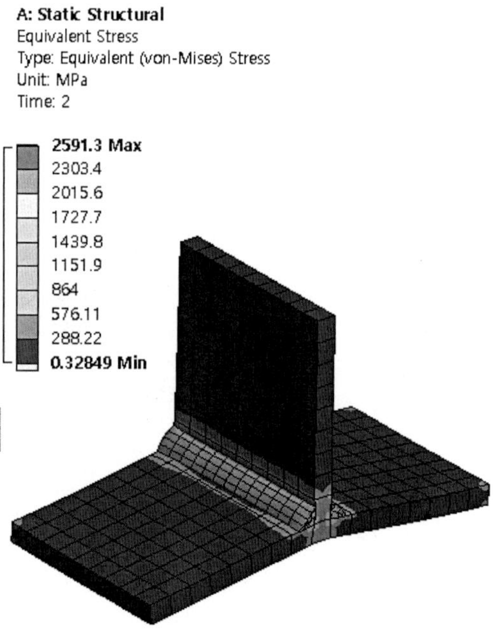

(c) 반력 산정

① Force Reaction

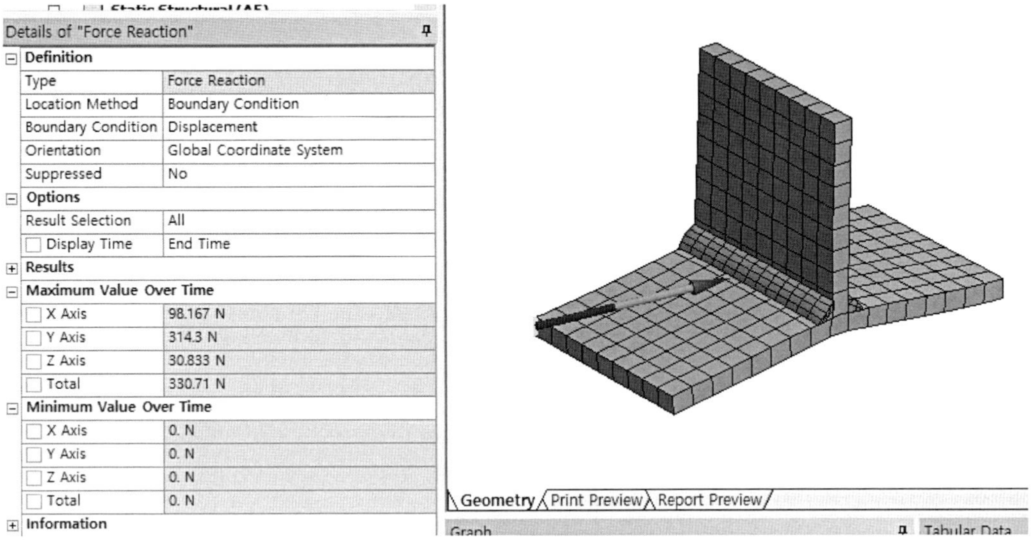

2 정상상태열(Steady-State Thermal) 분석

1. 정상 상태 열(Steady-State Thermal) 분석이란?

정상 상태 열 분석은 시간이 지나도 온도가 일정하게 유지되는 시스템의 열 평형을 평가하는 것입니다. 즉, 정상 상태 열 분석은 일정한 열 부하와 환경 조건에 따라 시스템의 평형 상태를 평가하는 것을 포함합니다. 정상 상태 분석의 가장 간단한 형태는 재료 속성과 같은 입력 매개변수가 독립 변수로 규정되는 선형 정상 상태 분석입니다.

실제 시스템은 비선형 정상 상태 거동을 보입니다. 비선형 정상 상태 분석은 입력 매개변수가 상호 종속적인 경우입니다. 이러한 경우 솔버는 입력 매개변수를 충족하는 지배 방정식에 대한 정상 상태 솔루션을 찾기 위해 반복해야 합니다. 비선형 특성을 가진 시스템의 예로는 온도에 따라 달라지는 열 전도도, 복사 또는 자연 대류가 있는 시스템이 있습니다.

2. 정상 상태 열 분석이 중요한 이유는?

많은 시뮬레이션에서 정상 상태 열 분석은 설계 프로세스의 마지막 단계 전반에 걸쳐 시스템을 설계하고 평가하는 데 사용할 수 있습니다. 예를 들어, 정상 상태 열 분석은 일반적으로 시간이 지나도 일정하게 유지되는 서버의 열 상태를 시뮬레이션할 때 사용할 수 있습니다. 정상 상태 열 분석은 간단한 모델에 대한 빠른 피드백을 통해 초기 설계 및 프로토타입 제작 노력을 안내하는 데 사용할 때도 유용합니다. 일반적인 작동 조건에 대한 설계 결정을 용이하게 하고 제어 및 오류 분석의 과도 분석을 위한 기준 역할을 합니다.

3. 정상 상태 열 시스템은 시간에 따라 변하지 않는 열 부하로 인해 발생하는 물체의 온도, 열 기울기, 열 흐름 속도 및 열 플럭스를 결정합니다. 정상 상태 열 분석은 시스템 또는 구성 요소에 대한 정상 열 부하의 효과를 계산합니다. 엔지니어는 종종 과도 열 분석을 수행하기 전에 정상 상태 분석을 수행하여 초기 조건을 확립합니다. 정상 상태 분석은 모든 과도 효과가 감소한 후에 수행되는 과도 열 분석의 마지막 단계가 될 수도 있습니다.

4. 정상 상태 열 시스템을 통해 작업하려면:
정상 상태 열 분석 시스템을 추가하려면 도구 상자에서 프로젝트 회로도로 시스템을 끌거나 도구 상자에서 시스템을 두 번 클릭합니다.
지오메트리를 로드하려면 지오메트리 셀을 마우스 오른쪽 버튼으로 클릭하고 상황에 맞는 메뉴에서 지오메트리 가져오기를 선택합니다.
지오메트리를 보려면 모델 셀을 마우스 오른쪽 버튼으로 클릭하고 상황에 맞는 메뉴에서 편집을 선택하거나 모델 셀을 두 번 클릭합니다.
또는 설정 셀을 사용하여 이 단계를 완료할 수 있습니다.
기계 애플리케이션 창에서 애플리케이션의 도구와 기능을 사용하여 분석을 완료합니다.
이 분석을 수행하는 방법에 대한 자세한 내용은 기계 사용자 가이드의 정상 상태 열 분석을 참조하세요.
기계 APDL 애플리케이션을 사용하여 열 분석하는 방법에 대한 자세한 내용은 열 분석 가이드를 참조하세요.

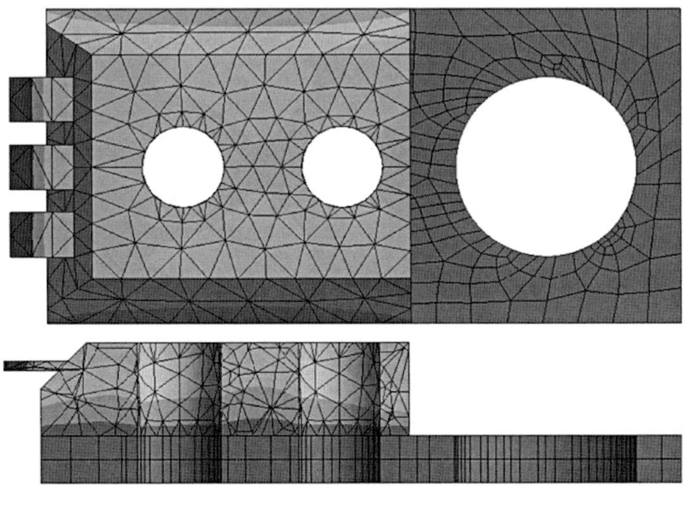

1. 2종 구조물의 온도 간섭해석 6)

1) 구조해석 요구사항 7)

그림과 같은 원통형 모델에서 내부와 외부의 유체 흐름이 다르다.

내부 유체의 흐름으로 Heat flex는 200W/M^2℃이다.

외부의 대류로 외부 표면에서는 heat flex는 50W/m^2℃이다.

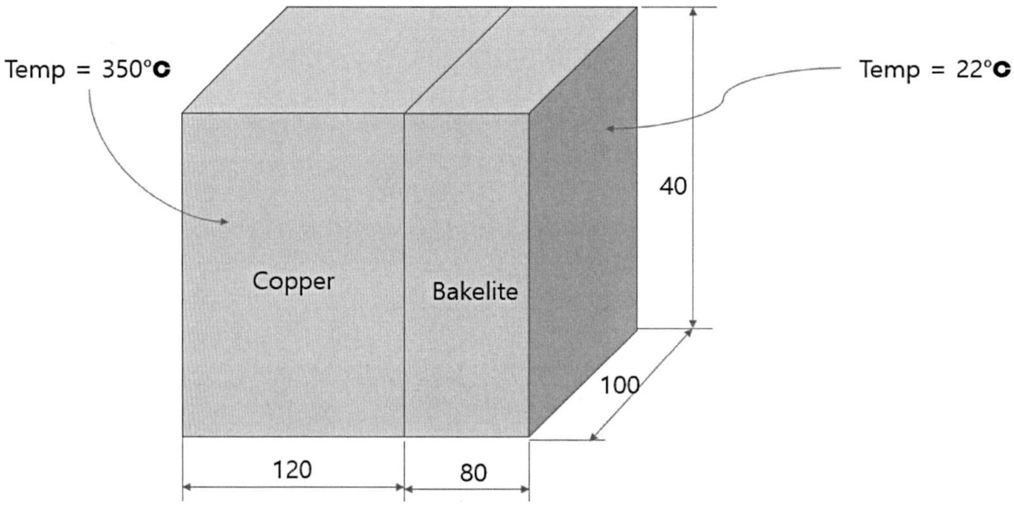

원형 모델

원통부재에 대한 온도를 분석하고, 온도분포에 따른 응력 및 변형을 해석한다.

원통 부재의 재질은 Aluminium이다.

구조해석에서 메쉬 사이즈 5mm로 설정한다.

원통의 하부는 고정되어 있다.

---

6) 한국공학대학교 메카트로닉스 장호재

7) https://www.bing.com/videos/riverview/relatedvideo?q=ansys+thermal+analysis&mid=33EBF24225375B5D703D33EBF24225375B5D703D&mcid=0823BAF1D05245C5A8ECE1C34316308A&FORM=VIRE

2) 구조해석

Part 1. : Thermal Analysis

(1) ANSYS Workbench를 실행하고, Steady-state Thermal System을 생성합니다.

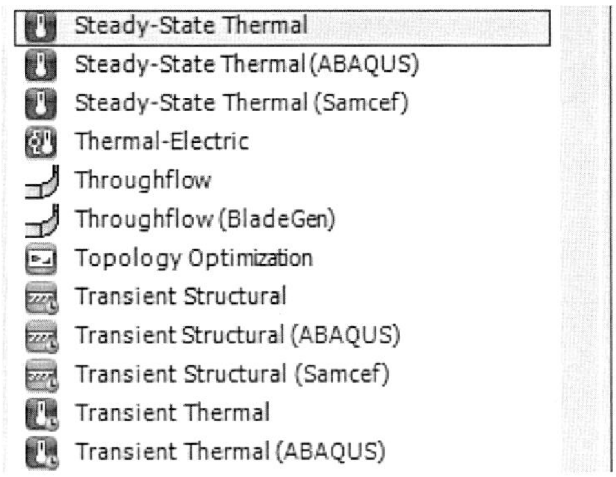

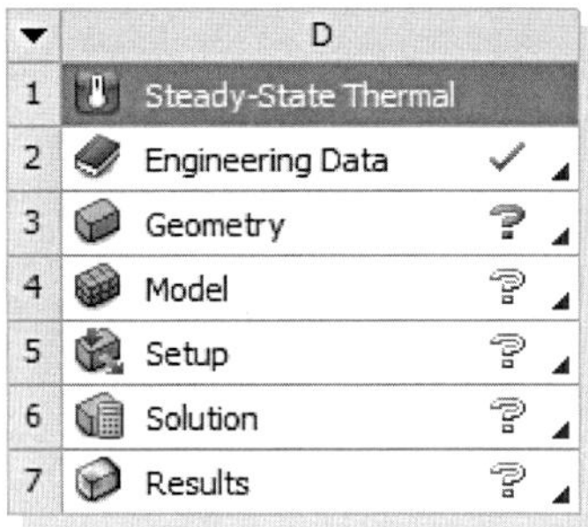

(2) 재료의 물성을 정의한다. (Engineering Data)
Engineering Data Sources 아이콘을 클릭 후 General Materials Library에서 Bakelite와 Copper를 추가(노란색+아이콘클릭)합니다.

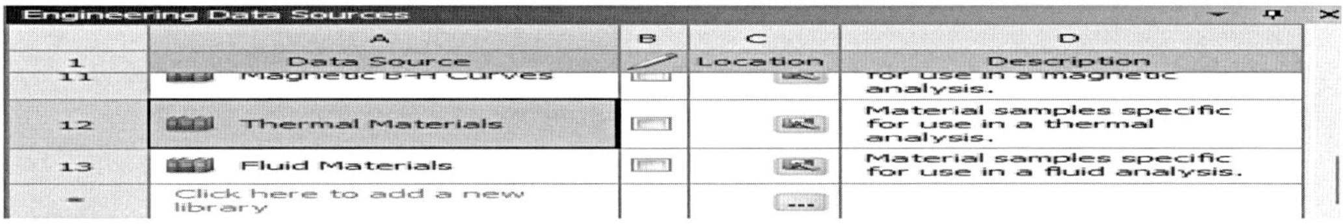

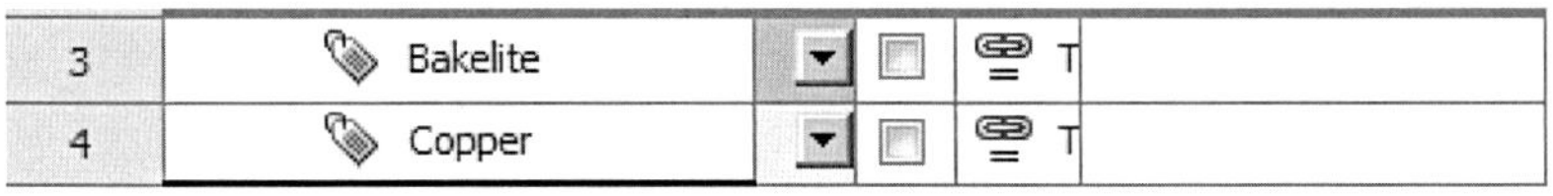

Engineering Data 탭을 닫고 Project Schematic 환경으로 돌아갑니다.

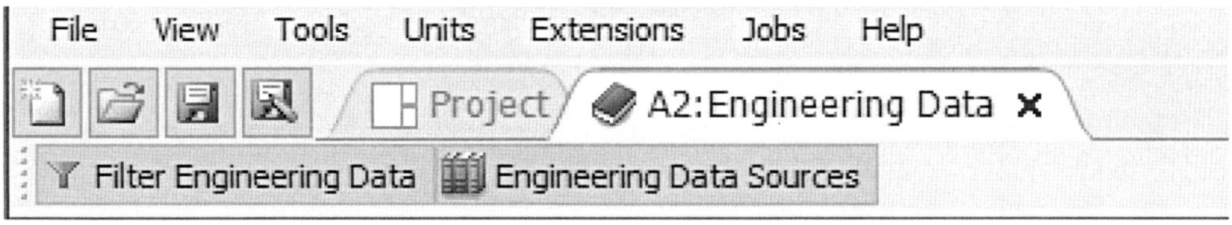

(3) 해석 모델을 불러들이거나 모델링을 수행한다. (Geometry)

* CAD 데이터를 불러와서 해석을 수행할 수도 있고, Geometry를 더블클릭하여 Workbench에서 Design Modeler를 불러 모델링할 수도 있다.

* 이 과정에서는 CAD 데이터를 불러와서 해석을 수행을 한다.

Geometry Call에서 RMB(마우스 오른쪽 버튼) > import geometry>Browse...를 클릭하여 모델파일을 선택합니다.

(4) 해석 모델의 환경을 설정한다. (Model)

모델에서 구조물이름을 변경하고 재질을 Copper와 Bakelite 로 설정합니다.

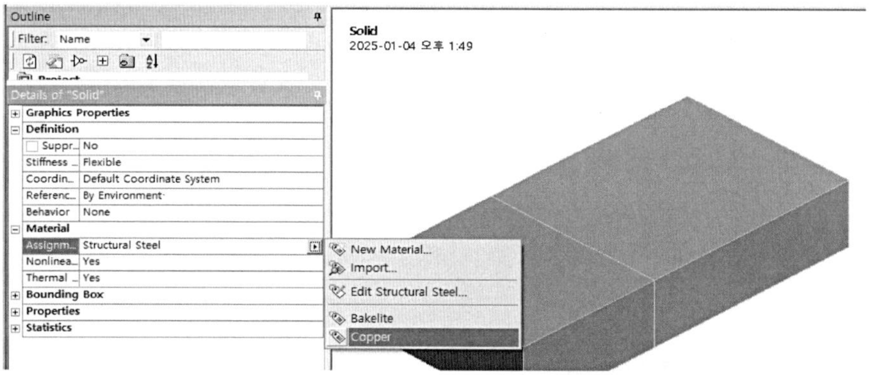

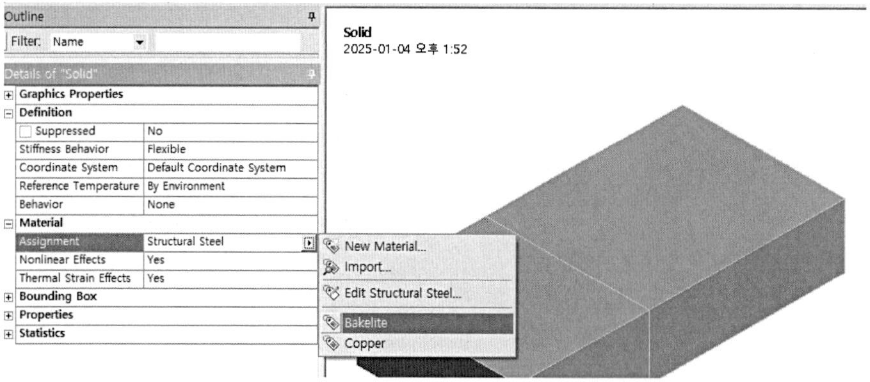

(5) 좌표계 설정 (Coordinate Systems) : 변경내용 없음

(6) 연결 관계 정의(Connections) : 기본설정을 사용한다.

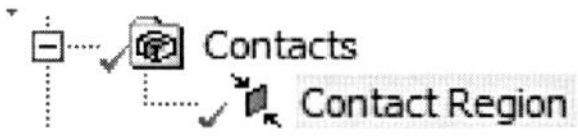

(7) 격자 모델 생성 (Mesh)

Mesh클릭 후 Element Size Default로 설정 합니다.

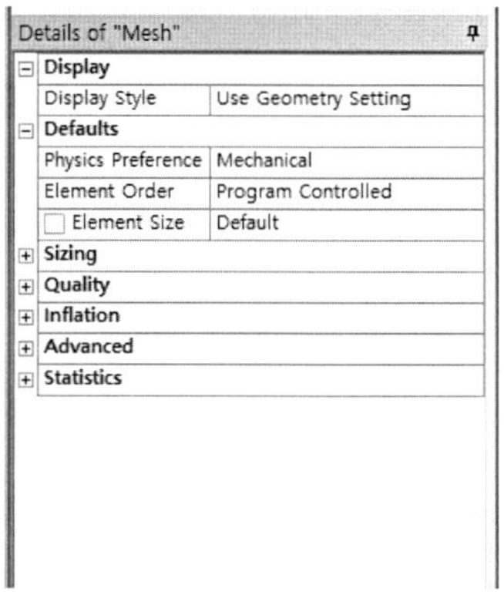

(8) 해석 설정 정의(Analysis Settings) : 기본설정을 사용한다.

(9) 초기 조건 정의 : 설정할 내용 없음.

(10) 구속조건 정의

① plate의 온도조건을 부여합니다.

Tree Outline의 Steady State-Thermal에서 RBM>Insert>Temperature를 추가합니다. Detail View>Geometry에 분할면 (1 Face)을 지정하고, Definition >Magnitude에 350을 입력합니다.

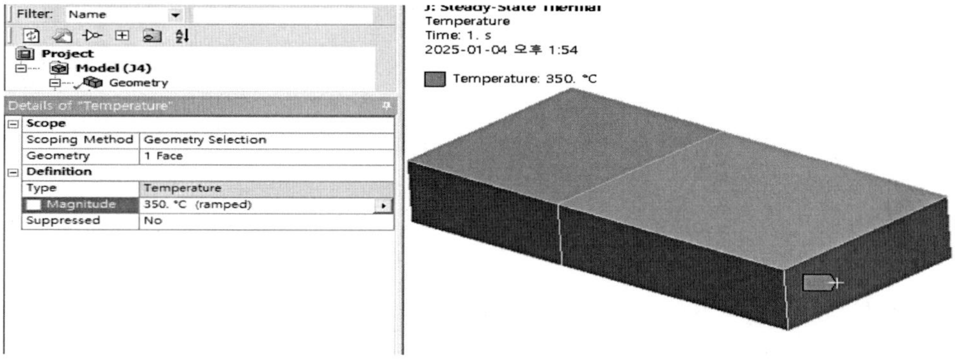

② plate의 온도조건을 부여합니다.
온도 22°C을 입력한다.

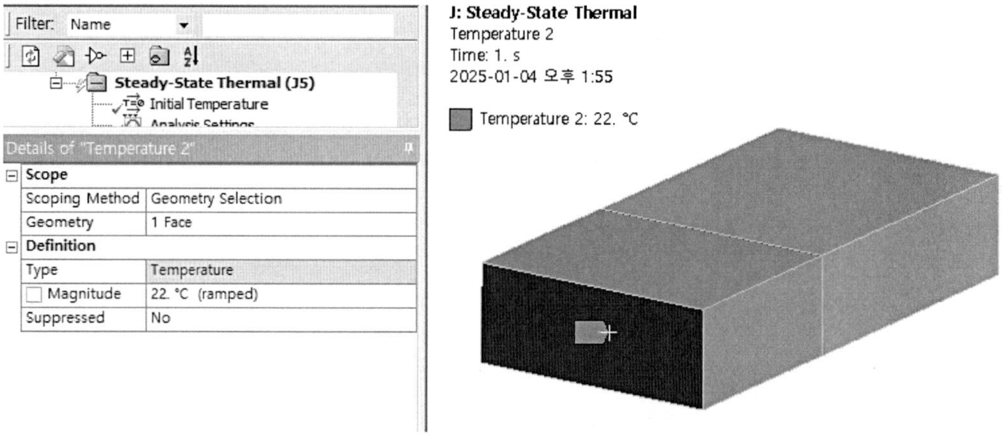

(11) 결과 항목을 추가합니다.
① Temperature 결과 세팅

(12) 해석 수행

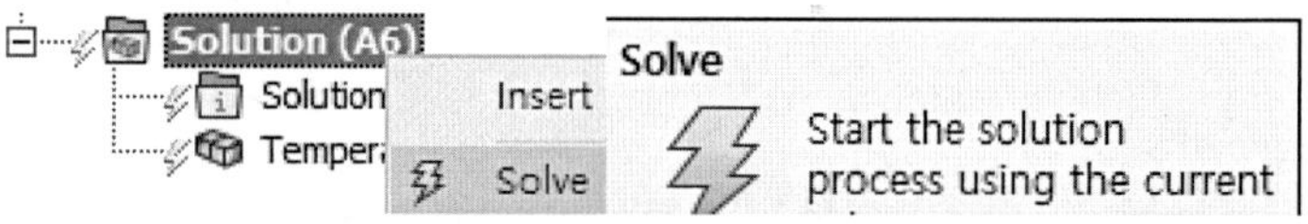

Total CPU time for main thread : 0.2 seconds
Total CPU time summed for all threads : 0.4 seconds

---

(13) 해석결과 확인

① Temperature 결과 : 온도 분포를 확인합니다.

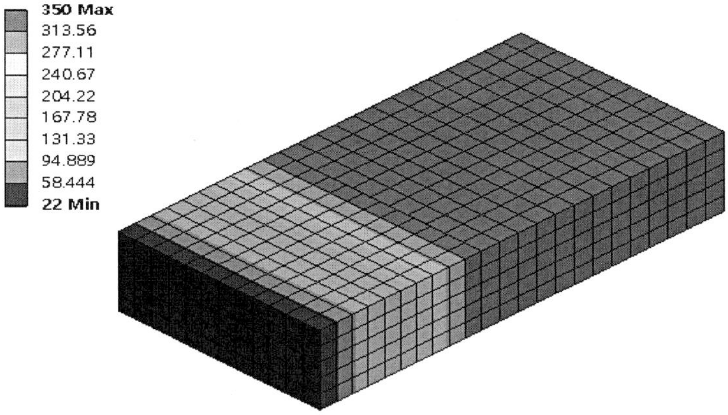

② Total Heat Flex

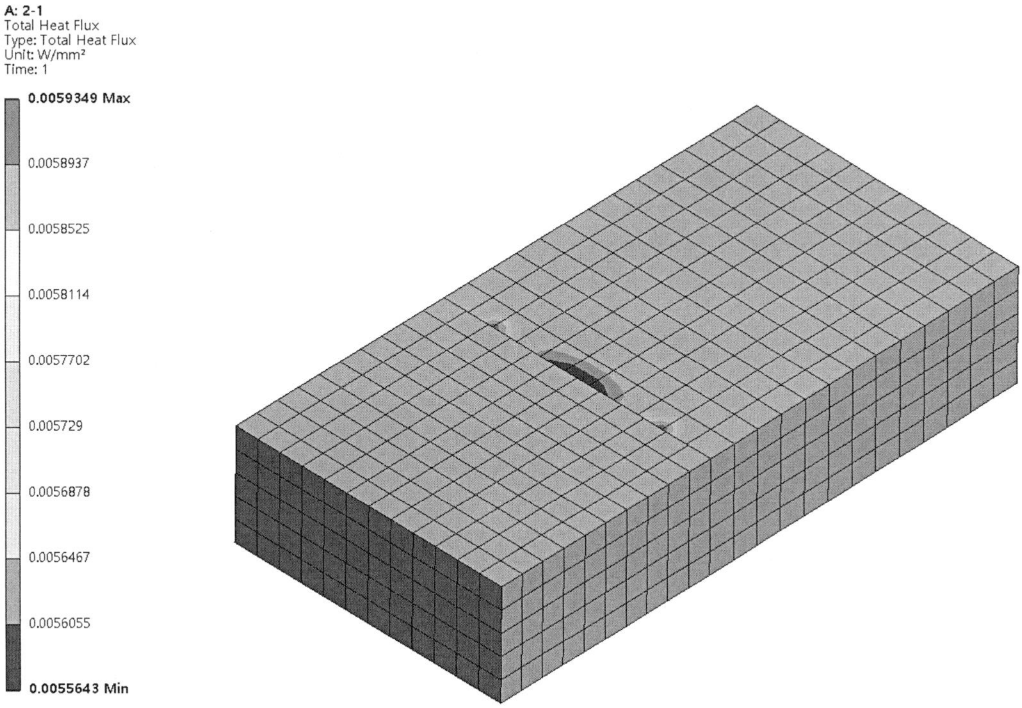

Part 2. : Static Structural Analysis

(1) 정적구조해석을 수행한다.

① Steady State Thermal에서는 Stress를 계산할 수 없다. 열응력 해석을 하기 위해서는 정적구조해석을 수행해야 한다.

열응력 해석을 위하여 열전도 해석결과로 얻은 데이터를 응력 해석에 연속해서 수행한다.

② 열전도 해석 결과에 얻은 데이터를 정적구조해석으로 가져온다.

③ Toolbox에서 Static Structural을 Project Schematic에 Drag하여 놓는다.

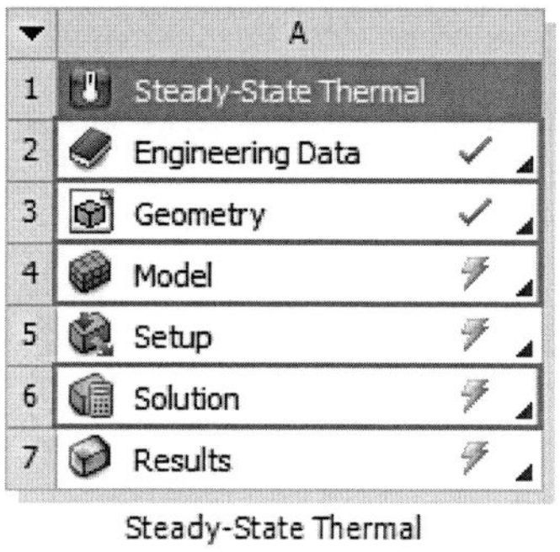

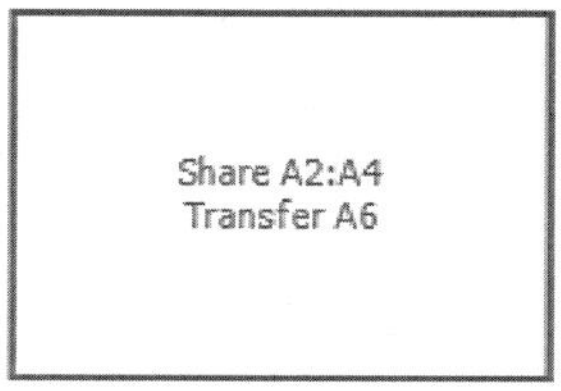

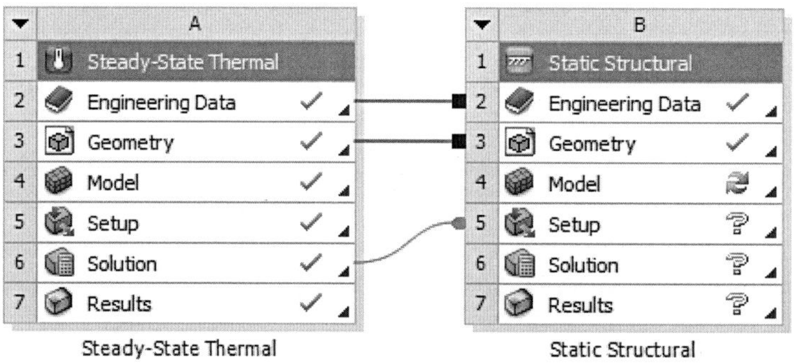

(3) 온도데이터를 불러온다.

① Static Structural에서 Imported Load를 클릭한다.

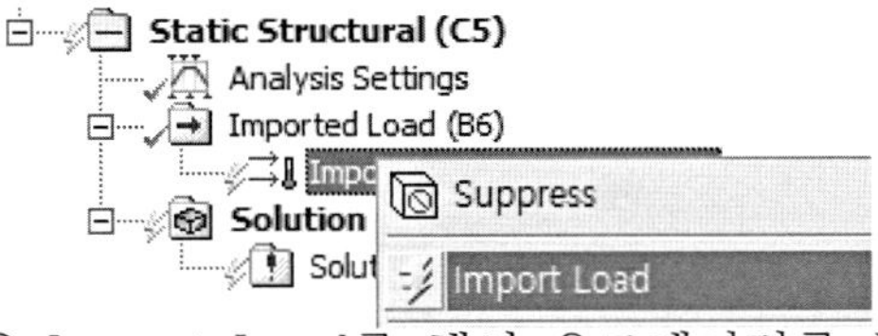

② Import Load를 해서 온도데이터를 불러온 결과.

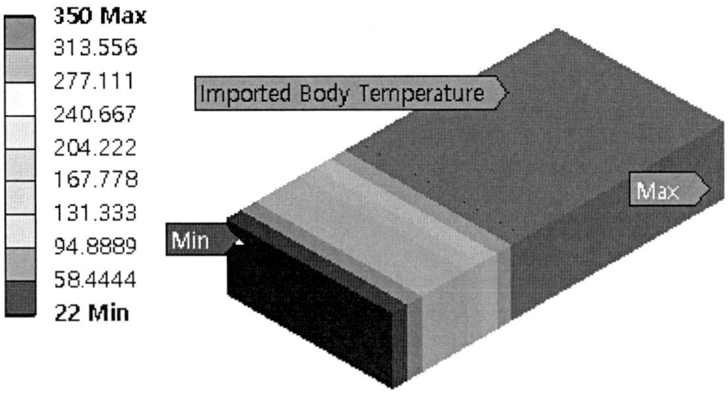

(4) 경계조건을 설정한다.

① Support의 Fixed support를 추가한다.
두 부재의 하면을 고정한다.

Details of "Fixed Support"

Scope	
Scoping Method	Geometry Selection
Geometry	2 Faces
Definition	
Type	Fixed Support
Suppressed	No

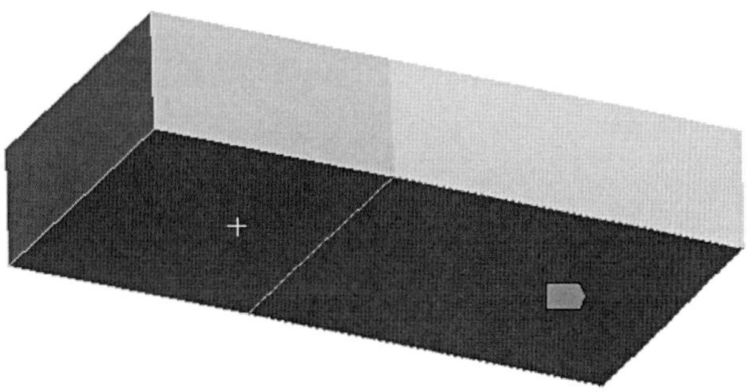

(5) 확인하고자 하는 결과 값을 Solution에 추가한다.

① Total deformation

② Equivalent Stress

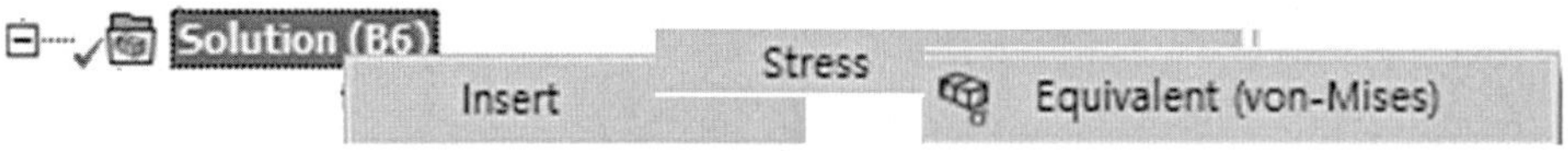

(6) 해석을 수행한다.

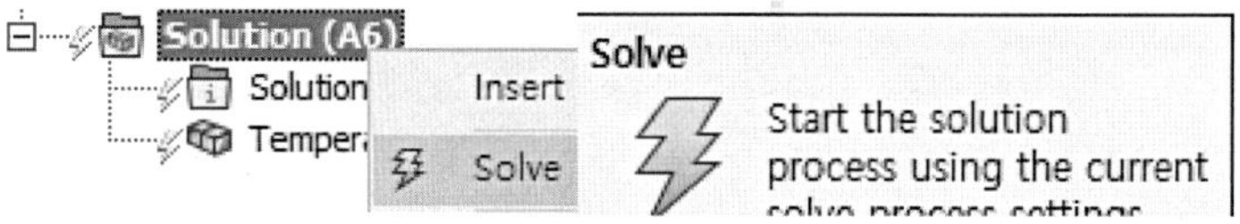

Total CPU time for main thread : 0.2 seconds
Total CPU time summed for all threads : 0.4 seconds

---

(7) 해석결과 확인

① Total deformation

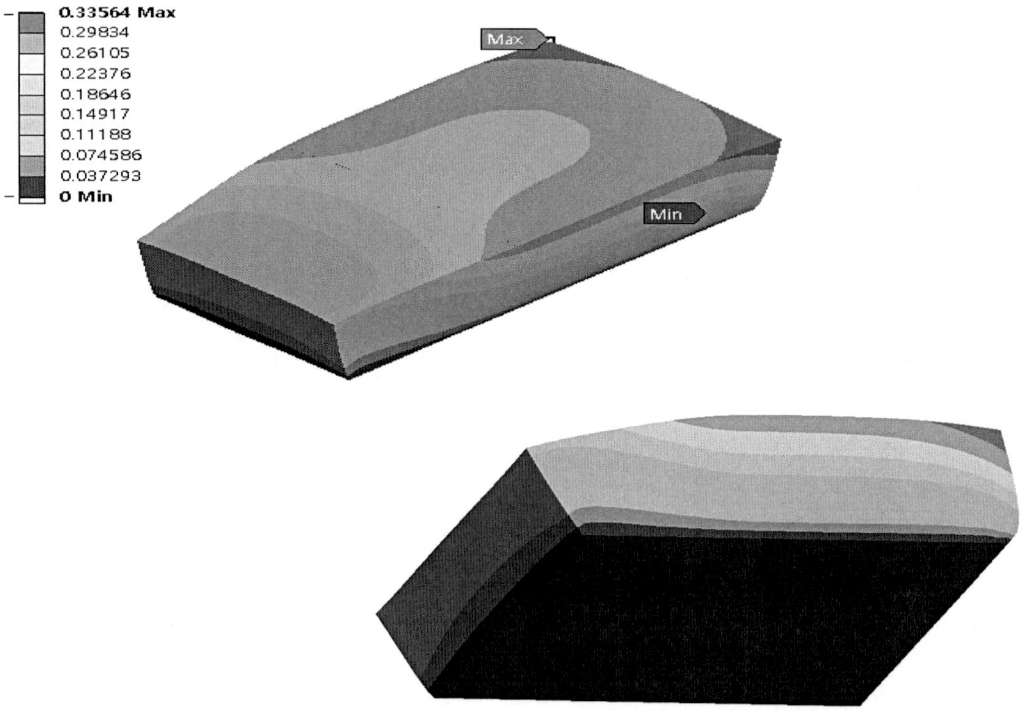

② Equivalent Stress

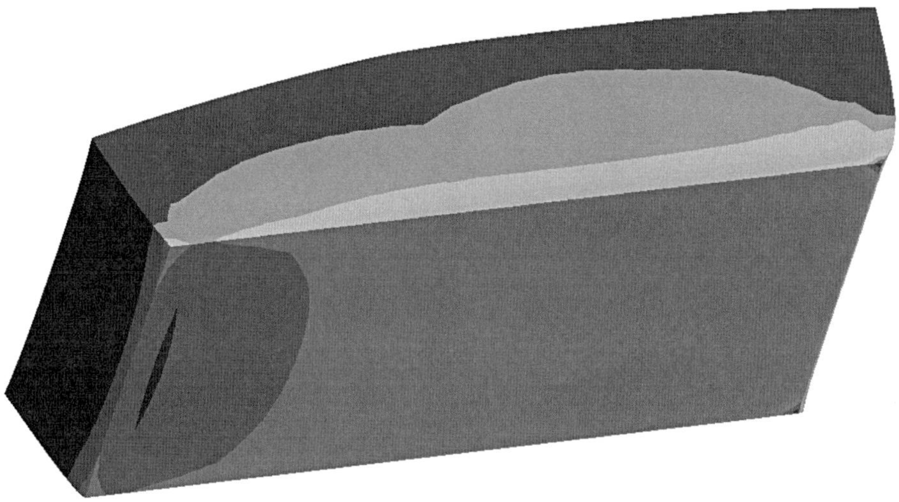

2. 원통 구조물의 열전달 해석 8)

1) 구조해석 요구사항 9)

그림과 같은 원통형 모델에서 내부와 외부의 유체 흐름이 다르다.

내부 유체의 흐름으로 Heat flex는 200W/M^2℃이다.

외부의 대류로 외부 표면에서는 heat flex는 50W/m^2℃이다.

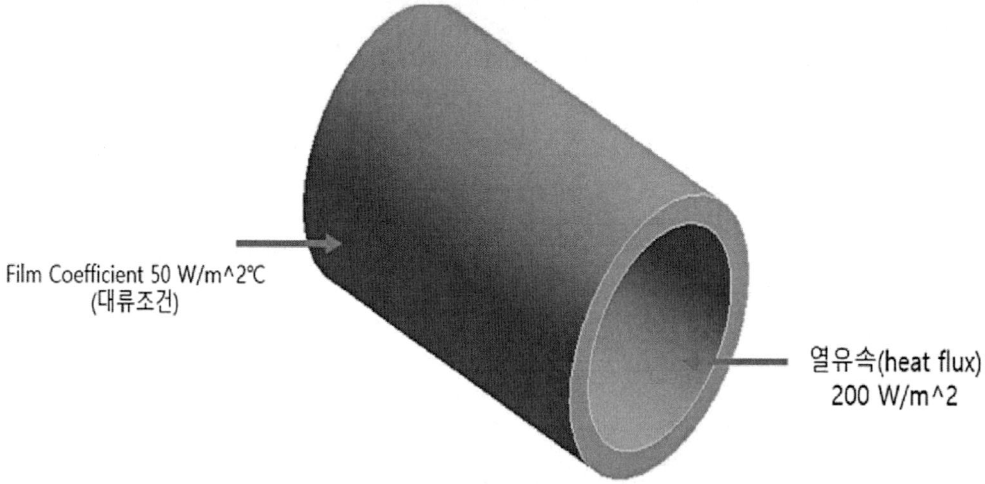

원통부재에 대한 온도를 분석하고, 온도분포에 따른 응력 및 변형을 해석한다.

원통 부재의 재질은 Aluminium이다.

구조해석에서 메쉬 사이즈 5mm로 설정한다.

원통의 하부는 고정되어 있다.

---

8) 한국공학대 메카트로닉스 최승하

9) https://www.youtube.com/watch?v=CW-lYxIZUvM

2) 구조해석

Part 1. : Thermal Analysis

(1) 해석 시스템을 생성한다.
ANSYS Workbench를 실행하고, Steady-state Thermal System을 생성합니다.

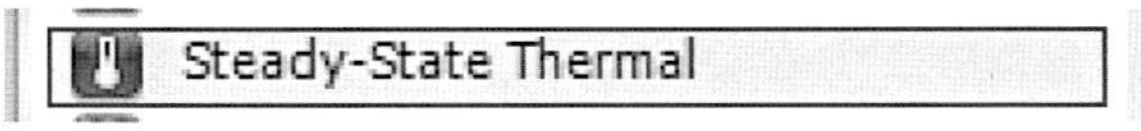

(2) 재료의 물성을 정의한다. (Engineering Data)
① 해석에 사용할 재료 물성을 정의하기 위해 Engineering Data Cell을 더블클릭하거나 또는 RMB(마우스 오른쪽 버튼)>Edit...를 선택합니다.
② Engineering Data Sources 아이콘을 클릭 후 General Materials Library에서 Aluminum Alloy을 추가(노란색+아이콘클릭)합니다.

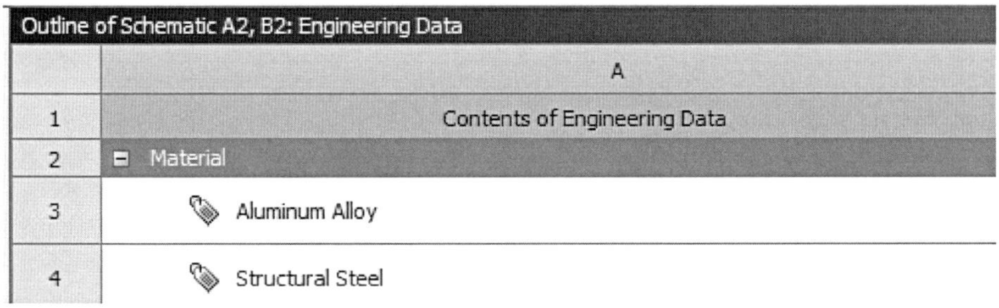

③ Engineering Data 탭을 닫고 Project Schematic 환경으로 돌아갑니다.
Project를 클릭한다.

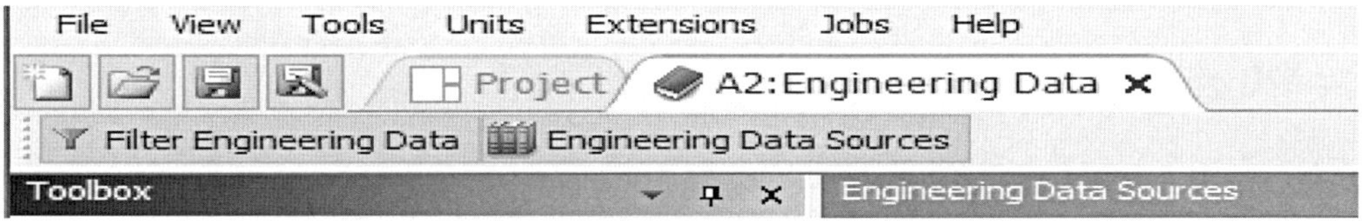

(3) 해석 모델을 불러들이거나 모델링을 수행한다. (Geometry)
* CAD 데이터를 불러와서 해석을 수행할 수도 있고, Geometry를 더블클릭하여 Workbench에서 Design Modeler를 불러 모델링할 수도 있다.
* 이 과정에서는 CAD 데이터를 불러와서 해석을 수행을 한다.
Geometry Call에서 RMB(마우스 오른쪽 버튼) > import geometry>Browse...를 클릭하여 모델파일을 선택합니다.

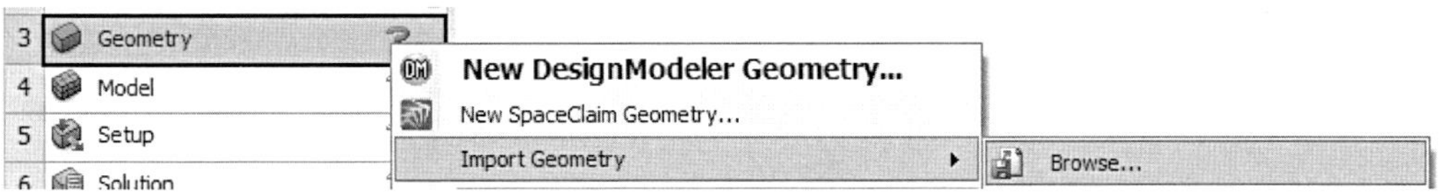

(4) 해석 모델의 환경을 설정한다. (Model)

① Project Schematic에 생성된 Steady-State Thermal System의 Model Cell을 더블클릭하여 Mechanical Application을 실행합니다.

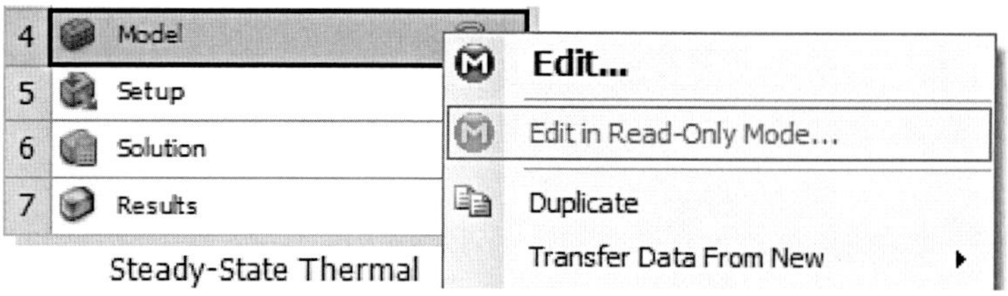

② 모델에 적용할 재질을 Aluminium로 변경합니다.

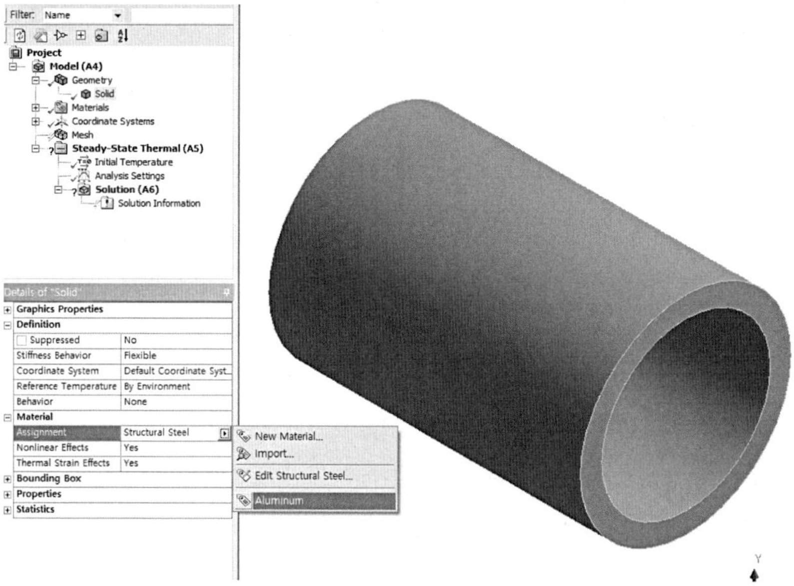

(5) 좌표계 설정 (Coordinate Systems) : 변경내용 없음

(6) 연결 관계 정의(Connections) : 기본설정을 사용한다.

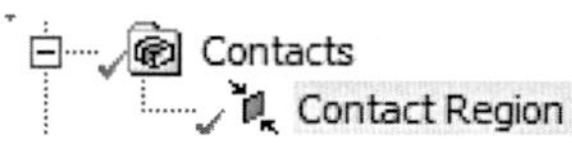

(7) 격자 모델 생성 (Mesh)

Mesh클릭 후 Element Size 5mm로 설정 합니다.

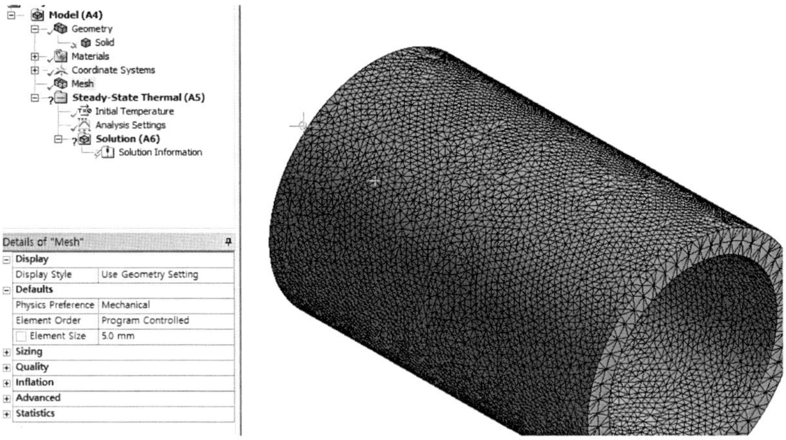

(8) 해석 설정 정의(Analysis Settings) : 기본설정을 사용한다.

(9) 초기 조건 정의 : 설정할 내용 없음.

(10) 구속조건 정의

① 원통의 내부면을 선택 후 우클릭 하여 Create Named Selection 선택, "heat flux" 입력 후 "OK" 클릭

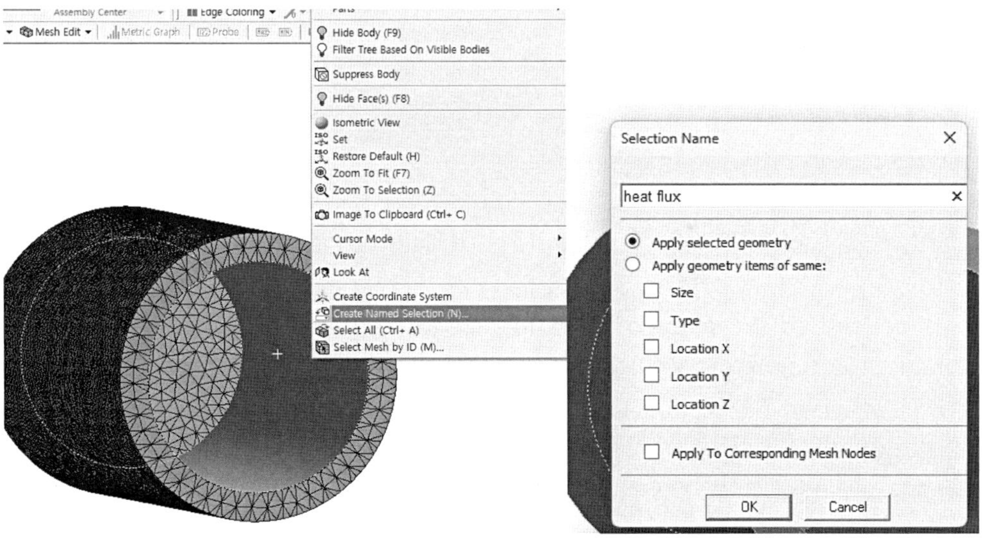

② 원통의 외부면을 선택 후 우클릭 하여 Create Named Selection 선택, “convection” 입력 후 “OK” 클릭

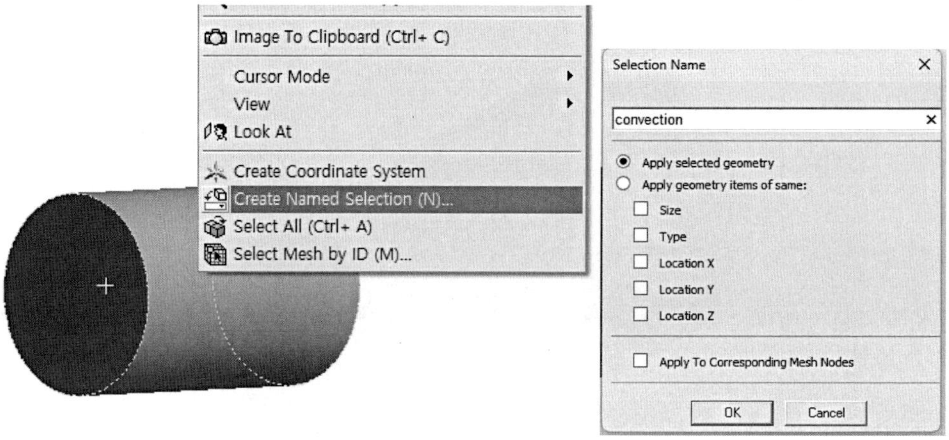

③ Named Selection으로 지정한 convection에 대류조건을 부여합니다.

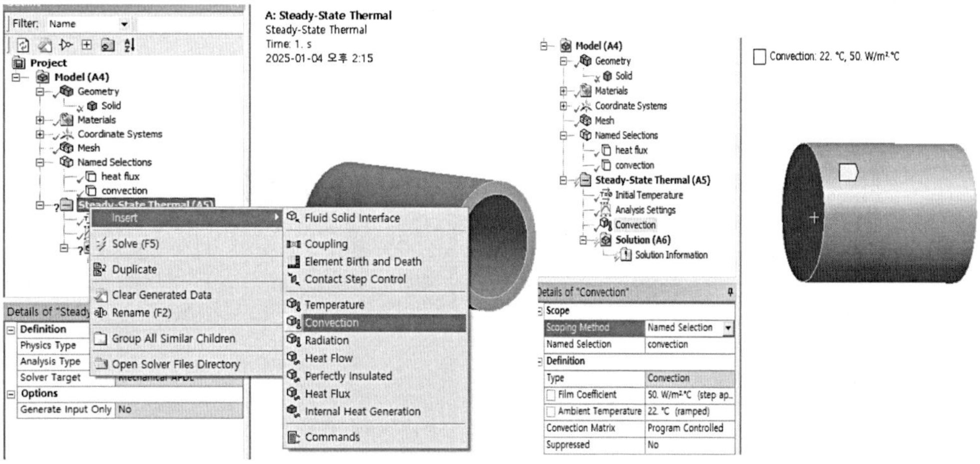

Tree Outline의 Steady State-Thermal에서 RBM>Insert>Convection를 추가합니다.

-① Scoping Method에서 Named Selection 선택

-② Named Selection에서 만들어둔 convection 지정선택

-③ Film Coefficient 50 W/m^2℃ (단위를 m단위로 바꾼뒤 설정 권장)

④ Named Selection 으로 지정한 heat flux에 열유속을 설정합니다.

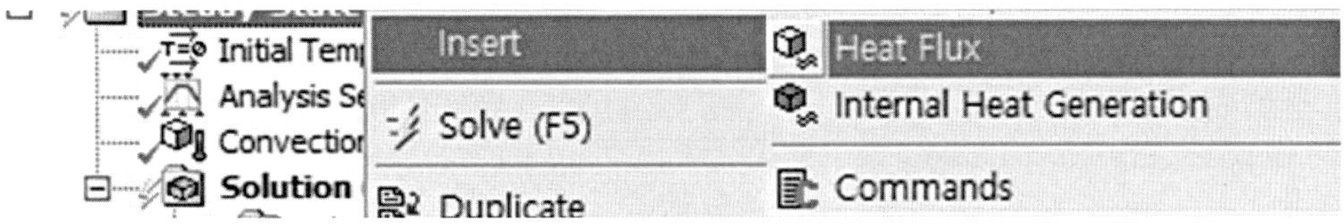

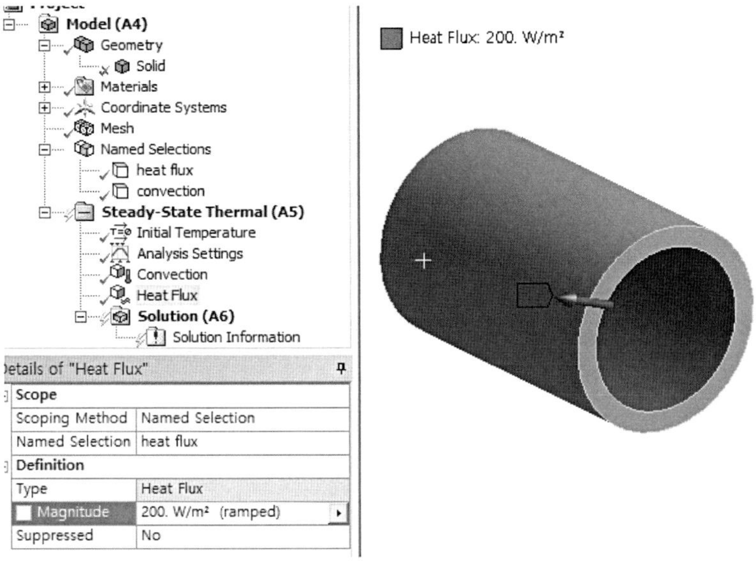

Tree Outline의 Steady State-Thermal에서 RBM>Insert>Heat Flux를 추가합니다.

-① Scoping Method에서 Named Selection 선택

-② Named Selection에서 만들어둔 heat flux 지정선택

-③ Magnitude 200 W/m^2 (단위를 m단위로 바꾼뒤 설정 권장)

(11) 결과 항목을 추가합니다.

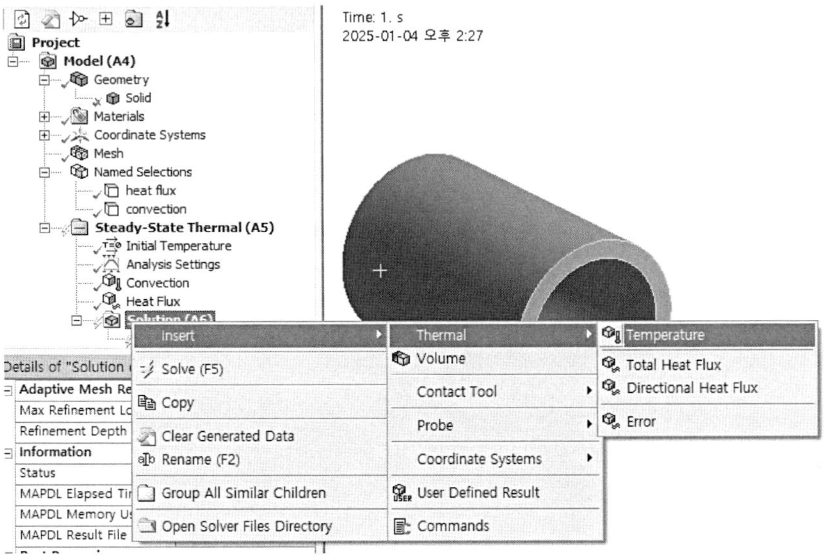

(12) 해석 수행

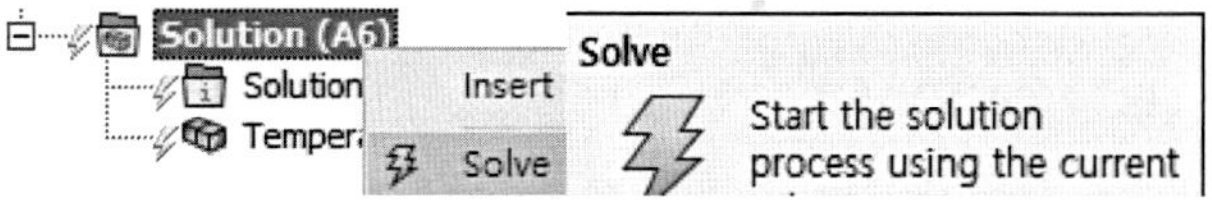

Total CPU time for main thread : 4.2 seconds
Total CPU time summed for all threads : 4.5 seconds

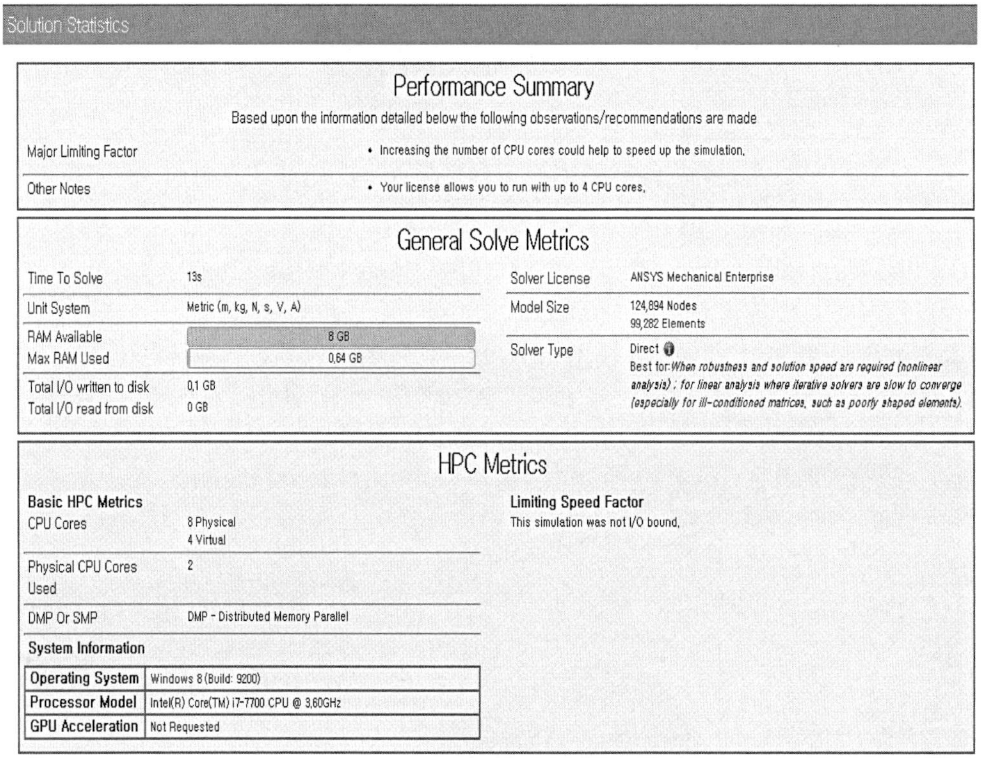

Solution Statistics

Performance Summary

Based upon the information detailed below the following observations/recommendations are made

Major Limiting Factor	• Increasing the number of CPU cores could help to speed up the simulation.
Other Notes	• Your license allows you to run with up to 4 CPU cores.

General Solve Metrics

Time To Solve	13s
Unit System	Metric (m, kg, N, s, V, A)
RAM Available	8 GB
Max RAM Used	0.64 GB
Total I/O written to disk	0.1 GB
Total I/O read from disk	0 GB

Solver License	ANSYS Mechanical Enterprise
Model Size	124,894 Nodes 99,282 Elements
Solver Type	Direct Best for: *When robustness and solution speed are required (nonlinear analysis) ; for linear analysis where iterative solvers are slow to converge (especially for ill-conditioned matrices, such as poorly shaped elements).*

HPC Metrics

Basic HPC Metrics

CPU Cores	8 Physical 4 Virtual
Physical CPU Cores Used	2
DMP Or SMP	DMP - Distributed Memory Parallel

System Information

Operating System	Windows 8 (Build: 9200)
Processor Model	Intel(R) Core(TM) i7-7700 CPU @ 3.60GHz
GPU Acceleration	Not Requested

Limiting Speed Factor

This simulation was not I/O bound.

(13) 해석결과 확인

① Temperature 결과

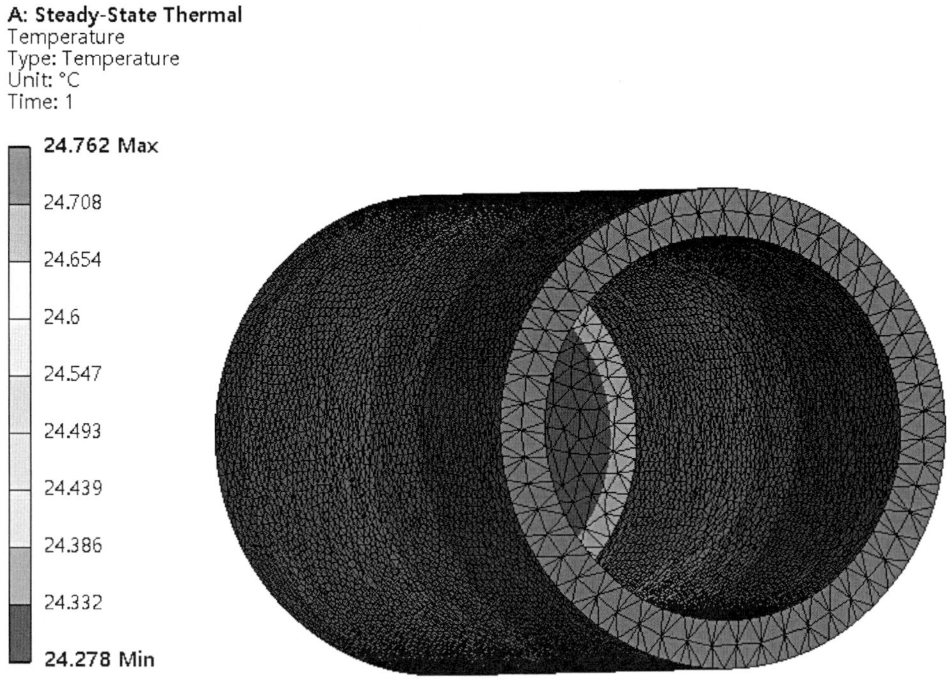

② Heat flux 결과

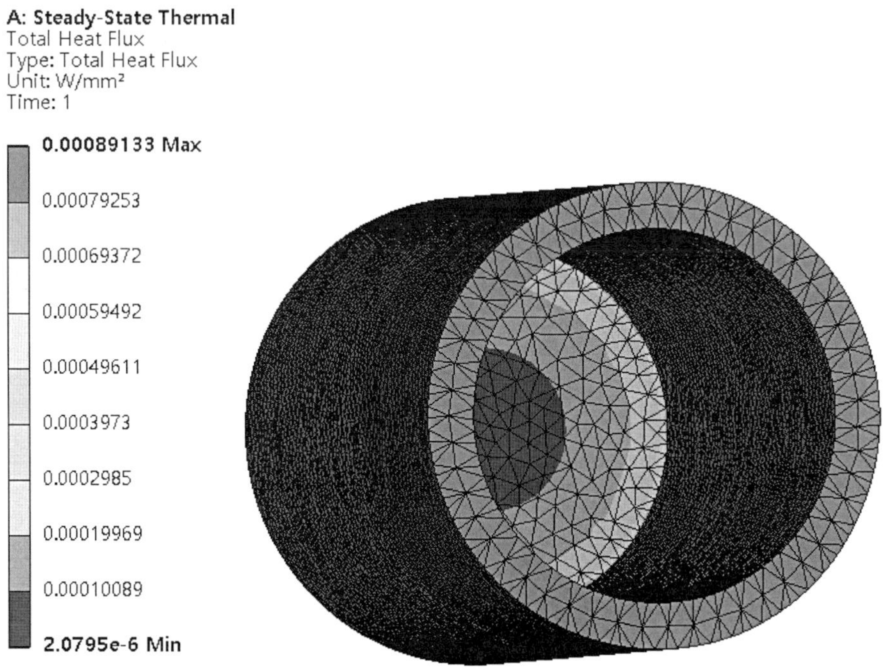

Part 2. : Static Structural Analysis

(1) 정적구조해석을 수행한다.

열응력 해석을 위하여 열전도 해석결과로 얻은 데이터를 응력 해석에 연속해서 수행한다.

① 열전도 해석 결과에 얻은 데이터를 정적구조해석으로 가져온다.

② Toolbox에서 Static Structural을 Project Schematic에 Drag하여 놓는다.

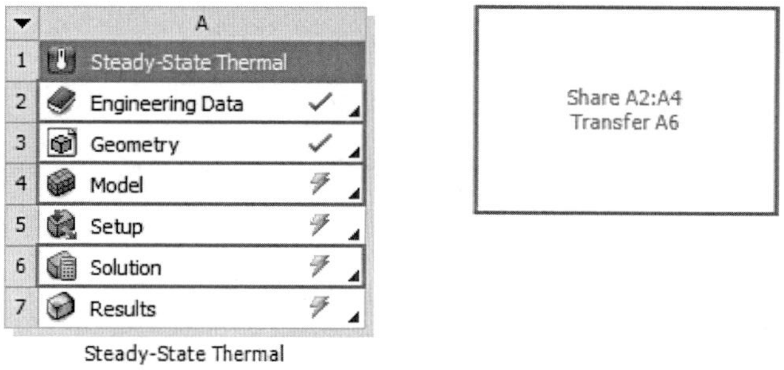

(2) Static Structural에서 Model을 더블클릭하여 Static Structural을 불러온다.

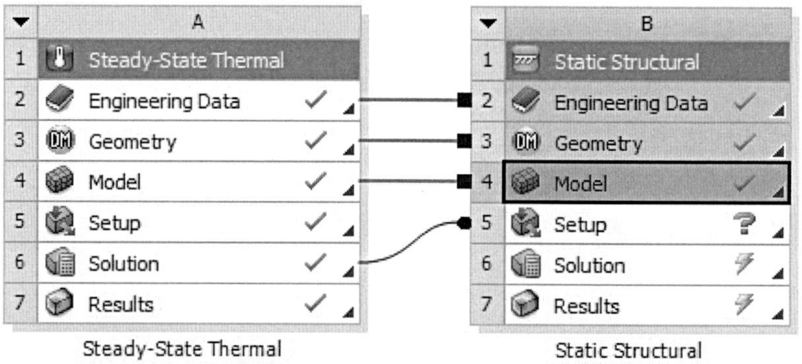

① 모델의 재질을 확인하고 메시는 기본설정을 사용한다.

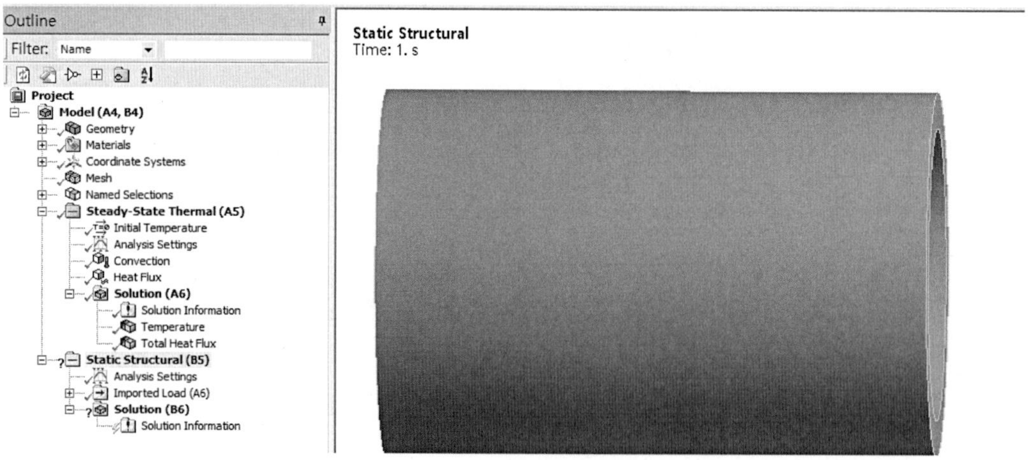

(3) 온도데이터를 불러온다.

① Static Structural에서 Imported Load를 클릭한다.

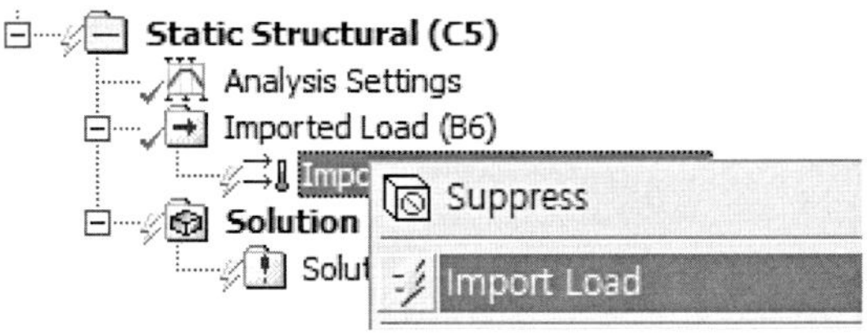

② Import Load를 해서 온도데이터를 불러온 결과.

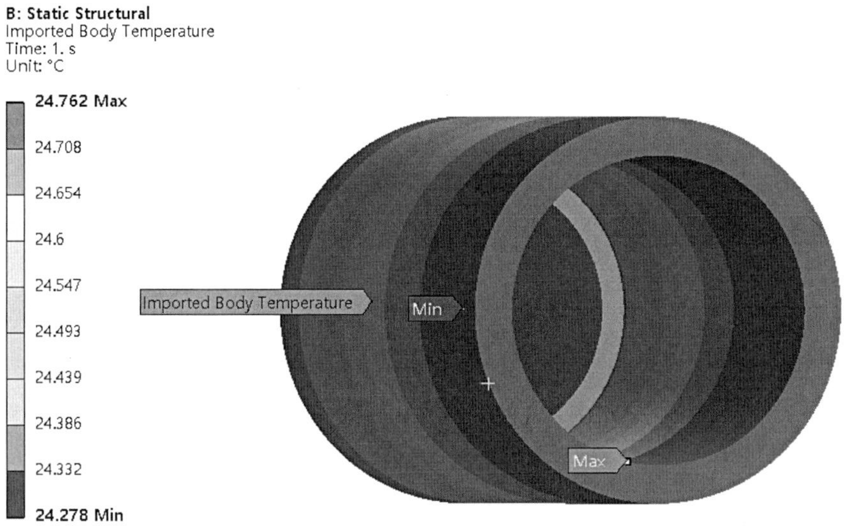

(4) 경계조건을 설정한다.

① Support의 Fixed support를 추가한다.
원통의 양쪽 측면을 설정한다.

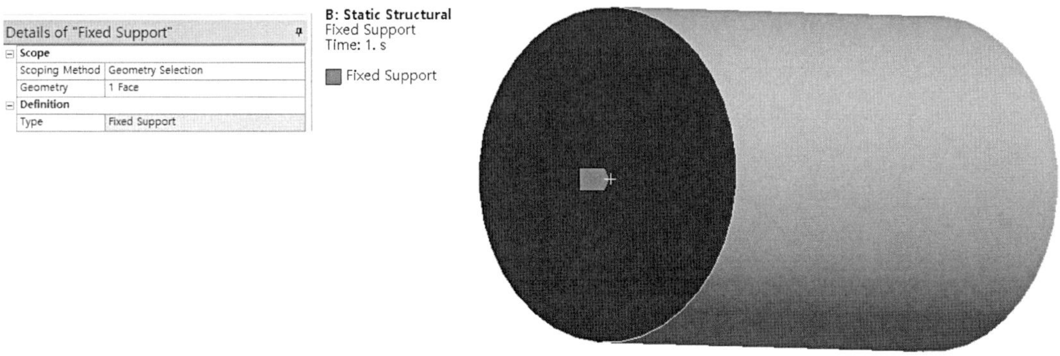

(5) 확인하고자 하는 결과 값을 Solution에 추가한다.

① Total deformation

② Equivalent Stress

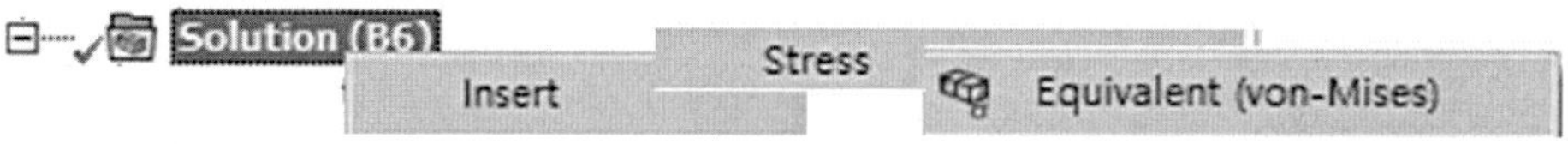

(6) 해석을 수행한다.

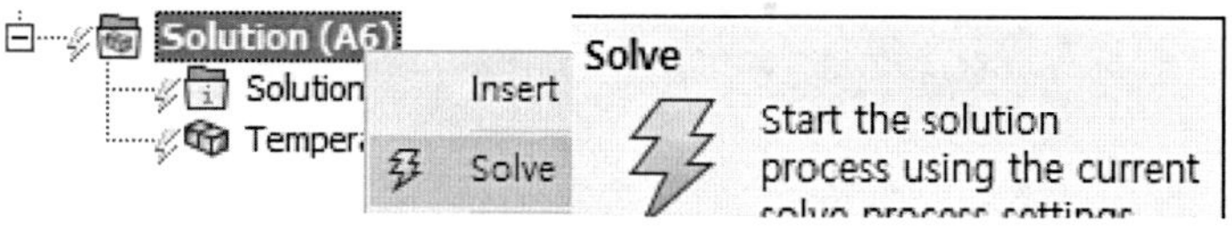

Total CPU time for main thread	:	0.2 seconds
Total CPU time summed for all threads	:	0.4 seconds

---

(7) 해석결과 확인한다.

① Total deformation

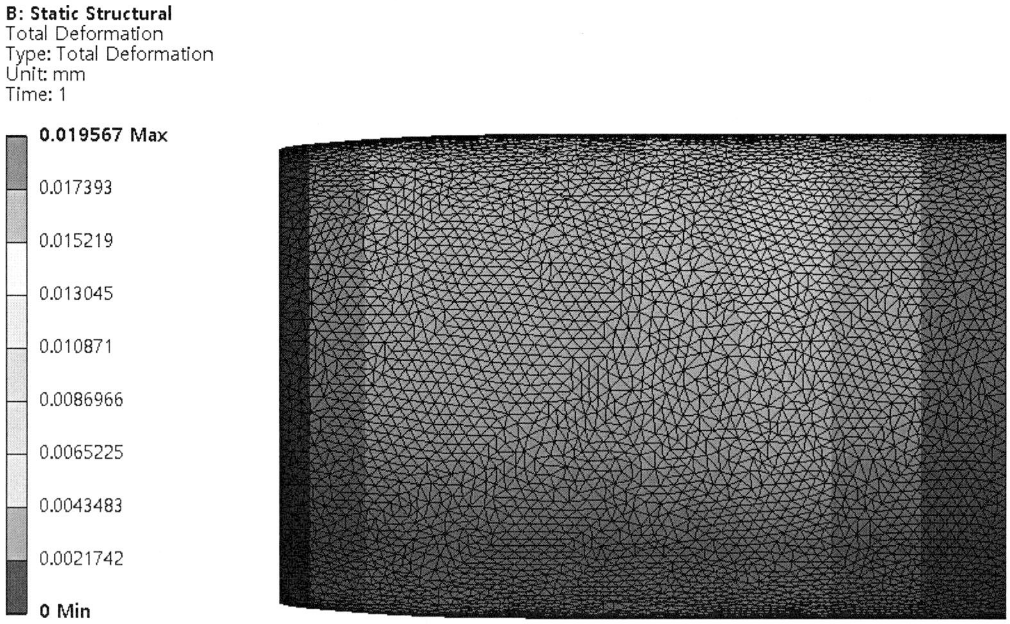

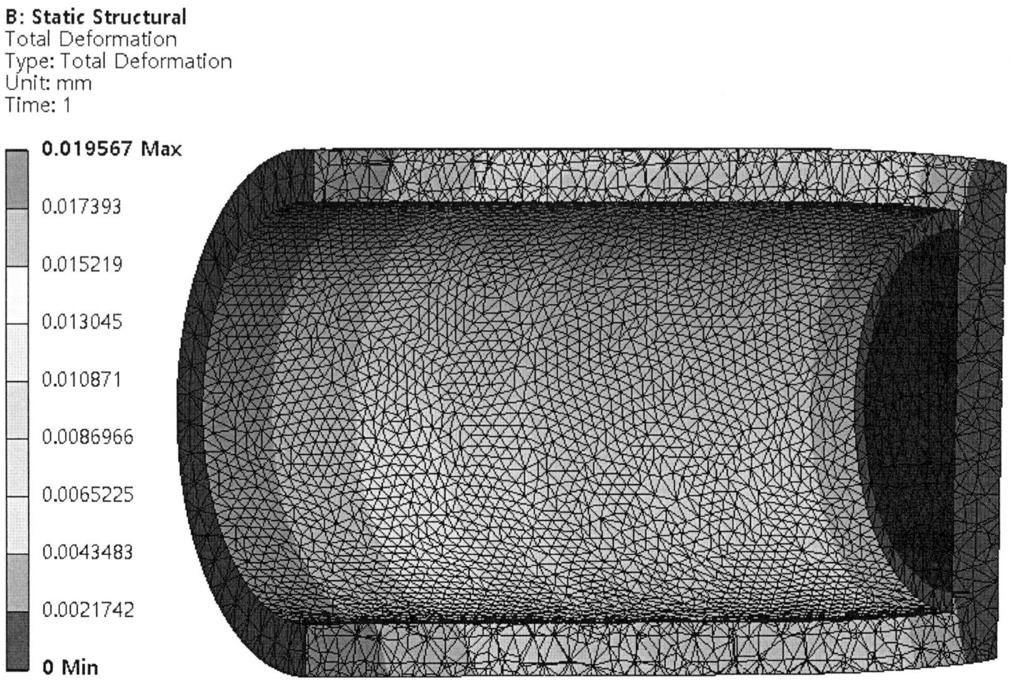

② Equivalent Stress

3. 말굽 구조물의 대류 해석

1) 구조해석 요구사항 [10)]

재질이 Structural steel인 구조물의 열해석을 수행하고자 한다.
구조물 열의 흐름은 5W이다.
외부 표면은 대류가 발생하며 공기의 온도는 22℃이다.
구조물의 열의 흐름은 5W(heat flow)이다.
구조물의 외부 대류 22℃(convection)이다.

외부 공기의 대류에 의한 영향으로 표면에 전달되는 온도를 분석하고,
온도 분포에 따른 응력 및 변형을 해석한다.

10) 한국공학대학교 로봇메카트로닉스 김봉헌

2) 구조해석

Part 1. : Thermal Analysis

(1) 해석 시스템을 생성한다.

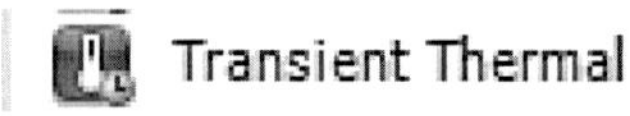

(2) 재료의 물성을 정의한다. (Engineering Data)

이번 구조해석에서는 구조강을 사용하므로 특별한 재료의 선택은 하지 않는다.

(3) 해석 모델을 불러들이거나 모델링을 수행한다. (Geometry)
 * CAD 데이터를 불러와서 해석을 수행할 수도 있고, Geometry를 더블클릭하여 Workbench에서 Design Modeler를 불러 모델링할 수도 있다.
 * 이 과정에서는 CAD 데이터를 불러와서 해석을 수행을 한다.
 Geometry Call에서 RMB(마우스 오른쪽 버튼) > import geometry>Browse...를 클릭하여 모델파일을 선택합니다.

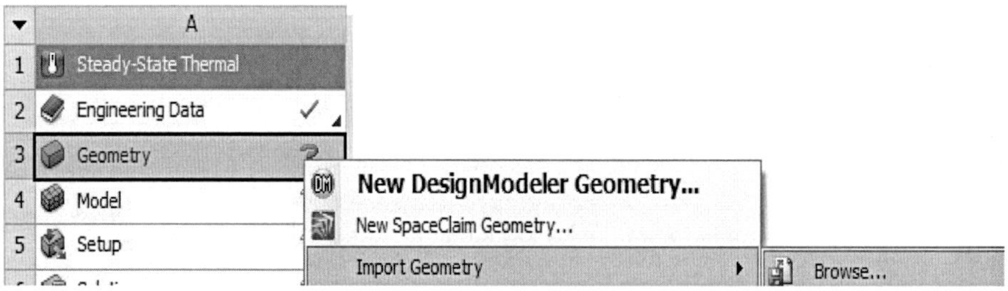

(4) 해석 모델의 환경을 설정한다. (Model)
 Project Schematic에 생성된 Steady-State Thermal System의 Model Cell을 더블클릭하여 Mechanical Application을 실행합니다.

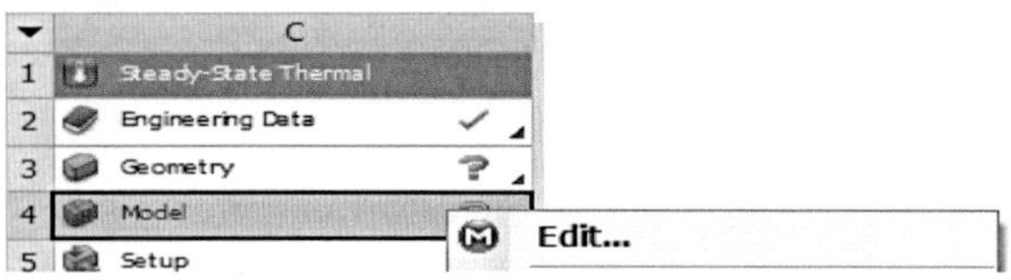

(5) 좌표계 설정 (Coordinate Systems) : 변경내용 없음

(6) 연결 관계 정의(Connections) : 기본설정을 사용한다.

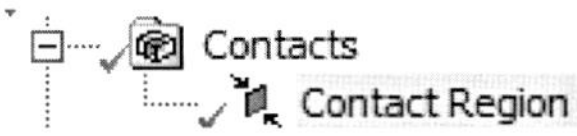

connections -> contacts -> insert -> manual contact region 면을 선택하세요.

① contact : 아래 원, target : 윗 원

② pinball region(radius) -> radius : 7mm

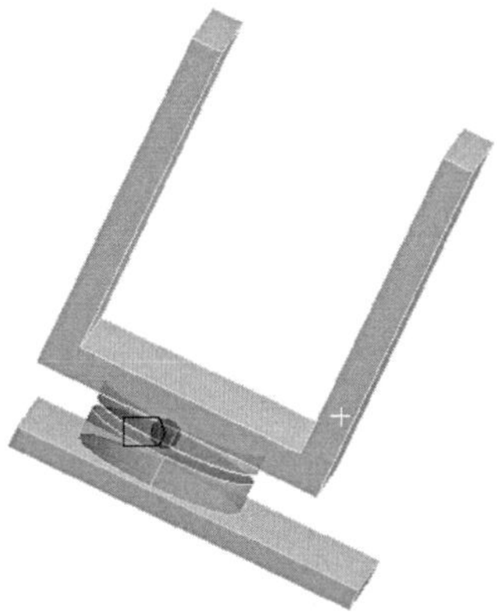

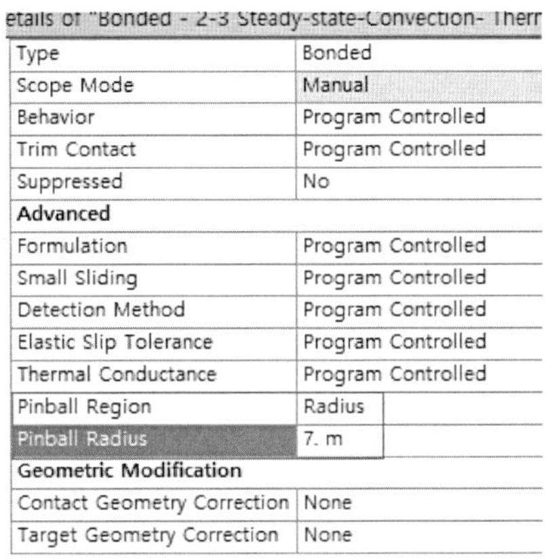

etails of "Bonded - 2-3 Steady-state-Convection- Therr

Type	Bonded
Scope Mode	Manual
Behavior	Program Controlled
Trim Contact	Program Controlled
Suppressed	No
Advanced	
Formulation	Program Controlled
Small Sliding	Program Controlled
Detection Method	Program Controlled
Elastic Slip Tolerance	Program Controlled
Thermal Conductance	Program Controlled
Pinball Region	Radius
Pinball Radius	7. m
Geometric Modification	
Contact Geometry Correction	None
Target Geometry Correction	None

(7) 격자 모델 생성 (Mesh)

mesh의 resolution을 4로 설정한다.

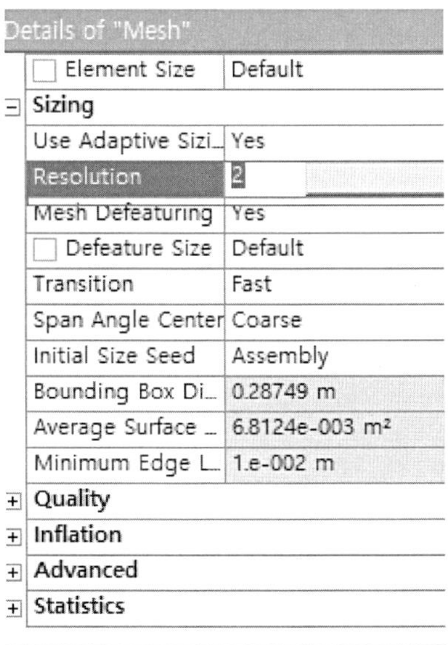

Details of "Mesh"

Element Size	Default
Sizing	
Use Adaptive Sizi...	Yes
Resolution	2
Mesh Defeaturing	Yes
Defeature Size	Default
Transition	Fast
Span Angle Center	Coarse
Initial Size Seed	Assembly
Bounding Box Di...	0.28749 m
Average Surface ...	6.8124e-003 m²
Minimum Edge L...	1.e-002 m
Quality	
Inflation	
Advanced	
Statistics	

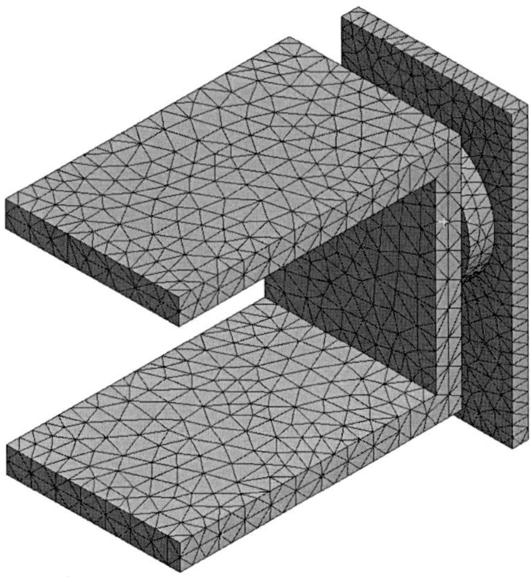

(8) 해석 설정 정의(Analysis Settings) : 기본설정을 사용한다.

(9) 초기 조건 정의 : 설정할 내용 없음.

(10) 구속조건 정의

① heat flow

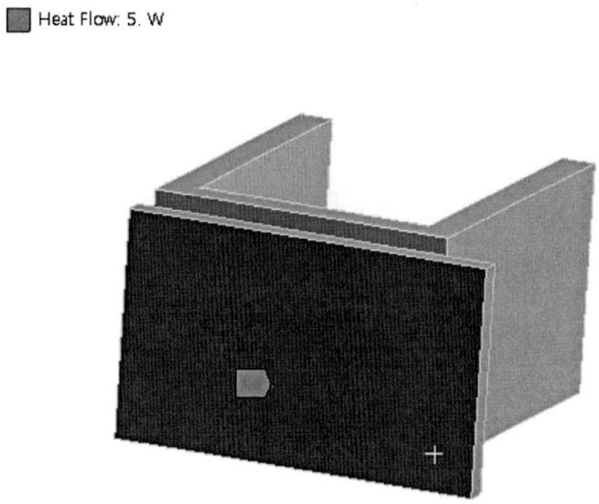

Definition	
Type	Heat Flow
Define As	Heat Flow
Magnitude	5. W (ramped)
Suppressed	No

- 아랫면에 heat flow = 5를 부여한다.

② Convection

윗 9면을 선택하고 convection을 준다.

film coefficient :11.1e-5

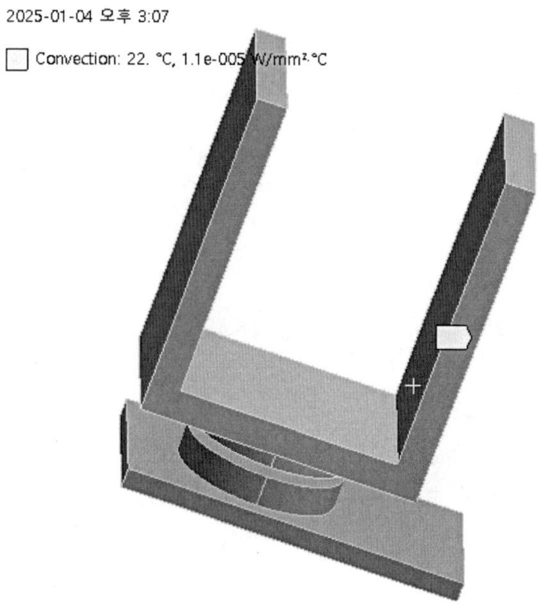

(11) 결과 항목을 추가합니다.

① Temperature 결과 세팅

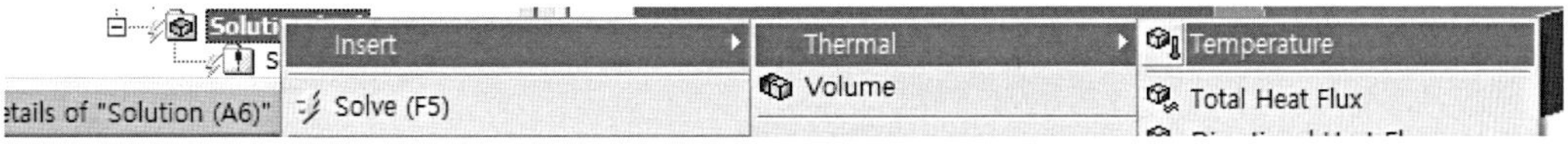

② Directional heat flux를 추가합니다.

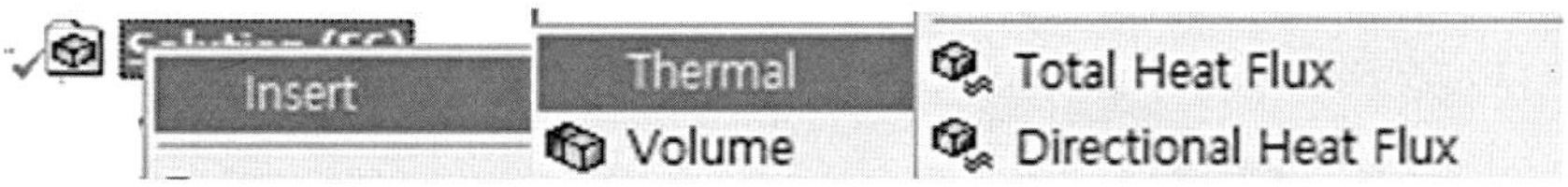

(12) 해석을 실행합니다.

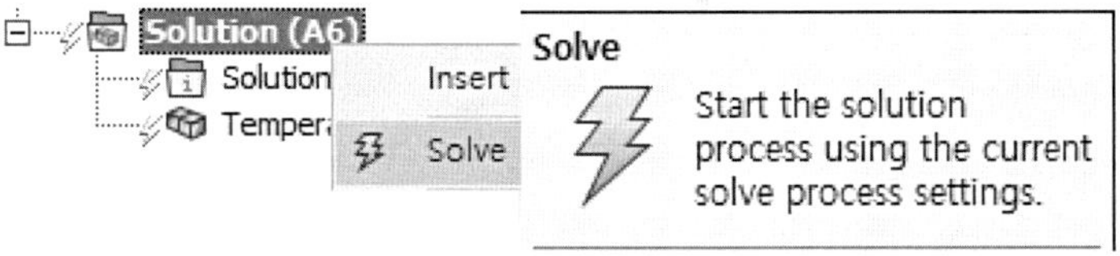

Total CPU time for main thread	:	0.7 seconds
Total CPU time summed for all threads	:	1.0 seconds

----

(13) 해석결과 확인

온도분포와 열속 분포를 확인합니다. Heat Sink의 온도는 25.712℃에서 약 22.118℃ 로 분포(격자밀도에 따라 약간의 차이가 발생 가능)하며 최대 directional heat flux 값은 약 0.0011927W/mm^2입니다.

① Temperature 결과

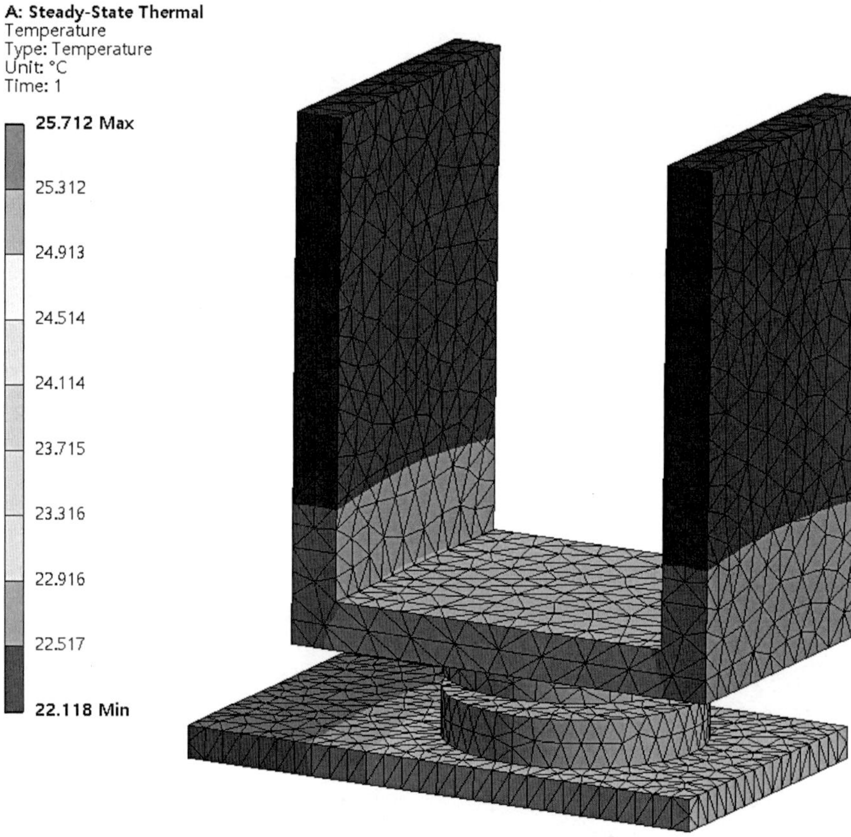

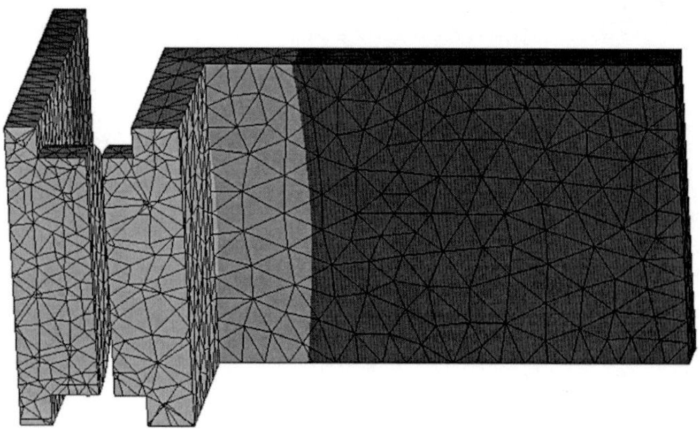

② Directional Heat Flux 결과

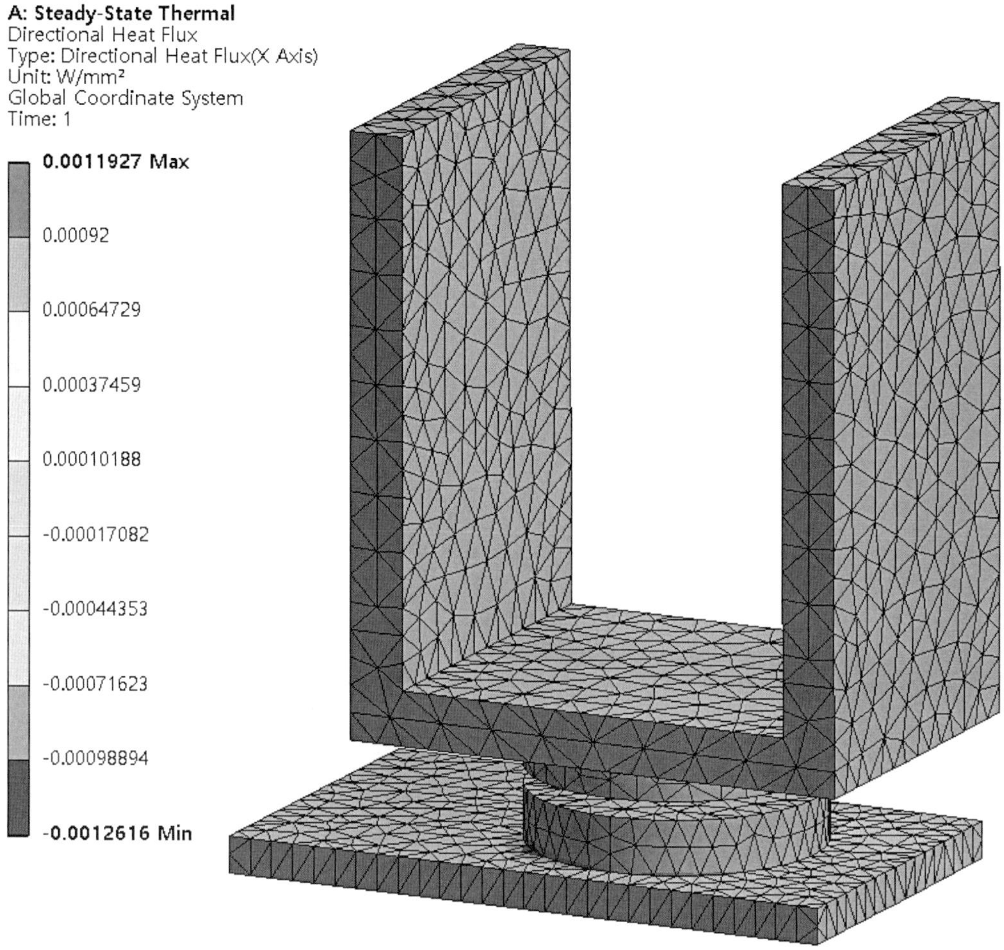

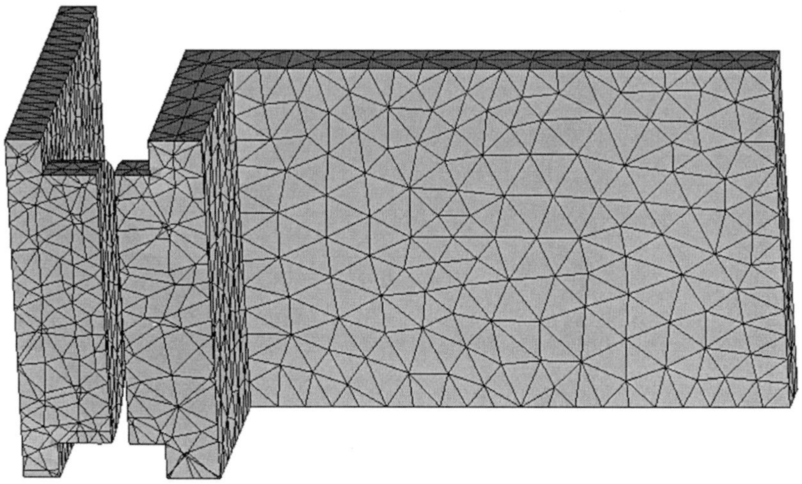

Part 2. : Static Structural Analysis

(1) 정적구조해석을 수행한다.

열응력 해석을 위하여 열전도 해석결과로 얻은 데이터를 응력 해석에 연속해서 수행한다.

① 열전도 해석 결과에 얻은 데이터를 정적구조해석으로 가져온다.

② Toolbox에서 Static Structural을 Project Schematic에 Drag하여 놓는다.

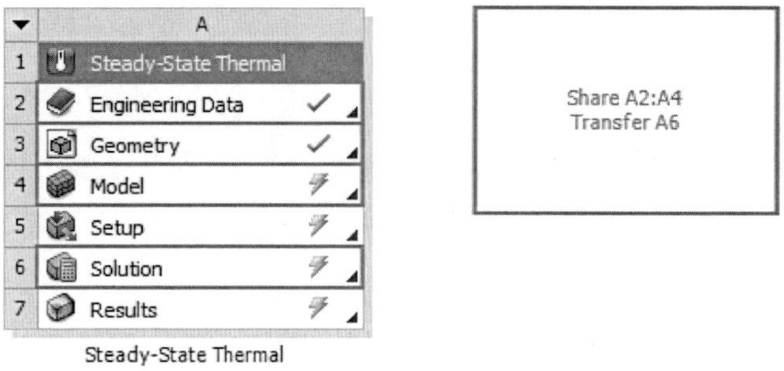

(2) Static Structural에서 Model을 더블클릭하여 Static Structural을 불러온다.

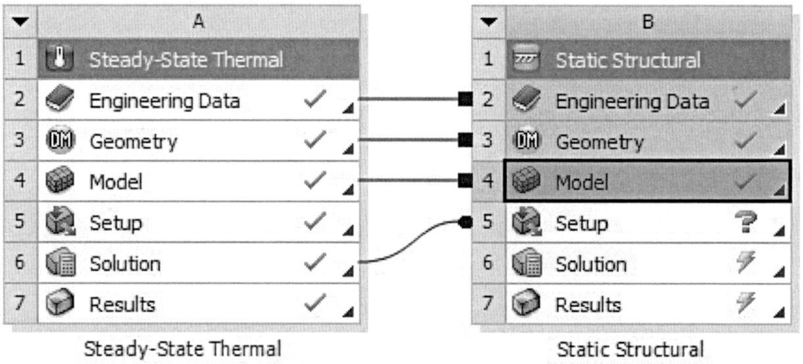

① 모델의 재질을 확인하고 메시는 기본설정을 사용한다.

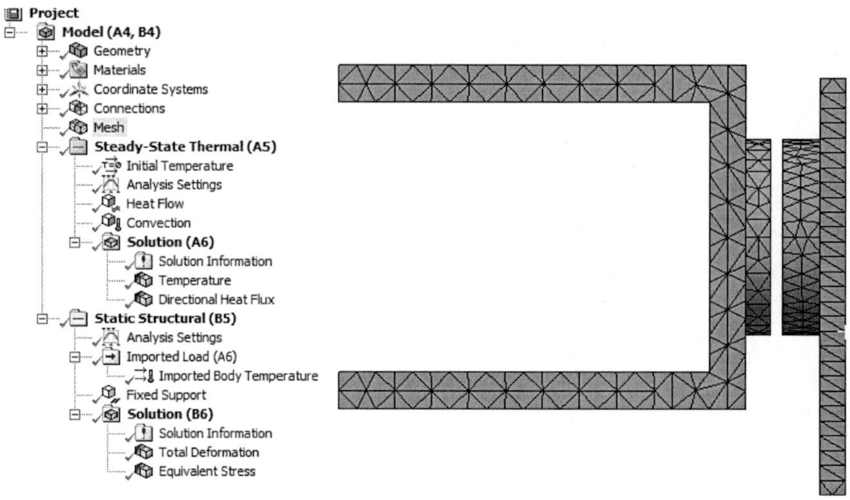

(3) 온도데이터를 불러온다.

① Static Structural에서 Imported Load를 클릭한다.

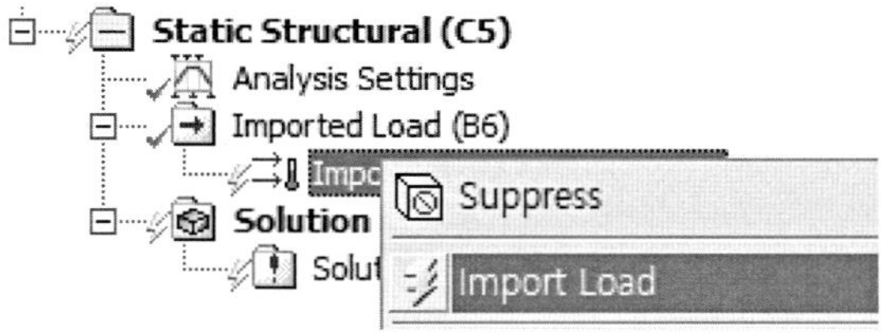

② Import Load를 해서 온도데이터를 불러온 결과.

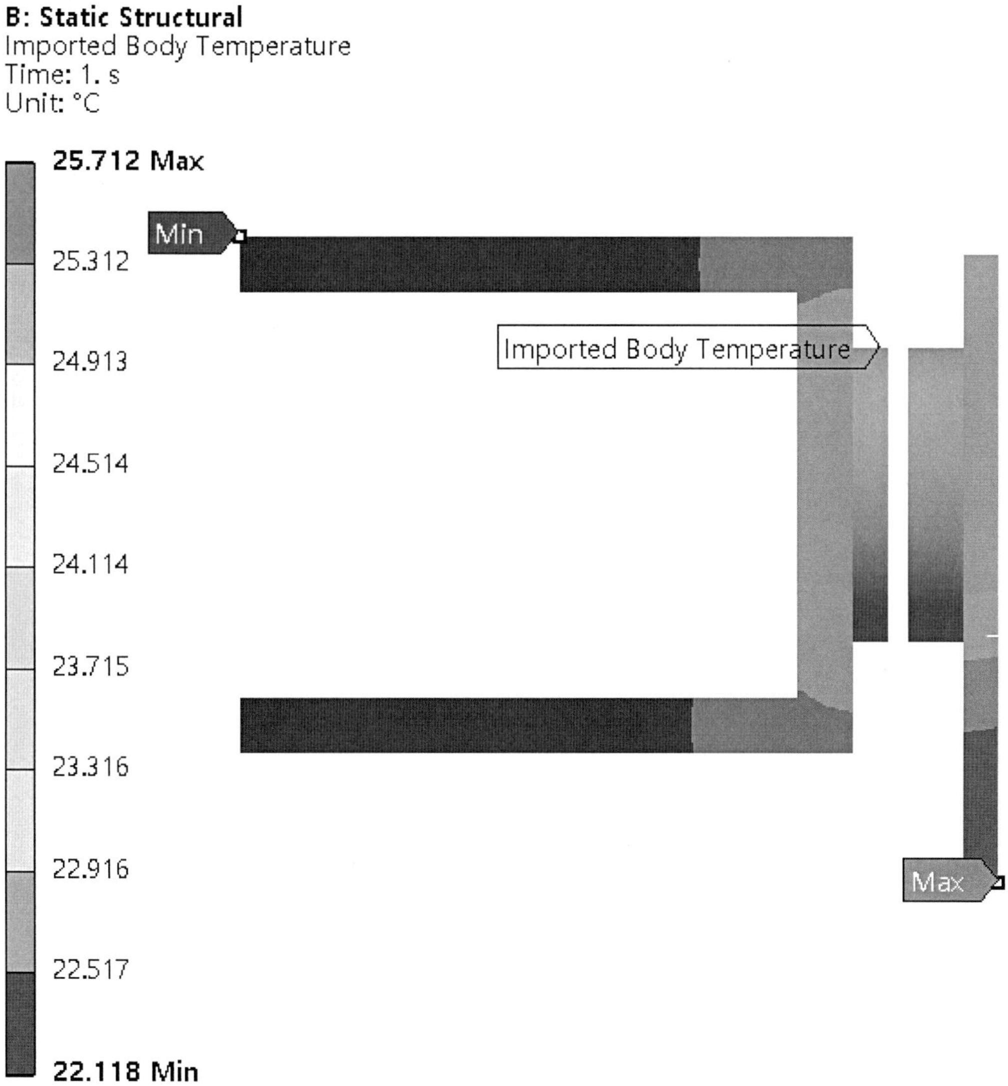

(4) 경계조건을 설정한다.

① Support의 Fixed support를 추가한다.
   바닥면을 설정한다.

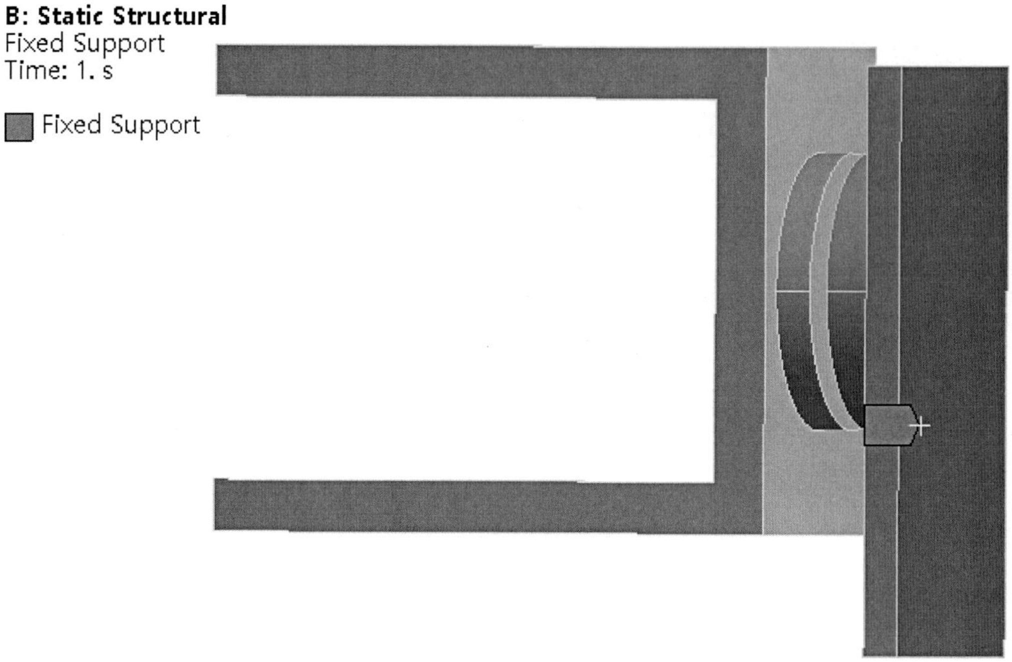

(5) 확인하고자 하는 결과 값을 Solution에 추가한다.

① Total deformation

② Equivalent Stress

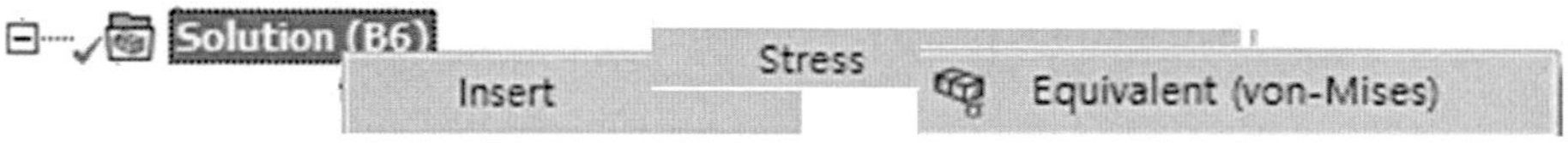

(6) 해석을 수행한다.

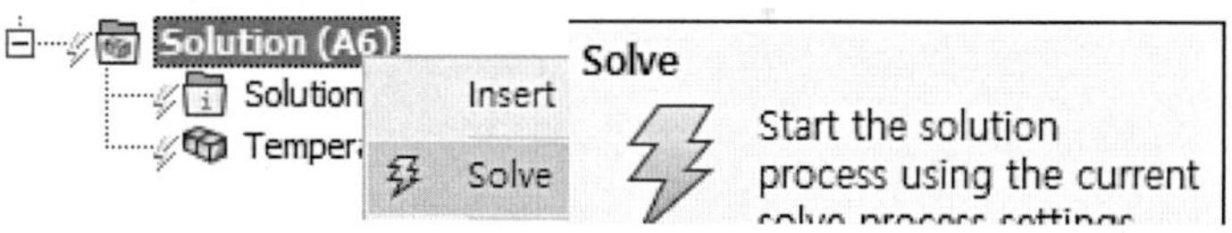

Total CPU time for main thread	:	0.8 seconds
Total CPU time summed for all threads	:	5.0 seconds

---

(7) 해석결과 확인한다.

① Total deformation

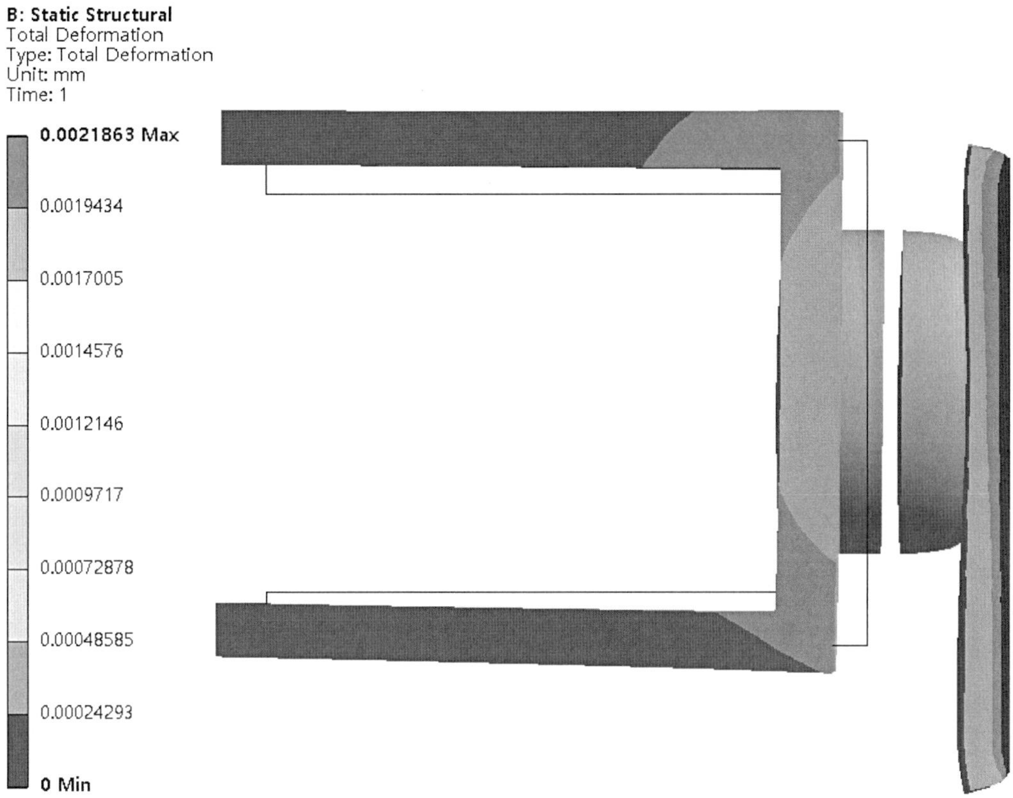

② Equivalent Stress

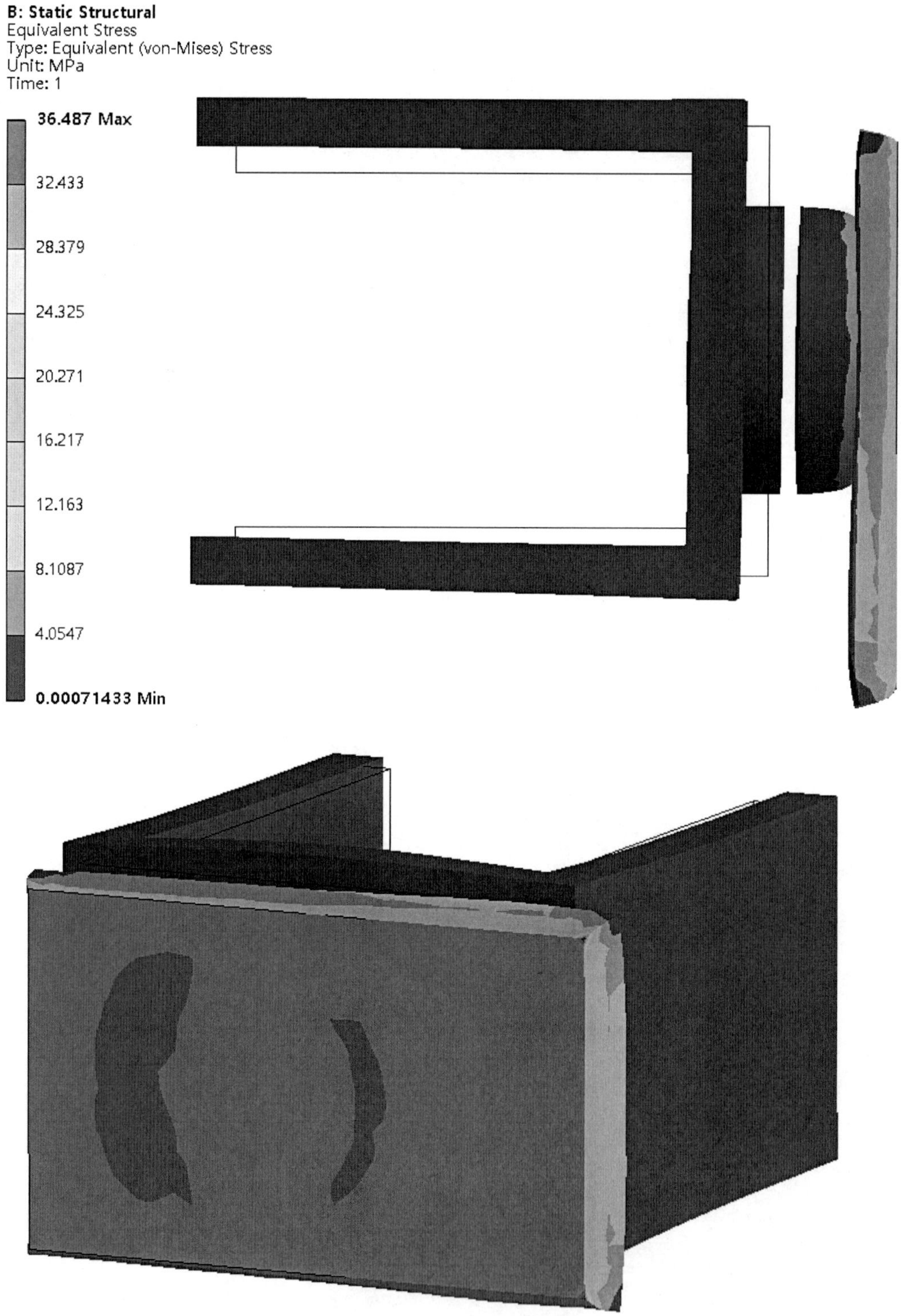

4. 적층 방열판의 열해석 11)

1) 구조해석 요구사항.12)

재질이 Structural Steel 인 구조물의 표면이 온도 20℃에서 80℃로 변화한다.
외부 공기의 온도가 22℃이며 공기가 유동하여 구조물의 온도에 영향을 준다.
이런 환경에서 구조물의 온도 분포를 구하여라.
구조해석을 위한 메쉬 설계는 요소의 크기를 10mm로 설정한다.
위 조건 외 사항은 기본조건으로 진행한다.

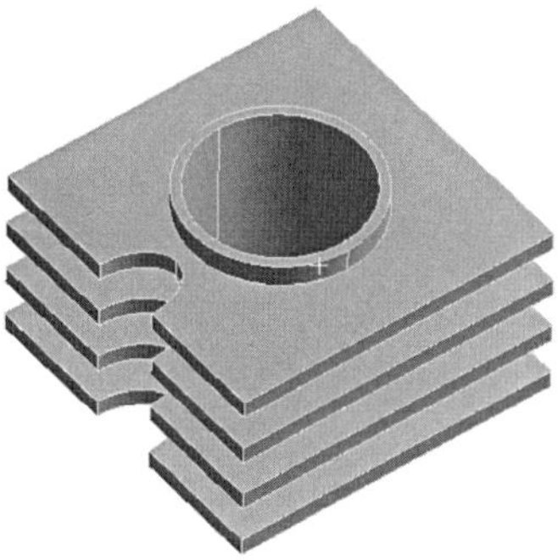

해석 모델

내부 온도 80℃

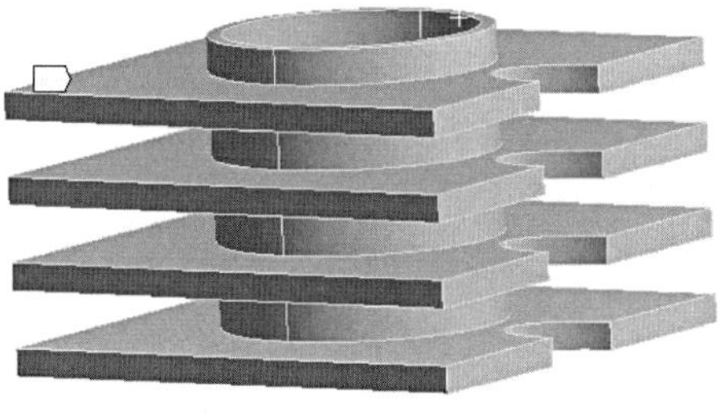

대류 조건

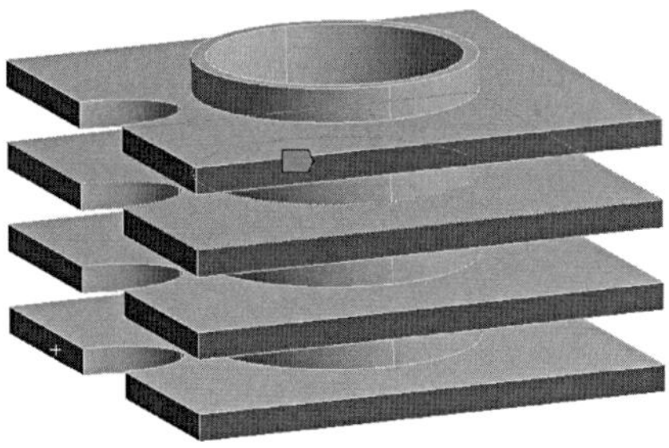

날개부 단부 고정조건

11) 한국공학대학교 로봇메카트로닉스과 천민호
12)
https://www.bing.com/videos/riverview/relatedvideo?q=ansys%20thermal%20analysis&mid=68CF7CB5709B7115798968CF7CB5709B71157989&ajaxhist=0

2) 구조해석

Part 1. : Thermal Analysis

(1) ANSYS Workbench를 실행하고, Transient Thermal을 생성합니다.

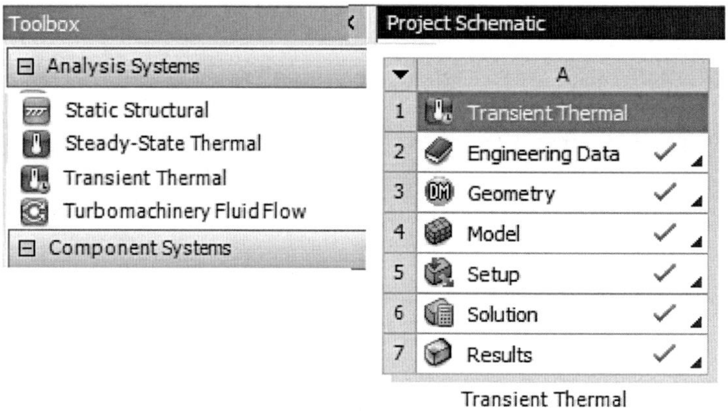

(2) 재료의 물성을 정의한다. (Engineering Data)

이번 구조해석에서는 구조강을 사용하므로 특별한 재료의 선택은 하지 않는다.

(3) 해석 모델을 불러들이거나 모델링을 수행한다. (Geometry)

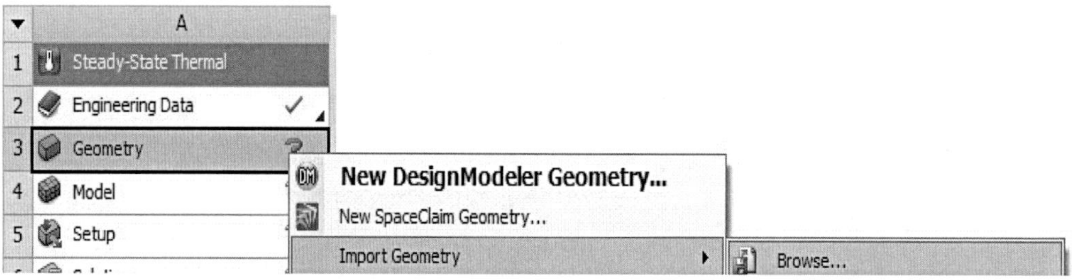

① Geometry Call에서 RMB(마우스 오른쪽 버튼) > import geometry > Browse... 를 클릭하여 모델파일을 선택합니다.

(4) 해석 모델의 환경을 설정한다. (Model)

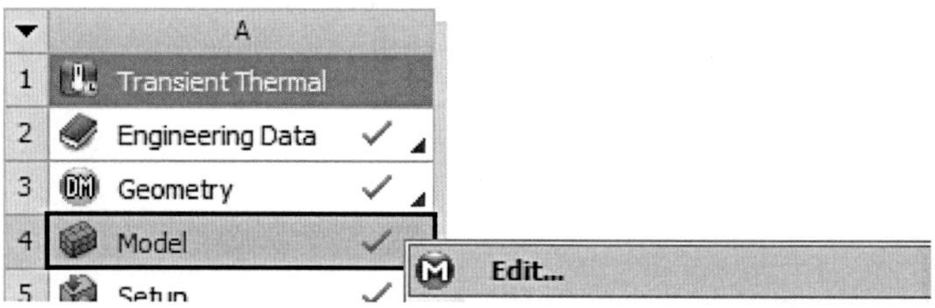

(5) 좌표계 설정 (Coordinate Systems) : 변경내용 없음

(6) 연결 관계 정의(Connections)

Geometry에 모델이 하나이므로 활성화 되지 않았음

(7) 격자 모델 생성 (Mesh)

① Outline화면에서 Model > Mesh를 선택한다.

② Detail view에서 Sizing > **Element Size 선택하여 값을 10mm**로 세팅한다.

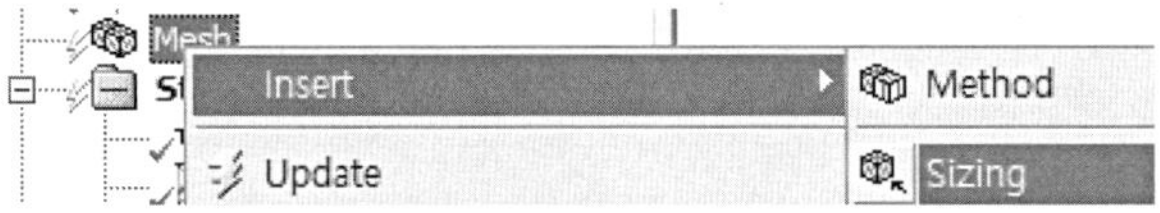

③ Outline화면에서 Model > Mesh 를 선택하고 RMB > Update 실행한다.
Graphic화면에서 모델에 메시가 생성된 것을 확인할 수 있다.

④ Detail view에서 Statistics에서 메시 생성에 대한 결과를 확인할 수 있다.

Display	
Display Style	Use Geometry Setting
Defaults	
Physics Preference	Mechanical
Element Order	Program Controlled
Element Size	10.0 mm
Sizing	
Quality	
Inflation	
Advanced	
Statistics	
Nodes	36068
Elements	18973

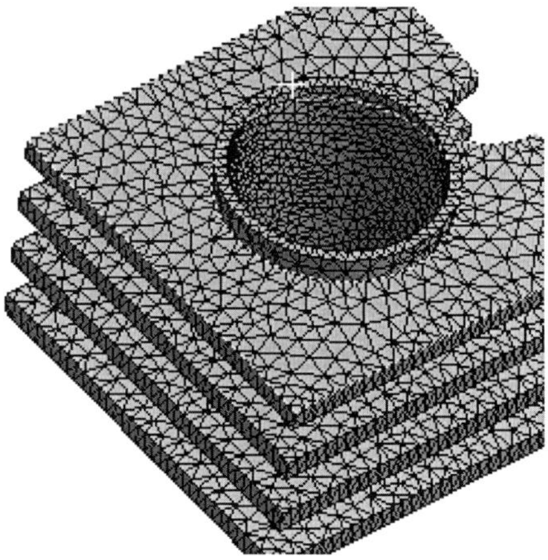

(8) 해석 설정 정의(Analysis Settings) : 설정된 값을 사용한다.

(9) 초기 조건 정의

본 문제에서는 자중의 영향이 있을 수 있으나 고려하지 않는다.

(10) 구속조건 정의

① (온도) Temperature

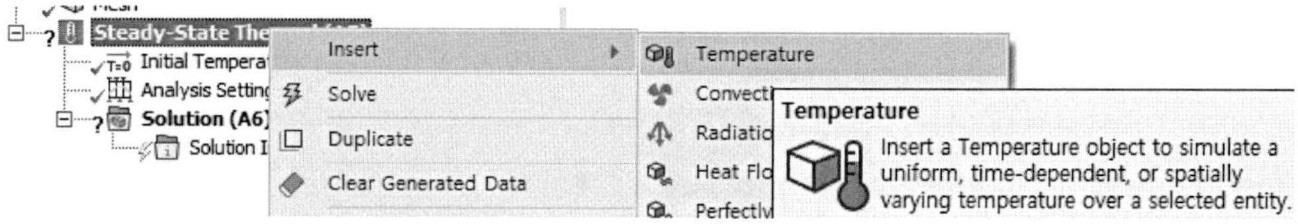

-1. 원통 내부 표면에 온도 설정을 위해 Selection filter에서 면을 선택한다.

-2. 온도조건을 설정할 내부 면을 선택한다. 여러 면을 동시에 선택할 경우 ctrl키를 누르고 추가 선택한다.

-3. Details of "Temperature"에서 Magnitude에 **기존 22을 80**으로 변경하여 입력한다.

② Tree Outline의 Steady State-Thermal에서 RBM>Insert>Temperature를 추가합니다.

-1. Detail View >Geometry에 분할면 (2 Face)을 지정합니다.

-2. Definition > Magnitude에 80을 입력합니다.

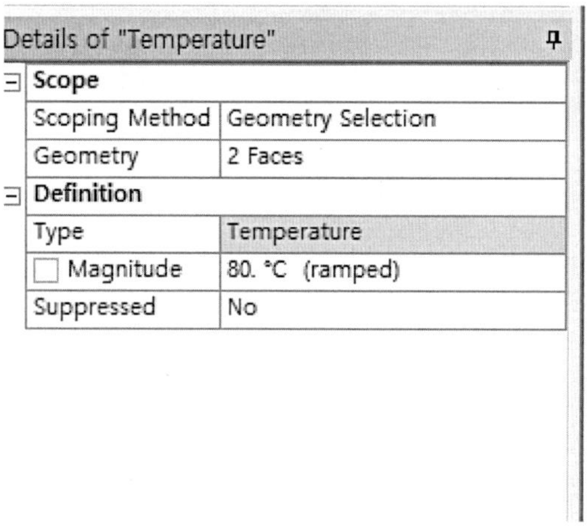

Details of "Temperature"

Scope	
Scoping Method	Geometry Selection
Geometry	2 Faces
Definition	
Type	Temperature
Magnitude	80. °C (ramped)
Suppressed	No

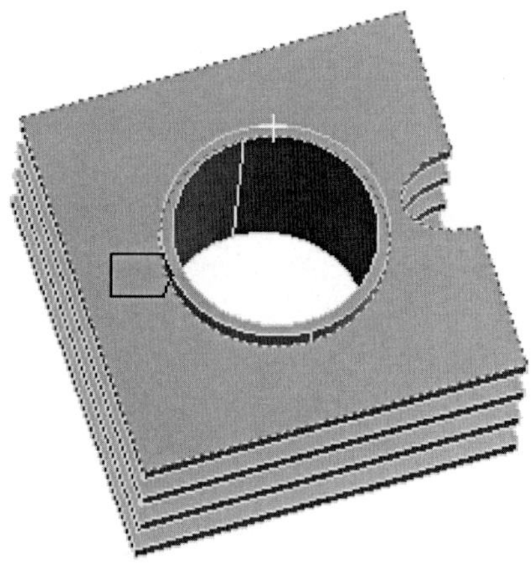

③ 대류 조건 부여합니다.

Three Outline의 Steady State-Thermal에서 RBM > Insert > Convection을 추가합니다.

-1. Detail View >Geometry에 **외부 돌출 면(45 Face)**을 지정합니다.

-2. 원통 내부를 제외한 모든 면을 선택합니다.
-3. 대류계수는 Workbench에서 제공하는 데이터를 사용하겠습니다.
Detail View >Film Coefficient 항목의 버튼을 클릭하여 추가 Menu의 Import Temperature Dependent를 클릭합니다.
-4. Ambient Temperature에 22℃(**주변 공기의 온도**)를 사용합니다.

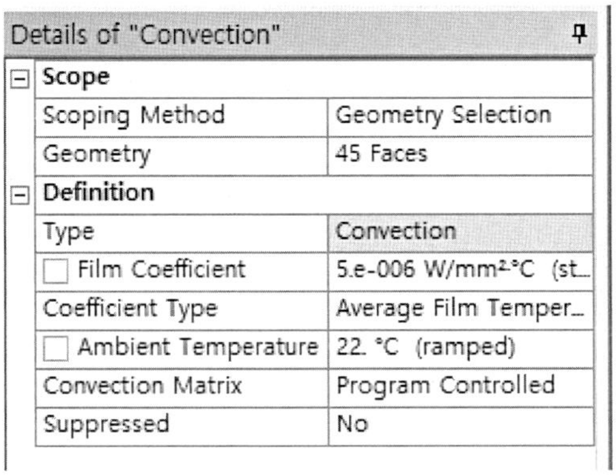

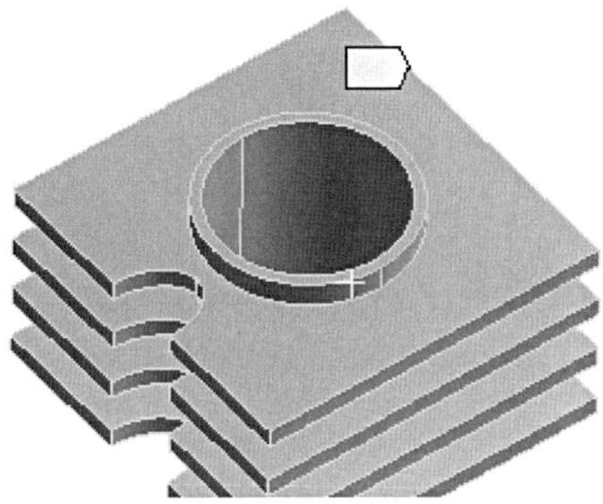

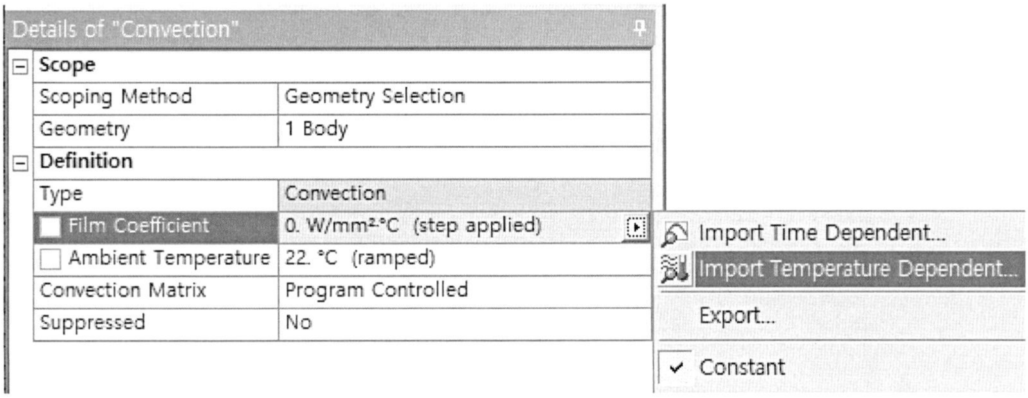

-5. Convection Data들 중에서 Stagnant Air-Simplified Case 항목을 적용합니다.

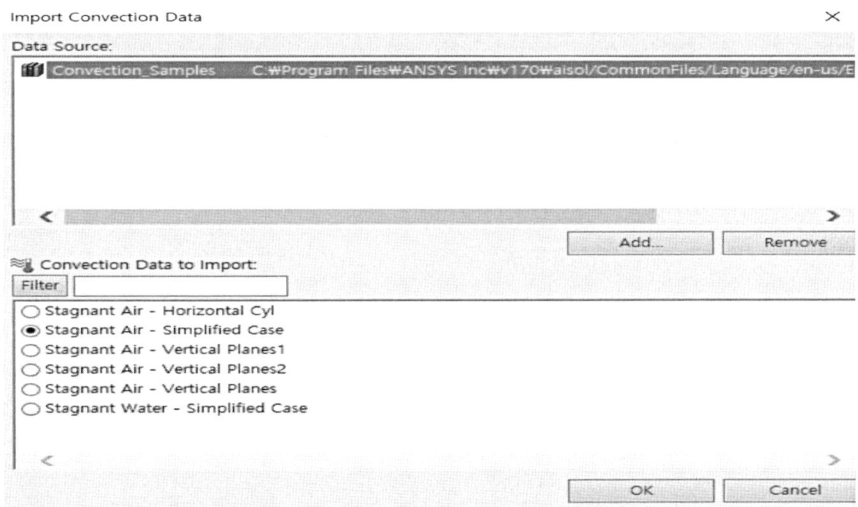

(11) 결과 항목을 추가합니다.

① Temperature 결과 세팅

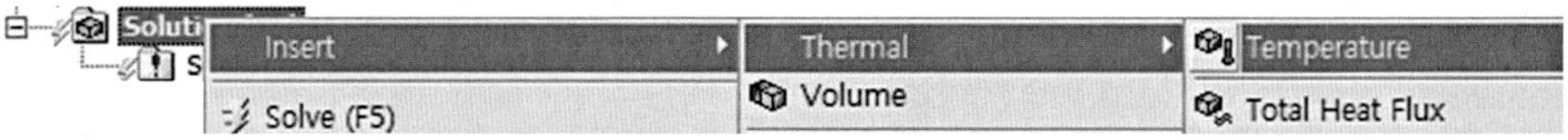

② Solution > RMB > insert > Thermal > Total Heat Flux

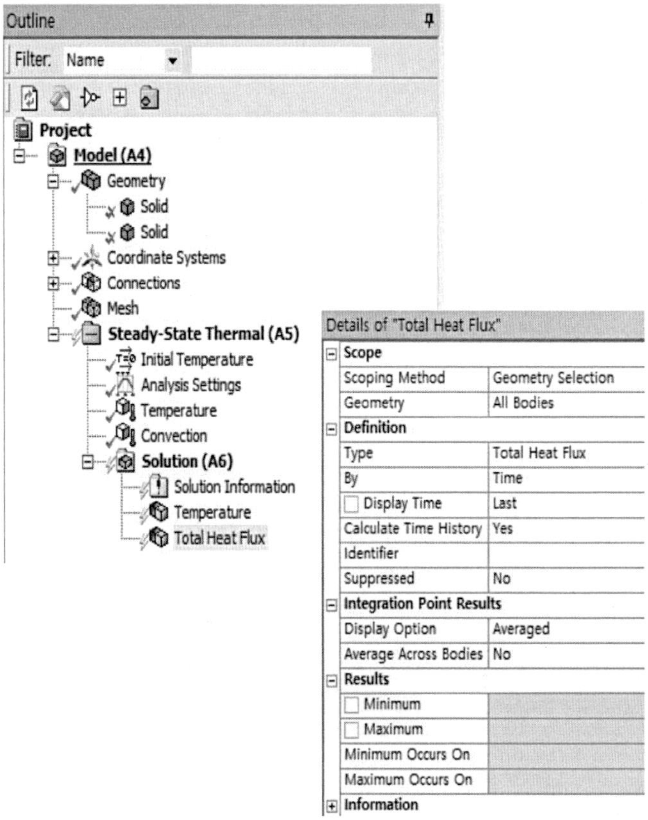

(12) 해석 수행

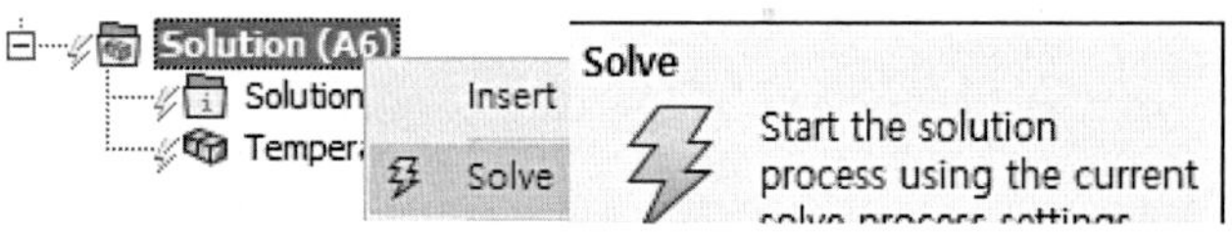

Total CPU time for main thread : seconds

Total CPU time summed for all threads : seconds

----

(13) 해석결과 확인한다.

온도분포와 열속 분포를 확인합니다. **모델의 온도는** 80℃**에서 약** 74.6℃ 로 분포(격자밀도에 따라 약간의 차이가 발생 가능)하며 최대 **Heat Flux값은 약** 0.00532W/mm^2입니다.

① Temperature 결과

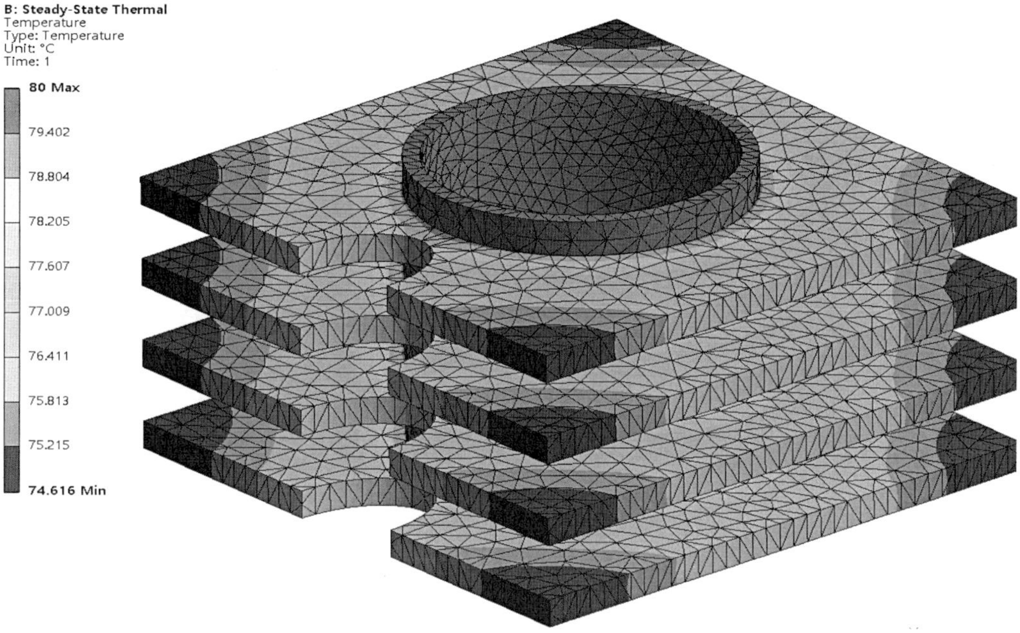

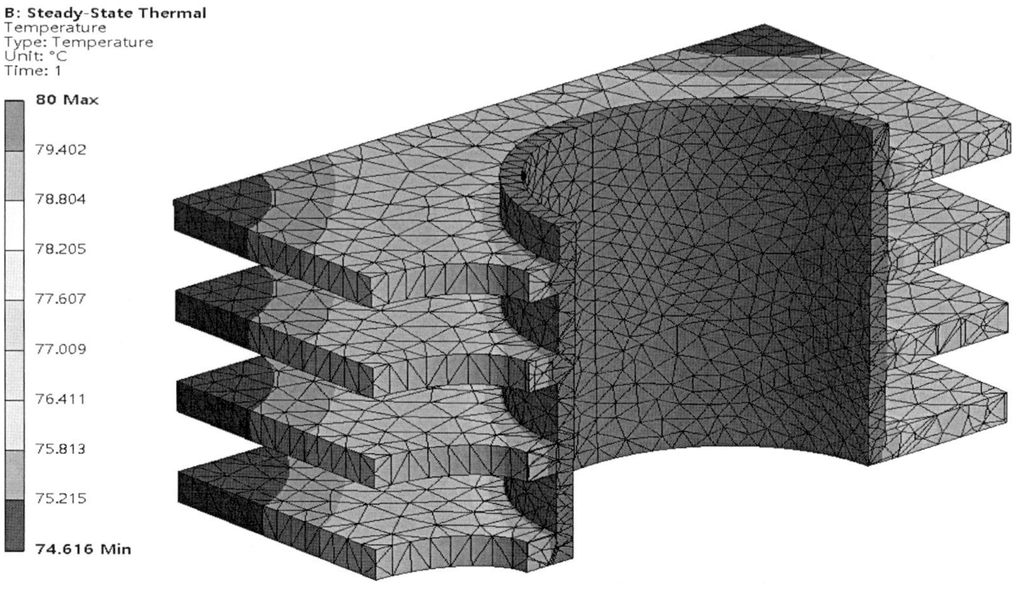

② Total Heat Flux 결과

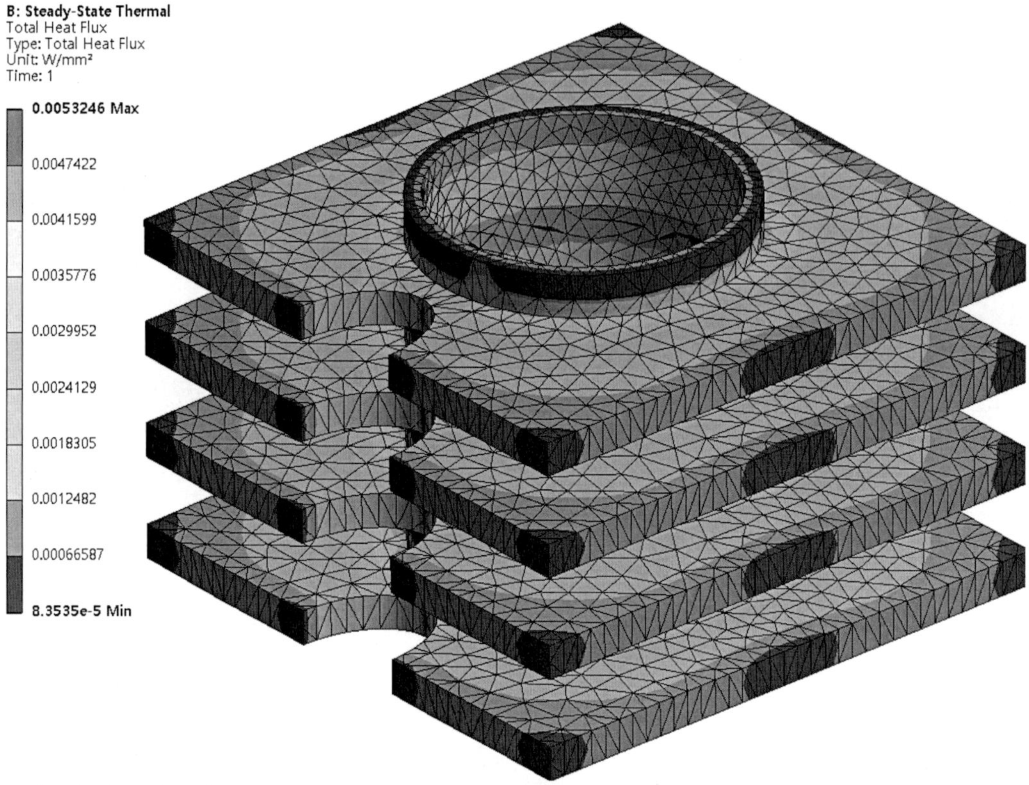

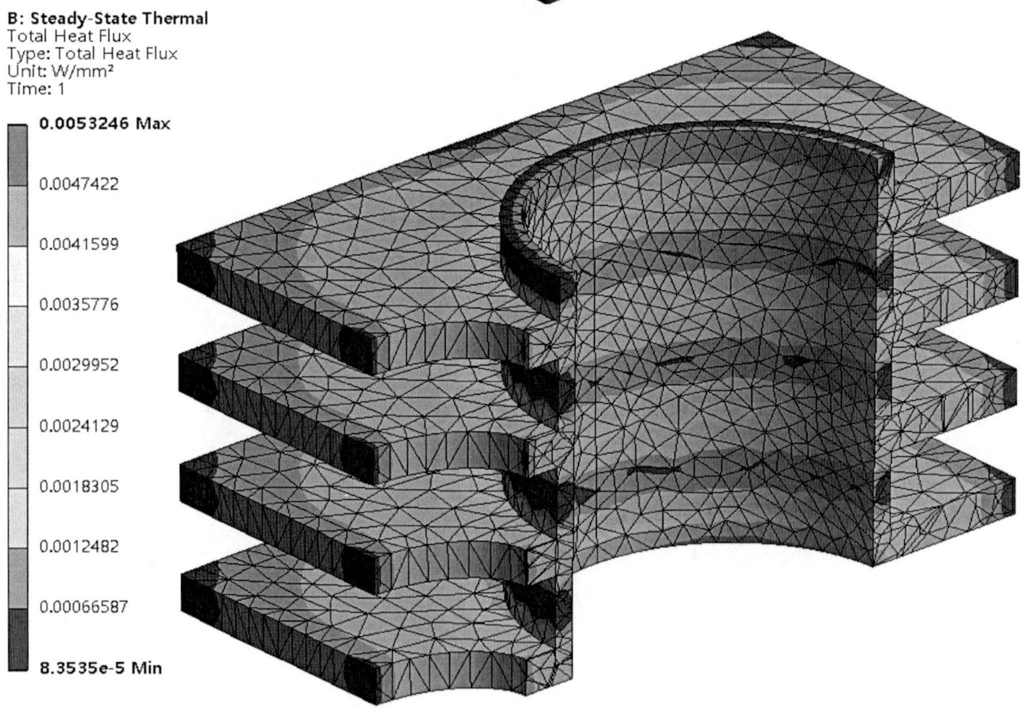

Part 2. : Static Structural Analysis

(1) 정적구조해석을 수행한다.

① Steady State Thermal에서는 Stress를 계산할 수 없다. 열응력 해석을 하기 위해서는 정적구조해석을 수행해야 한다.
열응력 해석을 위하여 열전도 해석결과로 얻은 데이터를 응력 해석에 연속해서 수행한다.

② 열전도 해석 결과에 얻은 데이터를 정적구조해석으로 가져온다.

③ Toolbox에서 Static Structural을 Project Schematic에 Drag하여 놓는다.

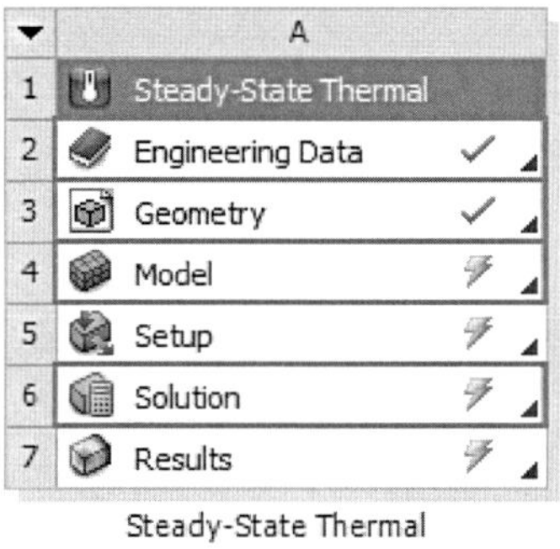

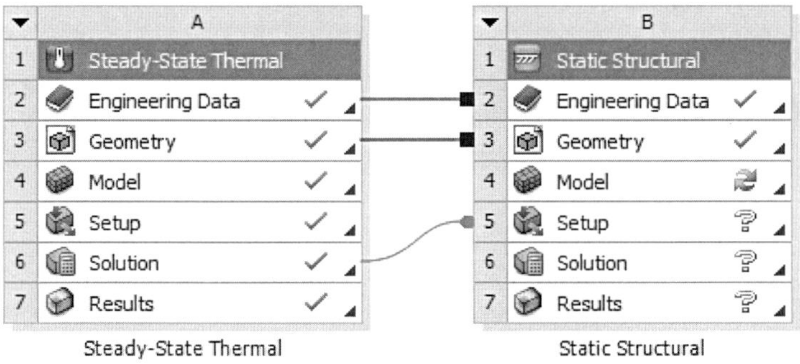

(3) 온도데이터를 불러온다.

① Static Structural에서 Imported Load를 클릭한다.

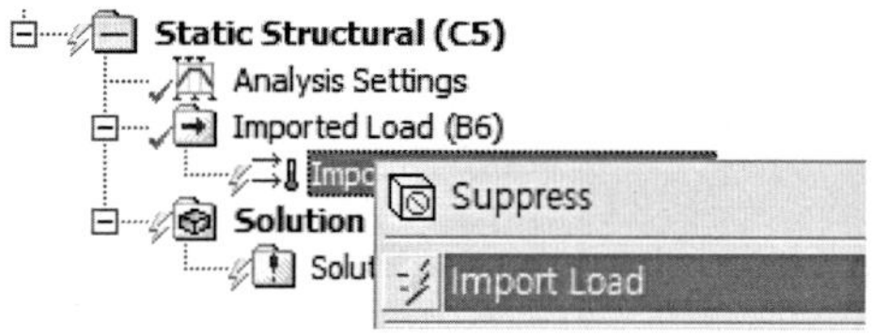

② Import Load를 해서 온도데이터를 불러온 결과.

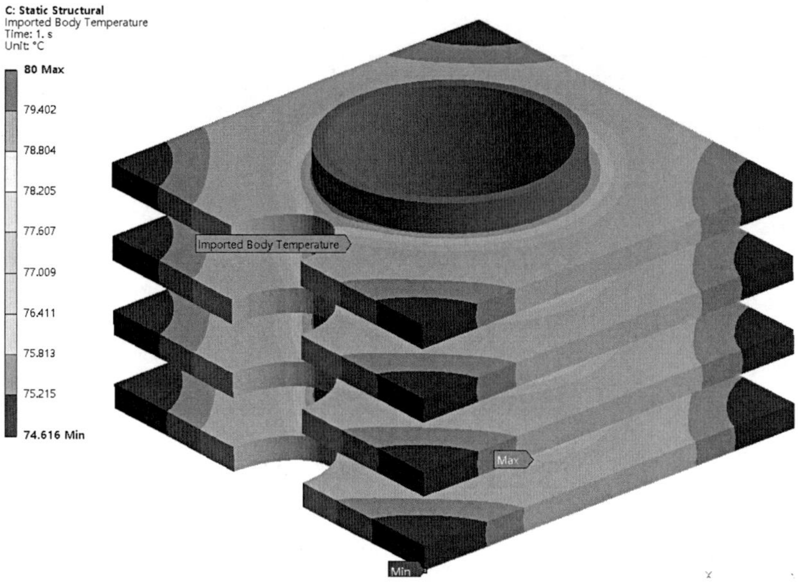

(4) 경계조건을 설정한다.

① Support의 Fixed support를 추가한다.

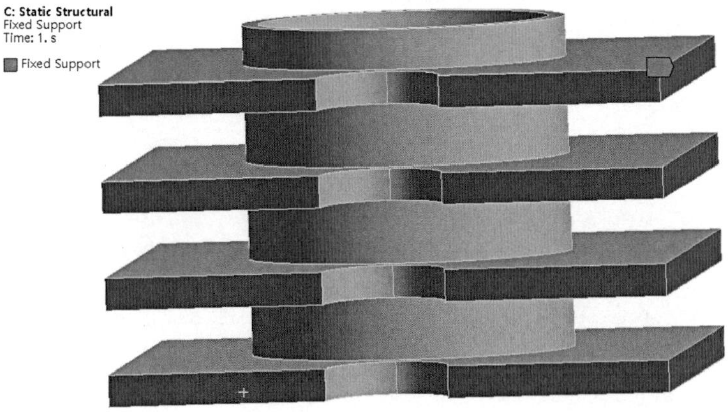

(5) 확인하고자 하는 결과 값을 Solution에 추가한다.

① Total deformation

② Equivalent Stress

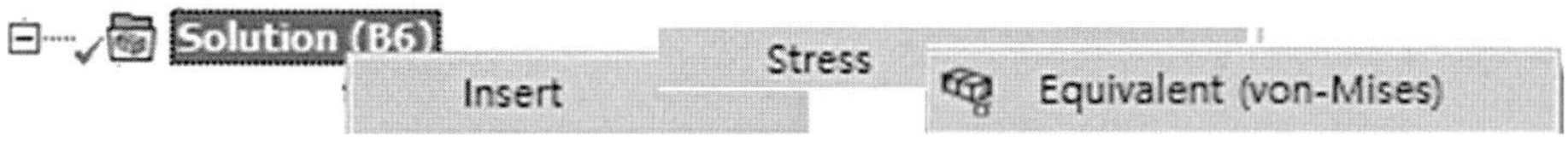

(6) 해석을 수행한다.

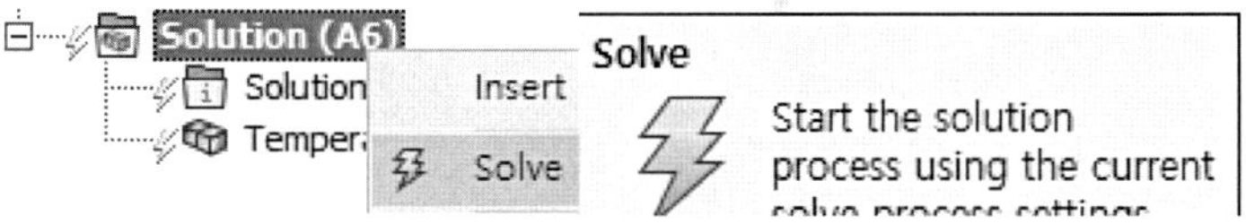

Total CPU time for main thread	:	1.7 seconds
Total CPU time summed for all threads	:	4.7 seconds

---

(7) 해석결과 확인

① Total deformation

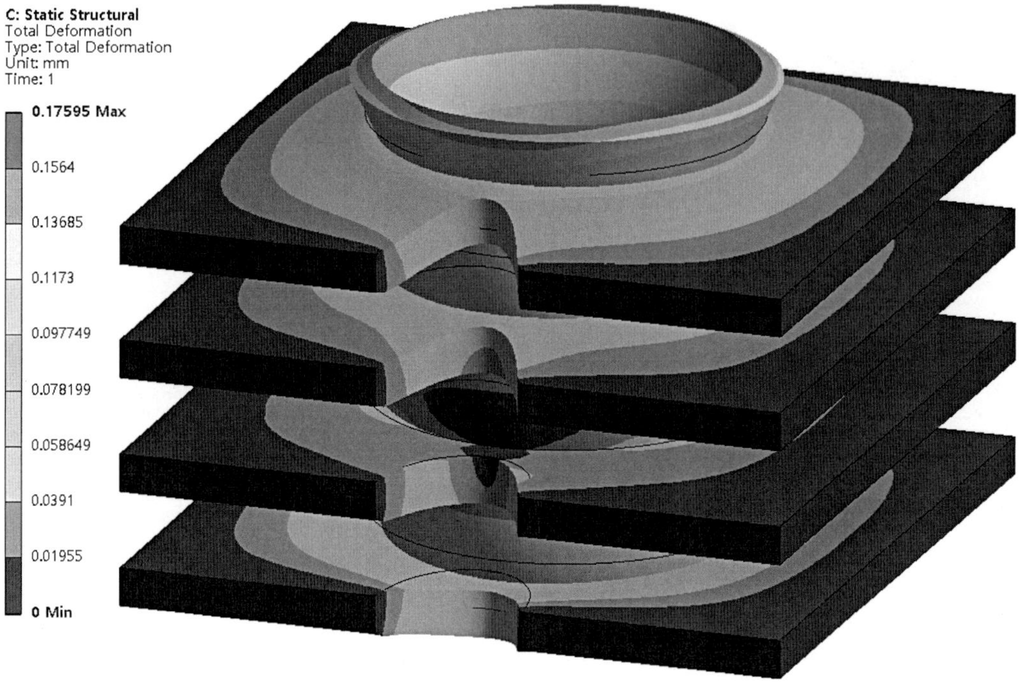

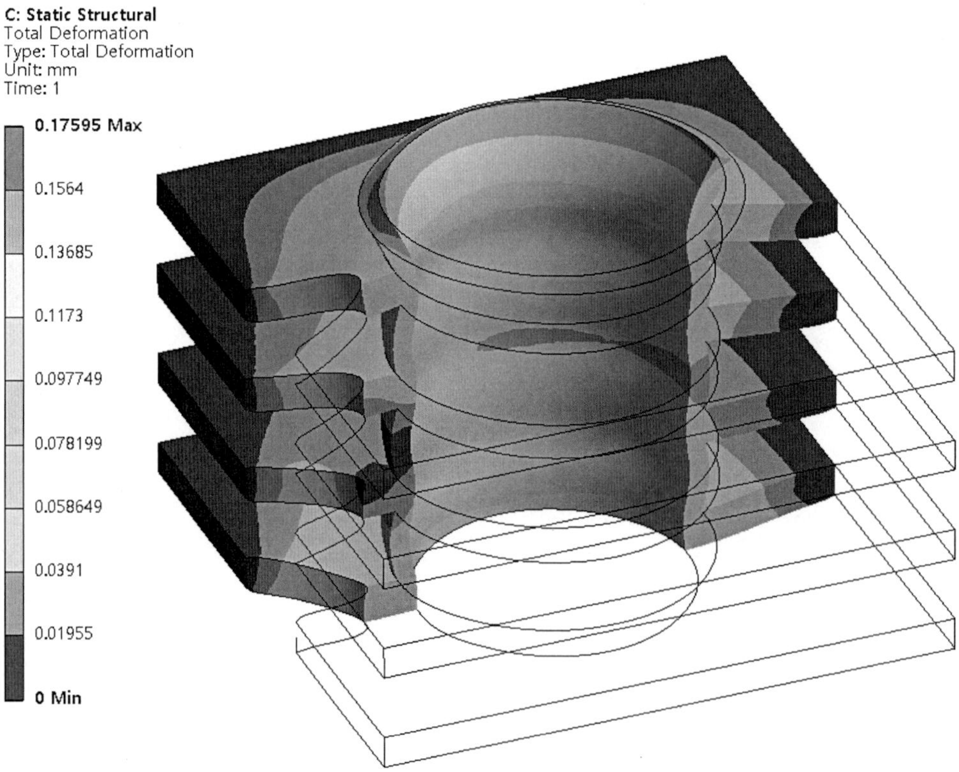

② Equivalent Stress

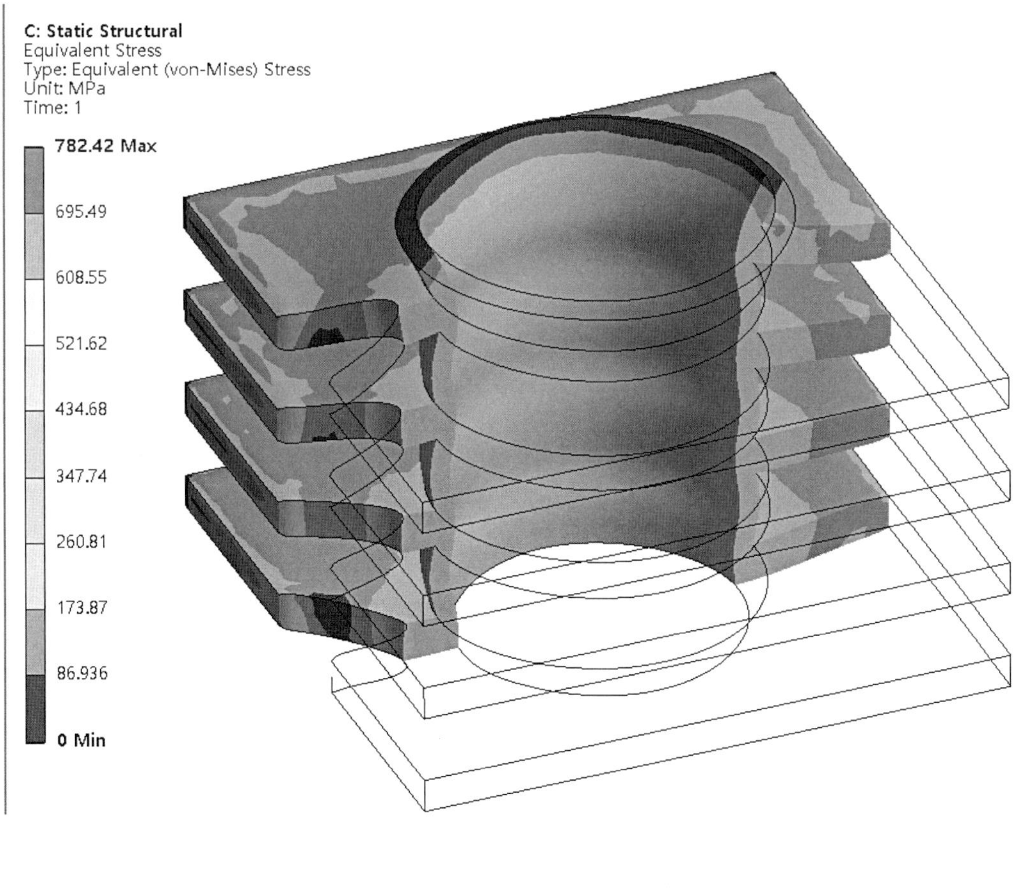

5. 원형 핀구조 방열판의 열해석 13)

1) 구조해석 요구사항 14)

원형 막대가 달린 방열판이 있다. 방열핀 위에는 방열핀이 고정되도록 세라믹으로 고정되어 있다. 세라믹은 강체로 변형이 없다고 가정한다.

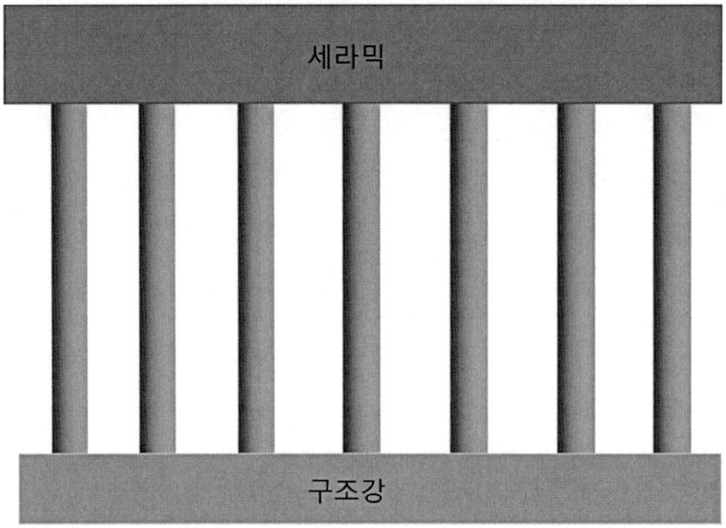

이 방열판의 초기온도는 300℃이고, 대기의 온도22℃(대류 상수: 22W/m^2℃)로 방열판의 온도가 낮아진다.

이때 열 분포와 total heat flux를 구하여라. 방열판에 발생한 응력을 산정하시오.

구조해석을 위한 메쉬의 설계는 자동으로 설정한다.

방열판과 방열핀의 재질은 구조강으로 설정한다.

---

13) 한국공학대학교 로봇메카트로닉스 박준우

14) https://www.bing.com/videos/riverview/relatedvideo?q=ansys%20thermal%20analysis&mid=305100E35BD863FA7844305100E35BD863FA7844&ajaxhist=0

2) 구조해석

Part 1. : Thermal Analysis

(1) ANSYS Workbench를 실행하고, Transient Thermal 을 생성합니다.

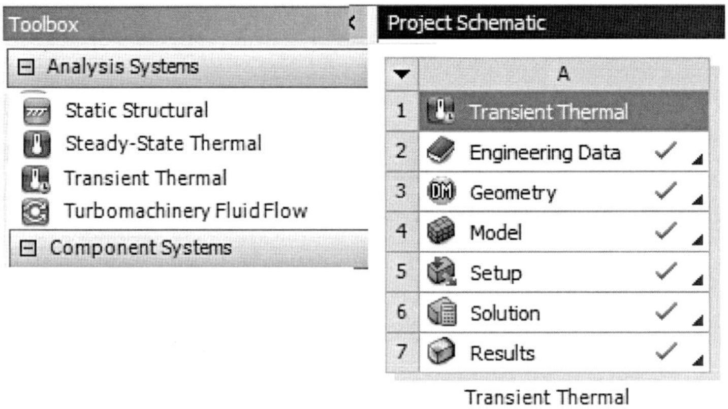

(2) 재료의 물성을 정의한다. (Engineering Data)

① 이번 구조해석에서는 구조강을 사용하므로 특별한 재료의 선택은 하지 않는다.
② 사용 단위를 변경한다.

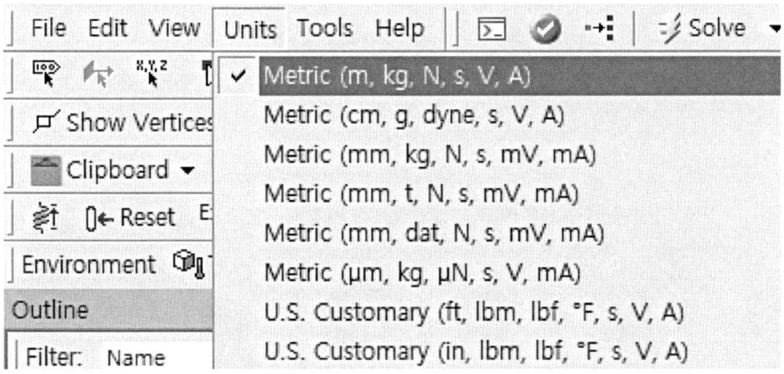

(3) 해석 모델을 불러들이거나 모델링을 수행한다. (Geometry)

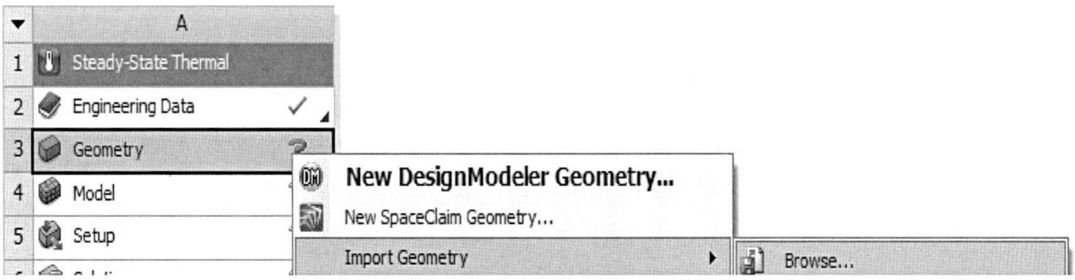

① Geometry Call에서 RMB(마우스 오른쪽 버튼)>import geometry>Browse...를 클릭하여 모델파일을 선택합니다.

(4) 해석 모델의 환경을 설정한다. (Model)

① 모델에 적용할 재질을 Structural Steel로 변경합니다.

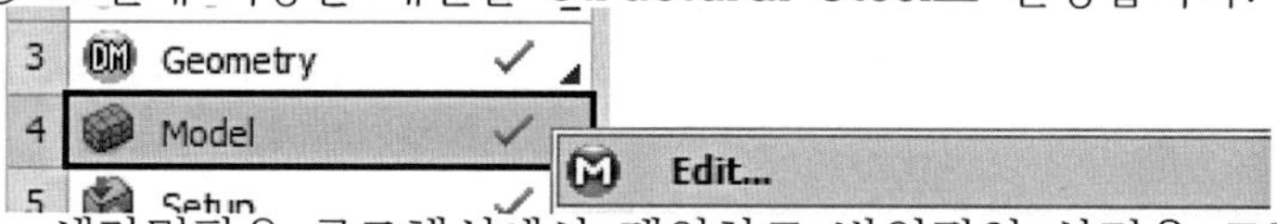

세라믹판은 구조해석에서 제외하고 방열핀의 상면을 고정하여 구조해석을 한다.

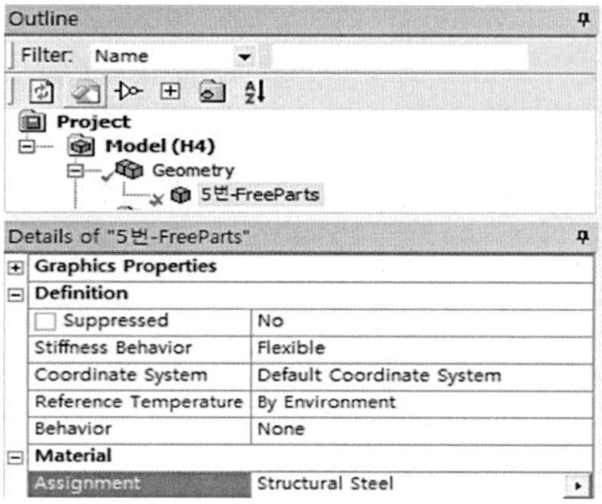

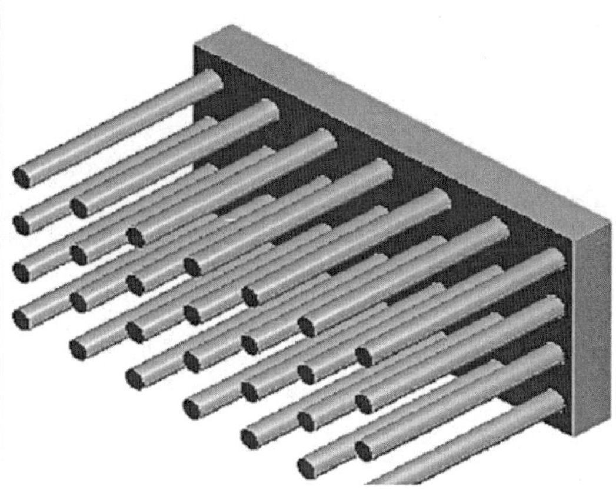

(5) 좌표계 설정 (Coordinate Systems) : 변경내용 없음

(6) 연결 관계 정의(Connections)

Geometry에 모델이 하나이므로 활성화 되지 않았음

(7) 격자 모델 생성 (Mesh)

① Mesh > Sizing > Span Angle center를 Fine으로 변경한다.

② 메쉬의 크기는 자동으로 설정한다.

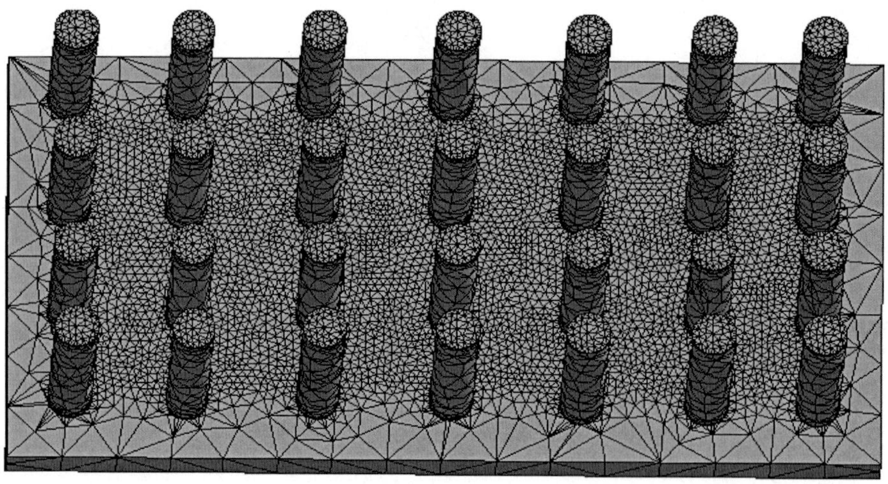

(8) 해석 설정 정의(Analysis Settings) : 설정되어 있는 값을 사용한다.

(9) 초기 조건 정의

본 문제에서는 자중의 영향이 있을 수 있으나 고려하지 않는다.

(10) 구속조건 정의

① Heat Sink 밑면 분할한 면에 Chip에 의한 발열 온도조건을 부여합니다.

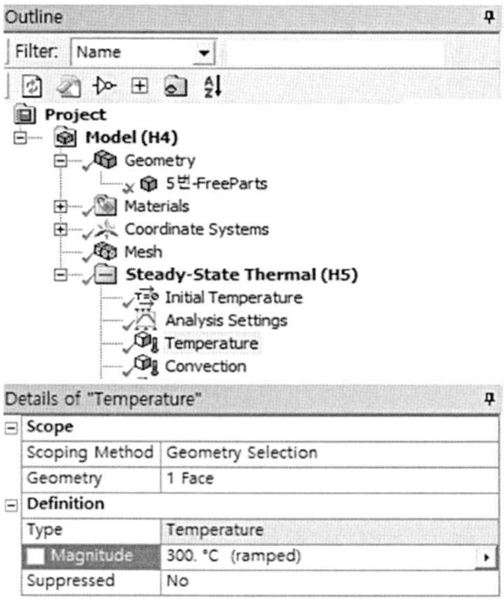

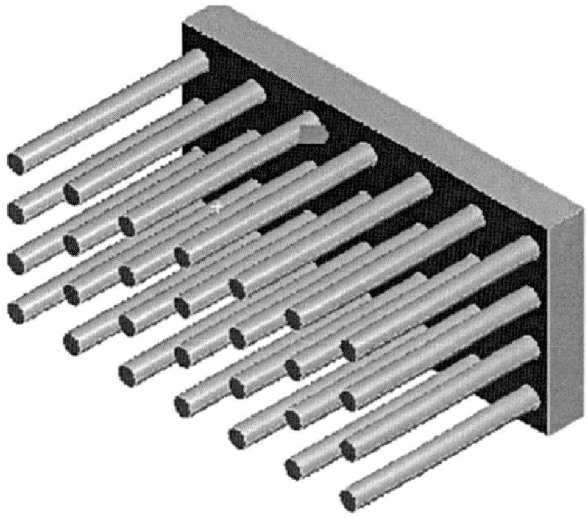

② Steady State-Thermal에서 RBM > Insert > Temperature를 추가합니다.

-1. Detail View > Geometry에 분할면 (1 Face)을 지정합니다.

-2. Definition > Magnitude에 300을 입력합니다.

③ 대류를 조건을 부여합니다.

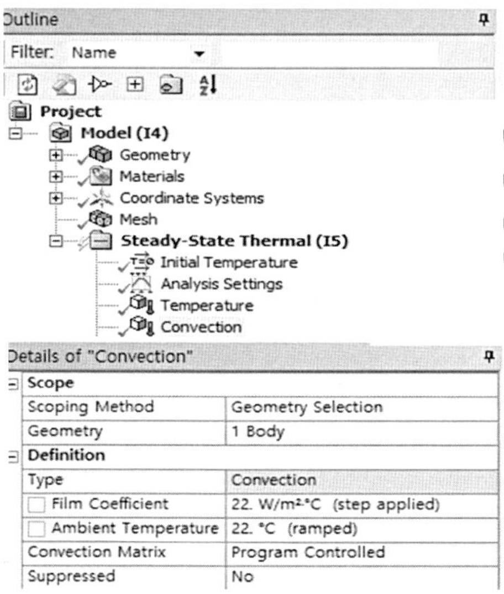

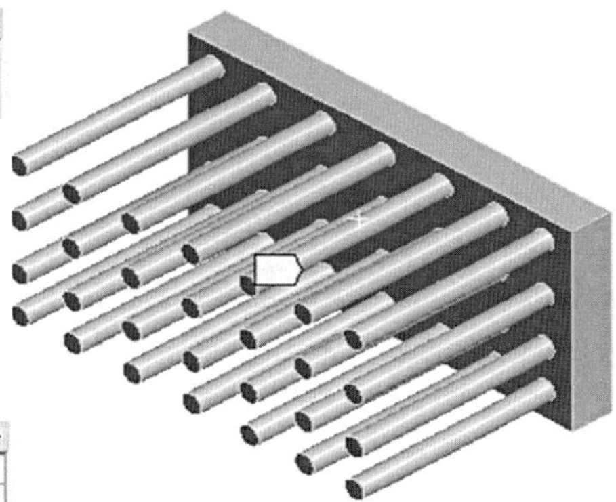

④ Three Outline의 Steady State-Thermal에서 RBM > Insert > Convection을 추가합니다.

-1. Detail View > Geometry에 외부 돌출 면을 지정합니다.

-2. Select Filter를 Box Select로 변경 후 몸체를 선택합니다.

-3. Definition Film coefficient에 22를 입력합니다.

Ambient Temperature에 22℃(주변 공기의 온도)를 사용합니다.

(9) 결과 항목으로 Temperature, Total Heat Flux를 추가합니다.

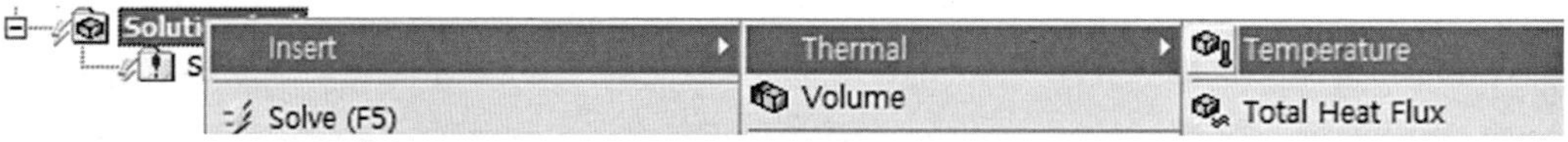

② Solution > RMB > insert > Thermal > Total Heat Flux

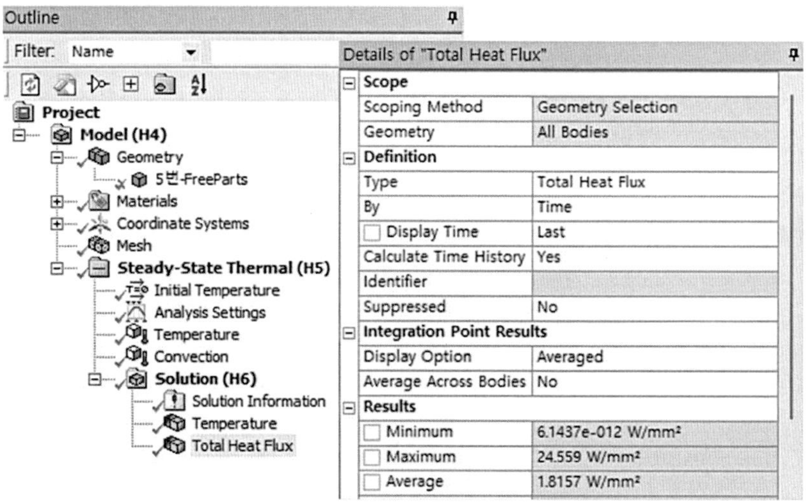

(12) 해석 수행

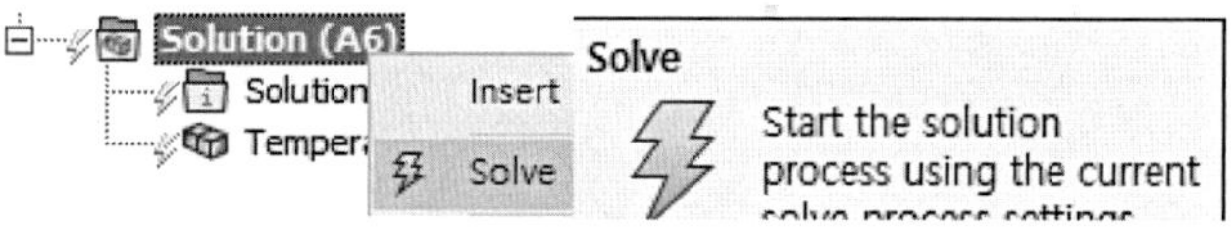

Total CPU time for main thread : 2.0 seconds

Total CPU time summed for all threads : 2.1 seconds

----

(13) 해석결과 확인한다.

① Temperature 결과

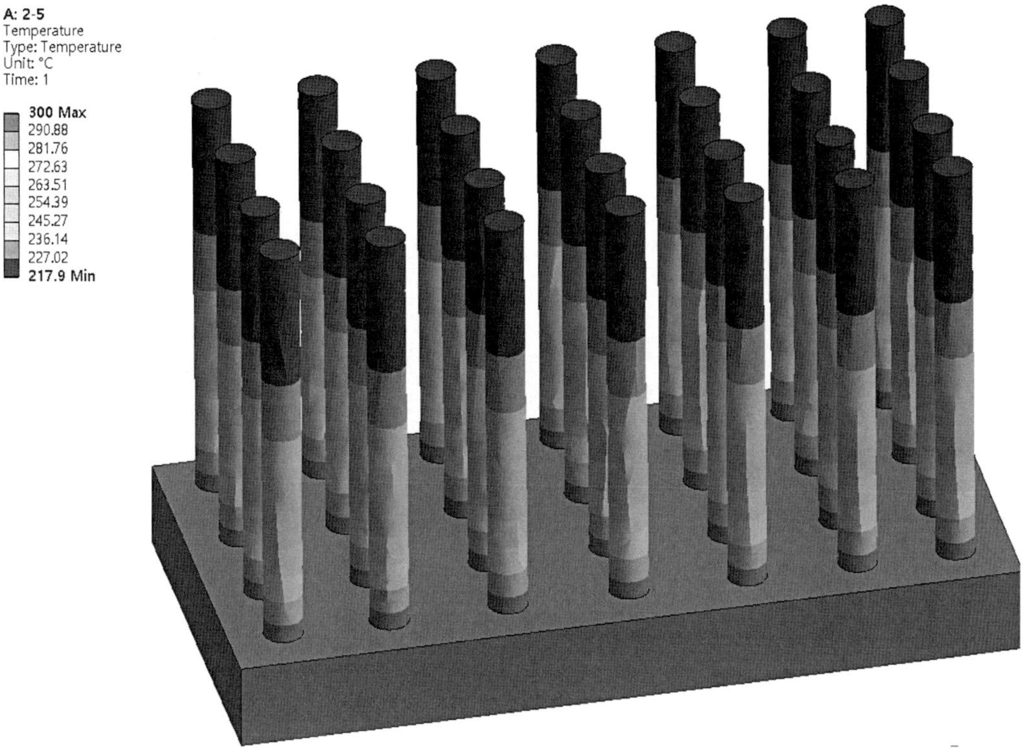

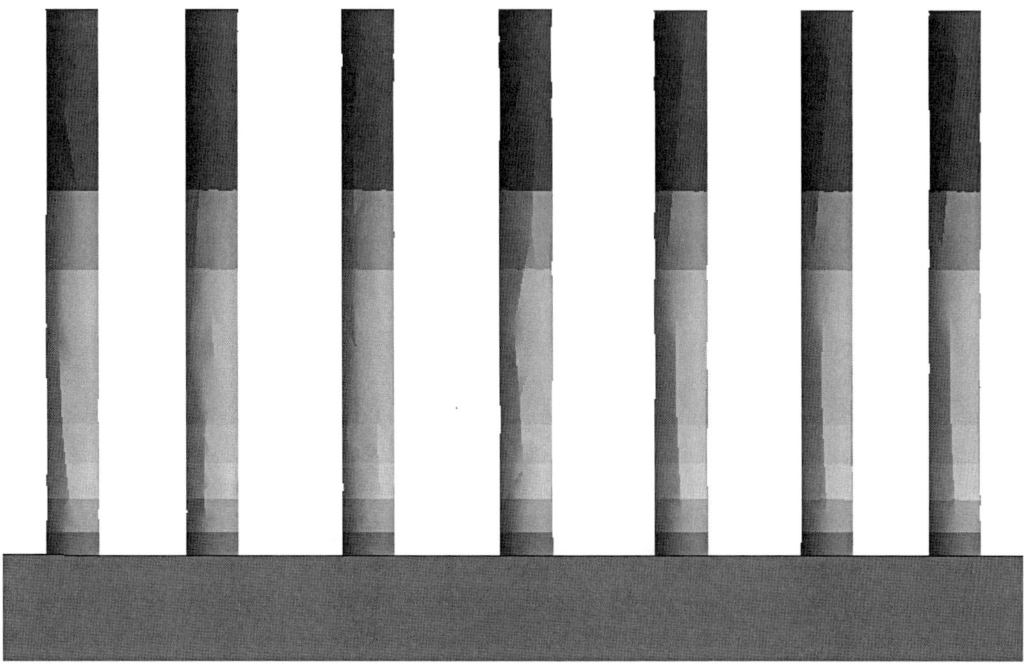

② Total Heat Flux 결과

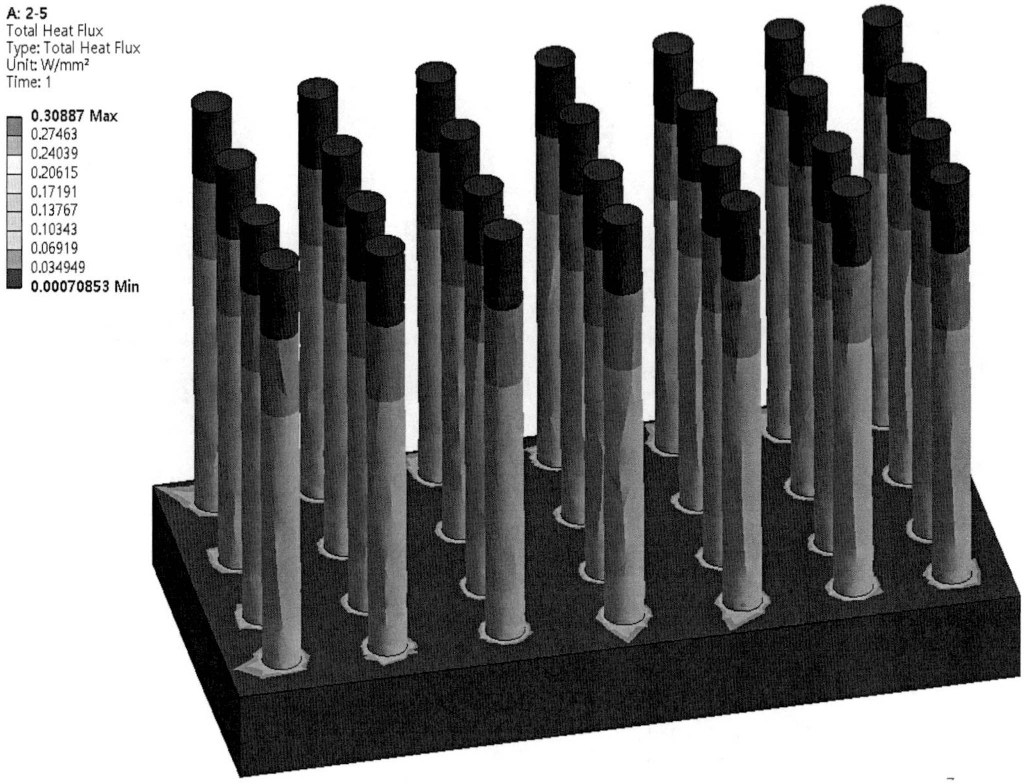

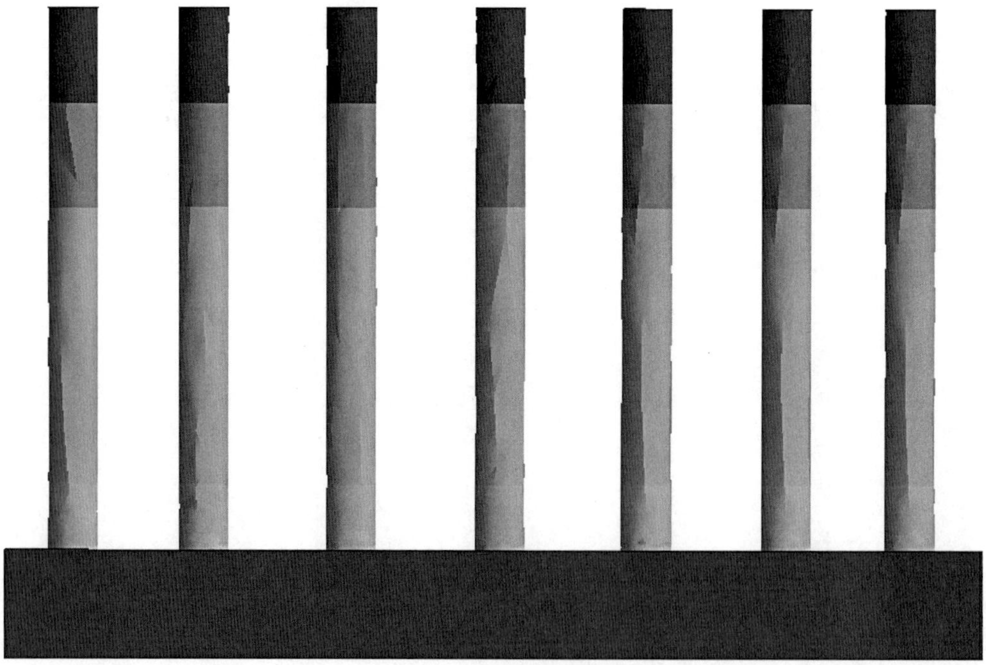

Part 2. : Static Structural Analysis

(1) 정적구조해석을 수행한다.

① Steady State Thermal에서는 Stress를 계산할 수 없다. 열응력 해석을 하기 위해서는 정적구조해석을 수행해야 한다.
열응력 해석을 위하여 열전도 해석결과로 얻은 데이터를 응력 해석에 연속해서 수행한다.

② 열전도 해석 결과에 얻은 데이터를 정적구조해석으로 가져온다.

③ Toolbox에서 Static Structural을 Project Schematic에 Drag하여 놓는다.

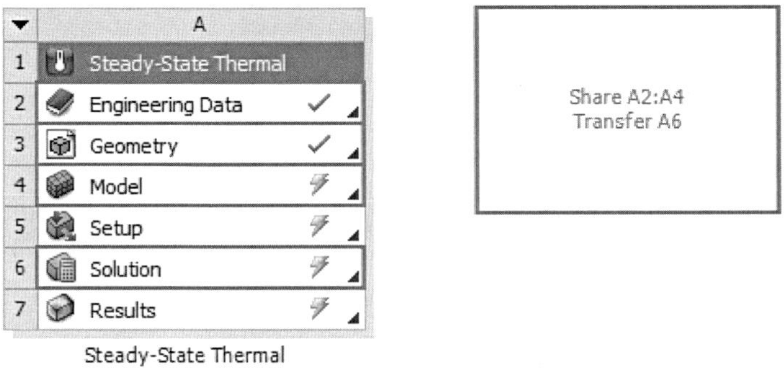

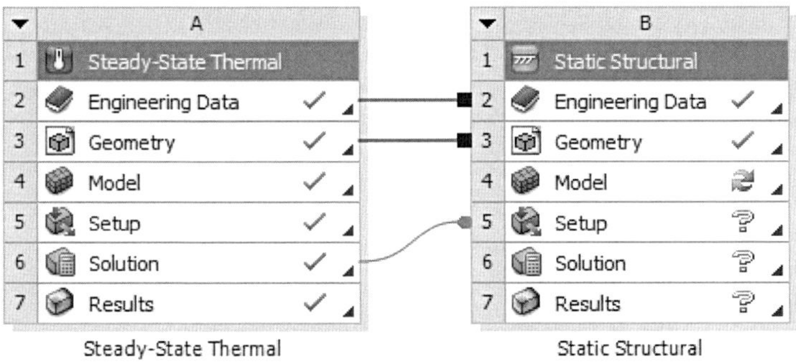

(3) 온도데이터를 불러온다.

① Static Structural에서 Imported Load를 클릭한다.

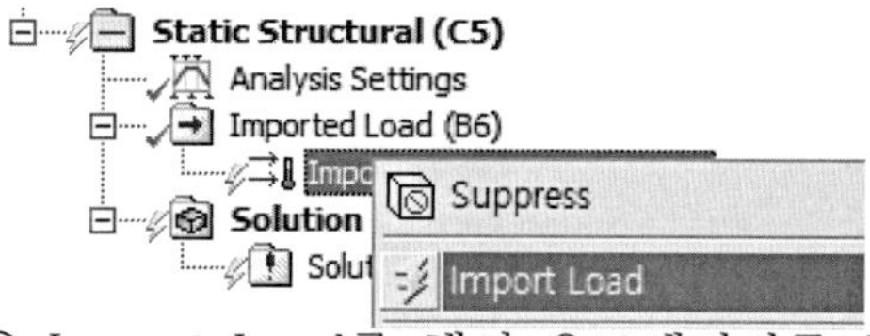

② Import Load를 해서 온도데이터를 불러온 결과.

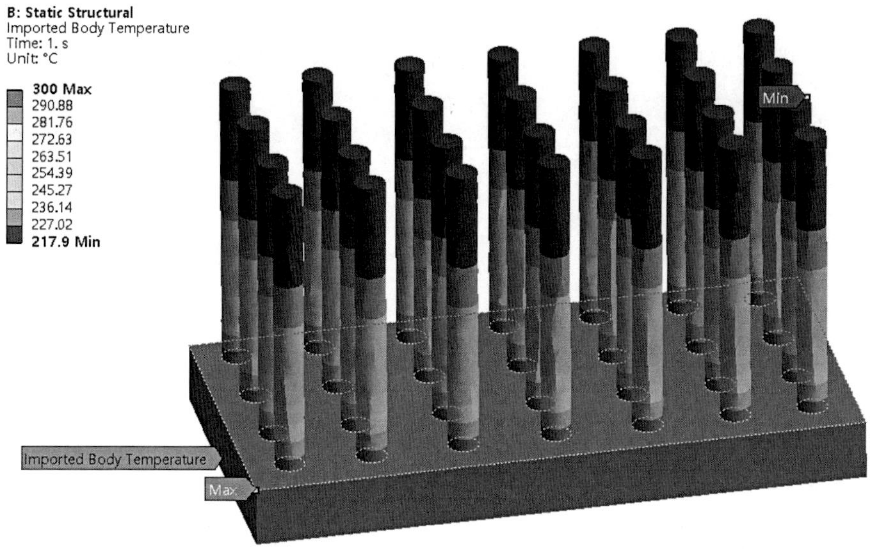

(4) 경계조건을 설정한다.

① Support의 Fixed support를 추가한다.

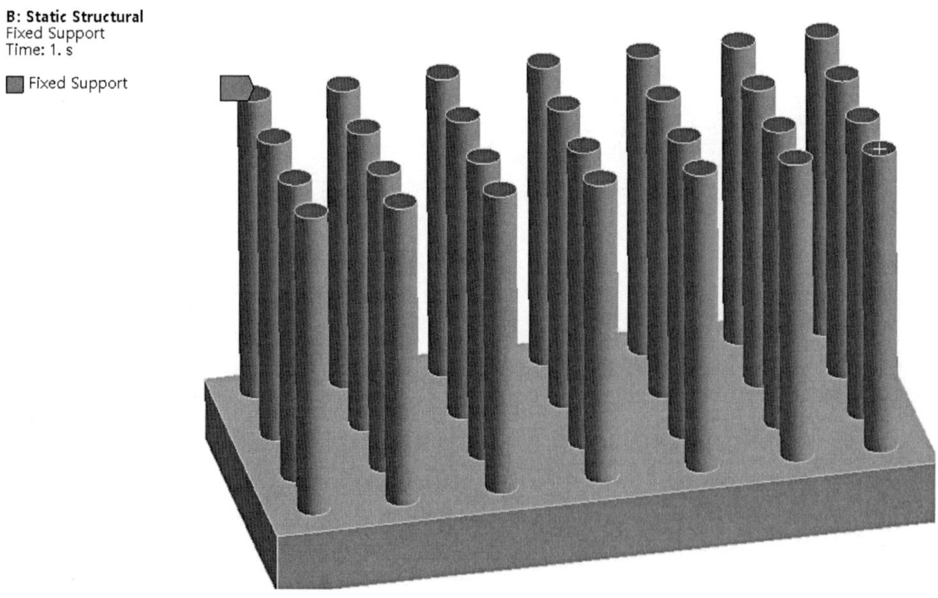

② Base를 Fixed support로 설정한다.

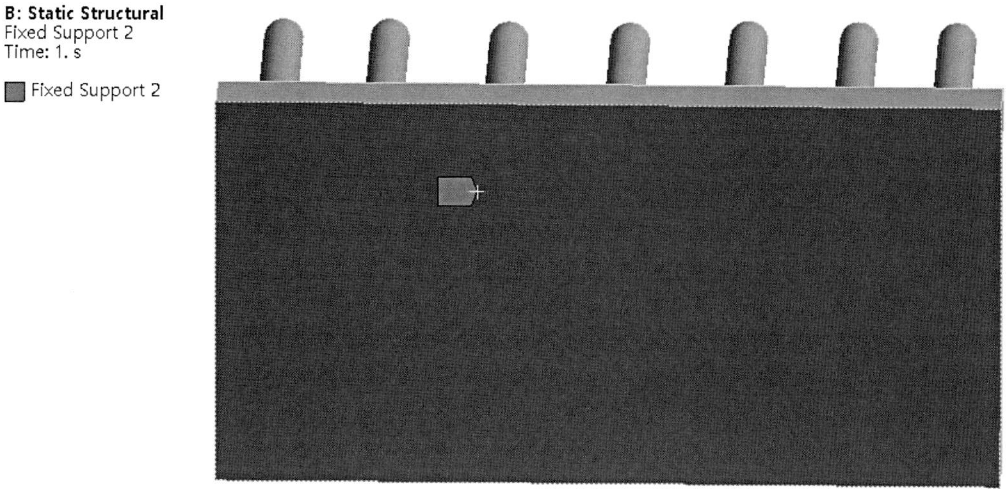

(5) 확인하고자 하는 결과 값을 Solution에 추가한다.

① Total deformation

② Equivalent Stress

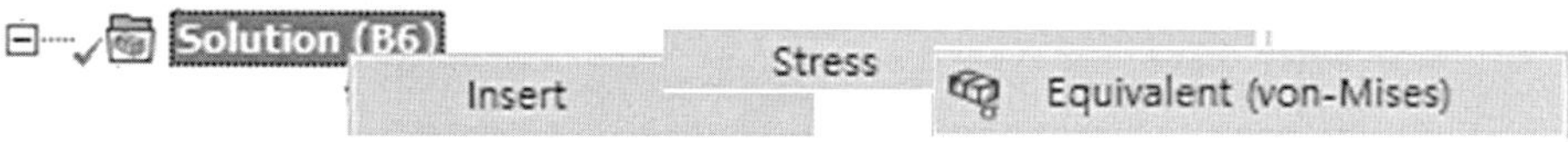

(6) 해석을 수행한다.

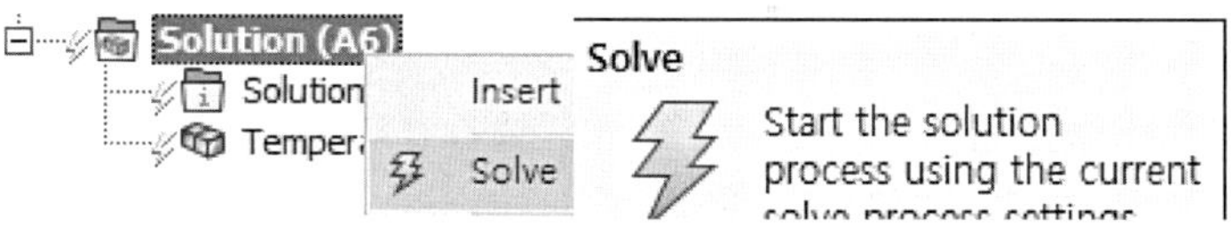

Total CPU time for main thread	:	4.6 seconds
Total CPU time summed for all threads	:	10.4 seconds

---

(7) 해석결과 확인

① Total deformation

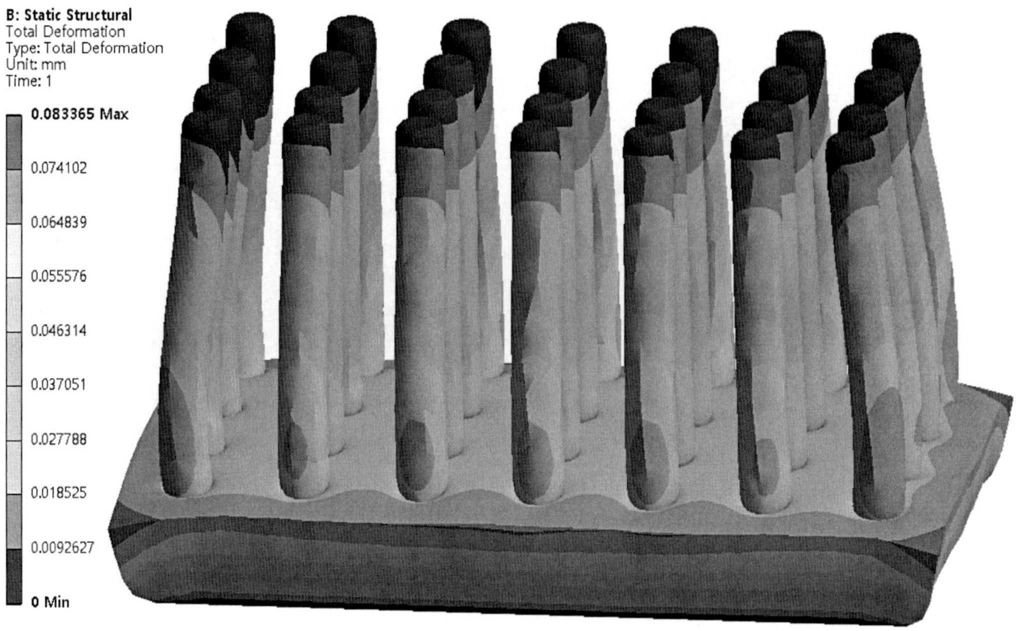

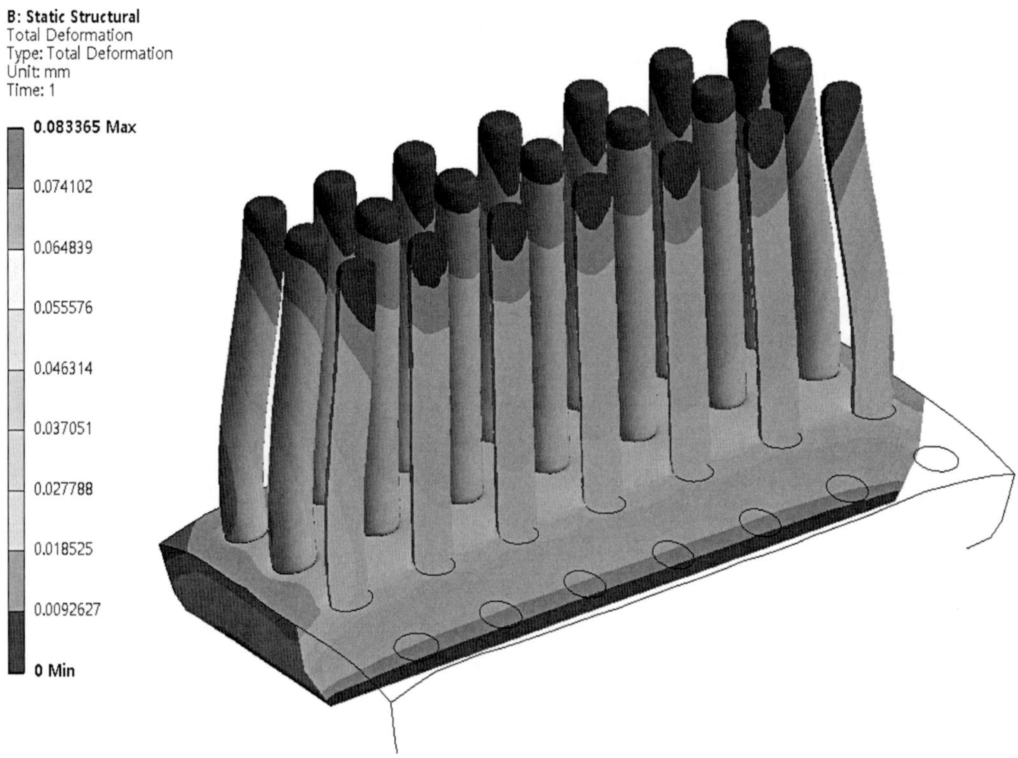

② Equivalent Stress

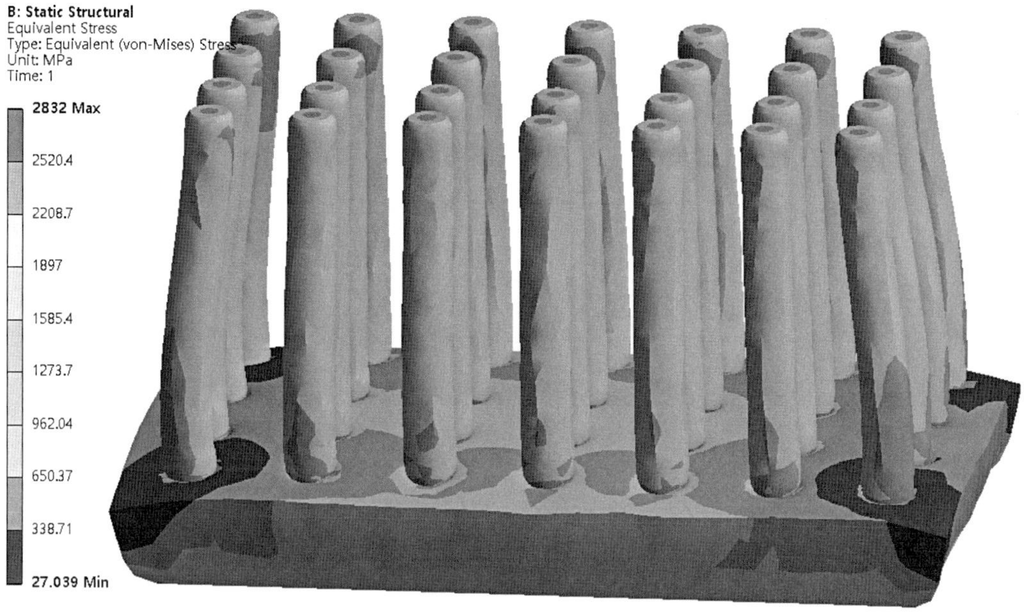

전체 구조물의 응력분포

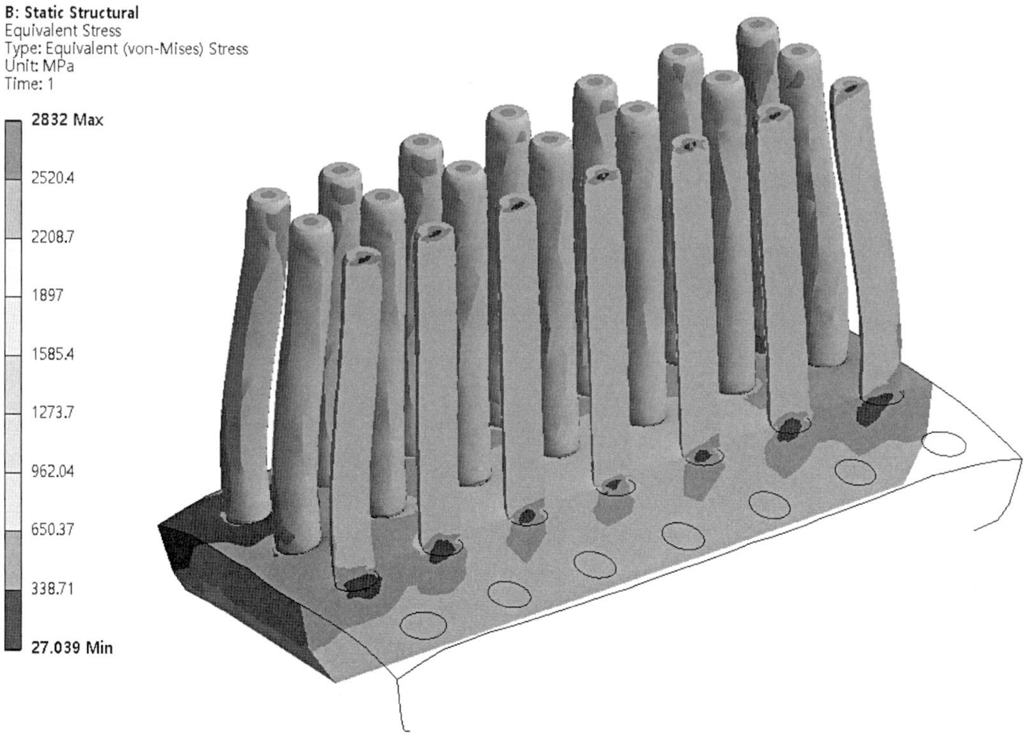

절단 단면의 응력분포

6. 반도체의 열 변형 [15]

1) 구조해석 요구사항 [16]

방열 철판 위에 반도체가 부착되어 있다.반도체가 열을 발산할 때 부재의 변형을 해석한다.

반도체 철판의 재질은 structure steel이다.

구조물의 기본온도를 25도로 설정한다.

경계조건은 철판 120℃ , 구조물 40℃ 로 전도를 설정한다.

Temperature 결과와 Total Heat Flux 결과를 산출한다.

메쉬는 ansys 표준으로 한다.

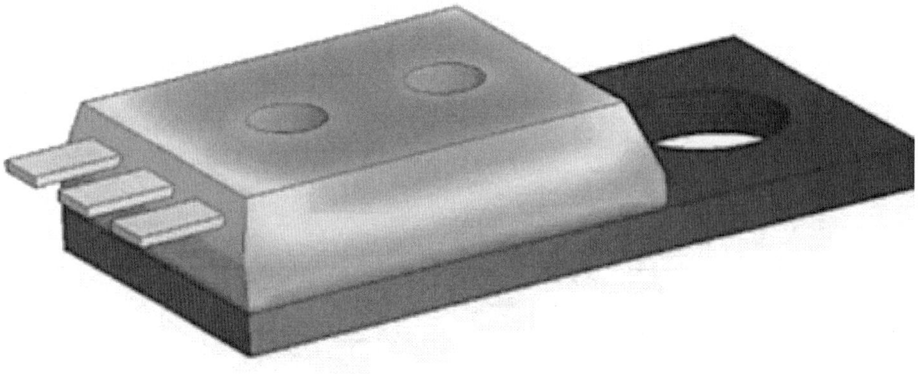

15) 한국공학대학교 로봇메카트로닉스 김하늘

16) Thermo-Structural Analysis in ANSYS Mechanical
https://www.bing.com/videos/riverview/relatedvideo?pglt=43&q=Thermo-Structural+Analysis+in+ANSYS+Mechanical&cvid=a37da3acd1714efa98e99d8ab2b2b244&gs_lcrp=EgRlZGdlKgYIABBFGDkyBggAEEUYOdIBCDE1OTBqMGoxqAIAsAIA&PC=U531&ru=%2fsearch%3fpglt%3d43%26q%3dThermo-Structural%2bAnalysis%2bin%2bANSYS%2bMechanical%26cvid%3da37da3acd1714efa98e99d8ab2b2b244%26gs_lcrp%3dEgRlZGdlKgYIABBFGDkyBggAEEUYOdIBCDE1OTBqMGoxqAIAsAIA%26FORM%3dANNTA1%26PC%3dU531&mmscn=vwrc&mid=D271D50FE23D1920080FD271D50FE23D1920080F&FORM=WRVORC

2) 구조해석

Part 1. : Thermal Analysis

(1) 해석 시스템을 생성한다. (Steady-state Thermal)

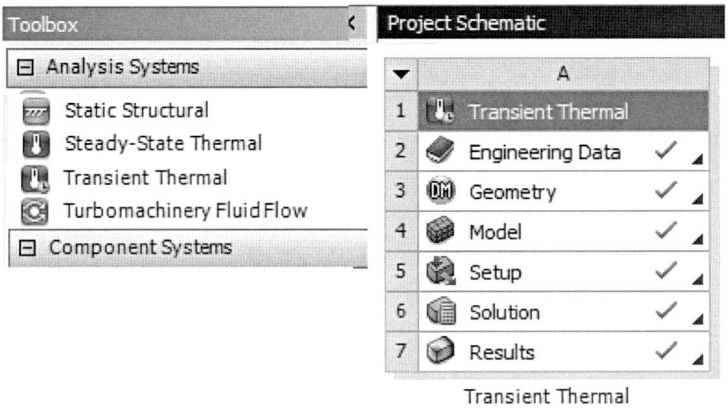

① Workbench의 Tool Box에서 Steady-state Thermal 을 Project Schematic에 추가한다.

② Project 이름변경

③ 단위 선정 : Mechanical 창에서 Units menu > Metric 단위 (mm, kg, N, s, mV, mA)

(2) 재료의 물성을 정의한다. (Engineering Data)

General Material에서 Aluminum Alloy, Concrete를 추가한다.

Outline of Schematic A2: Engineering Data

	A	B	C	D	E
1	Contents of Engineering Data			Source	Description
2	Material				
3	Aluminum Alloy			General_Materials.xml	General aluminum alloy. Fatigue properties come from MIL-HDBK-5H, page 3-277.
4	Concrete			General_Materials.xml	
5	Structural Steel			General_Materials.xml	Fatigue Data at zero mean stress comes from 1998 ASME BPV Code, Section 8, Div 2, Table 5-110.1
*	Click here to add a new material				

(3) 해석 모델을 불러들이거나 모델링을 수행한다. (Geometry)

외부에서 Stp 파일로 가져온다.

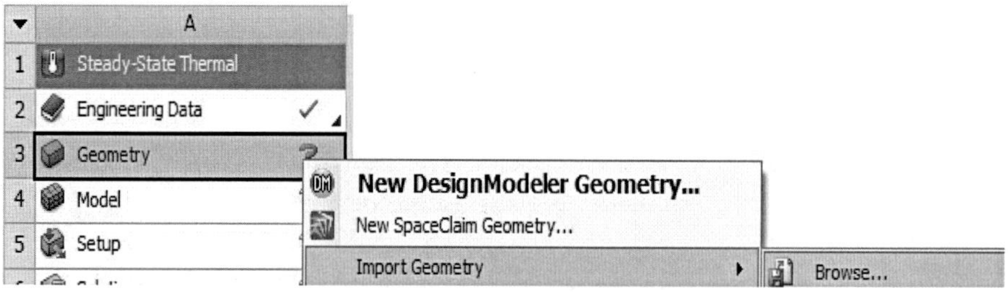

(4) 해석 모델의 환경을 설정한다. (Model)

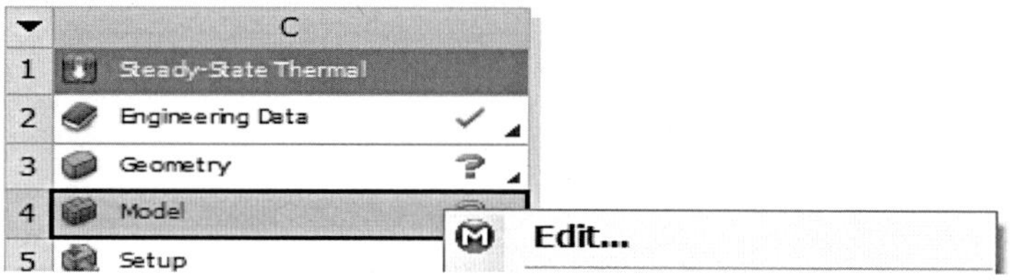

① Mechanical 활성화 : Project Schematic > Static Structural > Model 더블클릭

② 모델 확인 : Outline > Model > Geometry > Solid

③ 세라믹 재질 변경 : Model > Geometry > Modeling > Details > Material > Assignment Stiffness Behavior : Flexible, 재질 : Concrete

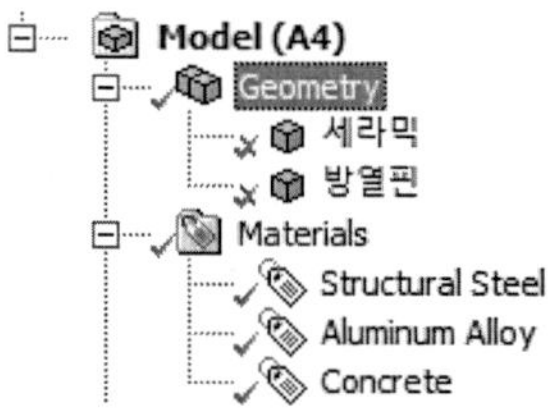

④ 방열판 재질 변경 : Model > Geometry > Modeling > Details > Material > Assignment Stiffness Behavior : Flexible, 재질 : Aluminum Alloy

(5) 좌표계 설정 (Coordinate Systems)

변경내용 없음 (Global Coordinate Systems)

(6) 연결 관계 정의(Connections)

기본설정을 사용한다.

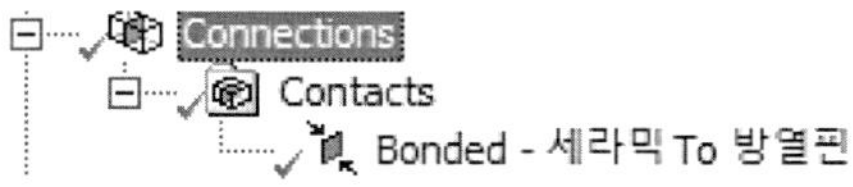

(7) 격자 모델 생성 (Mesh)

기본설정을 사용한다.

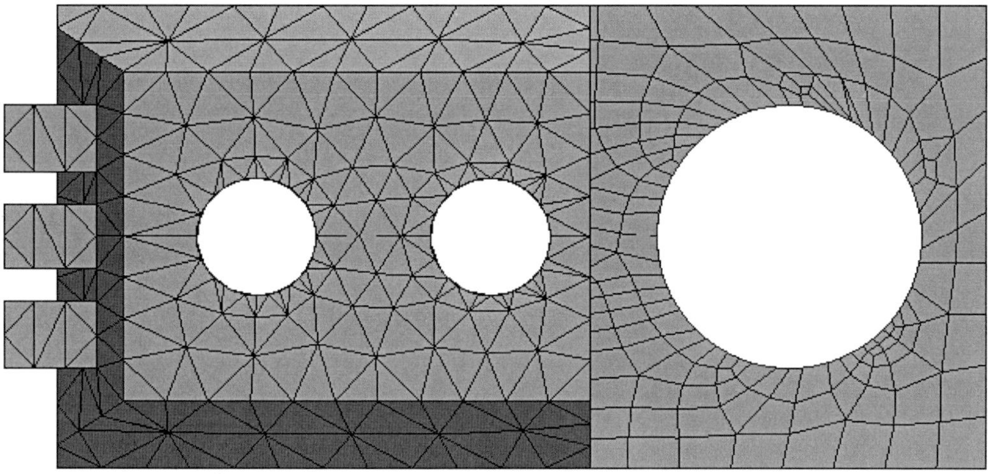

(8) 해석 설정 정의(Analysis Settings) : 설정되어 있는 값을 사용한다.

(9) 초기 조건 정의

본 문제에서는 자중의 영향이 있을 수 있으나 고려하지 않는다.

(10) 구속조건 정의

외부 공기로 인한 대류 조건 및 대기온도 조건을 설정한다.

① 상부 툴바에서 Convection을 클릭한다.

② 외부 표면에 조건을 설정하기 위해 Selection filter에서 면을 선택한다.

③ 방열판 모델을 선택한다.

④ Details of "Convection"에서 Film coefficient를 클릭하고 Import Temperature Dependent를 선택한다.

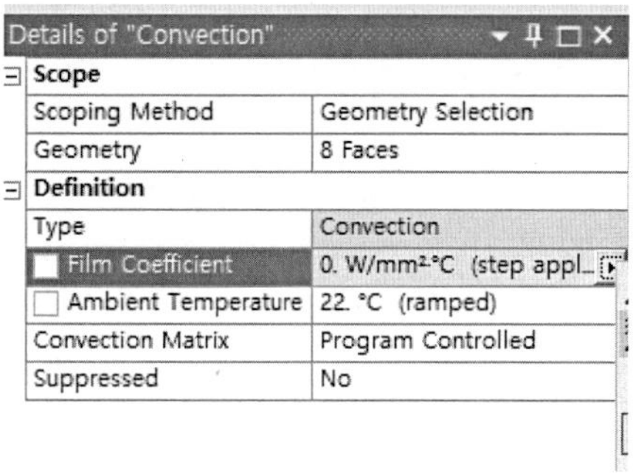

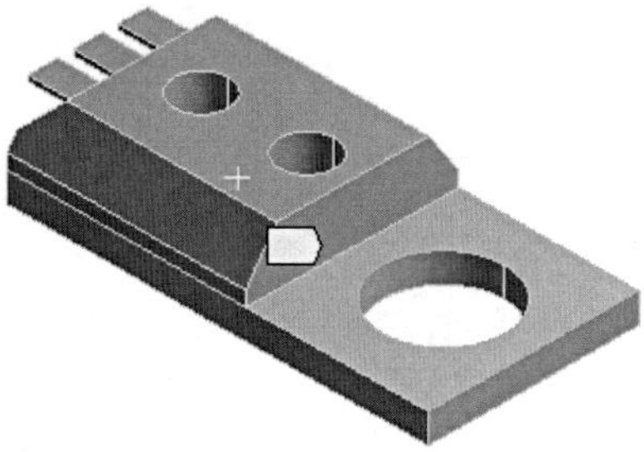

⑤ Stagnant Air-Simplified Case를 선택하고 OK를 클릭한다.

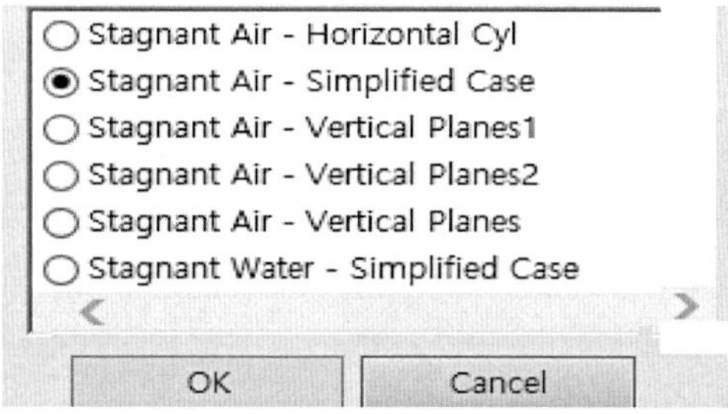

⑥ Details of "Convection"에서 Ambient Temperature를 120으로 입력한다.

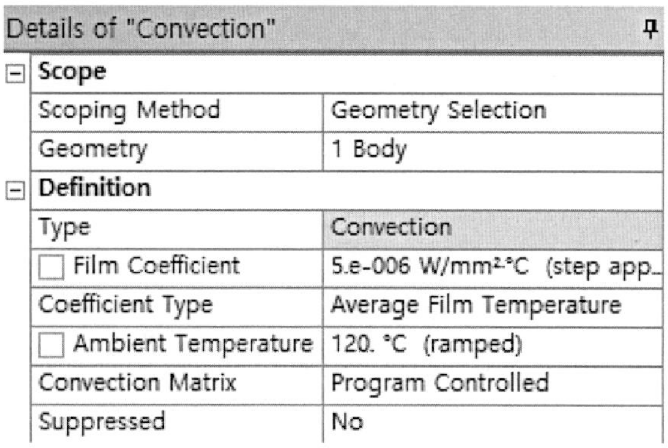

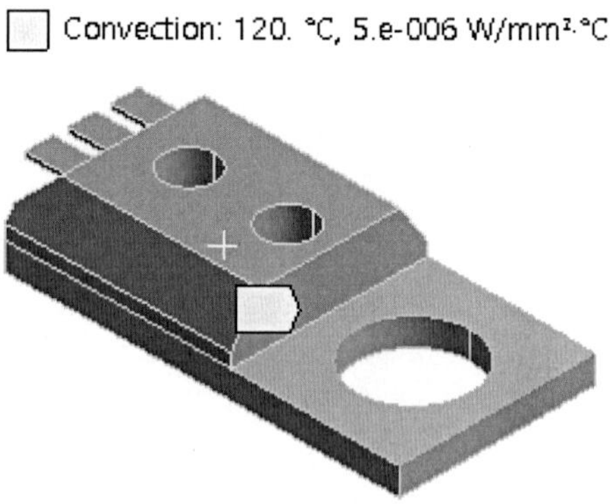

⑦ 세라믹 모델을 선택한다.

⑧ Details of “Convection”에서 Film coefficient를 클릭하고 Import Temperature Dependent를 선택한다.

Details of "Convection"	
Scope	
Scoping Method	Geometry Selection
Geometry	8 Faces
Definition	
Type	Convection
Film Coefficient	0. W/mm²·°C (step appl...
Ambient Temperature	22. °C (ramped)
Convection Matrix	Program Controlled
Suppressed	No

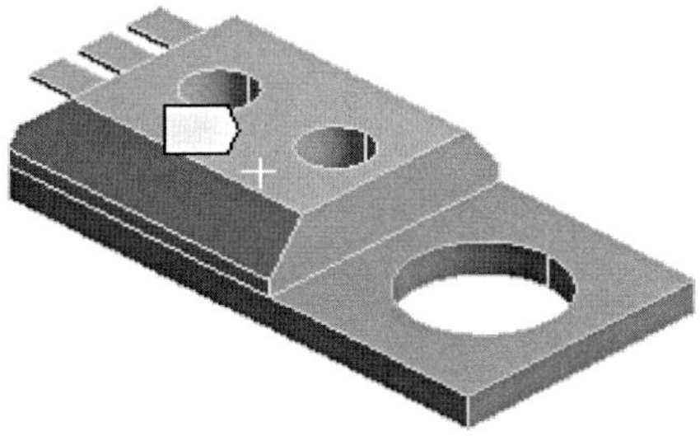

⑤ Stagnant Air-Simplified Case를 선택하고 OK를 클릭한다.

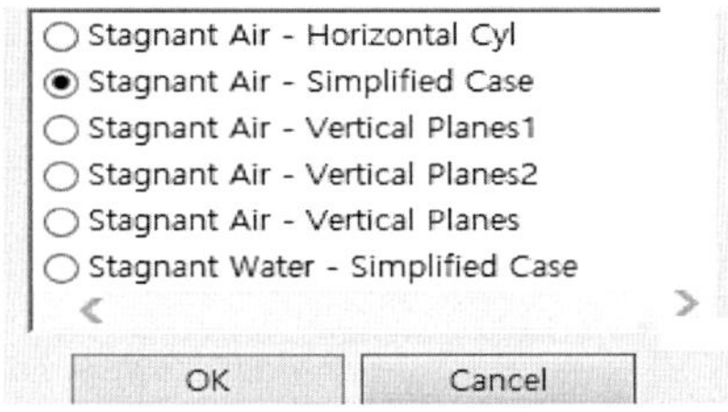

⑥ Details of “Convection”에서 Ambient Temperature를 40으로 입력한다.

Details of "Convection 2"	
Scope	
Scoping Method	Geometry Selection
Geometry	1 Body
Definition	
Type	Convection
Film Coefficient	5.e-006 W/mm²·°C (step app...
Coefficient Type	Average Film Temperature
Ambient Temperature	40. °C (ramped)
Convection Matrix	Program Controlled
Suppressed	No

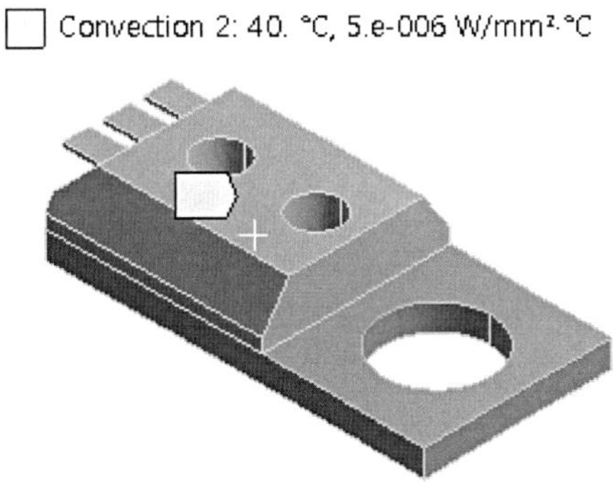

(11) 결과 항목을 추가합니다.

① Temperature 결과 세팅

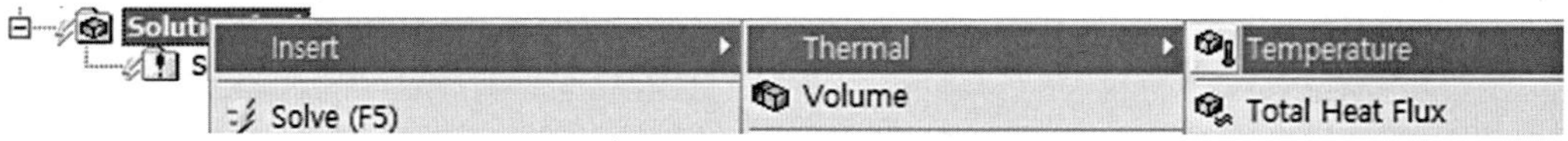

② Solution > RMB > insert > Thermal > Total Heat Flux

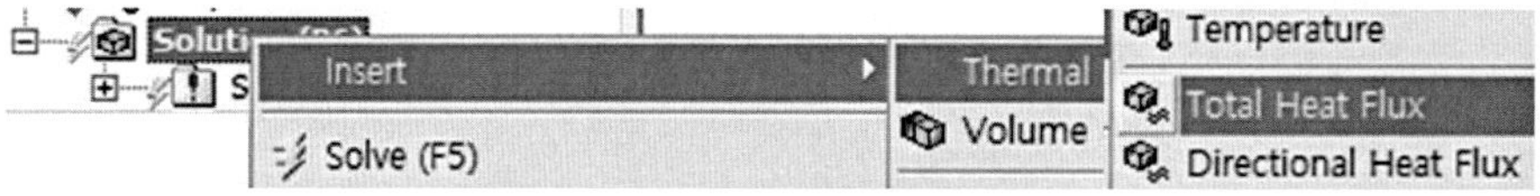

(12) 해석 수행

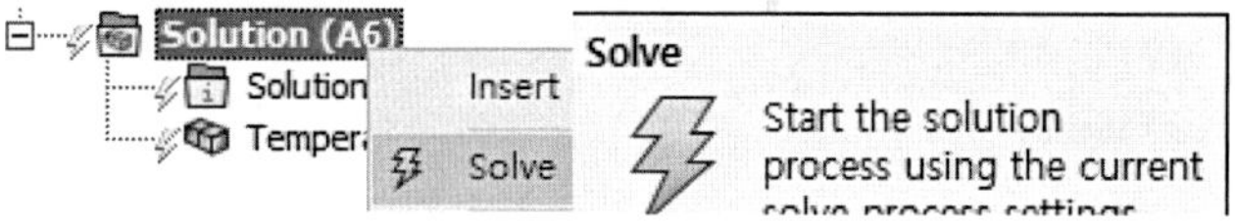

Total CPU time for main thread	:	0.2 seconds
Total CPU time summed for all threads	:	2.8 seconds

---

(13) 해석결과 확인한다.

① Temperature 결과

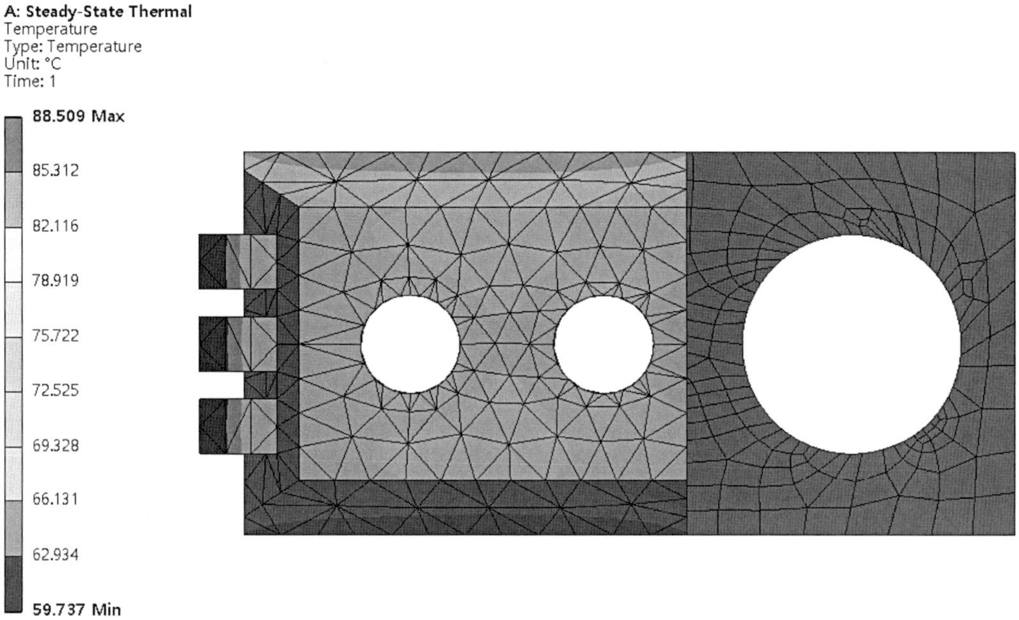

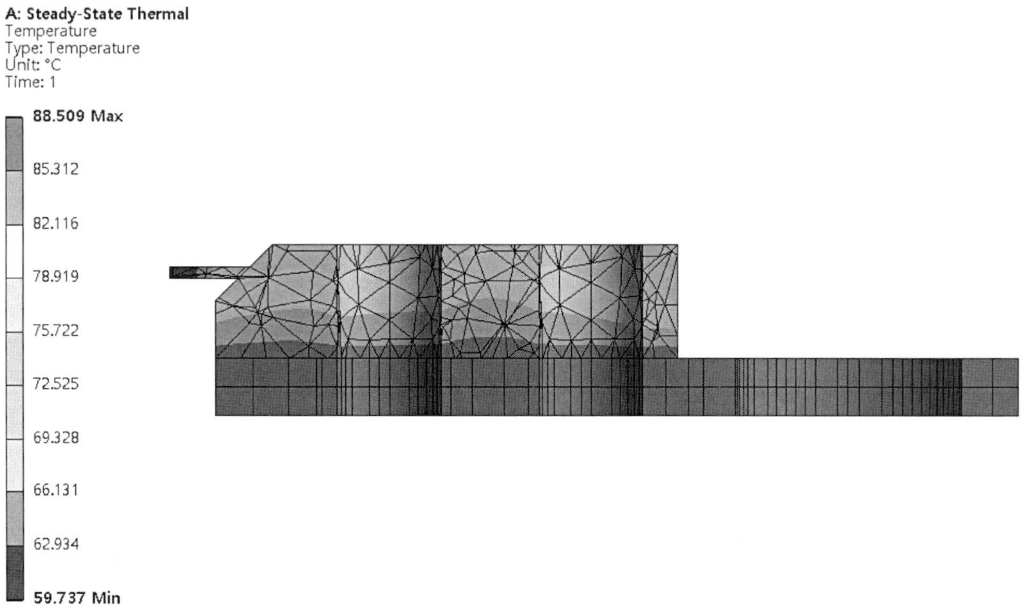

② Total Heat Flux 결과

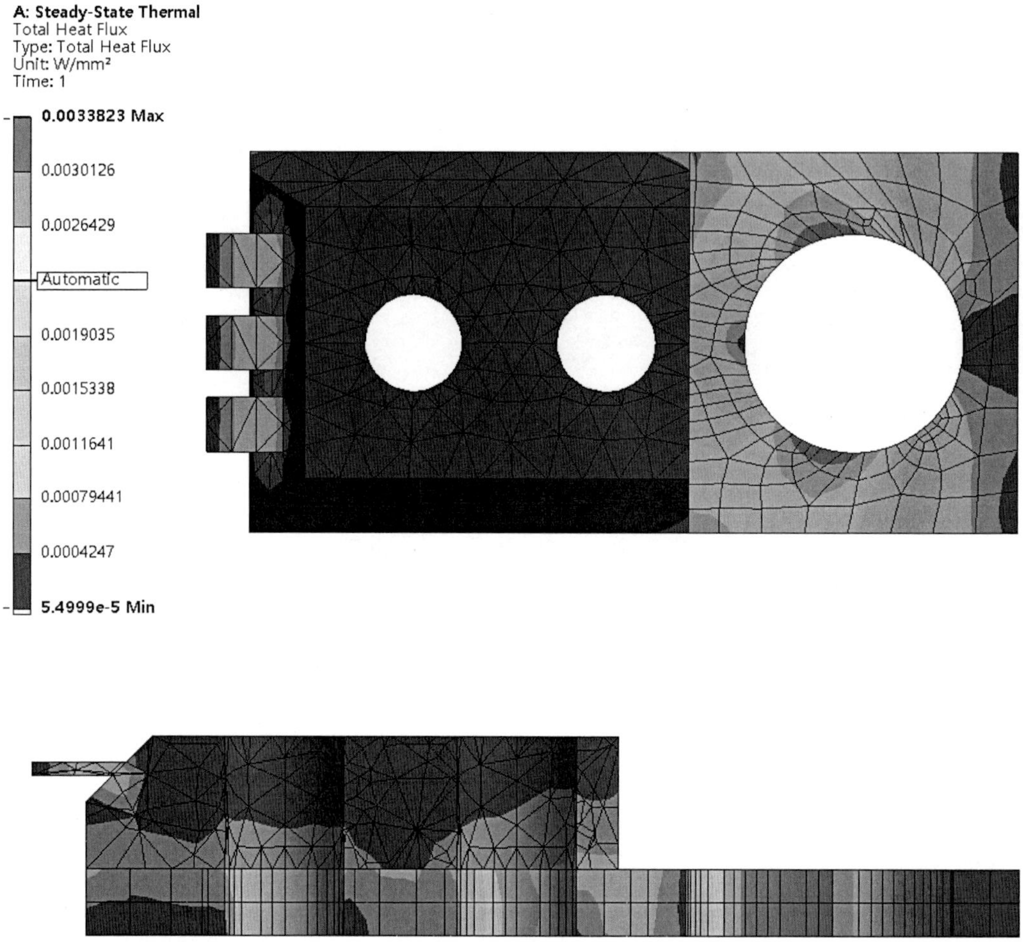

Part 2. : Static Structural Analysis

(1) 정적구조해석을 수행한다.

① Steady State Thermal에서는 Stress를 계산할 수 없다. 열응력 해석을 하기 위해서는 정적구조해석을 수행해야 한다.

열응력 해석을 위하여 열전도 해석결과로 얻은 데이터를 응력 해석에 연속해서 수행한다.

② 열전도 해석 결과에 얻은 데이터를 정적구조해석으로 가져온다.

③ Toolbox에서 Static Structural을 Project Schematic에 Drag하여 놓는다.

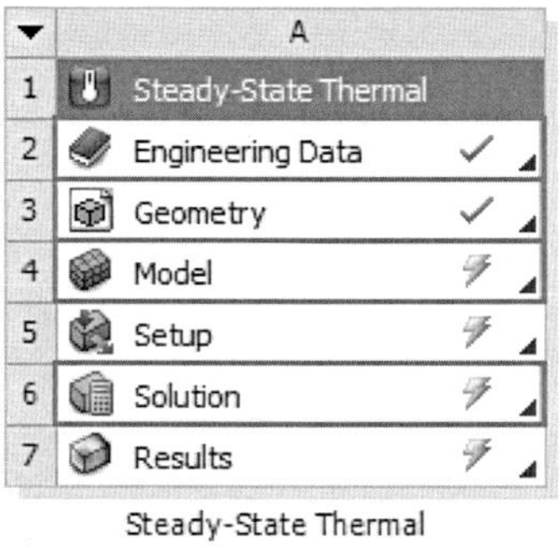

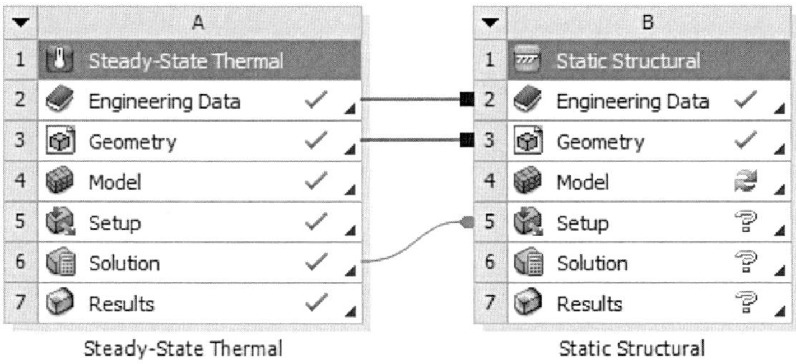

(3) 온도데이터를 불러온다.

① Static Structural에서 Imported Load를 클릭한다.

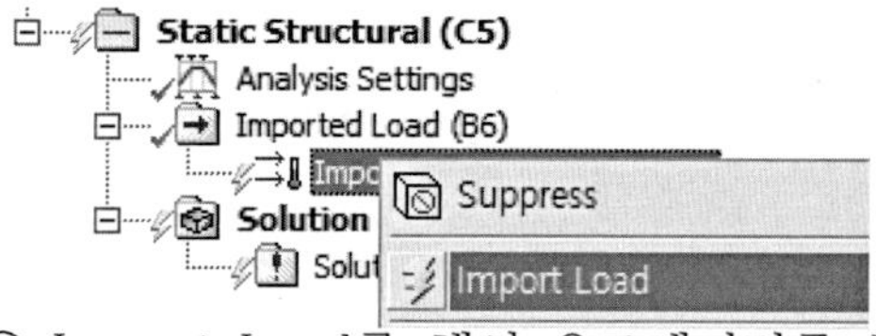

② Import Load를 해서 온도데이터를 불러온 결과.

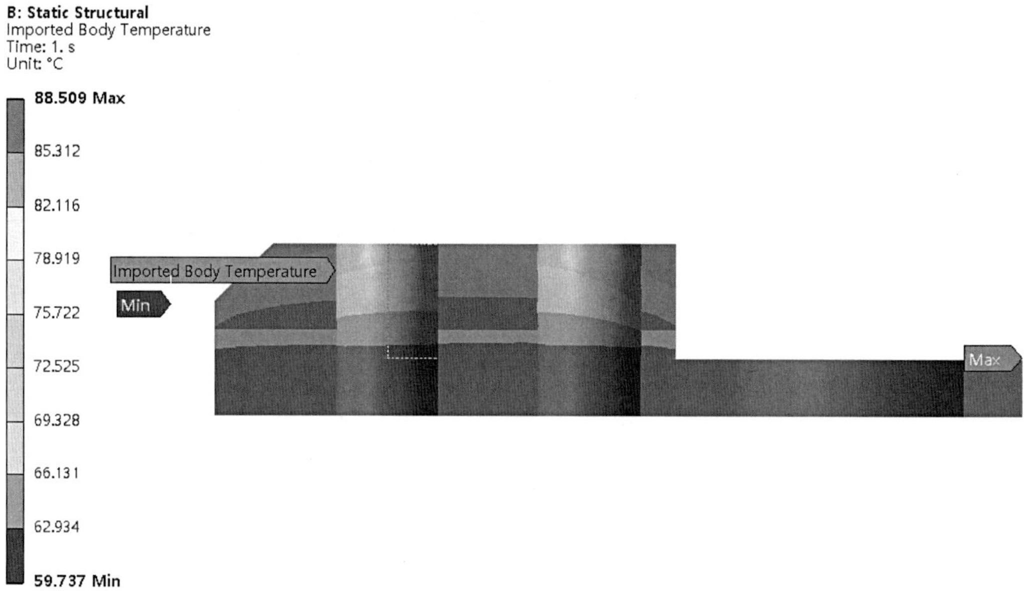

(4) 경계조건을 설정한다.

① 세라믹 핀을 Fixed support로 설정한다.

(5) 확인하고자 하는 결과 값을 Solution에 추가한다.

① Total deformation

② Equivalent Stress

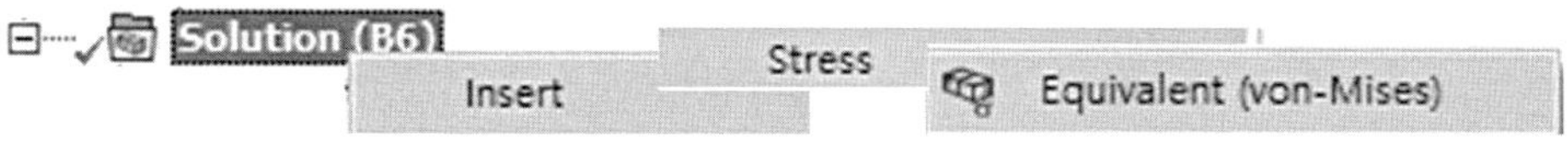

(6) 해석을 수행한다.

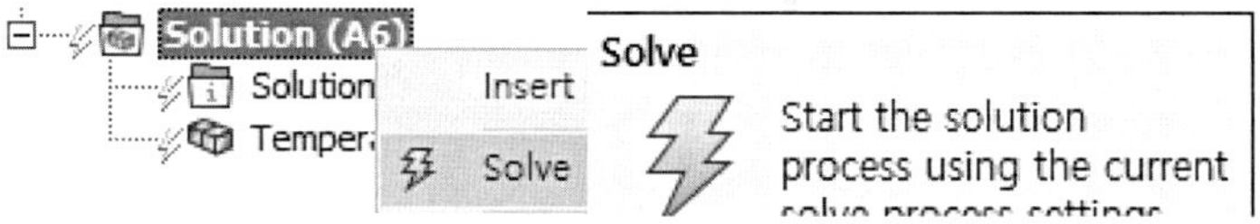

Total CPU time for main thread	:	4.6 seconds
Total CPU time summed for all threads	:	10.4 seconds

---

(7) 해석결과 확인

① Total deformation

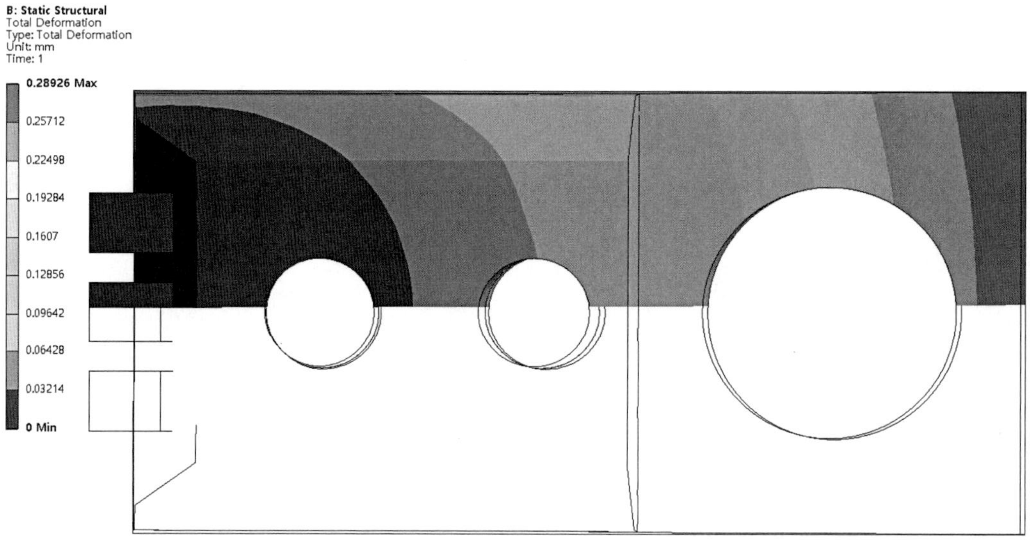

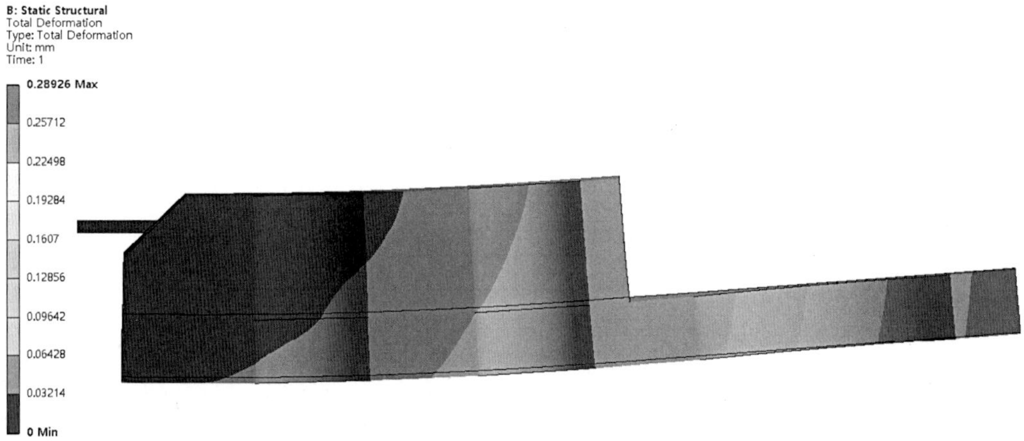

② Equivalent Stress

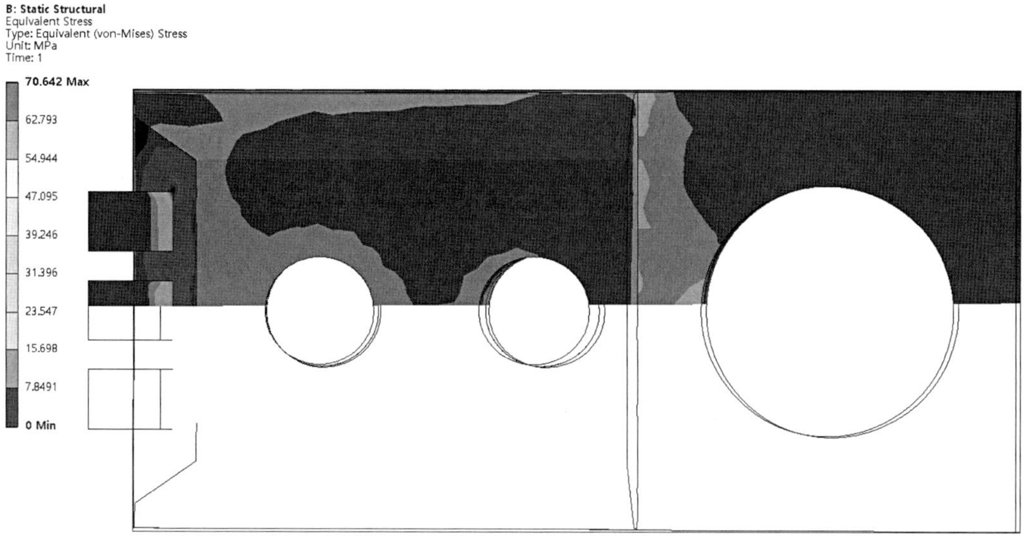

절단부분의 응력분포 (정면)

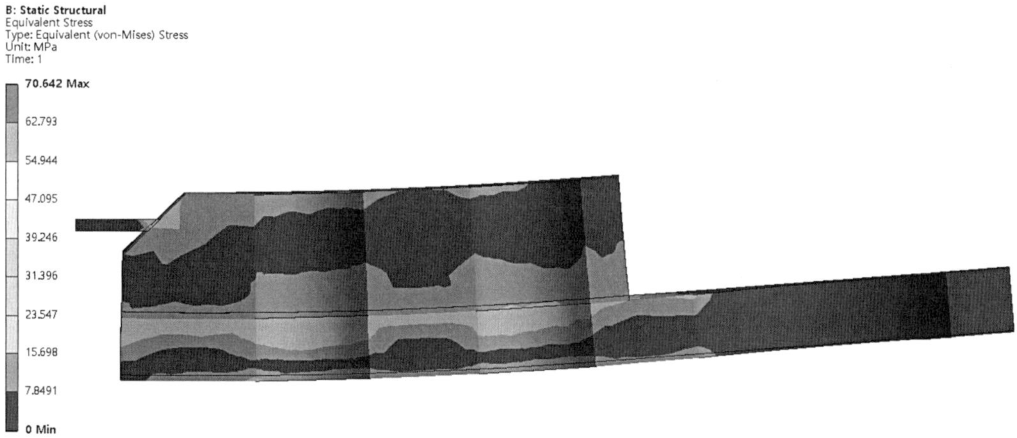

절단부분의 응력분포 (측면)

7. 원형홀을 가진 강판의 열전달 해석 [17]

1) 구조해석 요구사항 [18]

두께가 20mm인 2장의 Plate가 접촉되어 있다.
Plate 1은 하부에 고정판에 의해 고정되어 있다.
Plate 2는 500kN의 하중을 받고 있다.
Plate의 온도가 변화되어 Plate 2의 온도는 50˚C, Plate 1은 27˚C가 된다.
이 구조물의 온도분포와 응력분포를 도시하시오.

Plate1은 재질이 Aluminum Alloy이고, Plate2는 Copper Alloy이다.
구조해석을 위한 메쉬 설계는 기본값으로 한다.

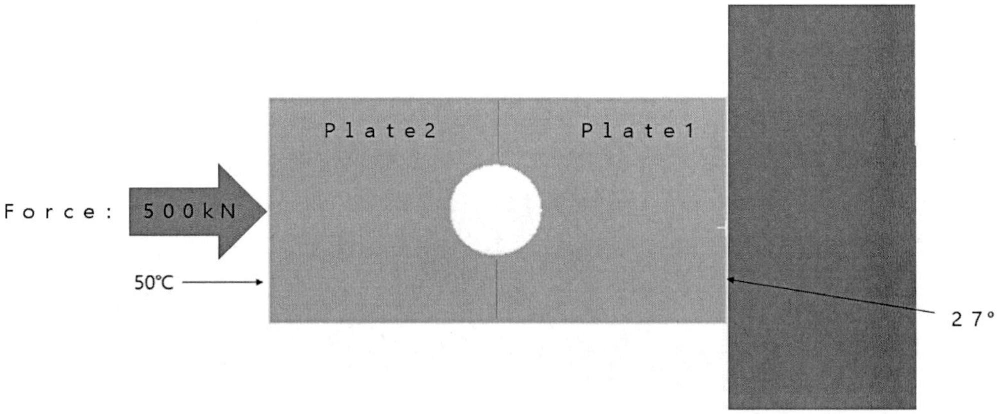

17) 한국공학대 메카트로닉스 장호재
18) Thermo-Structural Analysis in ANSYS Mechanical
https://www.bing.com/videos/riverview/relatedvideo?pglt=43&q=Thermo-Structural+Analysis+in+ANSYS+Mechanical&cvid=a37da3acd1714efa98e99d8ab2b2b244&gs_lcrp=EgRlZGdlKgYIABBFGDkyBggAEEUYOdIBCDE1OTBqMGoxqAIAsAIA&PC=U531&ru=%2fsearch%3fpglt%3d43%26q%3dThermo-Structural%2bAnalysis%2bin%2bANSYS%2bMechanical%26cvid%3da37da3acd1714efa98e99d8ab2b2b244%26gs_lcrp%3dEgRlZGdlKgYIABBFGDkyBggAEEUYOdIBCDE1OTBqMGoxqAIAsAIA%26FORM%3dANNTA1%26PC%3dU531&mmscn=vwrc&mid=D271D50FE23D1920080FD271D50FE23D1920080F&FORM=WRVORC

2) 구조해석

Part 1. : Thermal Analysis

(1) ANSYS Workbench를 실행하고, Transient Thermal 을 생성합니다.

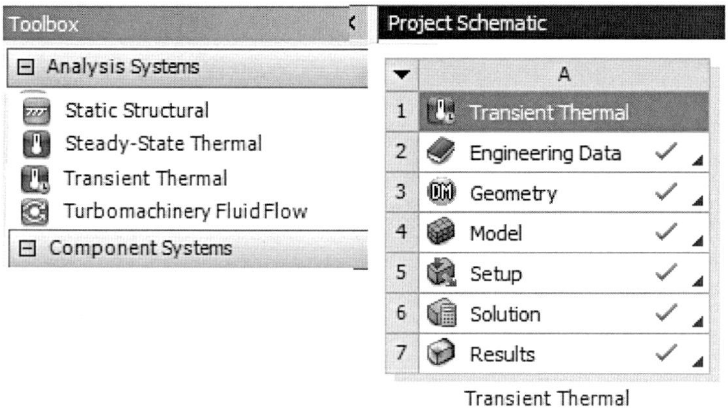

(2) 재료의 물성을 정의한다. (Engineering Data)

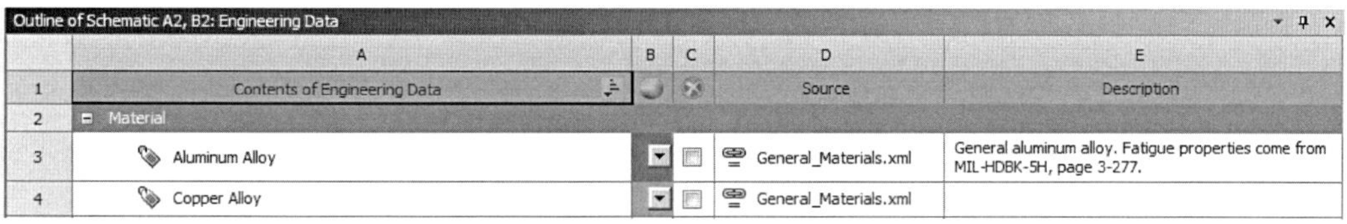

(3) 해석 모델을 불러들이거나 모델링을 수행한다. (Geometry)

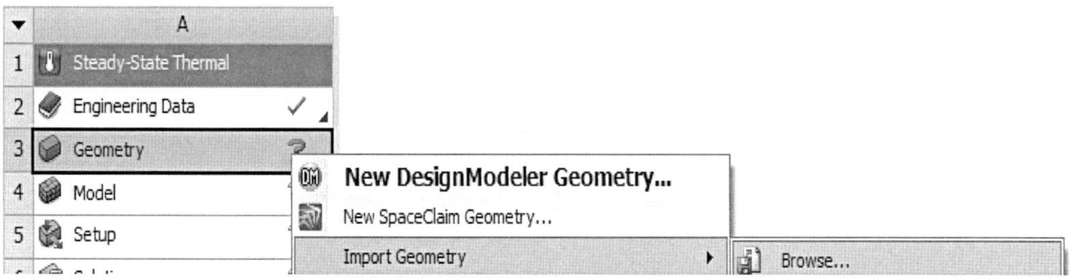

① Geometry Call에서 RMB(마우스 오른쪽 버튼)>import geometry>Browse...를 클릭하여 모델파일을 선택합니다.

(4) 해석 모델의 환경을 설정한다. (Model)

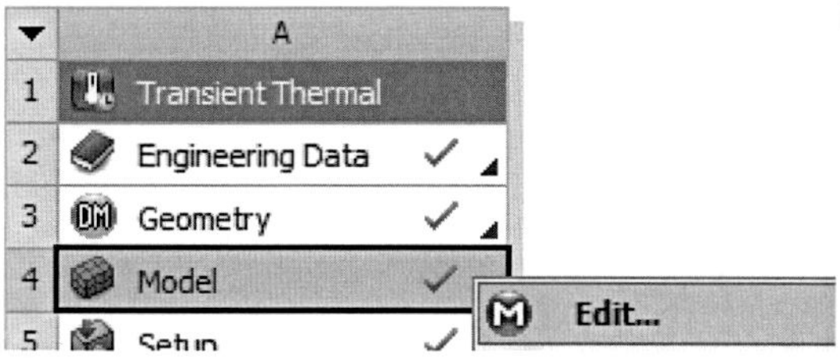

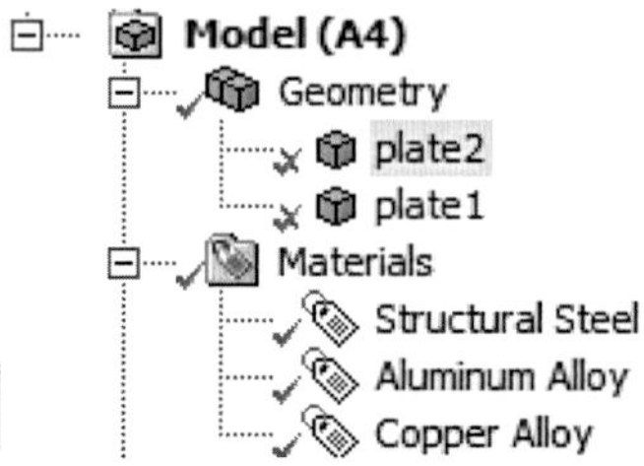

Details of "plate1"	
Graphics Properties	
Definition	
Suppressed	No
Stiffness Behavior	Flexible
Coordinate System	Default Coordinate Sy...
Reference Temperature	By Environment
Behavior	None
Material	
Assignment	Aluminum Alloy
Nonlinear Effects	Yes
Thermal Strain Effects	Yes
Bounding Box	
Length X	100. mm
Length Y	100. mm
Length Z	10. mm
Properties	
Volume	93769 mm³
Mass	0.25974 kg
Centroid X	-157.14 mm
Centroid Y	7.1795 mm
Centroid Z	-4.9916e-013 mm
Moment of Inertia Ip1	231.29 kg·mm²
Moment of Inertia Ip2	200.75 kg·mm²
Moment of Inertia Ip3	427.71 kg·mm²
Statistics	

Details of "plate2"	
Graphics Properties	
Definition	
Suppressed	No
Stiffness Behavior	Flexible
Coordinate System	Default Coordinate Syste...
Reference Temperature	By Environment
Behavior	None
Material	
Assignment	Copper Alloy
Nonlinear Effects	Yes
Thermal Strain Effects	Yes
Bounding Box	
Length X	100. mm
Length Y	100. mm
Length Z	10. mm
Properties	
Volume	93769 mm³
Mass	0.77829 kg
Centroid X	-51.623 mm
Centroid Y	7.1795 mm
Centroid Z	-4.9916e-013 mm
Moment of Inertia I...	693.02 kg·mm²
Moment of Inertia I...	601.52 kg·mm²
Moment of Inertia I...	1281.6 kg·mm²
Statistics	

(5) 좌표계 설정 (Coordinate Systems) : 변경내용 없음

(6) 연결 관계 정의(Connections)

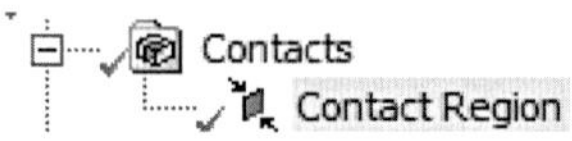

Geometry에 모델이 하나이므로 활성화 되지 않았음

(7) 격자 모델 생성 (Mesh)

기본설정을 사용하여 메쉬를 설계한다.

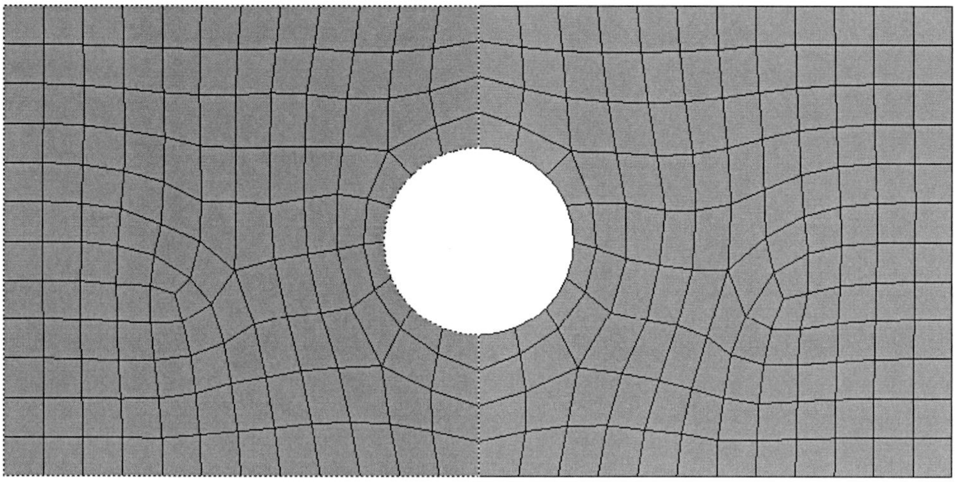

(8) 해석 설정 정의(Analysis Settings) : 설정되어 있는 값을 사용한다.

(9) 초기 조건 정의

본 문제에서는 자중의 영향이 있을 수 있으나 고려하지 않는다.

(10) 구속조건 정의

① plate의 온도조건을 부여합니다.

Tree Outline의 Steady State-Thermal에서 RBM > Insert > Temperature를 추가합니다.

Detail View > Geometry에 분할면 (1 Face)을 지정하고, Definition > Magnitude에 27을 입력합니다.

Details of "Temperature"

Scope	
Scoping Method	Geometry Selection
Geometry	1 Face
Definition	
Type	Temperature
Magnitude	27. °C (ramped)
Suppressed	No

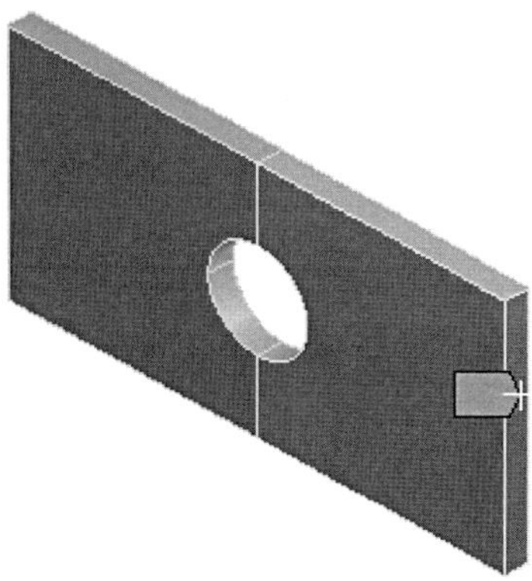

② plate의 온도조건을 부여합니다.
온도 50을 입력한다.

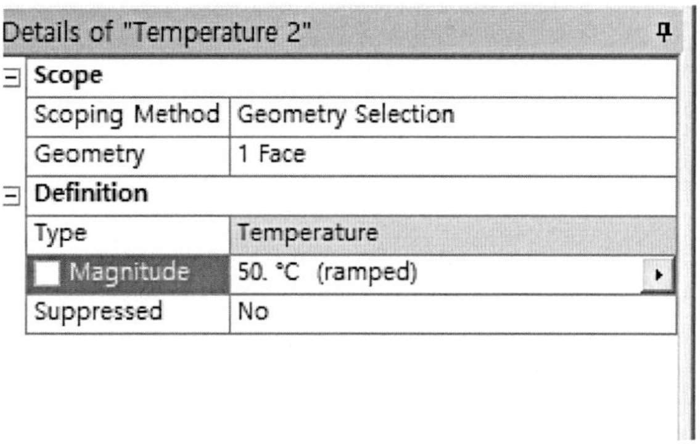

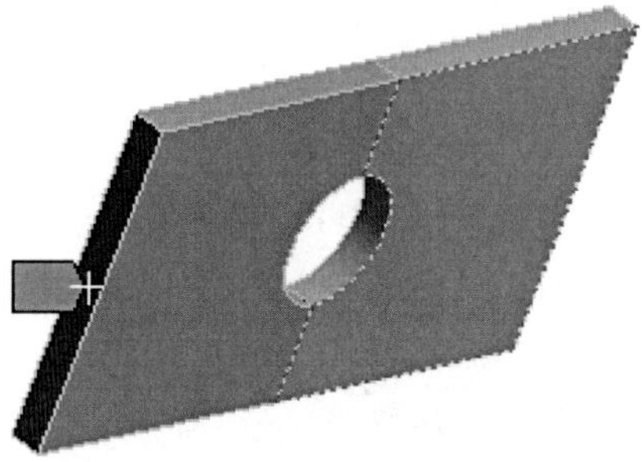

(11) 결과 항목을 추가합니다.

① Temperature 결과 세팅

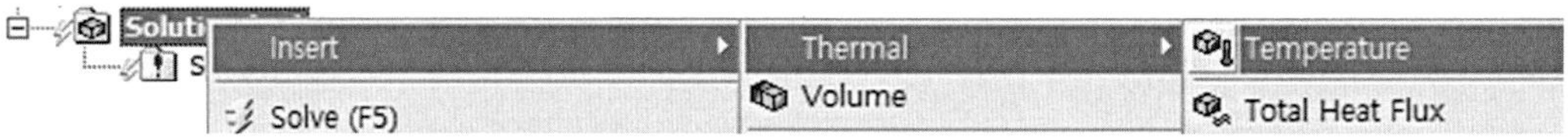

② Solution > RMB > insert > Thermal > Total Heat Flux

(12) 해석 수행

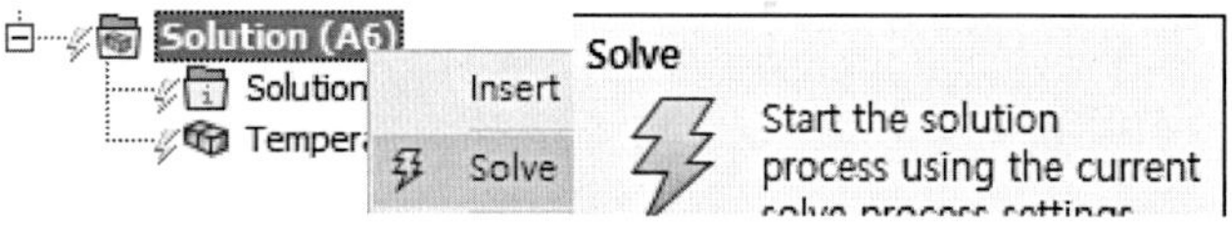

Total CPU time for main thread : 0.1 seconds
Total CPU time summed for all threads : 1.5 seconds

---

(13) 해석결과 확인한다.

① Temperature 결과

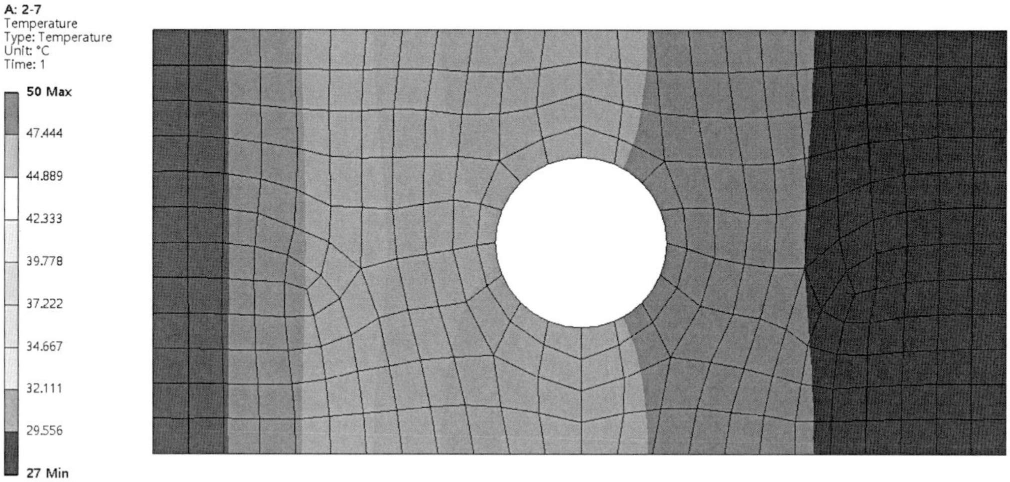

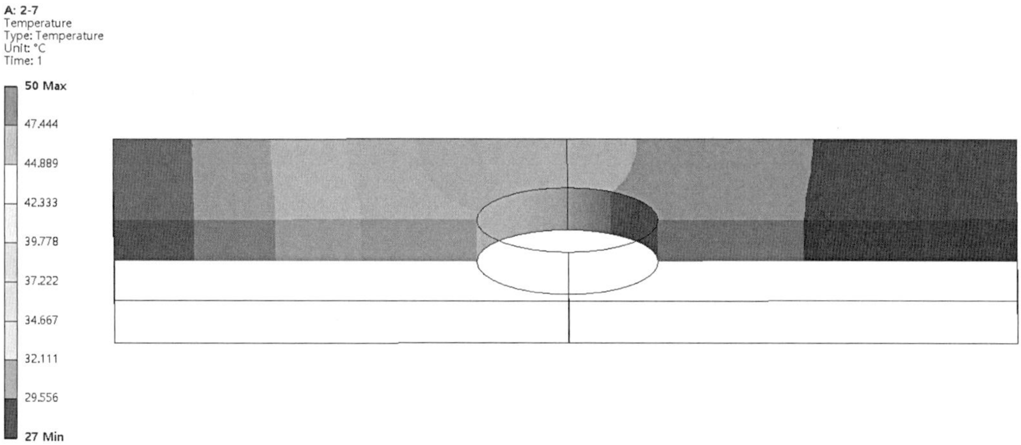

② Total Heat Flux 결과

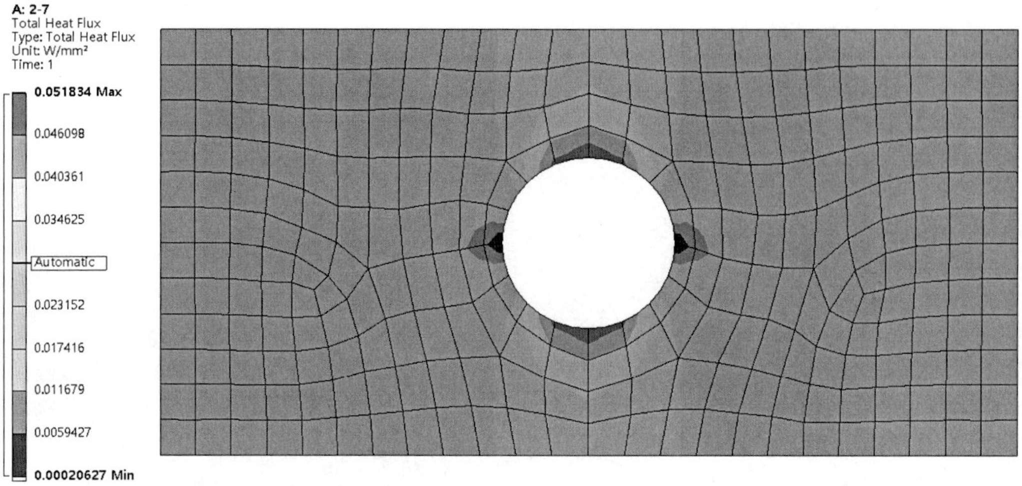

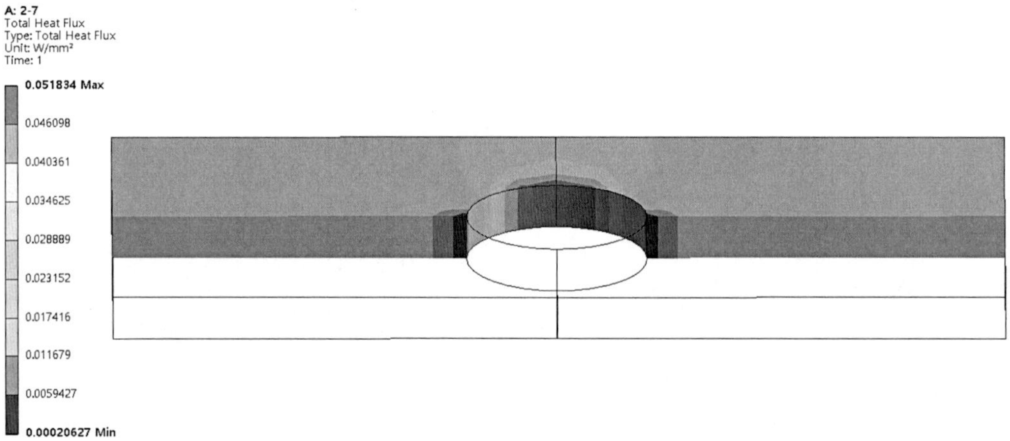

Part 2. : Static Structural Analysis

(1) 정적구조해석을 수행한다.
열응력 해석을 위하여 열전도 해석결과로 얻은 데이터를 응력 해석에 연속해서 수행한다.

① 열전도 해석 결과에 얻은 데이터를 정적구조해석으로 가져온다.

② Toolbox에서 Static Structural을 Project Schematic에 Drag하여 놓는다.

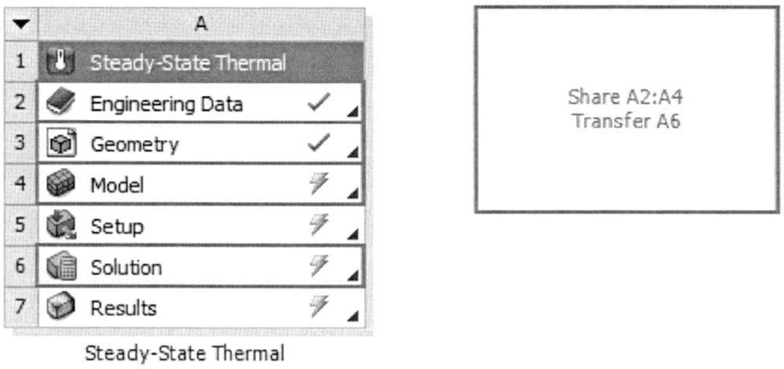

(2) Static Structural에서 Model을 더블클릭하여 Static Structural을 불러온다.

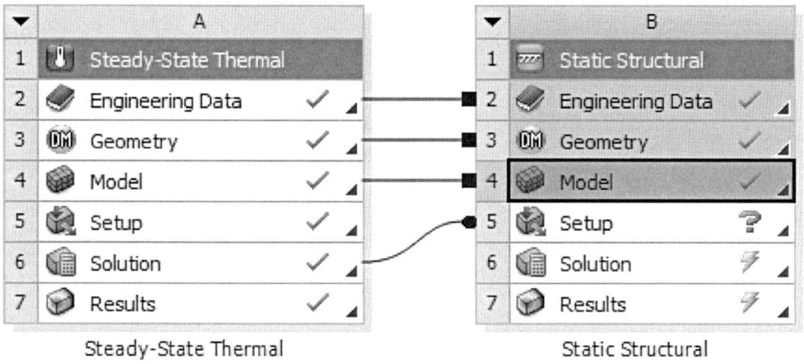

① 모델의 재질을 확인하고 메시는 기본설정으로 한다.

(3) 온도데이터를 불러온다.

① Static Structural에서 Imported Load를 클릭한다.

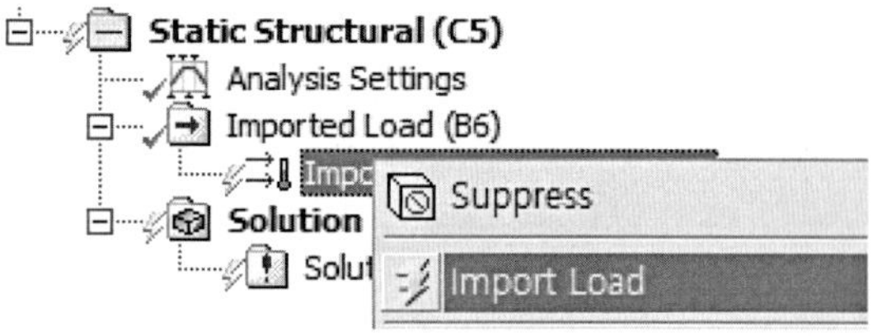

② Import Load를 해서 온도데이터를 불러온 결과.

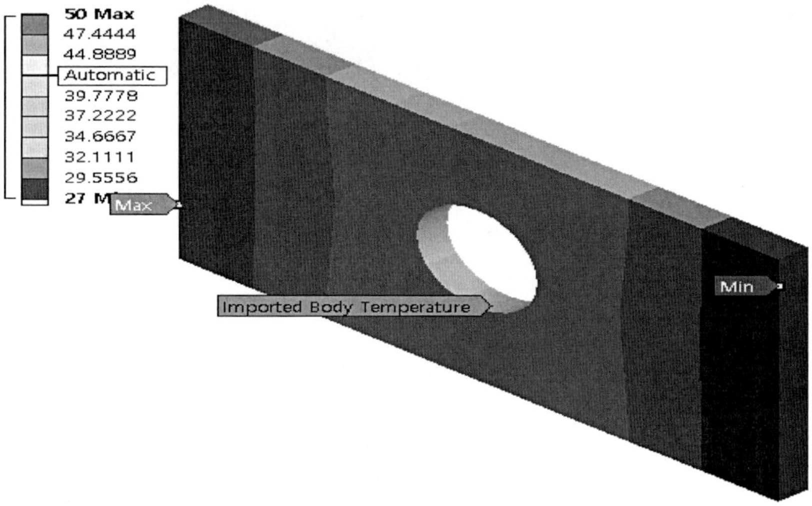

(4) 경계조건을 설정한다.

① Fixed support를 추가한다.

② Force를 추가한다.

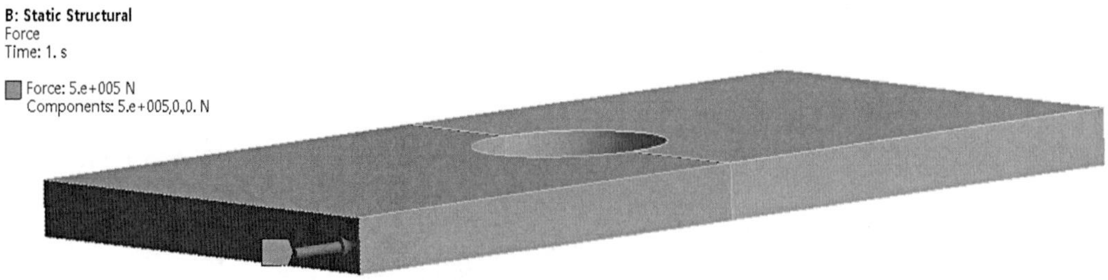

(5) 확인하고자 하는 결과 값을 Solution에 추가한다.

① Total deformation

② Equivalent Stress

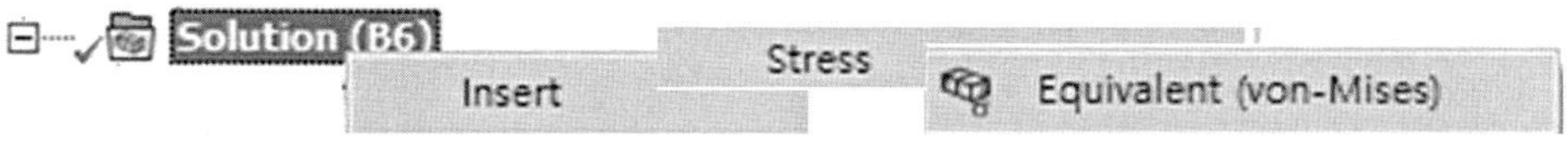

(6) 해석을 수행한다.

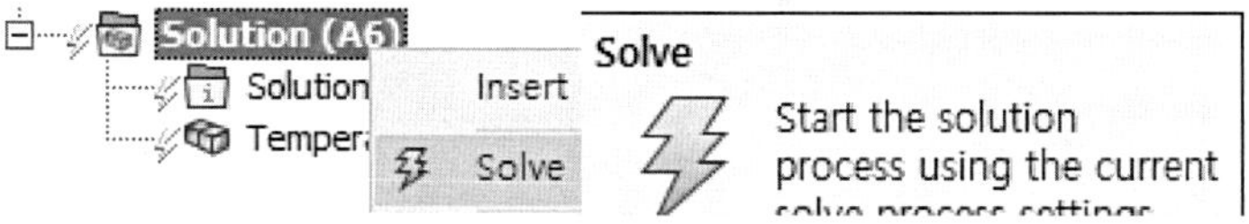


```
-----------------------------------------------------------------------
Total CPU time for main thread                    :          0.4 seconds
Total CPU time summed for all threads             :          3.2 seconds
---------------------------------------------------------------------
```

(7) 해석결과 확인한다.

① Total deformation

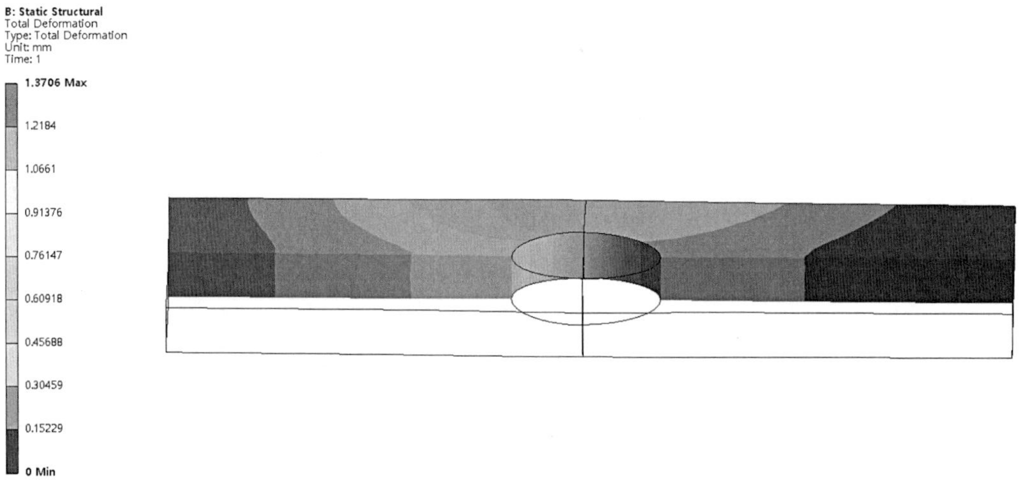

② Equivalent Stress

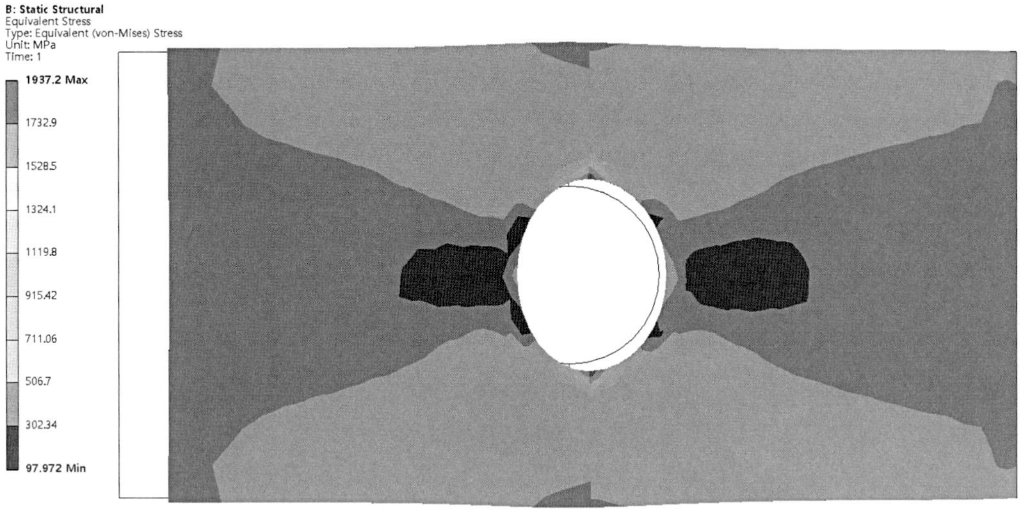

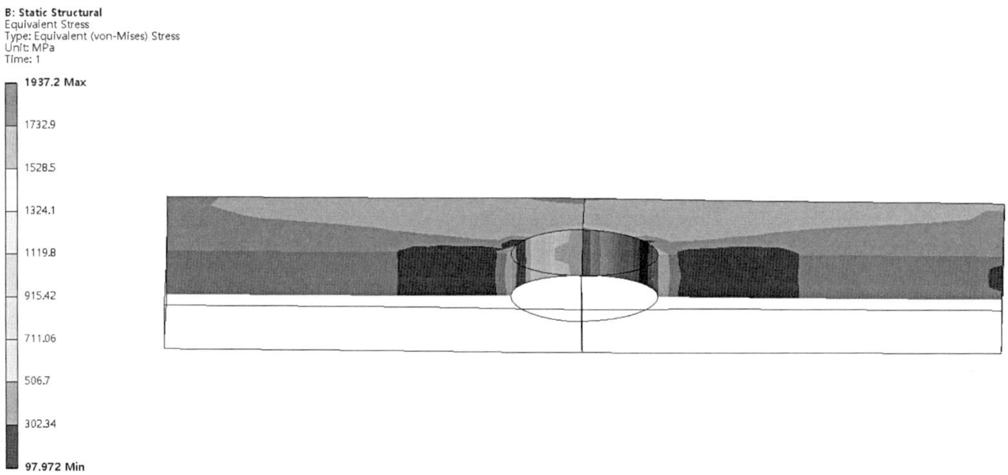

8. 회전 fan의 열해석 19)

1) 구조해석 요구사항

이 모델은 fan이 기본온도의 환경에서 대류로 인한 열을 받을 때 일어나는 열 분포 해석하는 것이다.
모델의 재질은 구조강으로 한다.
구조해석을 위한 메쉬 설계는 3mm로 한다.
fan 상부 면에 200℃의 열이 가해진다.

열 분포를 도시하시오.

19) 한국공학대학교 로봇메카트로닉스 이하늘

2) 구조해석

(1) 해석 시스템을 생성한다.
ANSYS Workbench를 실행하고, Steady-state Thermal System을 생성합니다.

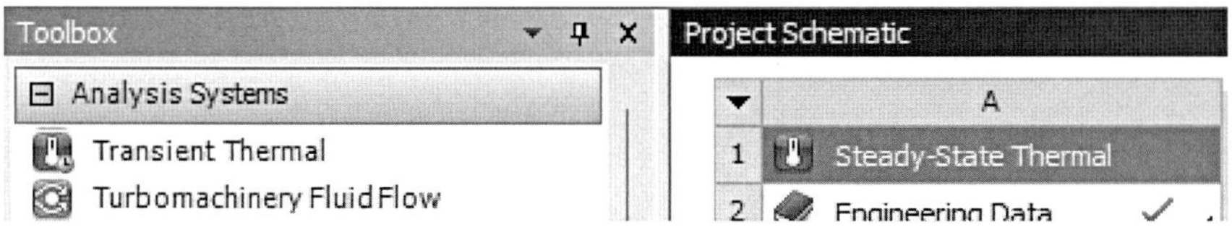

(2) 재료의 물성을 정의한다. (Engineering Data)

이번 구조해석에서는 구조강을 사용하므로 특별한 재료의 선택은 하지 않는다.

(3) 해석 모델을 불러들이거나 모델링을 수행한다. (Geometry)

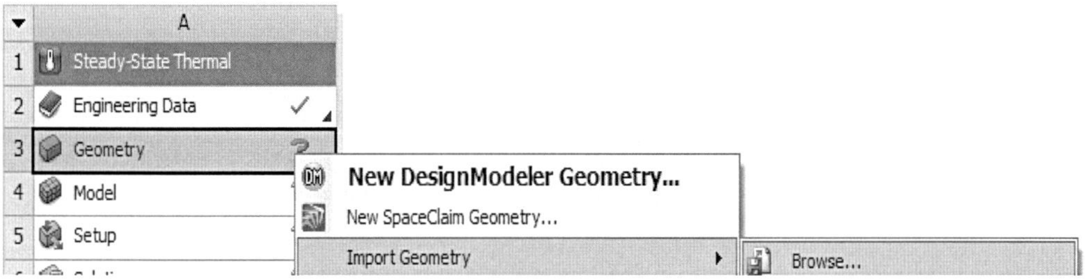

① Geometry Call에서 RMB(마우스 오른쪽 버튼) > import geometry>Browse...를 클릭하여 모델파일을 선택합니다.

(4) 해석 모델의 환경을 설정한다. (Model)

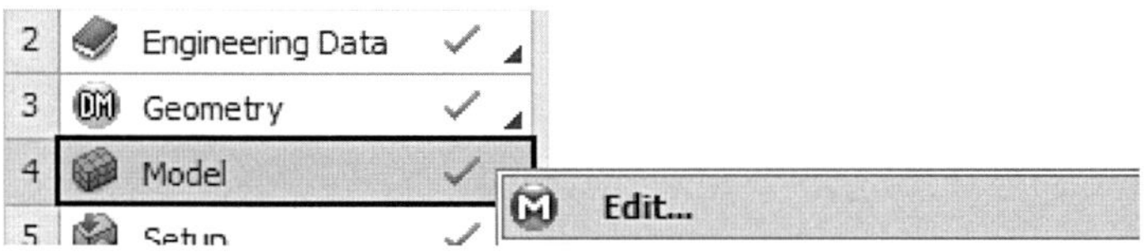

① 사용단위를 설정합니다.

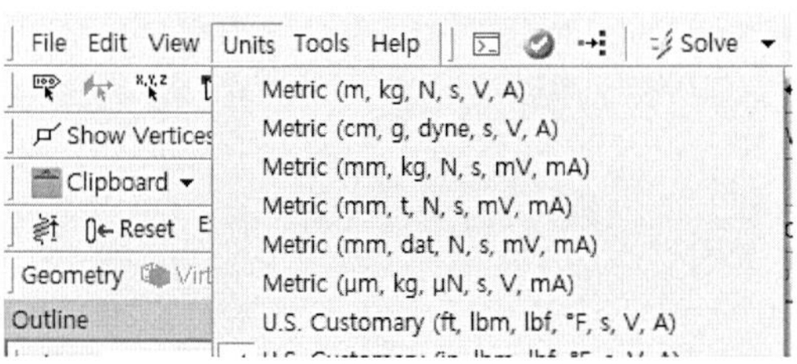

② 모델에 적용할 재질을 Structural Steel로 설정된 것을 확인한다.

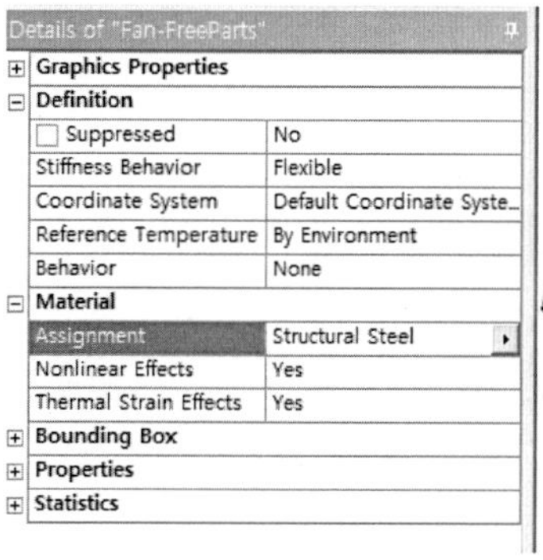

(5) 좌표계 설정 (Coordinate Systems) : 변경내용 없음

(6) 연결 관계 정의(Connections)

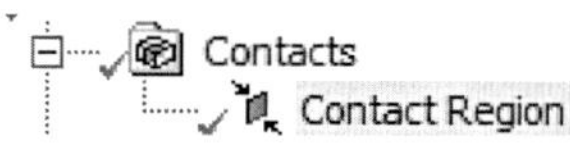

Geometry에 모델이 하나이므로 활성화 되지 않았음

(7) 메쉬의 크기를 설정합니다.

① Outline화면에서 Model > Mesh 를 선택한다.

② Detail view에서 Sizing > Element Size 선택하여 값을 3mm로 세팅한다.

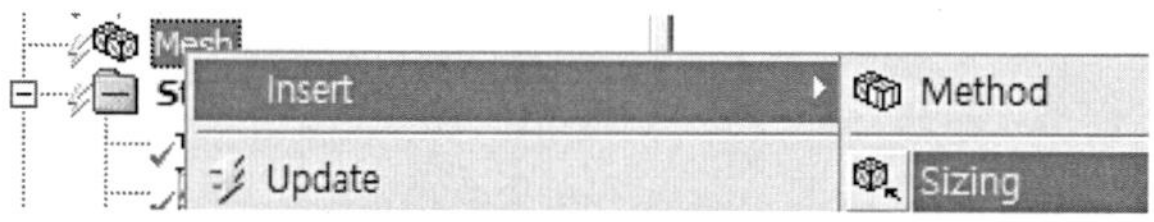

③ Outline화면에서 Model > Mesh 를 선택하고 RMB > Update 실행한다.
Graphic화면에서 모델에 메시가 생성된 것 을 확인할 수 있다.

(8) 해석 설정 정의(Analysis Settings) : 설정되어 있는 값을 사용한다.

(9) 초기 조건 정의

본 문제에서는 자중의 영향이 있을 수 있으나 고려하지 않는다.

(10) 구속조건 정의

① fan 윗면에 Heat Flow 온도조건을 부여합니다.

Details of "Heat Flow"

Scope	
Scoping Method	Geometry Selection
Geometry	8 Faces
Definition	
Type	Heat Flow
Define As	Heat Flow
Magnitude	200. W (ramped)
Suppressed	No

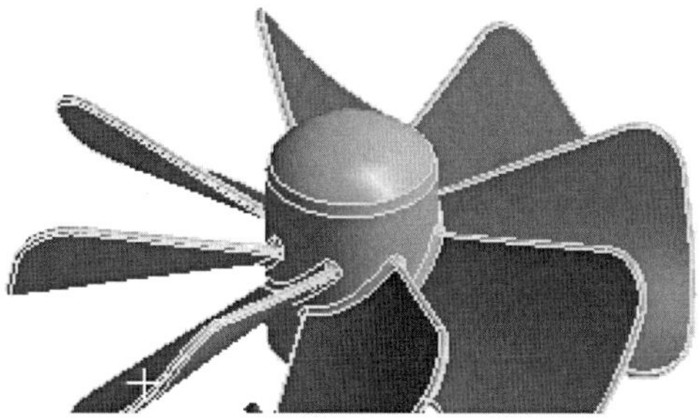

Tree Outline의 Steady State-Thermal에서 RBM>Insert>Heat Flux를 추가합니다.

-1. Detail View>Geometry에 fan 윗면을 지정합니다.

-2. Definition >Magnitude에 200을 입력합니다.

② fan에 대류를 조건을 부여합니다.

Three Outline의 Steady State-Thermal에서 RBM > Insert > Convection을 추가합니다.

-1. Detail View>Geometry에 외부 돌출 면을 지정합니다.

-2. Select Filter를 Box Select로 변경 후 전체 solid를 선택합니다.

-3. 대류계수는 Workbench에서 제공하는 데이터를 사용하겠습니다.

Detail View >Film Coefficient 항목의 버튼을 클릭하여 추가 Menu의 Import Temperature Dependent...를 클릭합니다.

-4. Ambient Temperature에 22℃(주변 공기의 온도)를 사용합니다.

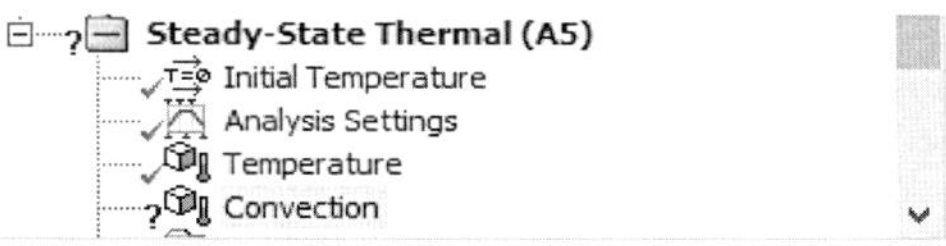

Details of "Convection"

Scope	
Scoping Method	Geometry Selection
Geometry	1 Body
Definition	
Type	Convection
Film Coefficient	0. W/mm²·°C (step applied)
Ambient Temperature	22. °C (ramped)
Convection Matrix	Program Controlled
Suppressed	No

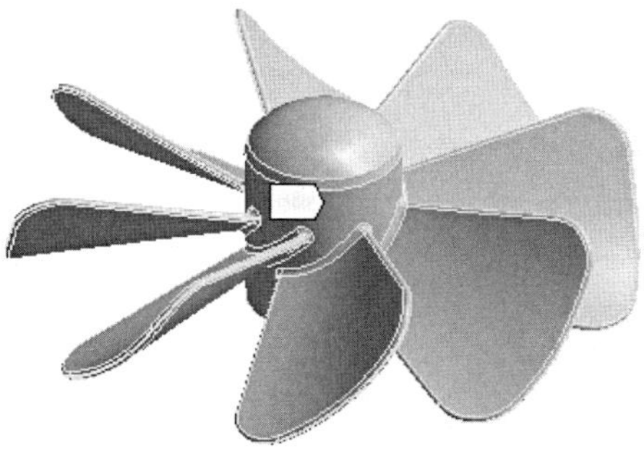

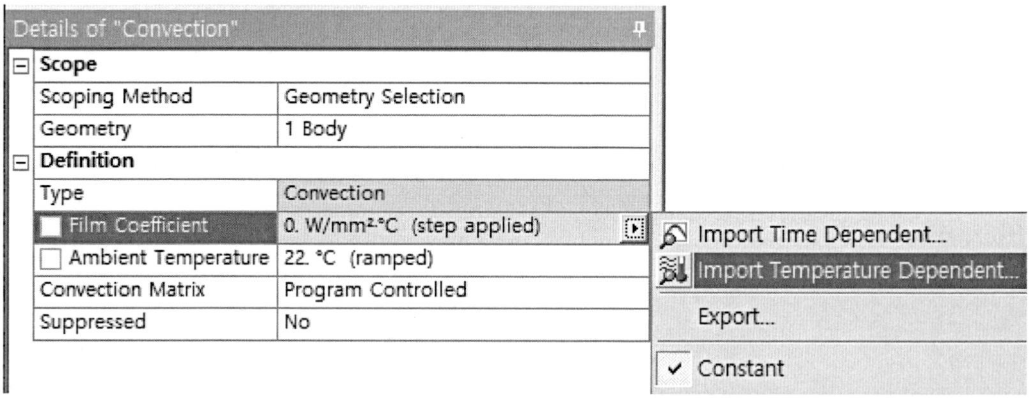

③ Convection Data들 중에서 Stagnant Air-Simplified Case 항목을 적용합니다.

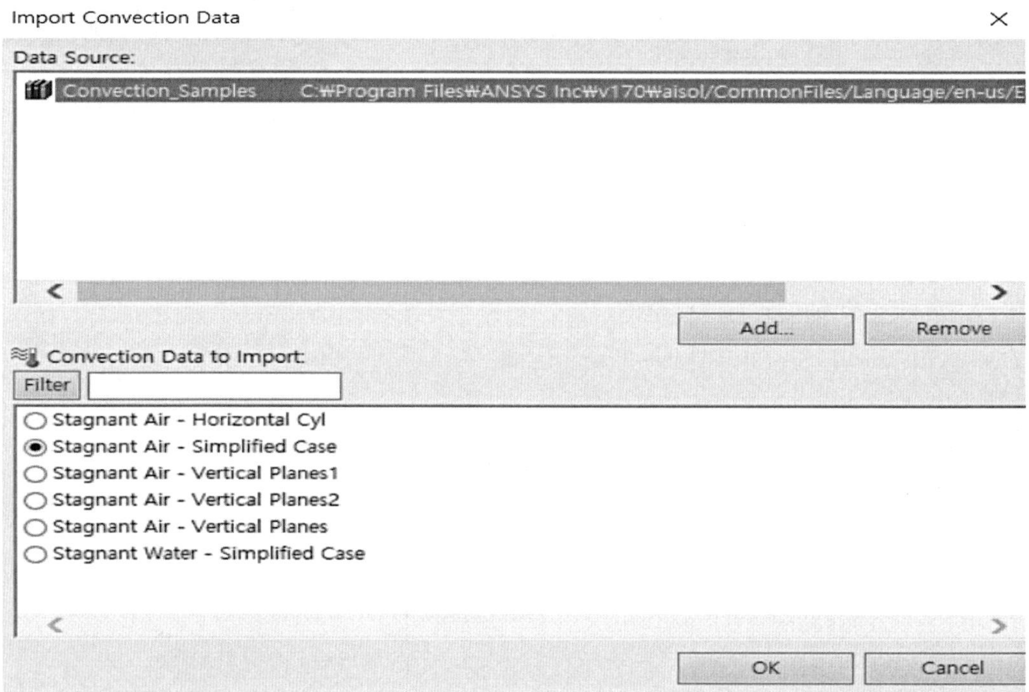

(11) 결과 항목을 추가합니다.

① Temperature 결과 세팅

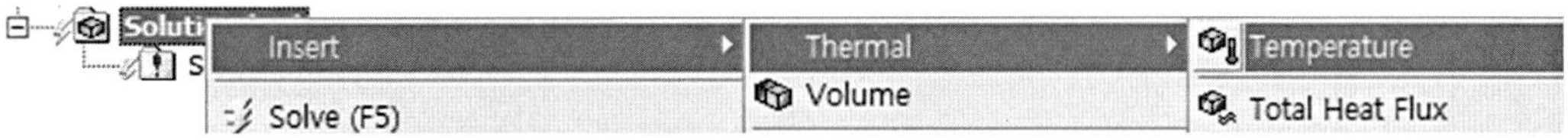

② Solution > RMB > insert > Thermal > Total Heat Flux

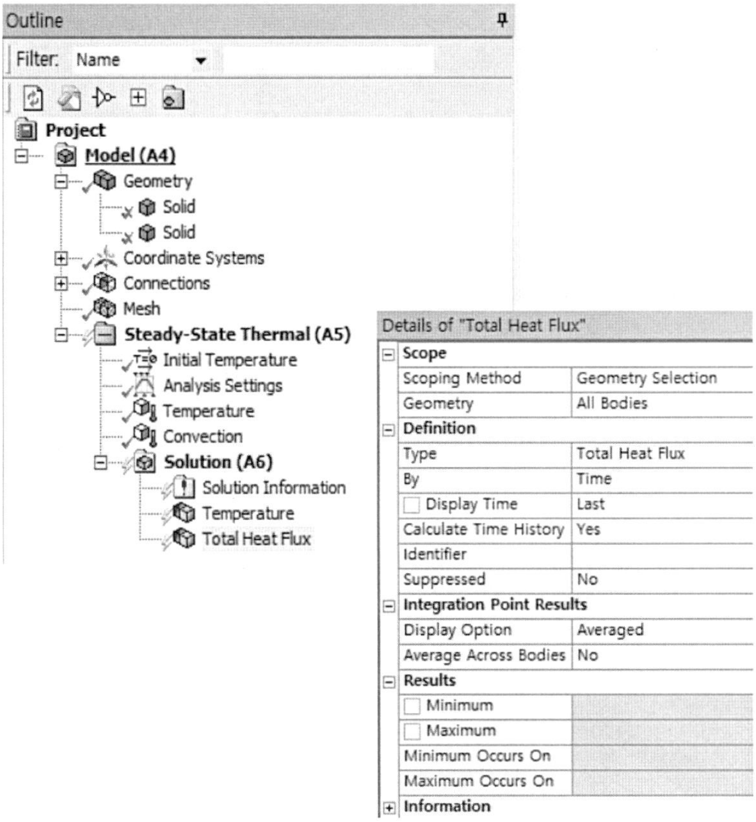

(12) 해석 수행

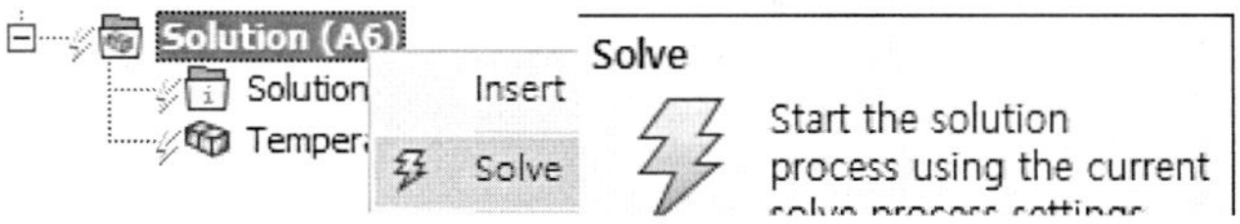

Total CPU time for main thread : seconds

Total CPU time summed for all threads : seconds

---

(13) 해석결과 확인한다.

온도분포와 열속 분포를 확인합니다. Heat Sink의 온도는 80℃에서 약 73.8℃ 로 분포(격자밀도에 따라 약간의 차이가 발생 가능)하며 최대 Heat Flux값은 약 0.0376W/mm^2입니다.

① Temperature 결과

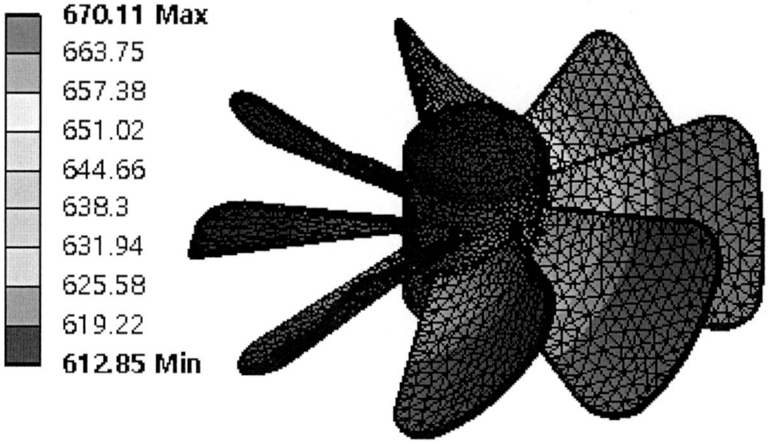

② Total Heat Flux 결과

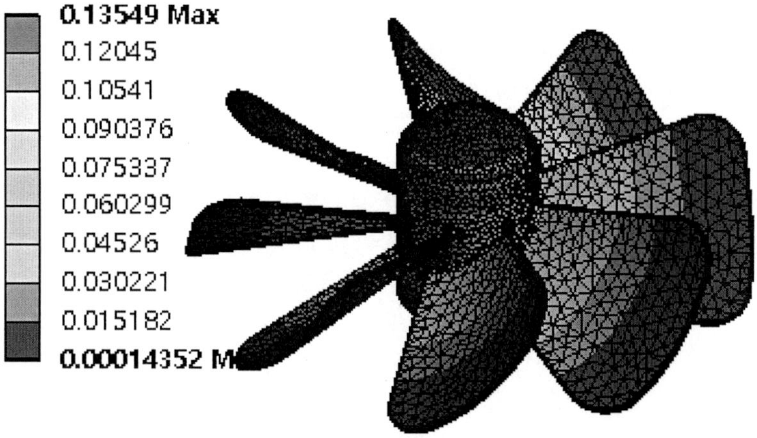

9. 이형 실린더의 열해석 [20)]

1) 구조해석

그림과 같은 이형실린더 바닥부의 온도를 25℃로 하고, 상단부 면에 50W만큼의 온도 차에 의해 발생되는 열에너지가 이동한다.
이 때 열응력 해석과 바닥부를 고정하고, 상단부면에 100N의 하중을 바닥부로 가했을 때의 변위와 응력을 구하여라.

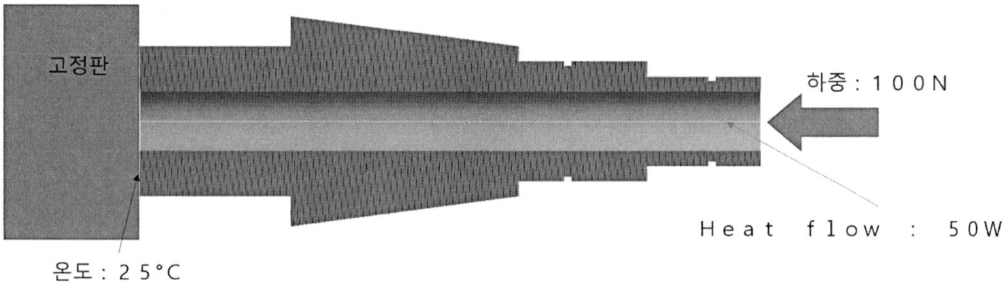

구조해석을 하기 위하여 메쉬는 2mm로 설정한다.
재질은 기본으로 structural steel을 사용한다.

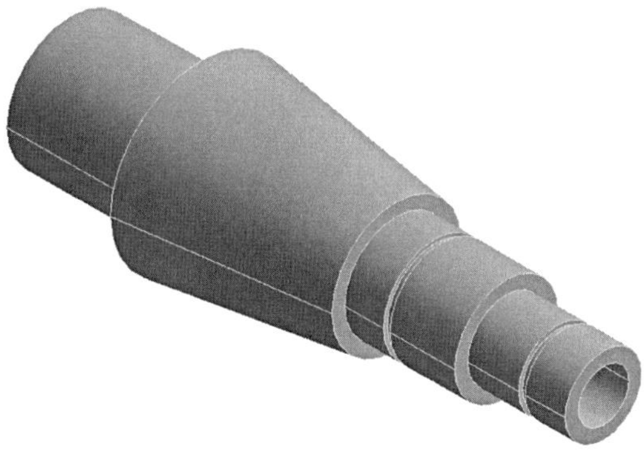

원형모델

20) 한국공학대학교 김봉현

2) 구조해석

Part 1. : Thermal Analysis

(1) ANSYS Workbench를 실행하고, Transient Thermal 을 생성한다.

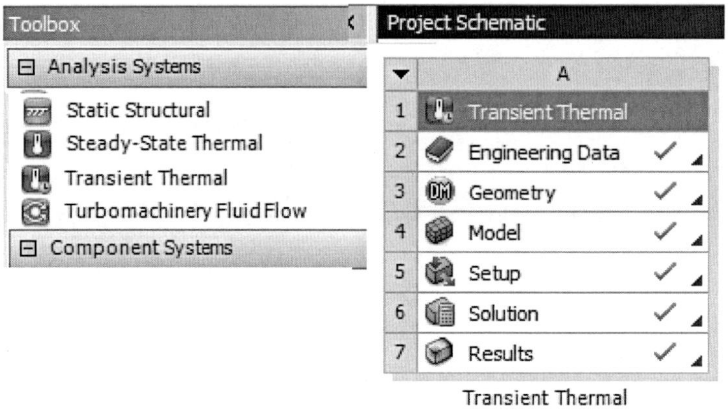

(2) 재료의 물성을 정의한다. (Engineering Data)

이번 구조해석에서는 구조강을 사용하므로 특별한 재료의 선택은 하지 않는다.

(3) 해석 모델을 불러들이거나 모델링을 수행한다. (Geometry)

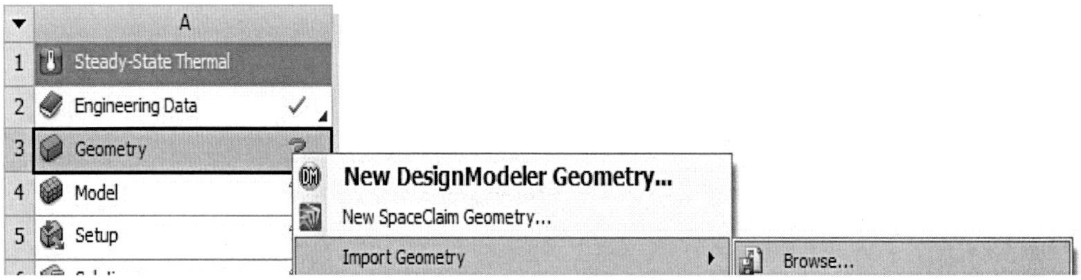

① Geometry Call에서 RMB(마우스 오른쪽 버튼)>import geometry>Browse...를 클릭하여 모델파일을 선택합니다.

(4) 해석 모델의 환경을 설정한다. (Model)

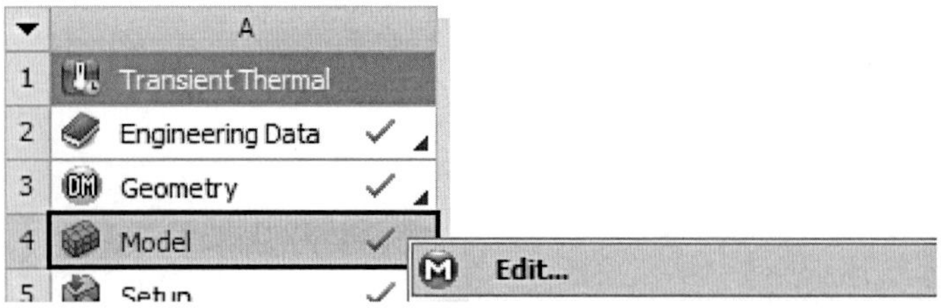

(5) 좌표계 설정 (Coordinate Systems) : 변경내용 없음

(6) 연결 관계 정의(Connections)

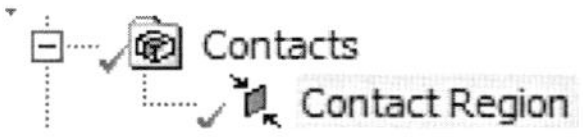

Geometry에 모델이 하나이므로 활성화 되지 않았음

(7) 격자 모델 생성 (Mesh)

Details of "Body Sizing" - Sizing

Scope	
Scoping Method	Geometry Selection
Geometry	1 Body
Definition	
Suppressed	No
Type	Element Size
Element Size	2.0 mm
Advanced	
Defeature Size	Default
Behavior	Soft

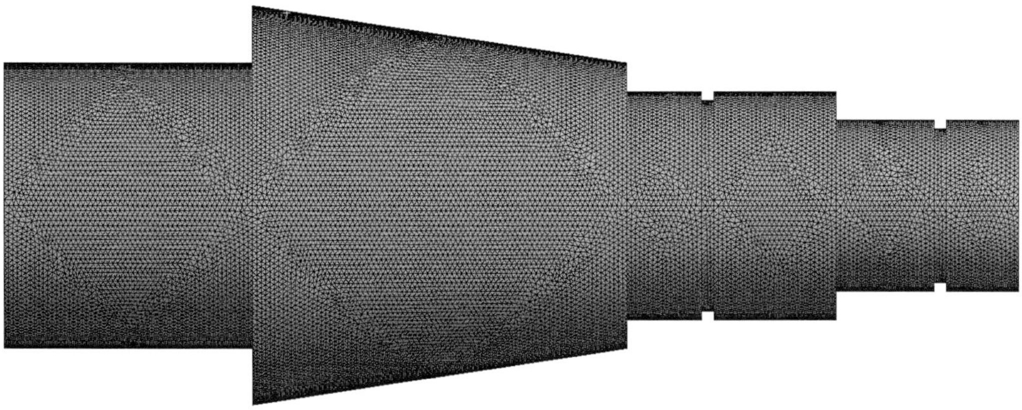

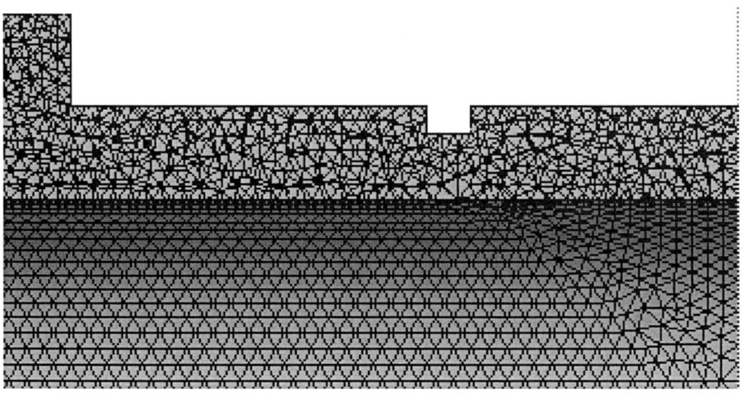

(8) 해석 설정 정의(Analysis Settings) : 설정된 값을 사용한다.

(9) 초기 조건 정의

본 문제에서는 자중의 영향이 있을 수 있으나 고려하지 않는다.

(10) 구속조건 정의

① 25도 입력

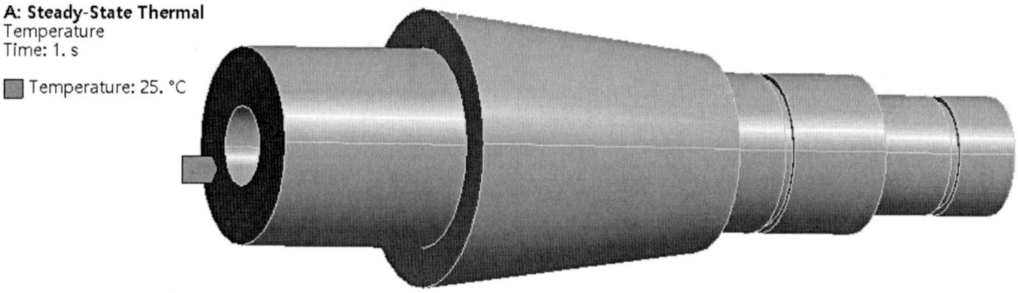

Details of "Temperature"

Scope	
Scoping Method	Geometry Selection
Geometry	1 Face
Definition	
Type	Temperature
Magnitude	25. °C (ramped)
Suppressed	No

② Heat flow

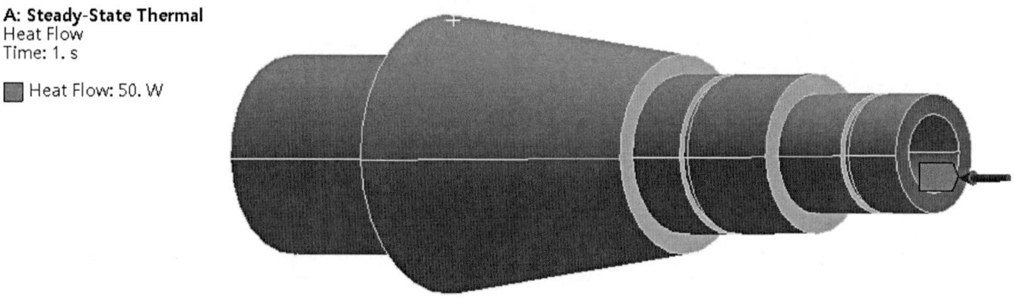

Details of "Heat Flow"

Scope	
Scoping Method	Geometry Selection
Geometry	1 Face
Definition	
Type	Heat Flow
Define As	Heat Flow
Magnitude	50. W (ramped)
Suppressed	No

(11) 결과 항목을 추가합니다.

① Temperature 결과 세팅

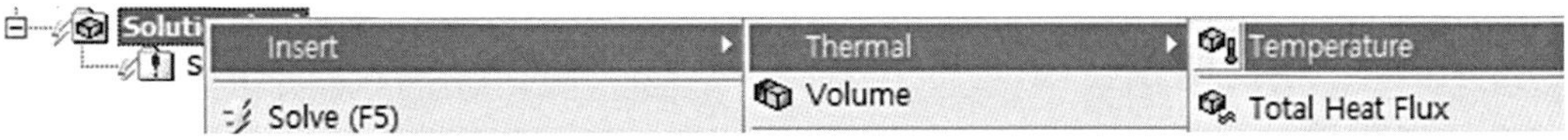

② Solution > RMB > insert > Thermal > Total Heat Flux

(12) 해석 수행

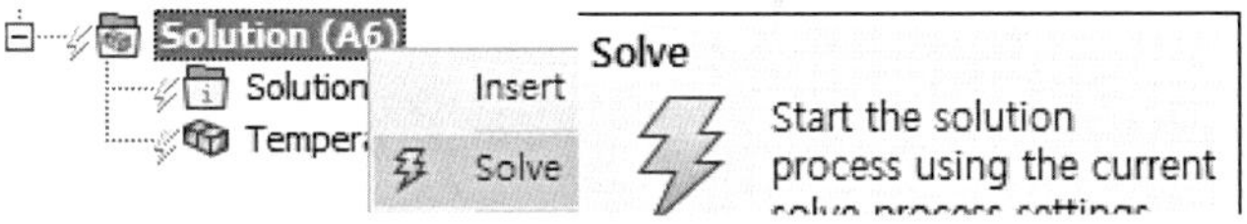

Total CPU time for main thread	:	46.2 seconds
Total CPU time summed for all threads	:	106.7 seconds

---

(13) 해석결과 확인한다.

온도분포와 열속 분포를 확인한다. Heat Sink의 온도는 112.76℃에서 약 25℃ 로 분포(격자밀도에 따라 약간의 차이가 발생 가능)하며 최대 total heat flux 값은 약 0.057956W/mm^2입니다.

① Temperature 결과

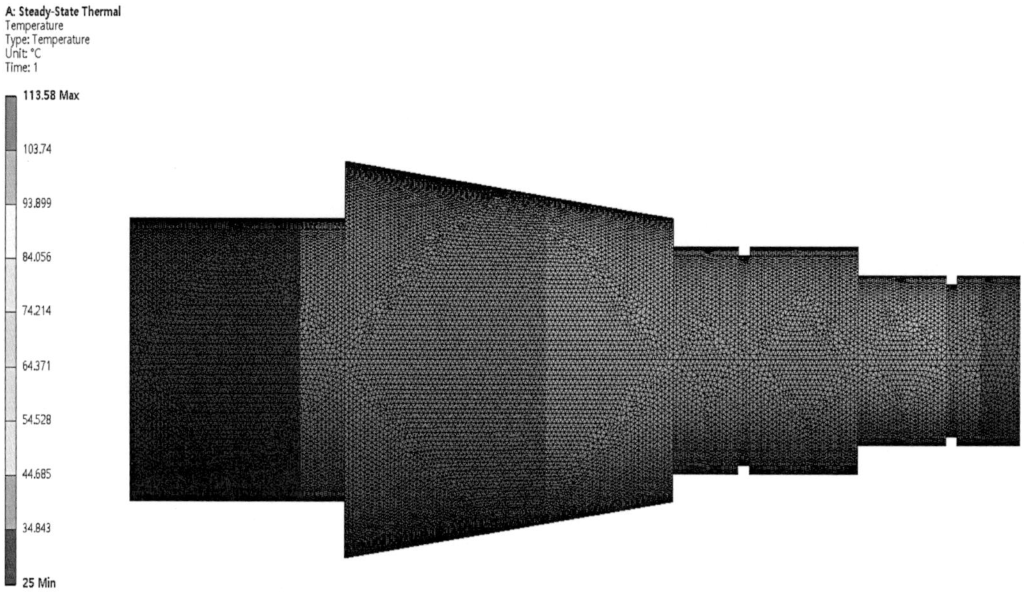

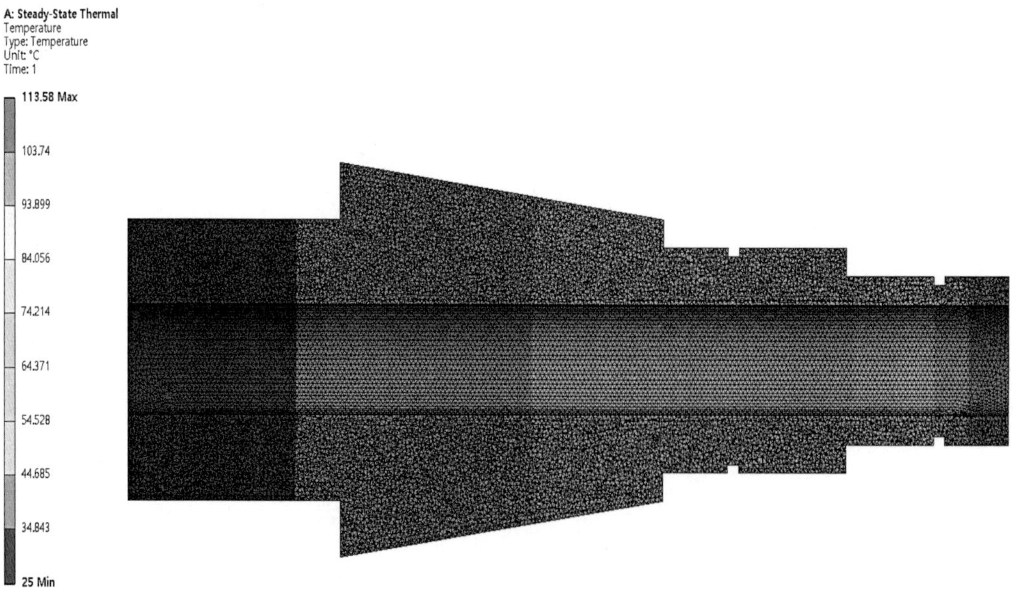

② Total Heat Flux 결과

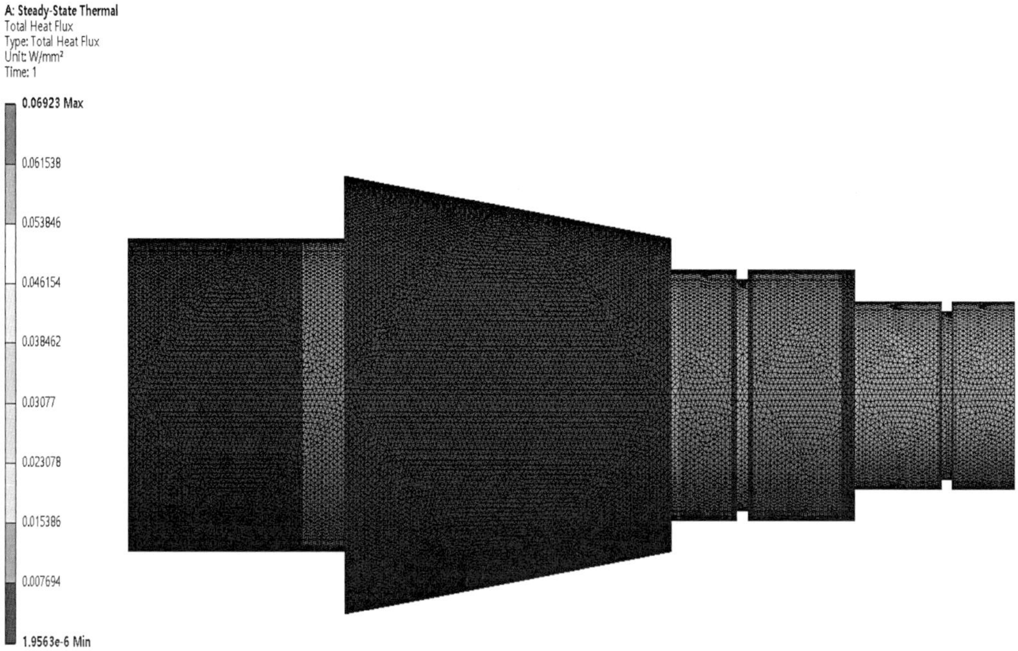

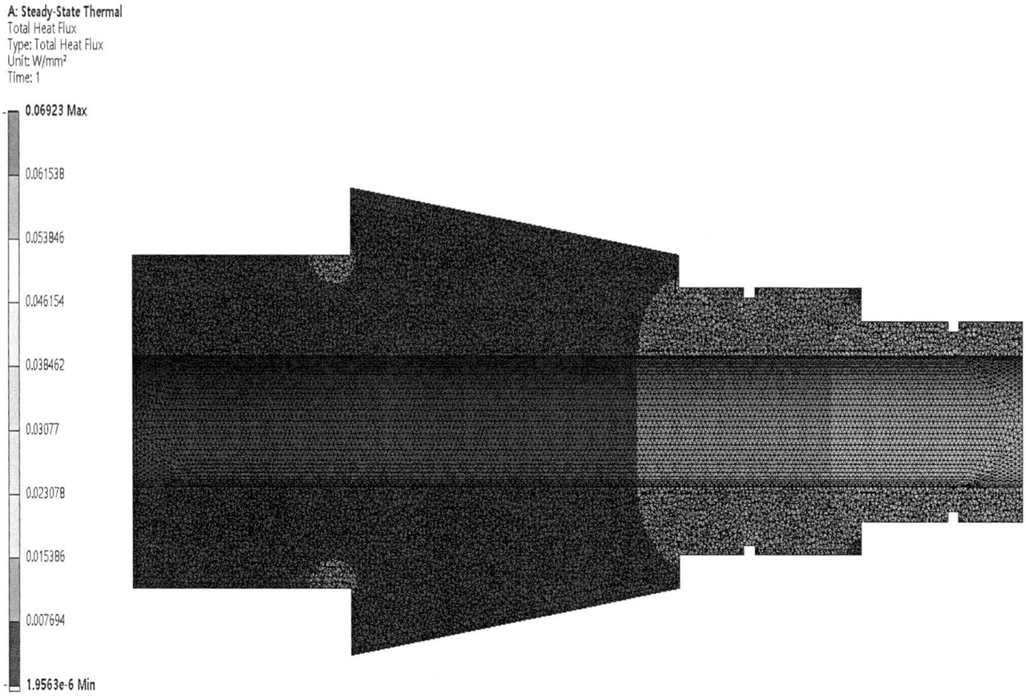

Part 2. : Static Structural Analysis

(1) 정적구조해석을 수행한다.
열응력 해석을 위하여 열전도 해석결과로 얻은 데이터를 응력 해석에 연속해서 수행한다.

① 열전도 해석 결과에 얻은 데이터를 정적구조해석으로 가져온다.

② Toolbox에서 Static Structural을 Project Schematic에 Drag하여 놓는다.

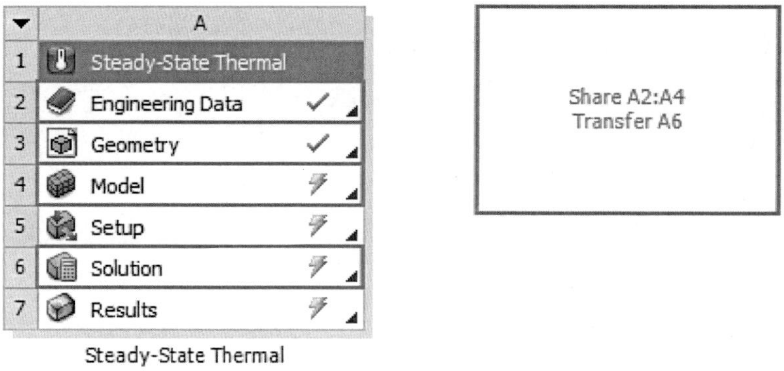

(2) Static Structural에서 Model을 더블클릭하여 Static Structural을 불러온다.

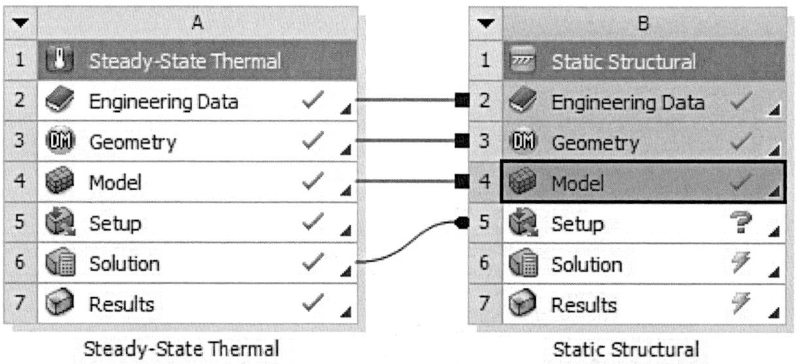

① 모델의 재질을 확인하고 메시는 기본설정을 사용한다.

(3) 온도데이터를 불러온다.

① Static Structural에서 Imported Load를 클릭한다.

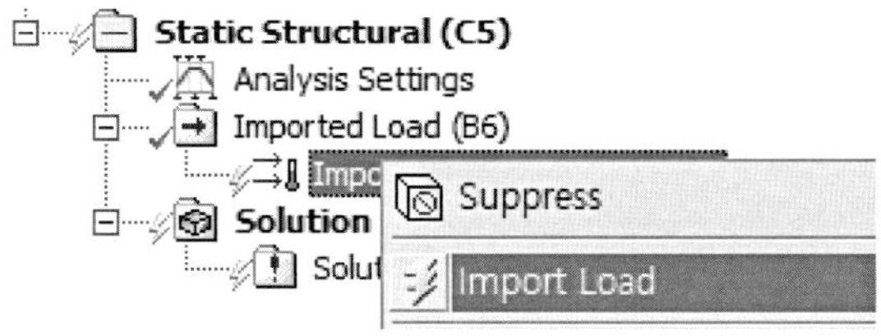

② Import Load를 해서 온도데이터를 불러온 결과.

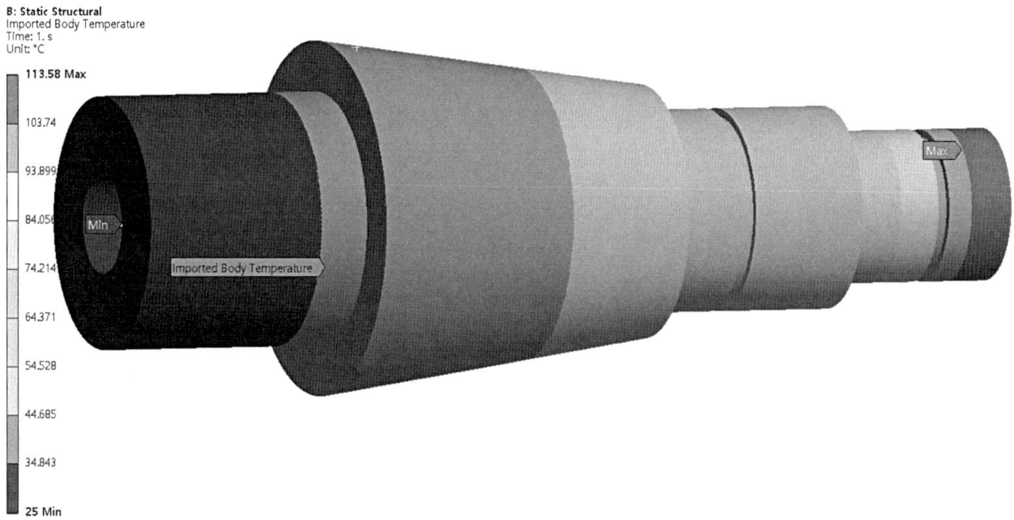

(4) 경계조건을 설정한다.

① 고정조건을 설정한다.

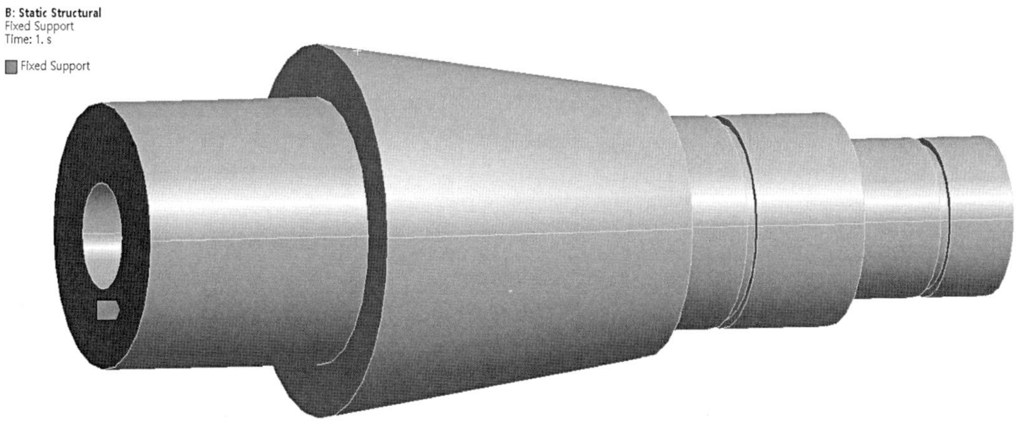

② 하중조건을 설정한다. Force

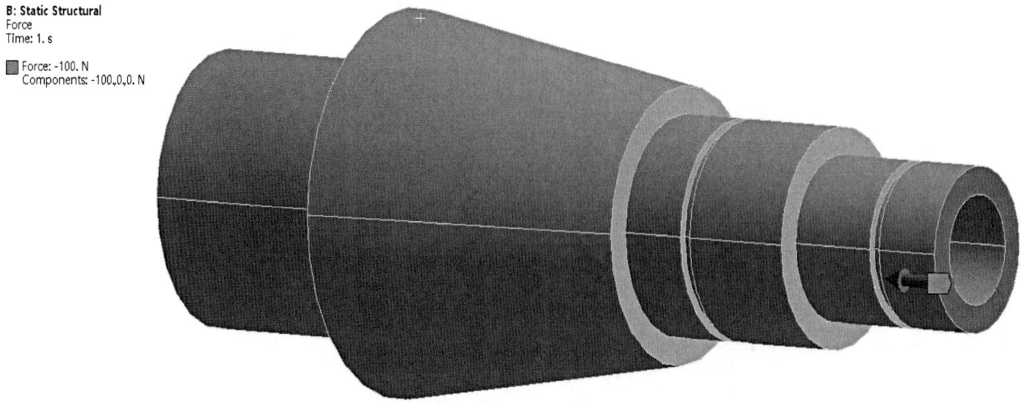

(5) 확인하고자 하는 결과 값을 Solution에 추가한다.

① Total deformation

② Equivalent Stress

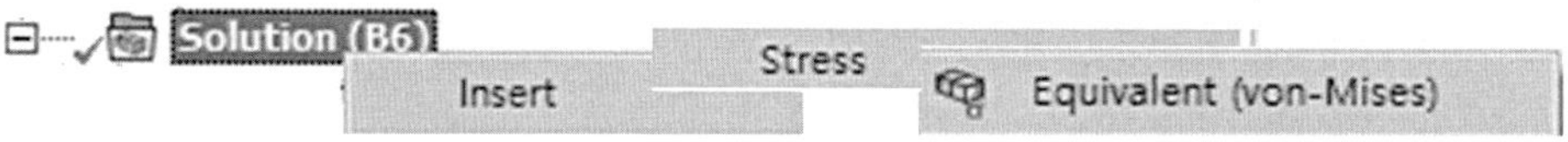

(6) 해석을 수행한다.

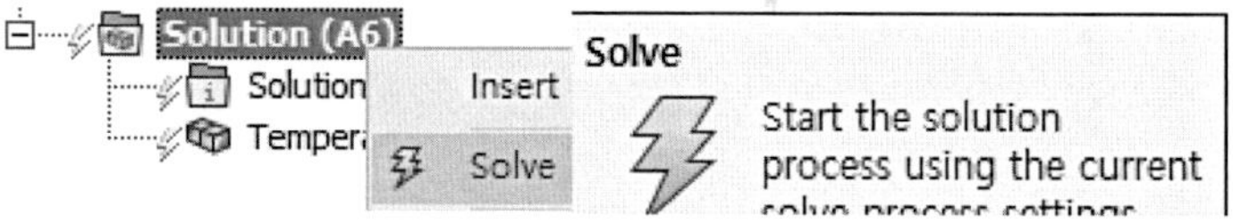

Total CPU time for main thread	:	230.9 seconds
Total CPU time summed for all threads	:	303.3 seconds

---

(7) 해석결과 확인한다.

① Total deformation

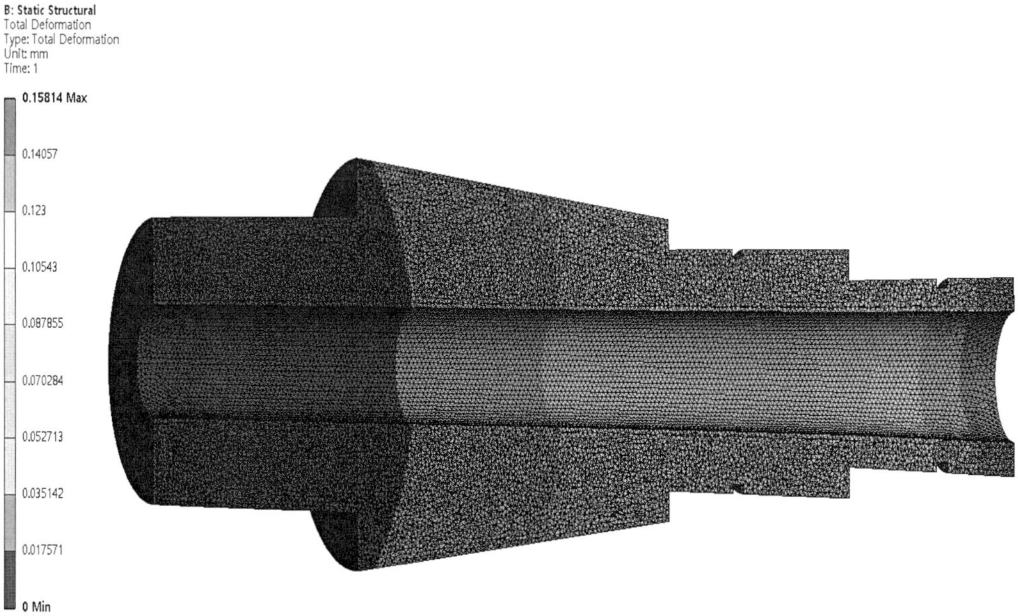

② Equivalent stress

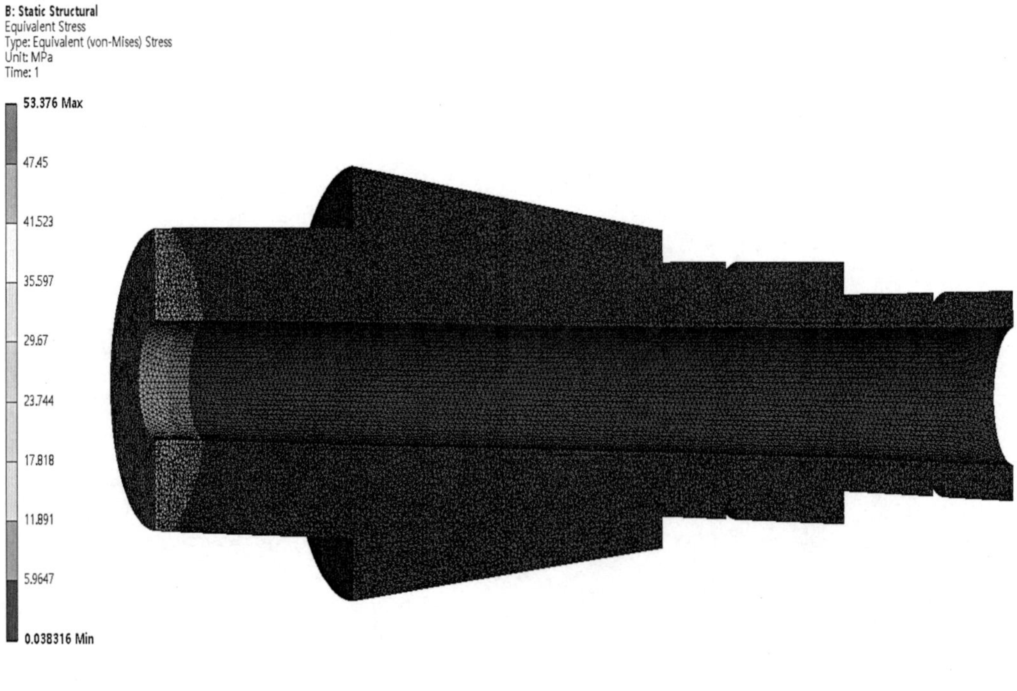

10. 장공을 가진 적층 방열판 해석 21)

1) 구조해석 요구사항

그림과 같이 장공을 가지 3개의 판으로 구성된 구조물이 있다.
이 구조물의 표면이 Temperature(온도) 20℃에서 200℃로 변화한다.
22℃의 공기 유동하여 구조물의 온도변화에 영향을 준다.
구조물의 온도분포를 구하여라.
모델의 재질은 Structural Steel이다.
구조해석을 위한 메쉬 설계는 요소의 크기를 10mm로 한다.
위 조건 외 사항은 기본조건으로 적용한다.

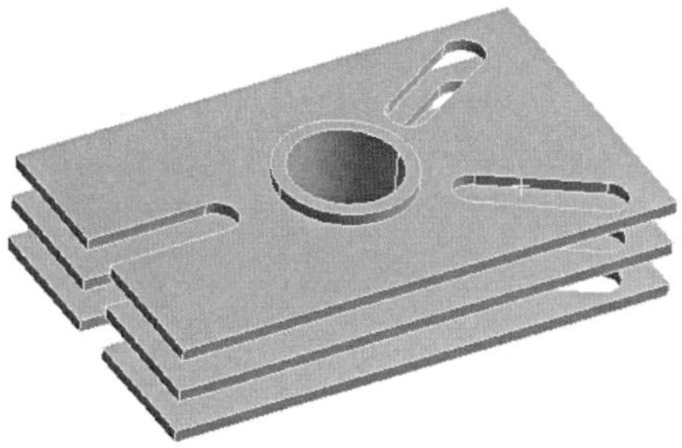

해석 모델

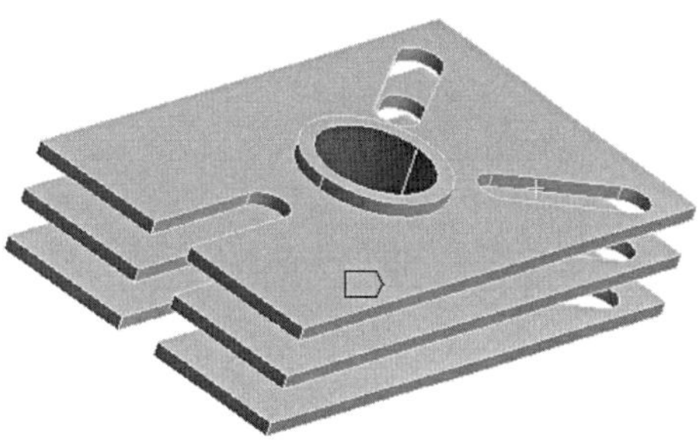

내부 온도 80℃

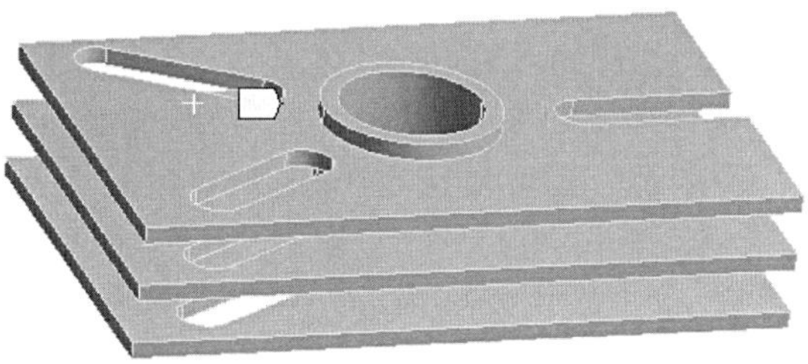

외부 대류 22℃

21) 한국공학대학교 로봇메카트로닉스 천민호

2) 구조해석

(1) 해석 시스템을 생성한다.

ANSYS Workbench를 실행하고, Steady-state Thermal System을 생성합니다.

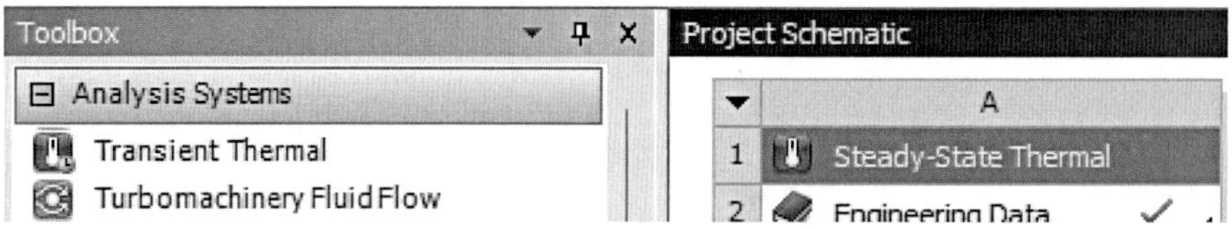

(2) 재료의 물성을 정의한다. (Engineering Data)

이번 구조해석에서는 구리합금을 사용한다.

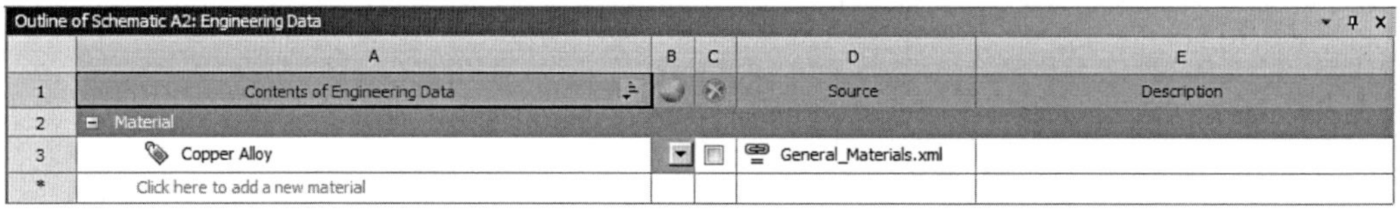

(3) 해석 모델을 불러들이거나 모델링을 수행한다. (Geometry)

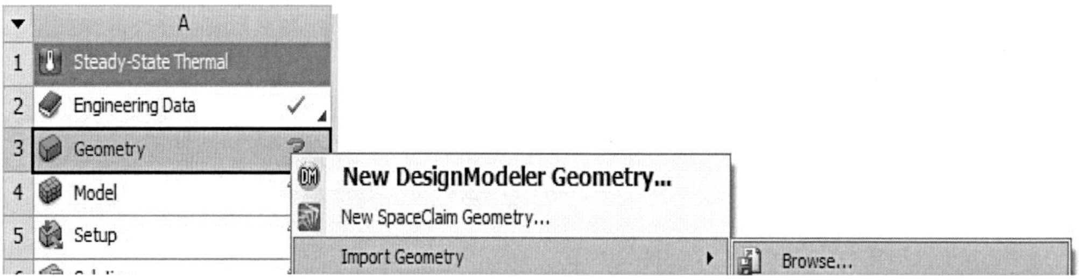

① Geometry Call에서 RMB(마우스 오른쪽 버튼)>import geometry>Browse...를 클릭하여 모델파일을 선택합니다.

(4) 해석 모델의 환경을 설정한다. (Model)

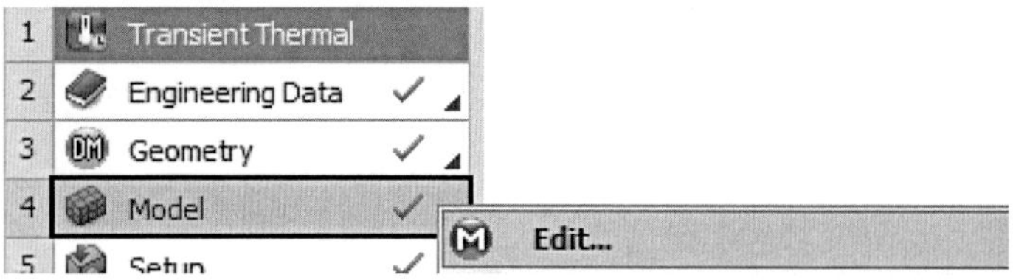

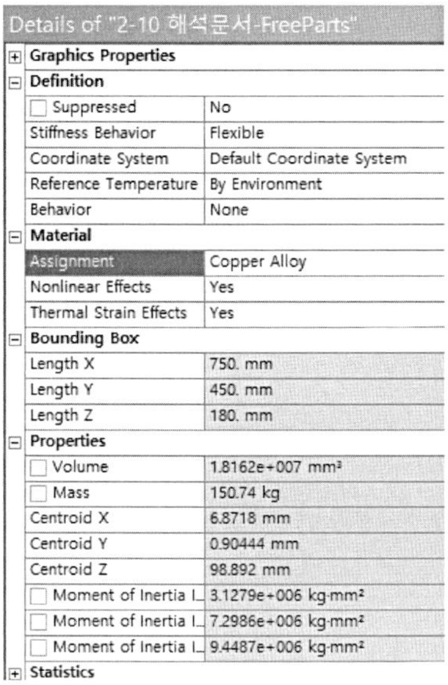

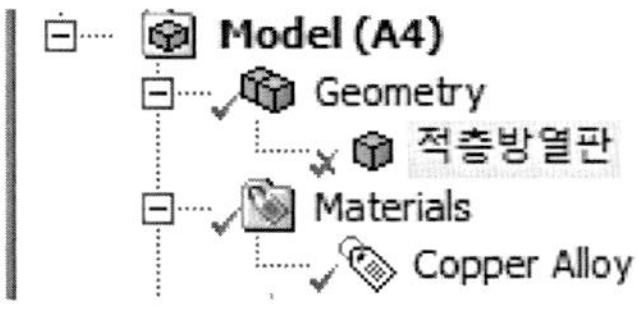

(5) 좌표계 설정 (Coordinate Systems) : 변경내용 없음

(6) 연결 관계 정의(Connections)

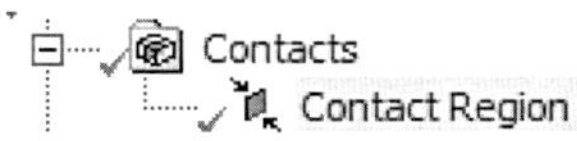

Geometry에 모델이 하나이므로 활성화되지 않았음

(7) 격자 모델 생성 (Mesh)

① Outline화면에서 Model > Mesh 를 선택한다.

② Detail view에서 Sizing > **Element Size 선택하여 값을 10mm**로 세팅한다.

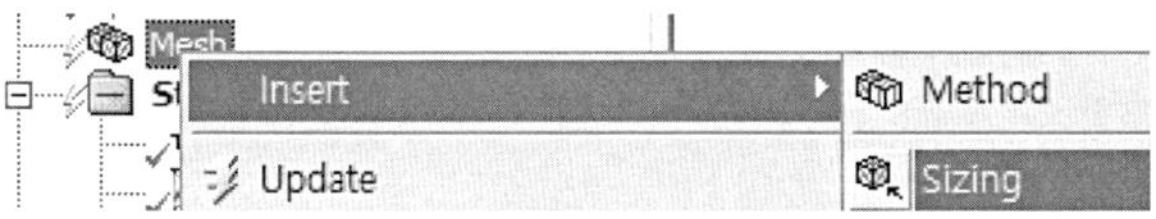

③ Outline화면에서 Model > Mesh 를 선택하고 RMB > Update 실행한다.
Graphic화면에서 모델에 메시가 생성된 것 을 확인할 수 있다.

④ Detail view에서 Statistics에서 메시 생성에 대한 결과를 확인할 수 있다.

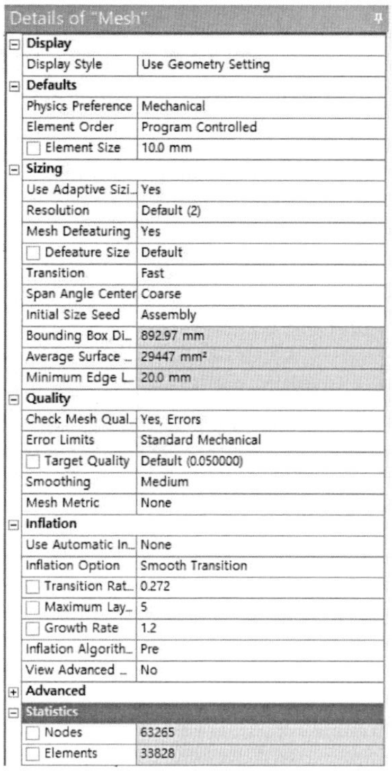

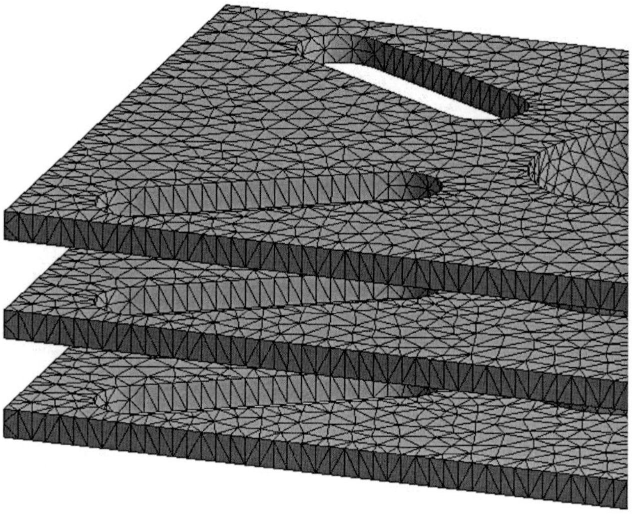

(8) 해석 설정 정의(Analysis Settings) : 설정되어 있는 값을 사용한다.

(9) 초기 조건 정의

본 문제에서는 자중의 영향이 있을 수 있으나 고려하지 않는다.

(10) 구속조건 정의

① (온도) Temperature

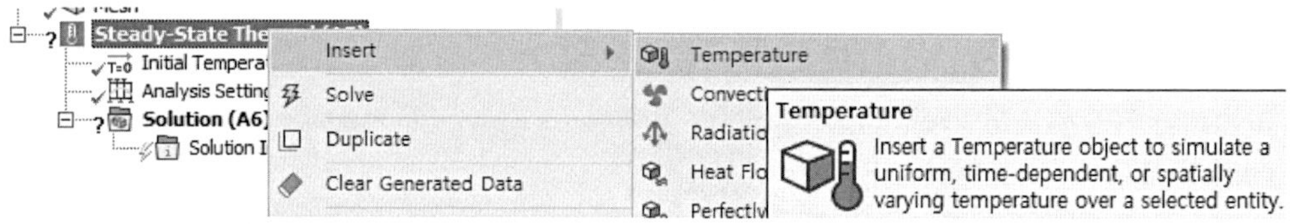

-1. 원통 내부 표면에 온도 설정을 위해 Selection filter에서 면을 선택한다.
-2. 온도조건을 설정할 내부 면을 선택한다. 여러 면을 동시에 선택할 경우 ctrl키를 누르고 추가 선택한다.
-3. Details of "Temperature"에서 **Magnitude에 기존 22을 200으로 변경하여** 입력한다.

② Tree Outline의 Steady State-Thermal에서 RBM > Insert > Temperature를 추가합니다.

-1. Detail View>Geometry에 분할면 (2 Face)을 지정합니다.
-2. Definition >Magnitude에 200을 입력합니다.

Details of "Temperature"

Scope	
Scoping Method	Geometry Selection
Geometry	2 Faces
Definition	
Type	Temperature
Magnitude	200. °C (ramped)
Suppressed	No

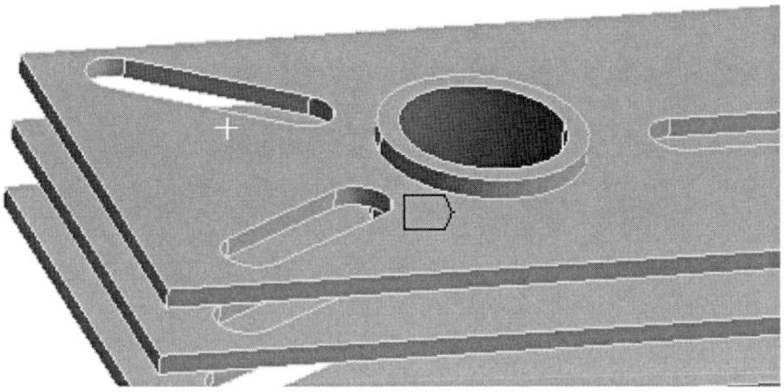

③ 대류 조건 부여합니다.
Three Outline의 Steady State-Thermal에서 RBM > Insert > Convection을 추가합니다.

-1. Detail View > Geometry에 외부 **돌출 면(67 Face)**을 지정합니다.
-2. 원통 내부를 제외한 모든 면을 선택합니다.
-3. 대류계수는 Workbench에서 제공하는 데이터를 사용하겠습니다.
Detail View >Film Coefficient 항목의 버튼을 클릭하여 추가 Menu의 Import Temperature Dependent...를 클릭합니다.
-4. Ambient Temperature에 **22℃(주변 공기의 온도)**를 사용합니다.

Details of "Convection"

Scope	
Scoping Method	Geometry Selection
Geometry	67 Faces
Definition	
Type	Convection
Film Coefficient	5.e-006 W/mm²·°C (st...
Coefficient Type	Average Film Temper...
Ambient Temperature	22. °C (ramped)
Convection Matrix	Program Controlled
Suppressed	No

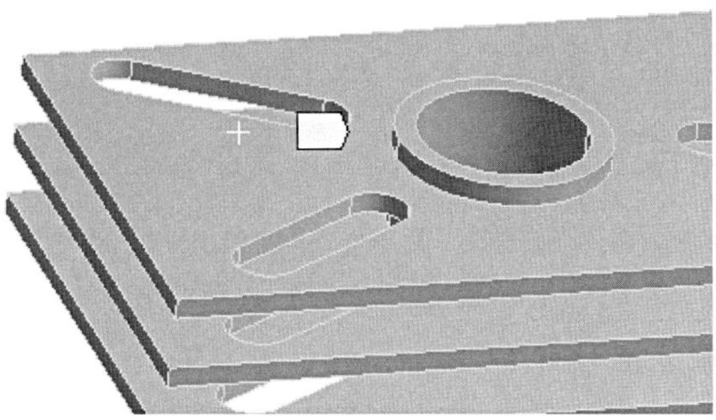

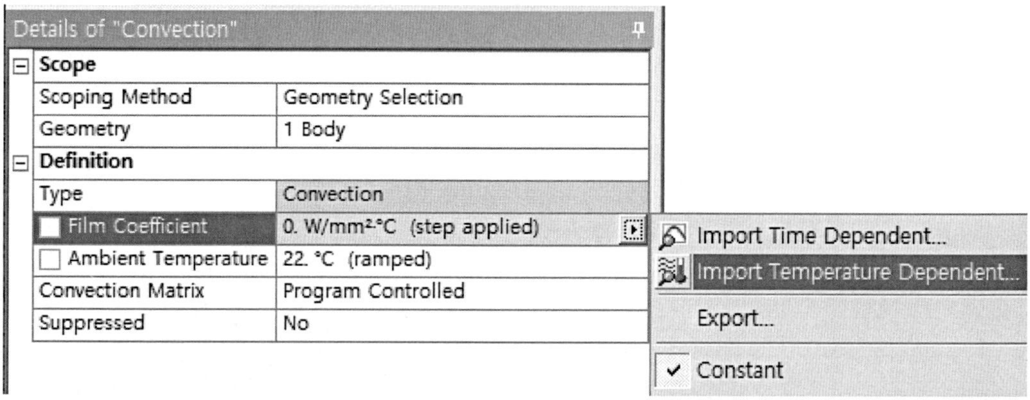

-5. Convection Data들 중에서 Stagnant Air-Simplified Case 항목을 적용합니다.

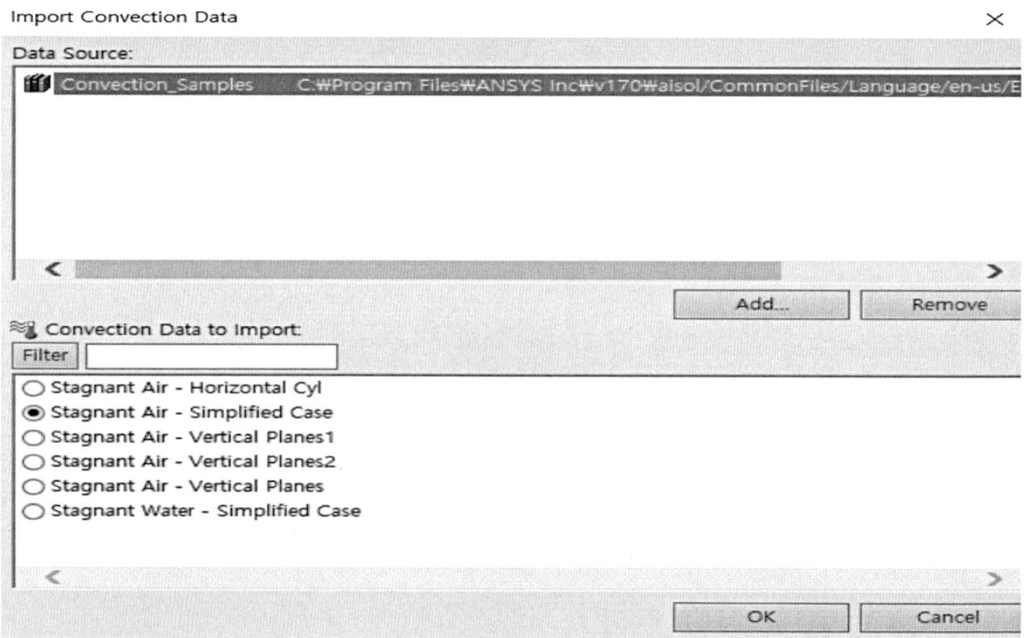

(11) 결과 항목을 추가합니다.

① Temperature 결과 세팅

② Solution > RMB > insert > Thermal > Total Heat Flux

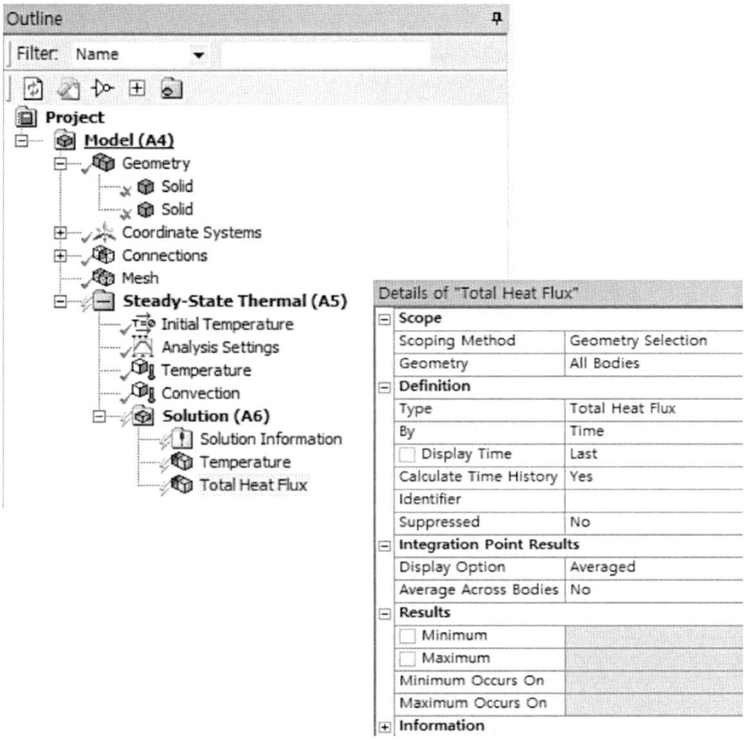

(12) 해석 수행

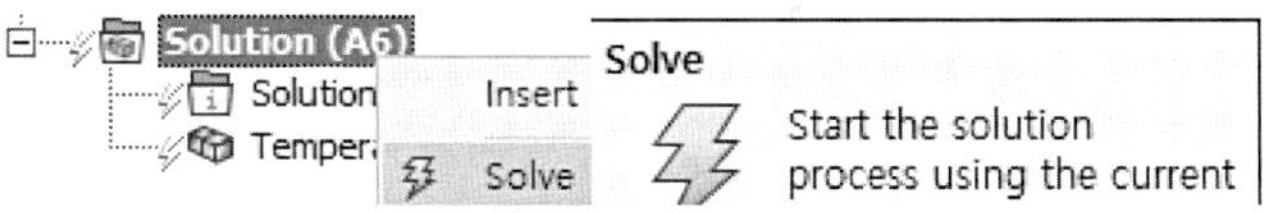

Total CPU time for main thread : 0.7 seconds

Total CPU time summed for all threads : 5.0 seconds

(13) 해석결과 확인한다.

온도분포와 열속 분포를 확인합니다. 모델의 온도는 200℃**에서 약** 121.14℃ 로 분포(격자밀도에 따라 약간의 차이가 발생 가능)하며 최대 Heat Flux**값은 약** 0.04195W/mm^2**입니다.**

① Temperature 결과

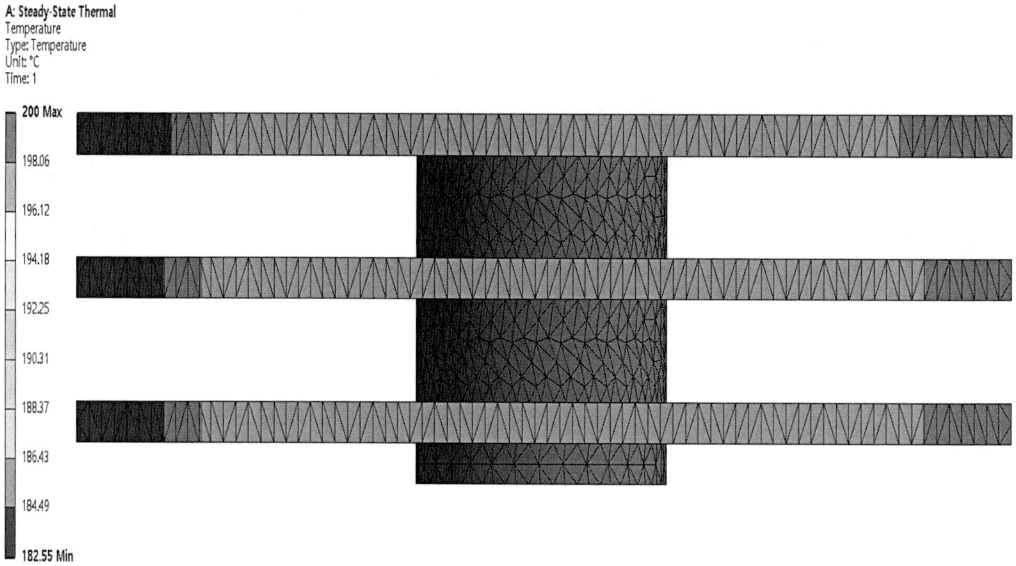

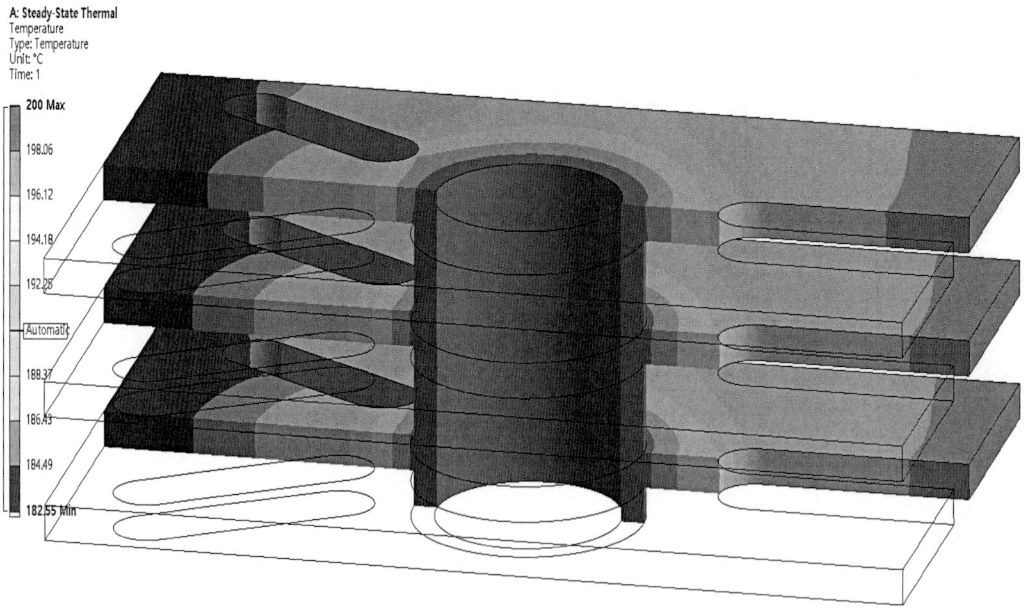

② Total Heat Flux 결과

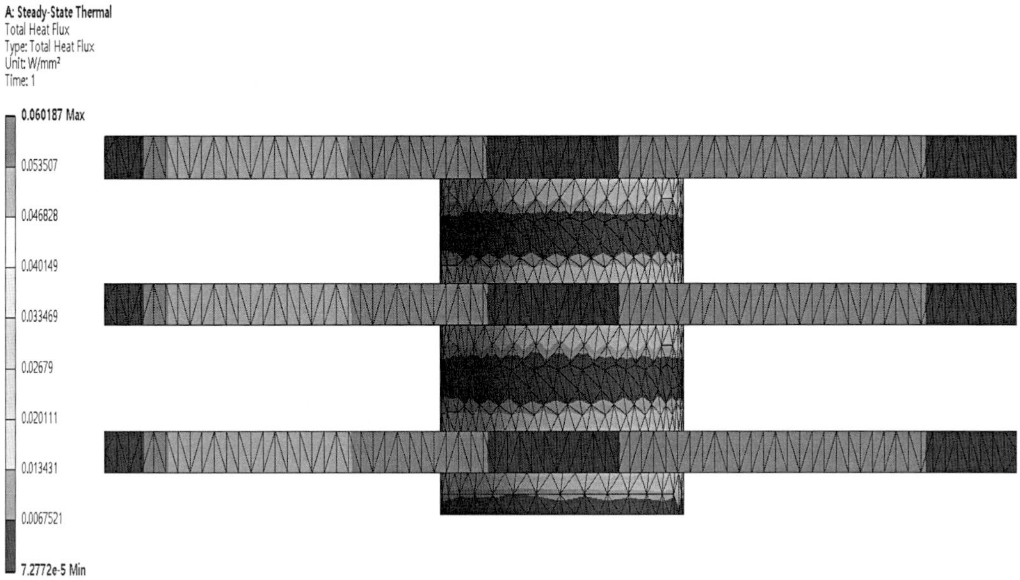

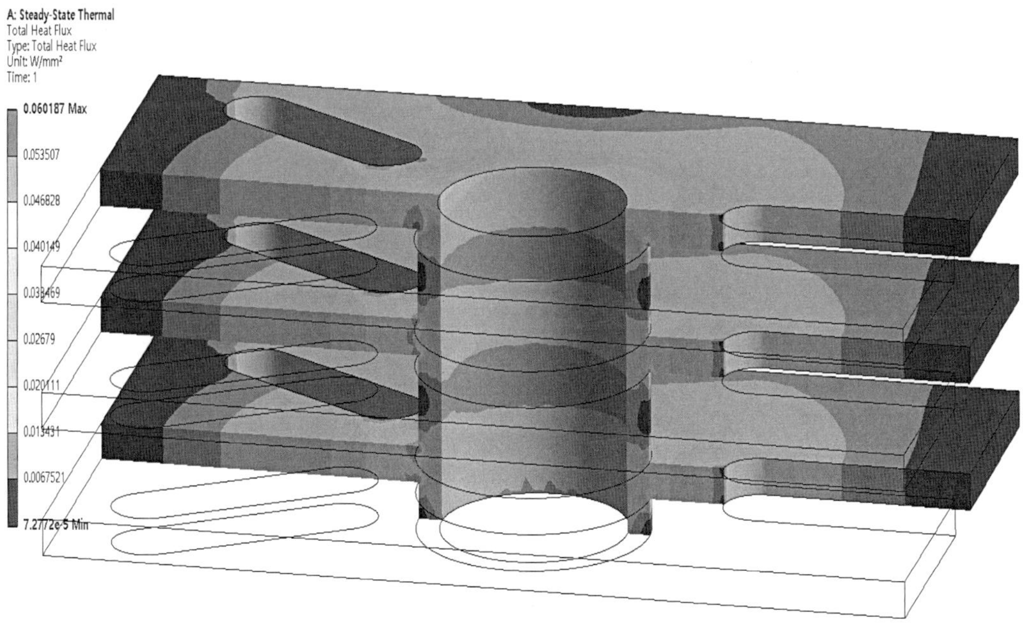

Part 2. : Static Structural Analysis

(1) 정적구조해석을 수행한다.
열응력 해석을 위하여 열전도 해석결과로 얻은 데이터를 응력 해석에 연속해서 수행한다.
① 열전도 해석 결과에 얻은 데이터를 정적구조해석으로 가져온다.
② Toolbox에서 Static Structural을 Project Schematic에 Drag하여 놓는다.

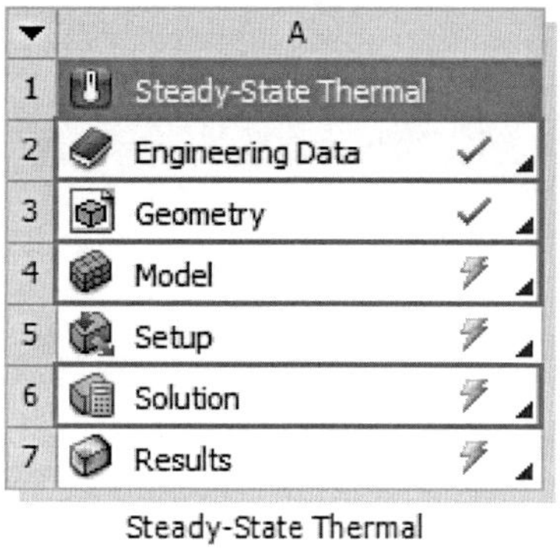

(2) Static Structural에서 Model을 더블클릭하여 Static Structural을 불러온다.

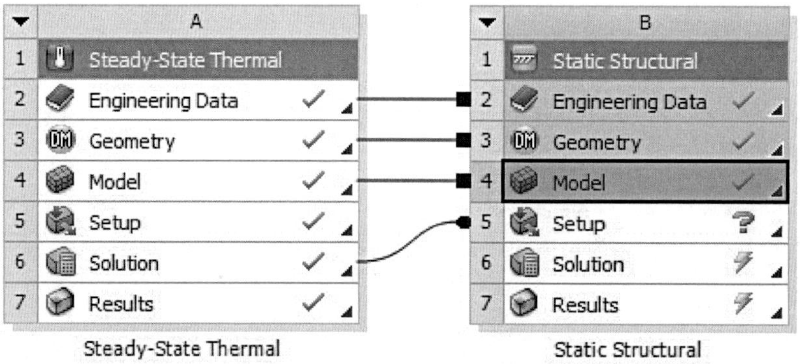

① 모델의 재질을 확인하고 메시는 기본설정을 사용한다.

(3) 온도데이터를 불러온다.
① Static Structural에서 Imported Load를 클릭한다.

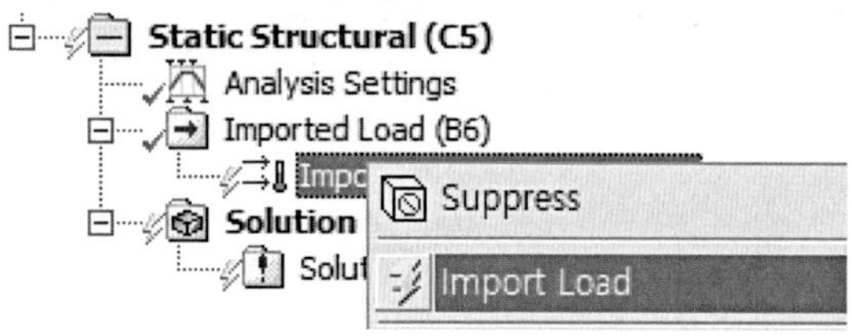

② Import Load를 해서 온도데이터를 불러온 결과.

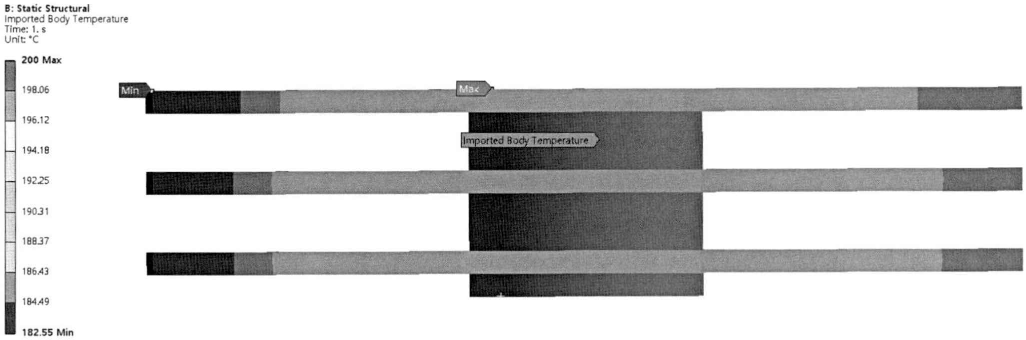

(4) 경계조건을 설정한다.

① 고정조건을 설정한다.

(5) 확인하고자 하는 결과 값을 Solution에 추가한다.

① Total deformation

② Equivalent Stress

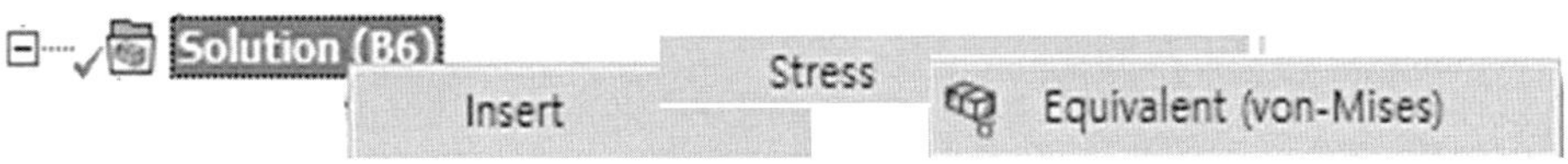

(6) 해석을 수행한다.

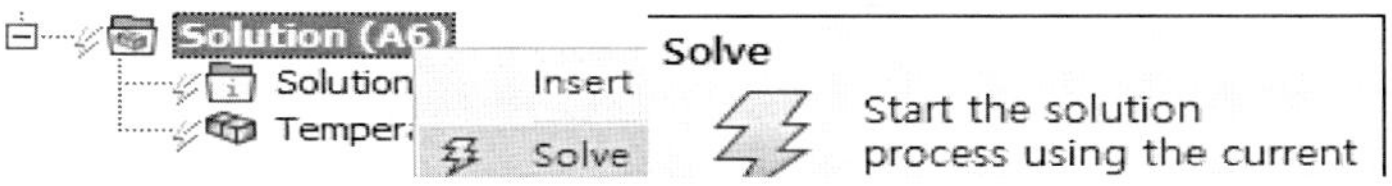

Total CPU time for main thread	:	230.9 seconds
Total CPU time summed for all threads	:	303.3 seconds

---

(7) 해석결과 확인한다.

① Total deformation

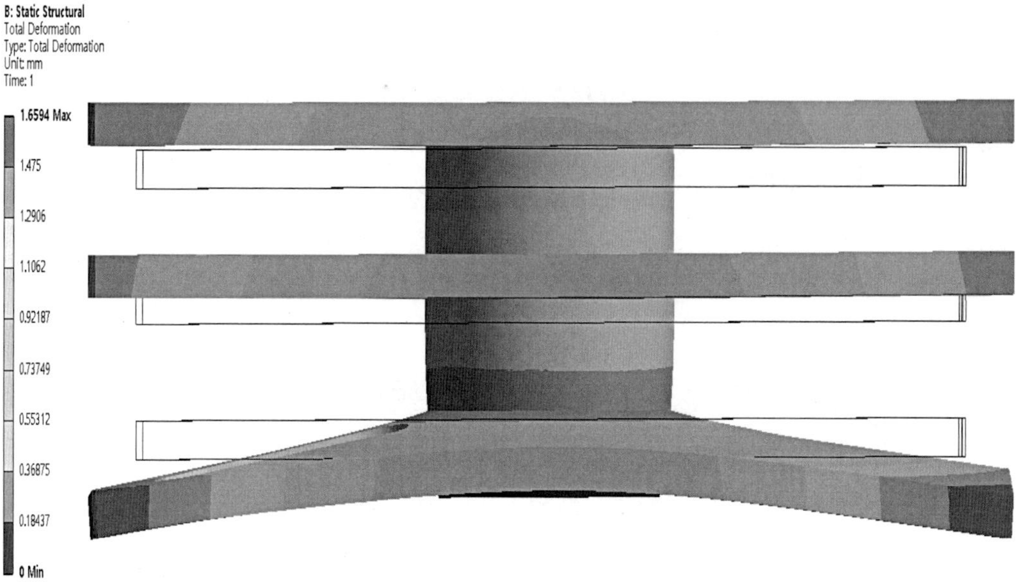

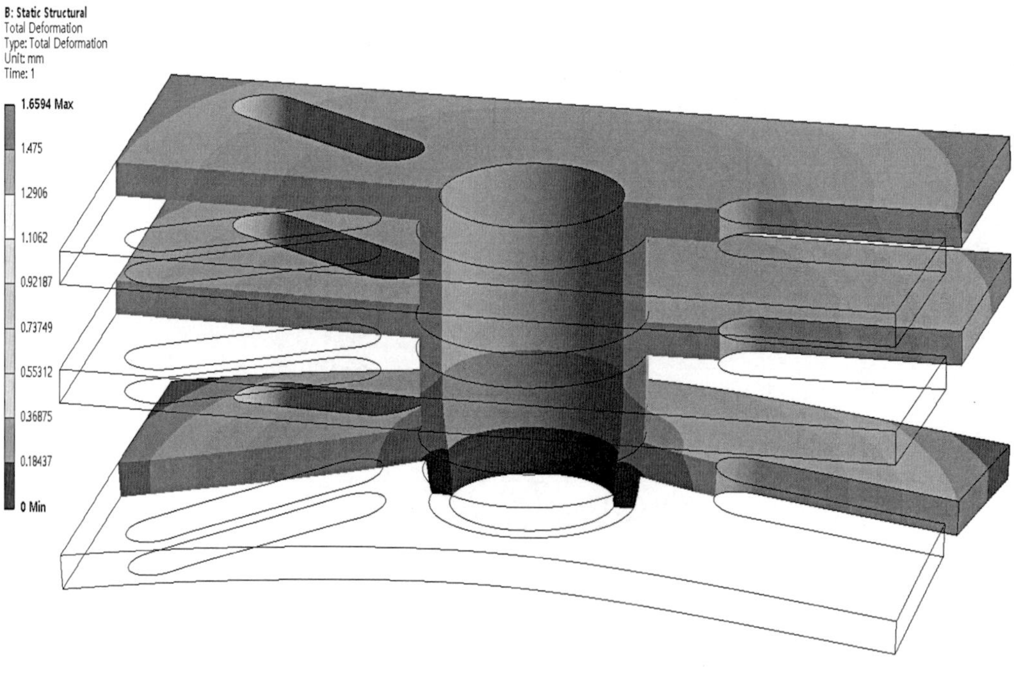

② Equivalent stress

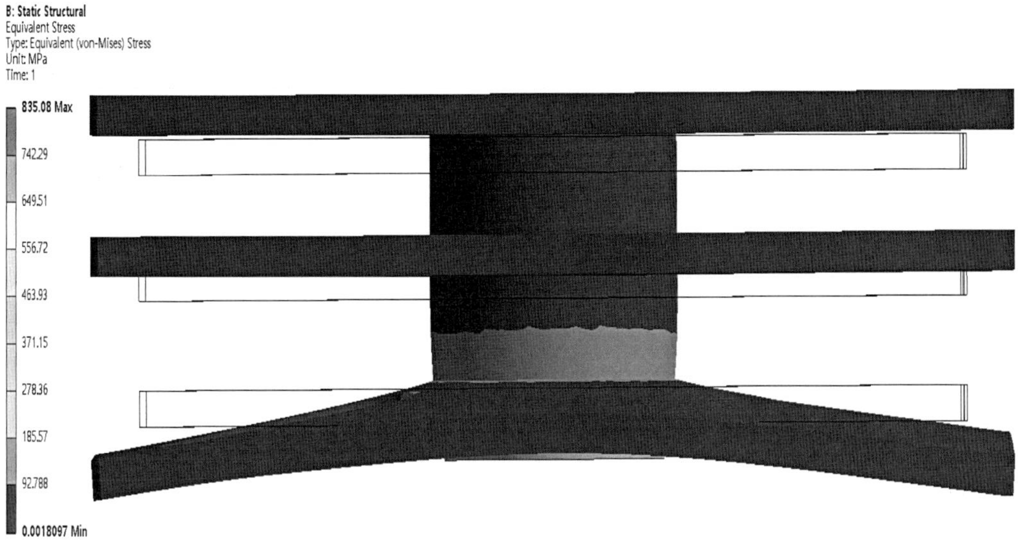

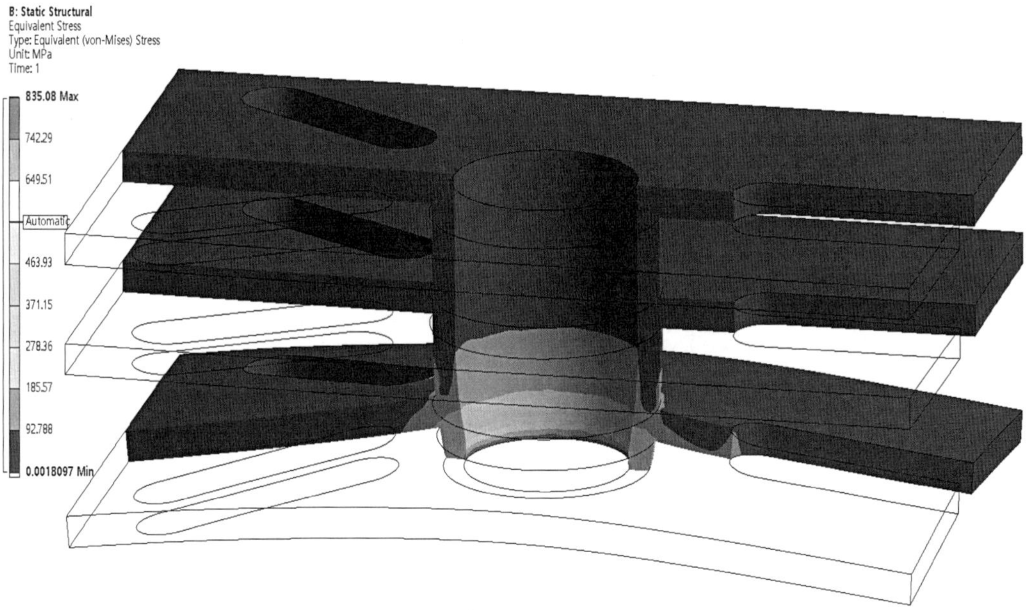

11. 링의 열 분산 해석 22)

1) 구조해석 요구사항 23)

내경10인치(254mm) / 외경20인치(508mm)의 링이 있다.

링의 두께는 1인치(25.4mm)로 설정한다.

링의 재질은 구조강으로 설정한다.

링이 내경마찰로 인해 25℃의 열이 발생한다.

링의 외경이 주변 대기의 온도(5℃)에 의해 식는다.

구조해석을 위한 메쉬 설정은 요소 크기를 12mm로 한다.

이런 경우에 대하여 열해석을 하시오.

---

22) 한국공학대학교 로봇메카트로닉스 박준우

23) https://www.bing.com/videos/riverview/relatedvideo?&q=transient+Thermal+analysis&&mid=4D944618B26B386799424D944618B26B38679942&&mcid=ED05C74FC9784297B48876353C14996C&FORM=VRDGAR

2) 구조해석

(1) 해석 시스템을 생성한다.

ANSYS Workbench를 실행하고, Steady-state Thermal System을 생성합니다.

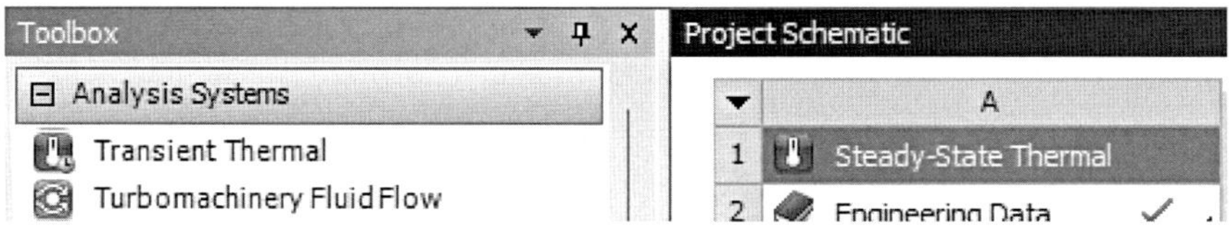

(2) 재료의 물성을 정의한다. (Engineering Data)

이번 구조해석에서는 구조강을 사용하므로 특별한 재료의 선택은 하지 않는다.

(3) 해석 모델을 불러들이거나 모델링을 수행한다. (Geometry)

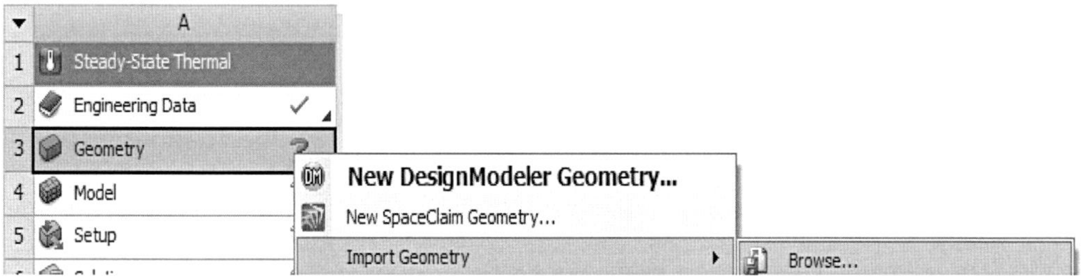

① Geometry Call에서 RMB(마우스 오른쪽 버튼)>import geometry>Browse...를 클릭하여 모델파일을 선택합니다.

Properties of Schematic A3: Geometry

	A	B
1	Property	Value
2	⊟ General	
3	Component ID	Geometry
4	Directory Name	SYS
5	⊟ Notes	
6	Notes	
7	⊟ Used Licenses	
8	Last Update Used Licenses	
9	⊟ Geometry Source	
10	Geometry File Name	C:₩Users₩KOR₩AppData₩Local₩Temp₩2-11. 링의 ₩2-11. 링의 열분산 해석_files₩dp0₩SYS₩DM₩SYS.a
11	⊟ Advanced Geometry Options	
12	Analysis Type	2D
13	Compare Parts On Update	No

(4) 해석 모델의 환경을 설정한다. (Model)

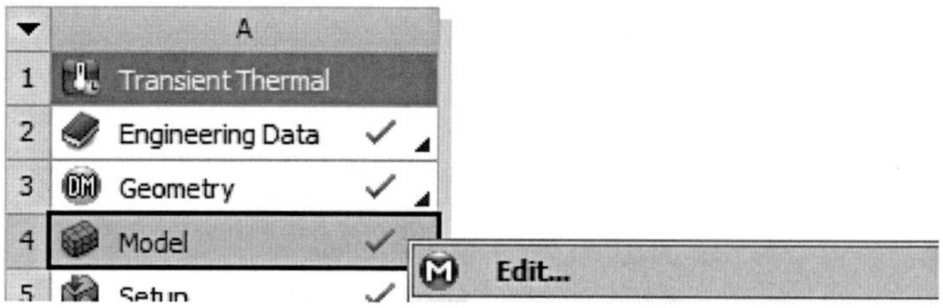

① 사용단위를 설정합니다.

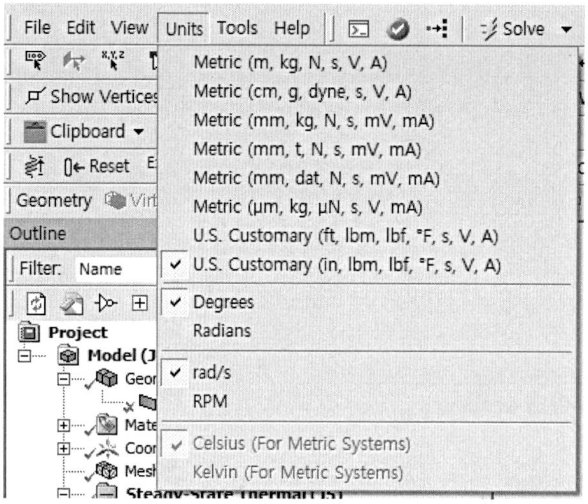

② 모델에 적용할 재질을 Structural Steel로 설정된 것을 확인한다.

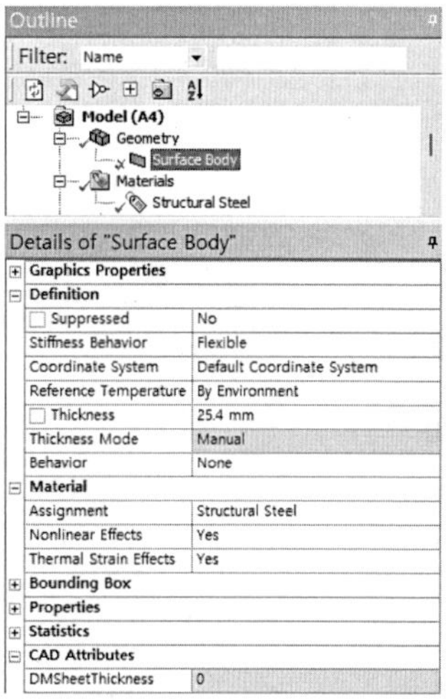

③ 두께는 25.4mm 이다.

(5) 좌표계 설정 (Coordinate Systems) : 변경내용 없음

(6) 연결 관계 정의(Connections)

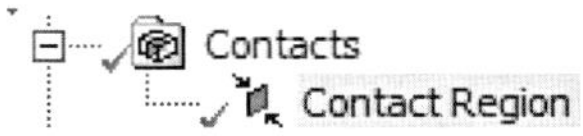

Geometry에 모델이 하나이므로 활성화 되지 않았음

(7) 메쉬의 크기를 설정합니다.

- Element Size 칸은 12mm로 설정한다.

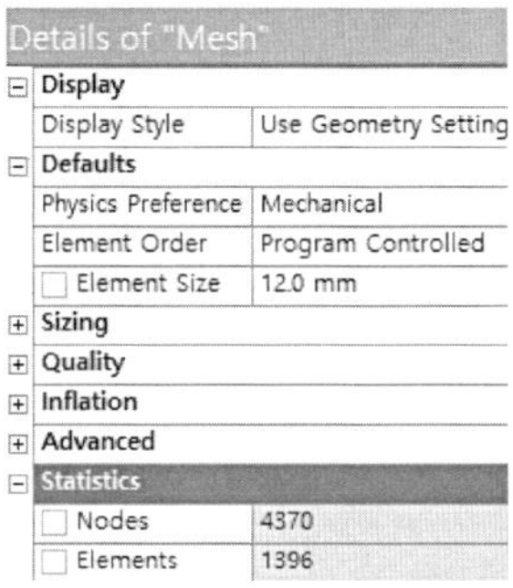

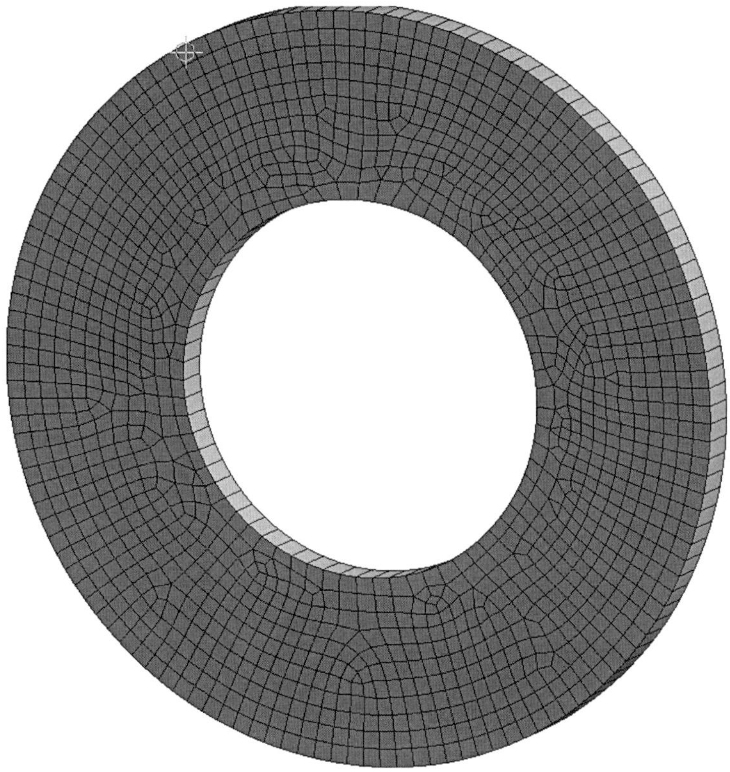

(8) 해석 설정 정의(Analysis Settings) : 설정되어 있는 값을 사용한다.

(9) 초기 조건 정의

본 문제에서는 자중의 영향이 있을 수 있으나 고려하지 않는다.

(10) 구속조건 정의

① 안쪽 모서리에 발열 온도조건을 부여합니다.

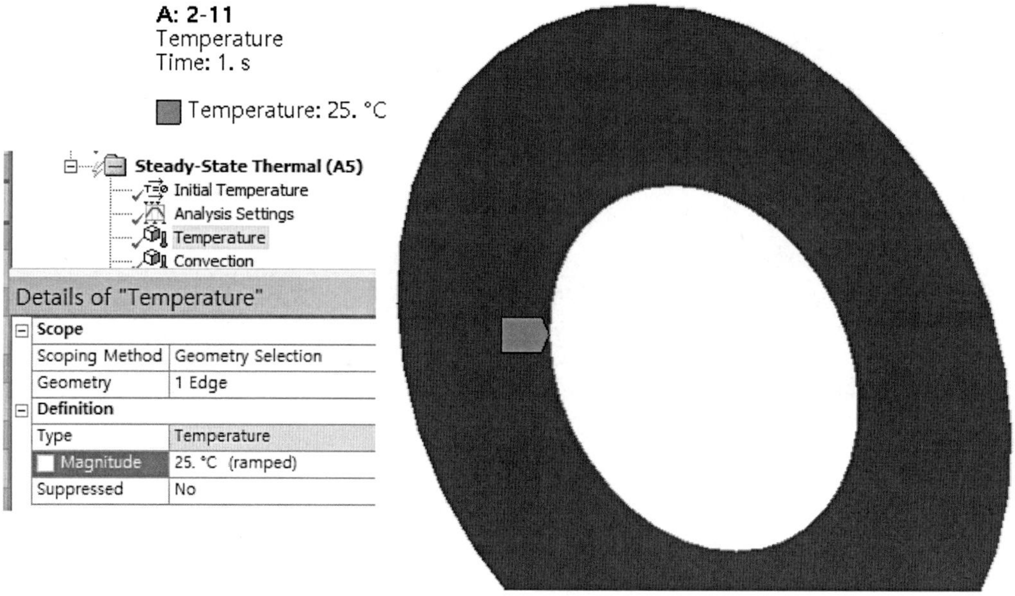

Steady State-Thermal에서 RBM > Insert > Temperature를 추가합니다.
-1. Detail View > Geometry에 모서리를 지정합니다.
-2. Definition > Magnitude에 25를 입력합니다.

② 대류 조건을 부여합니다.

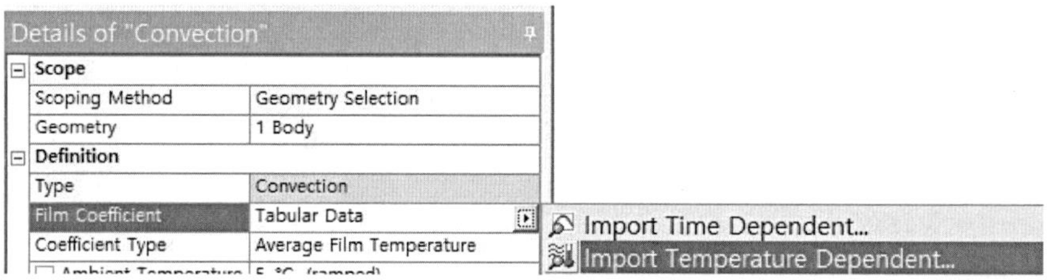

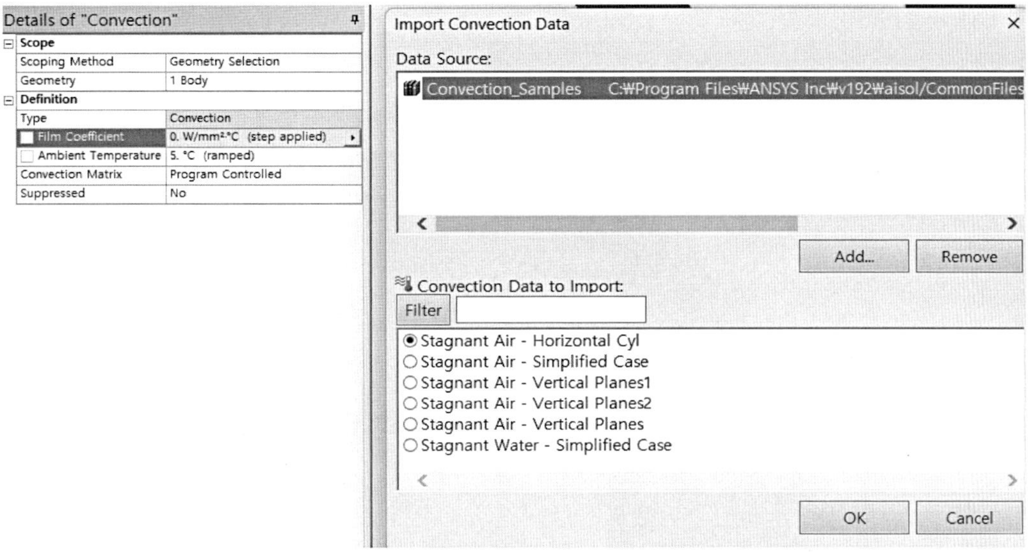

Steady State-Thermal에서 RBM > Insert > Convection을 추가합니다.

-1. Detail View > Geometry에 면을 지정합니다.

-2. Select Filter를 면지정으로 변경 후 ring의 면을 선택합니다.

-3. Definition > Film Coefficient에 Import Temperature Dependent를 선택한다.

-4. Stagnant Air-Horizontal Cyl을 선택한다.

-5. Ambient Temperature에 5℃를 사용합니다.

(11) 결과 항목을 추가합니다.

① Temperature 결과 세팅

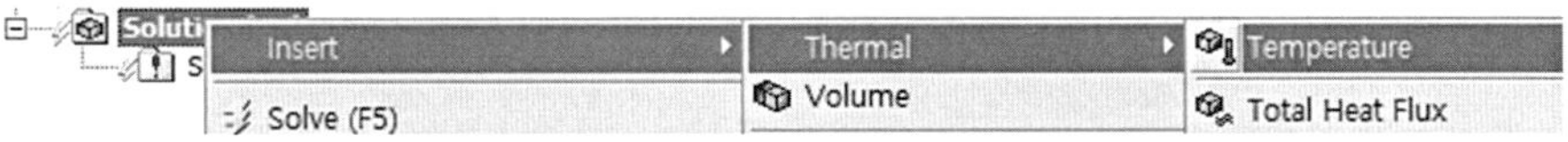

② Solution > RMB > insert > Thermal > Total Heat Flux

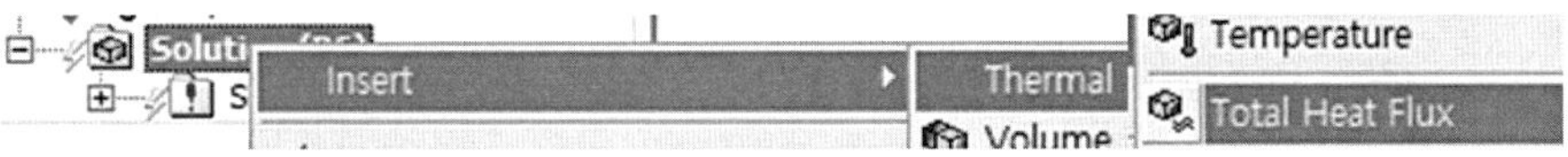

(12) 해석 수행

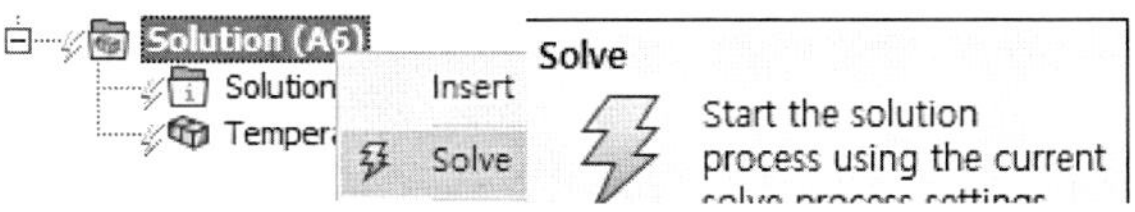

Total CPU time for main thread : 0.1 seconds
Total CPU time summed for all threads : 1.4 seconds

---

(13) 해석결과 확인한다.

① Temperature 결과

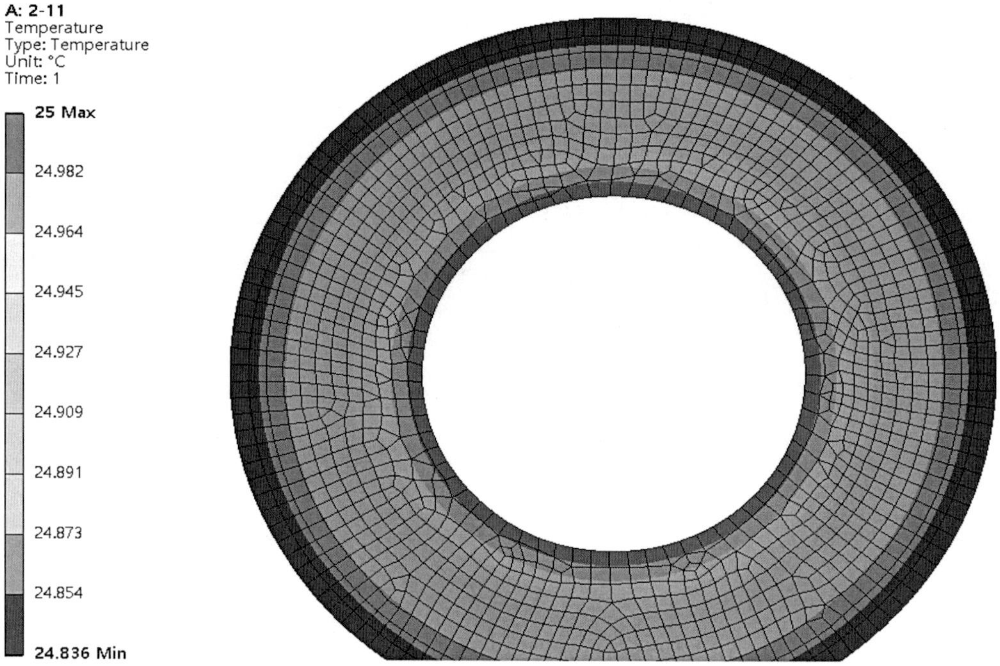

② Total Heat Flux 결과

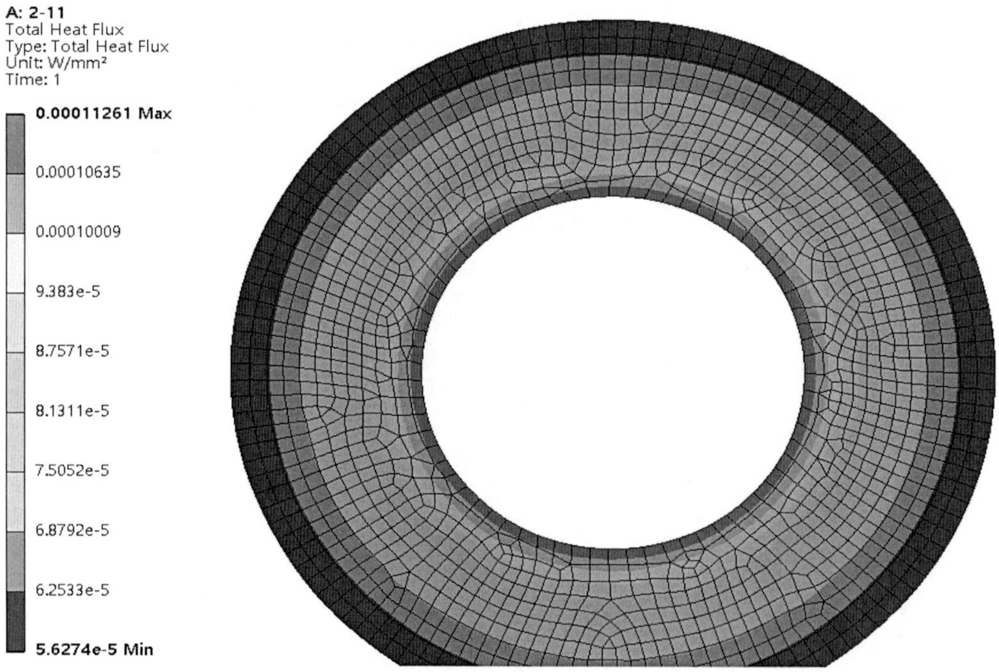

Part 2. : Static Structural Analysis

(1) 정적구조해석을 수행한다.
열응력 해석을 위하여 열전도 해석결과로 얻은 데이터를 응력 해석에 연속해서 수행한다.

① 열전도 해석 결과에 얻은 데이터를 정적구조해석으로 가져온다.

② Toolbox에서 Static Structural을 Project Schematic에 Drag하여 놓는다.

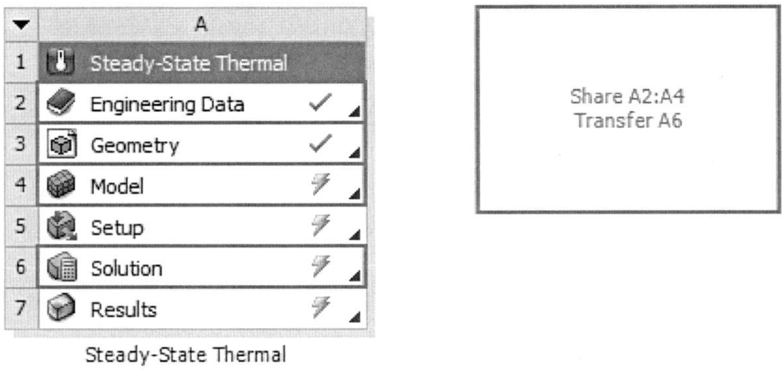

(2) Static Structural에서 Model을 더블클릭하여 Static Structural을 불러온다.

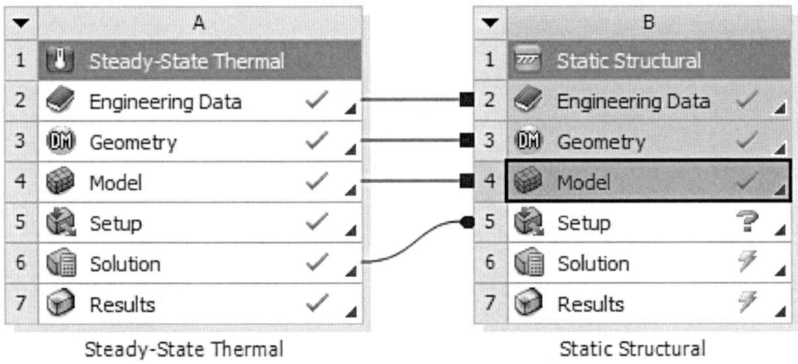

① 모델의 재질을 확인하고 메시는 기본설정을 사용한다.

(3) 온도데이터를 불러온다.

① Static Structural에서 Imported Load를 클릭한다.

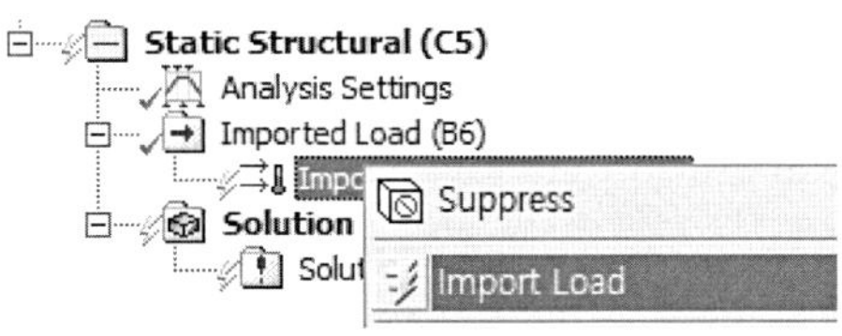

② Import Load를 해서 온도데이터를 불러온 결과.

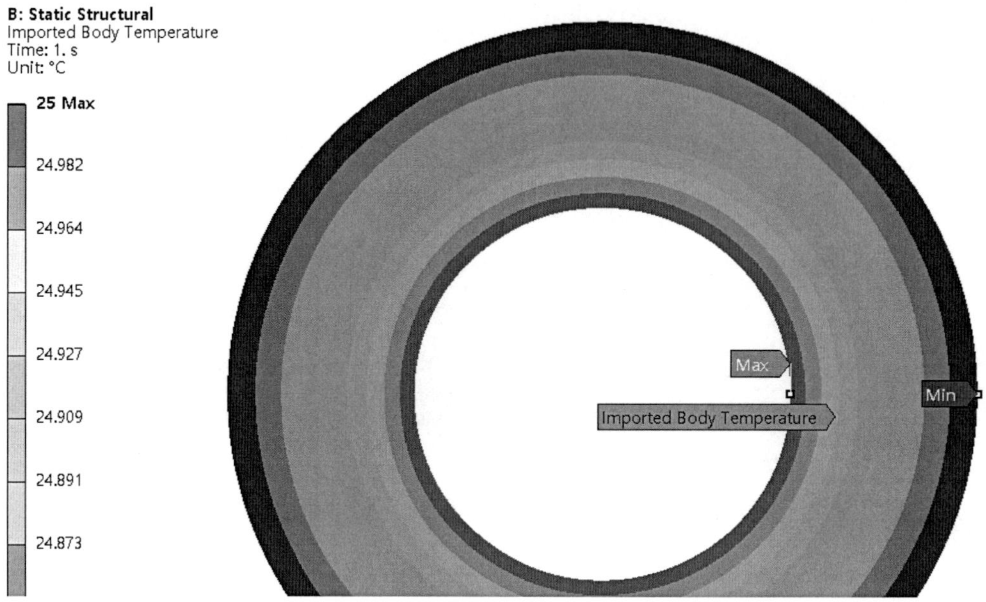

(4) 경계조건을 설정한다.

① 고정조건을 설정한다.

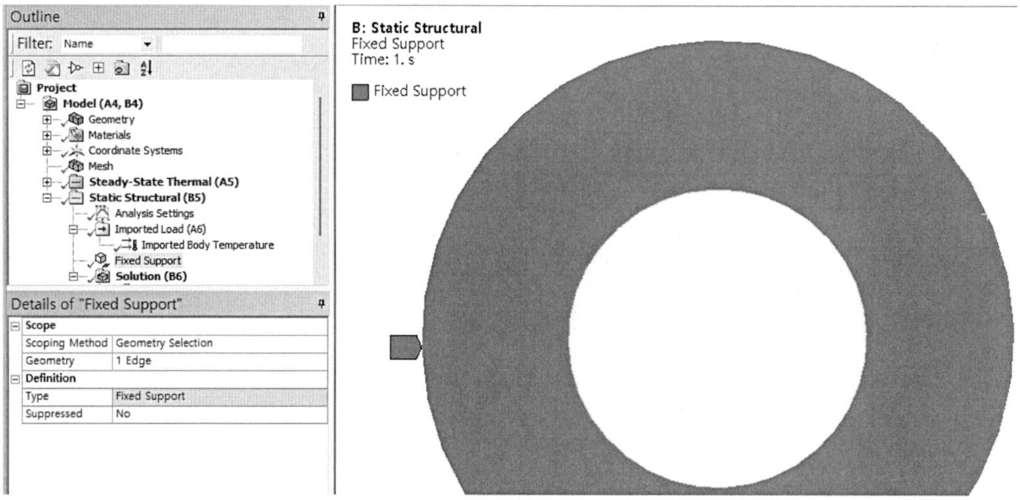

(5) 확인하고자 하는 결과 값을 Solution에 추가한다.

① Total deformation

② Equivalent Stress

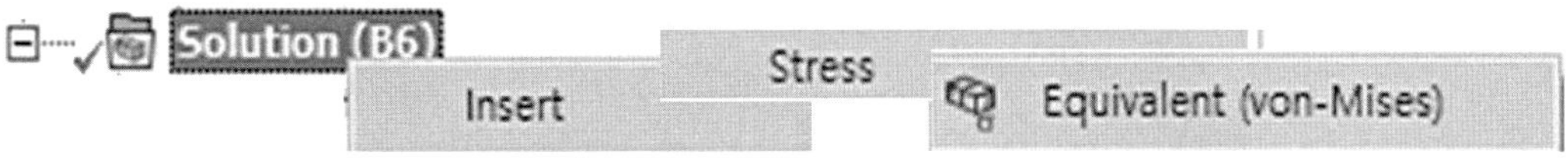

(6) 해석을 수행한다.

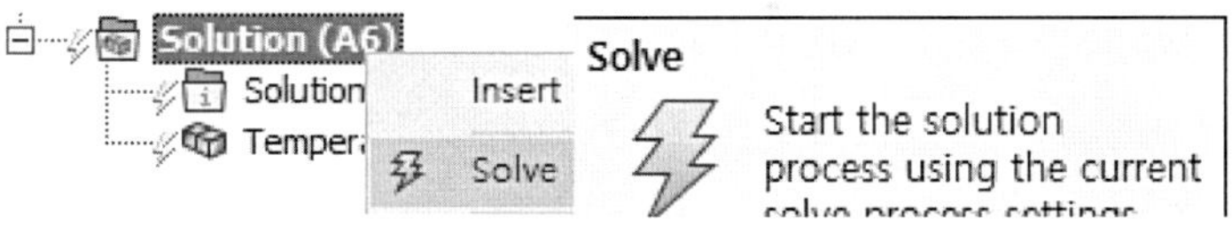

Total CPU time for main thread : 0.4 seconds
Total CPU time summed for all threads : 3.8 seconds

----

(7) 해석결과 확인한다.

① Total deformation

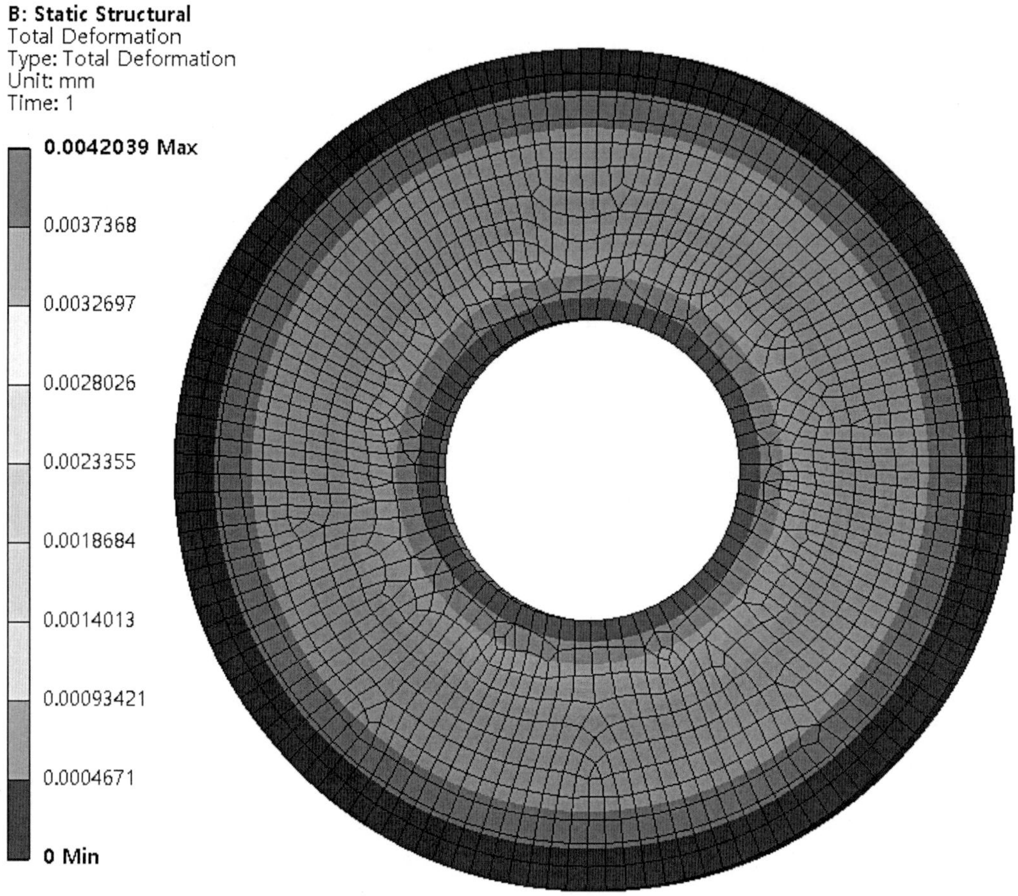

② Equivalent stress

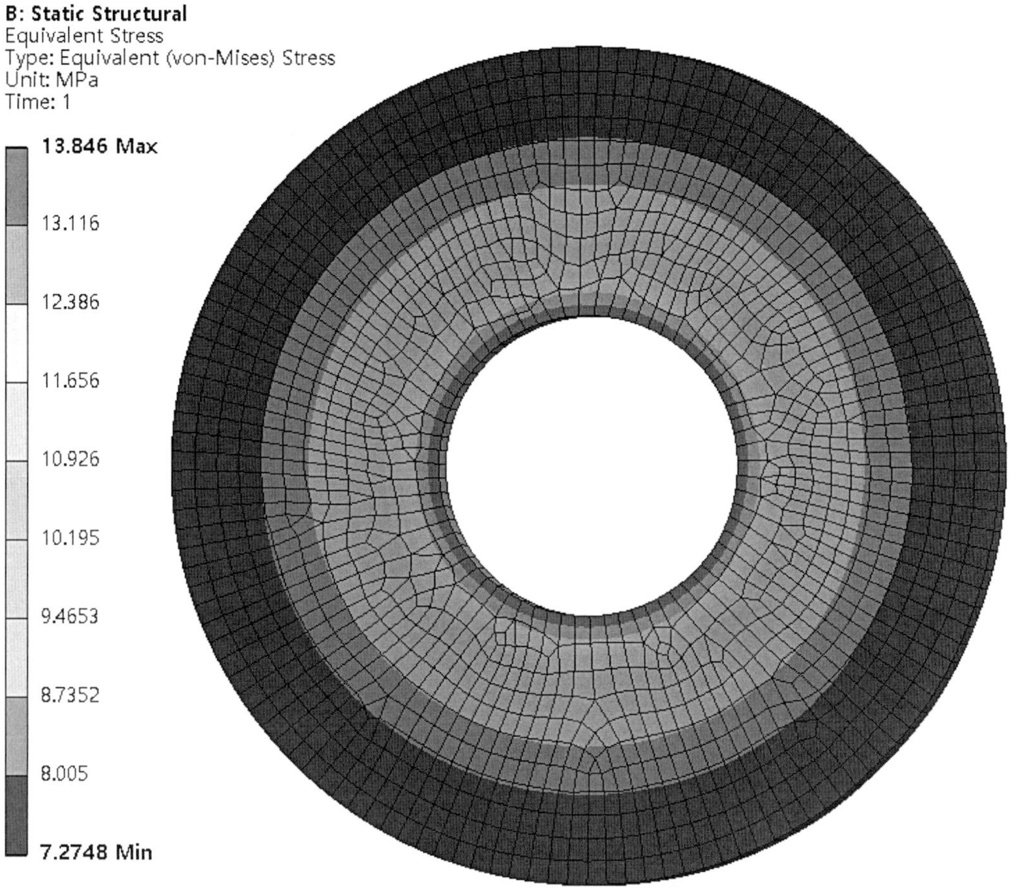

12. 강판의 구르브 용접해석 [24]

1) 구조해석 요구사항 [25]

이 모델은 판재 두 개를 용접하였을 때 열의 분포와 변형을 해석한다.
재질은 Isotropic Thermal Conductivity : 45.9 W/mk로 새로 설정한다.
두 판재의 대류 조건은 Ambient Temperature: 150.˚C이며 용접부에 Temperature 860.˚C를 적용한다
해석을 위한 메쉬는 3mm로 한다.

24) 한국공학대학교 로봇메카트로닉스과 이하늘

25) https://www.bing.com/videos/riverview/relatedvideo?pglt=43&q=Thermo-Structural+Analysis+in+ANSYS+Mechanical&cvid=a37da3acd1714efa98e99d8ab2b2b244&gs_lcrp=EgRlZGdlKgYIABBFGDkyBggAEEUYOdIBCDE1OTBqMGoxqAIAsAIA&PC=U531&ru=%2fsearch%3fpglt%3d43%26q%3dThermo-Structural%2bAnalysis%2bin%2bANSYS%2bMechanical%26cvid%3da37da3acd1714efa98e99d8ab2b2b244%26gs_lcrp%3dEgRlZGdlKgYIABBFGDkyBggAEEUYOdIBCDE1OTBqMGoxqAIAsAIA%26FORM%3dANNTA1%26PC%3dU531&mmscn=vwrc&mid=D271D50FE23D1920080FD271D50FE23D1920080F&FORM=WRVORC

2) 구조해석

(1) 해석 시스템을 생성한다.
ANSYS Workbench를 실행하고, Steady-state Thermal System을 생성합니다.

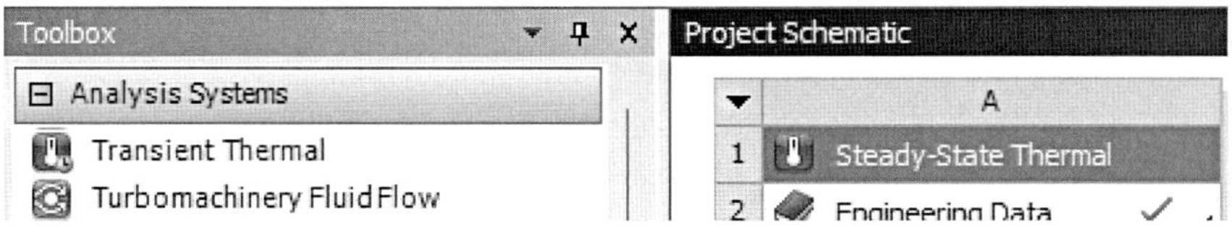

(2) 재료의 물성을 정의한다. (Engineering Data)
① 재료를 새로 정의하기 위해 Click here to add a new material을 클릭 후 EN8로 이름을 설정합니다.

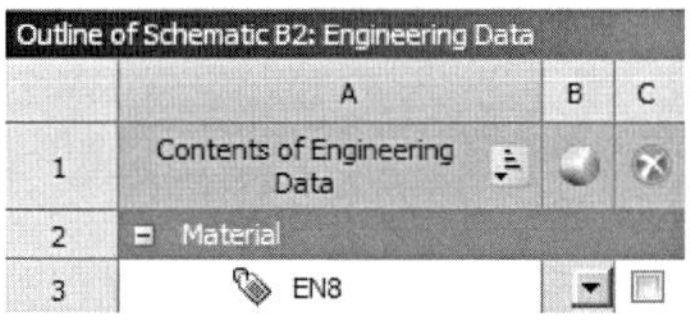

② Toolbox의 Thermal 목록 중 Isotropic Thermal Conductivity를 더블클릭하여 재료설정을 위한 칸을 만듭니다.
③ Isotropic Thermal Conductivity : 45.9 W/mk (45.9 W m^-1 K^-1)

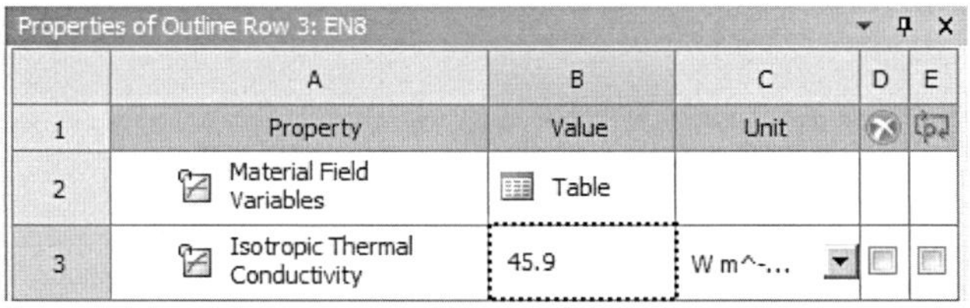

④ Linear Elastic > Isotropic Elastic > Young's Modulus를 입력한다.

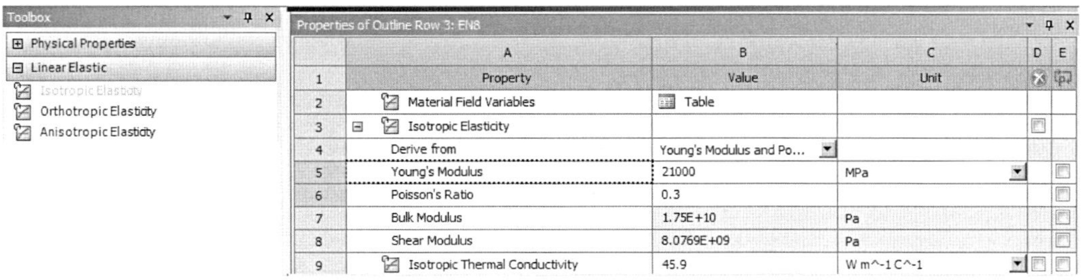

(3) 해석 모델을 불러들이거나 모델링을 수행한다. (Geometry)

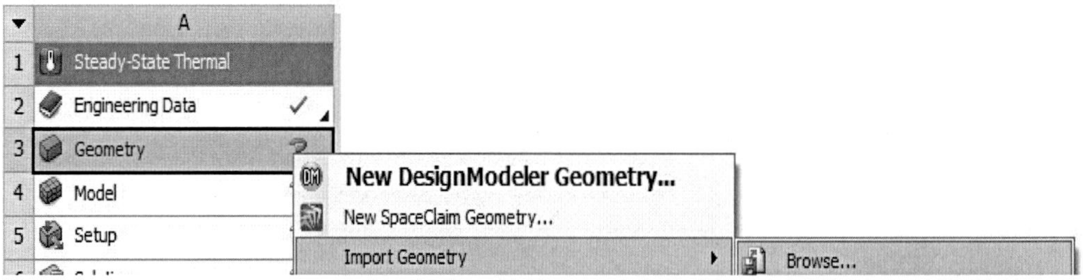

① Geometry Call에서 RMB(마우스 오른쪽 버튼) > import geometry > Browse...를 클릭하여 모델파일을 선택합니다.

(4) 해석 모델의 환경을 설정한다. (Model)

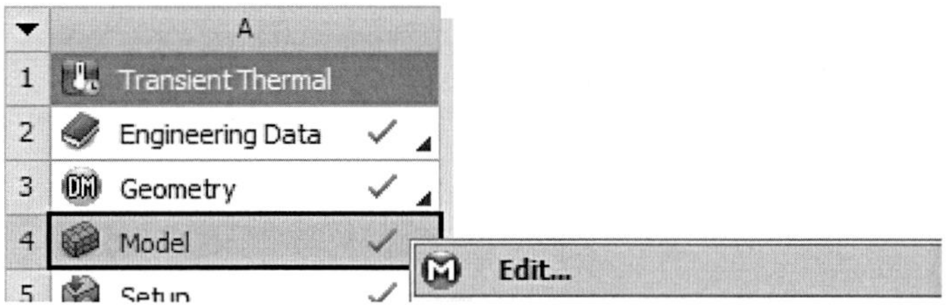

① 모델에 적용할 재질을 EN8로 변경합니다.

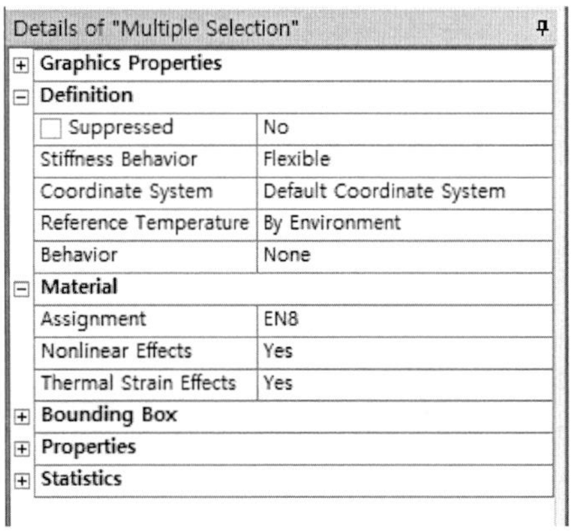

(5) 좌표계 설정 (Coordinate Systems) : 변경내용 없음

(6) 연결 관계 정의(Connections)

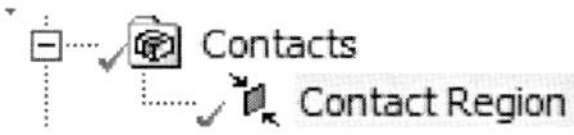

Geometry에 모델이 하나이므로 활성화 되지 않았음

(7) 격자 모델 생성 (Mesh)

메쉬 사이즈를 3mm로 한다.

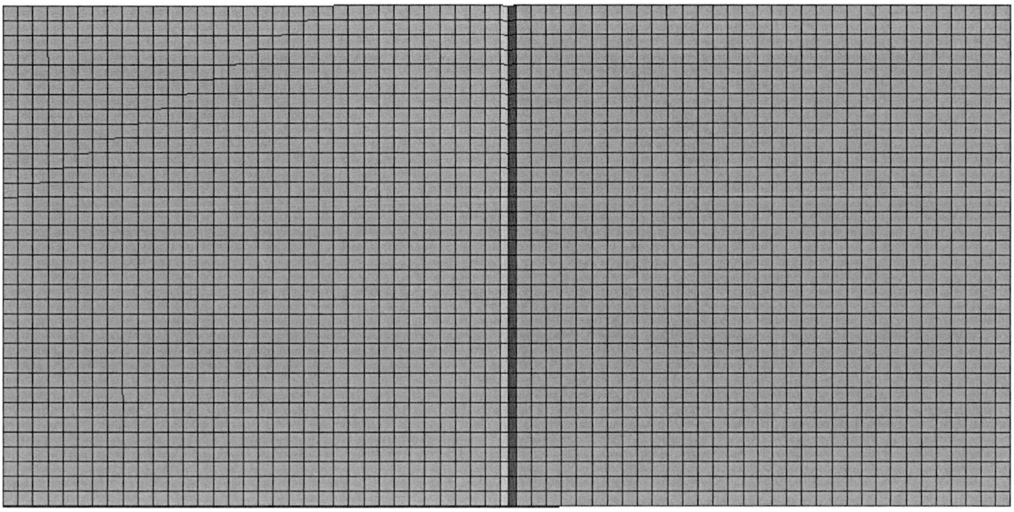

(8) 해석 설정 정의(Analysis Settings) : 기본설정을 사용한다.

(9) 초기 조건 정의 : 설정할 내용 없음.

(10) 구속조건 정의

① 판재 밑면 분할한 면에 Chip에 의한 발열 온도조건을 부여합니다.

Details of "Temperature"

Scope	
Scoping Method	Geometry Selection
Geometry	2 Faces
Definition	
Type	Temperature
Magnitude	860. °C (ramped)
Suppressed	No

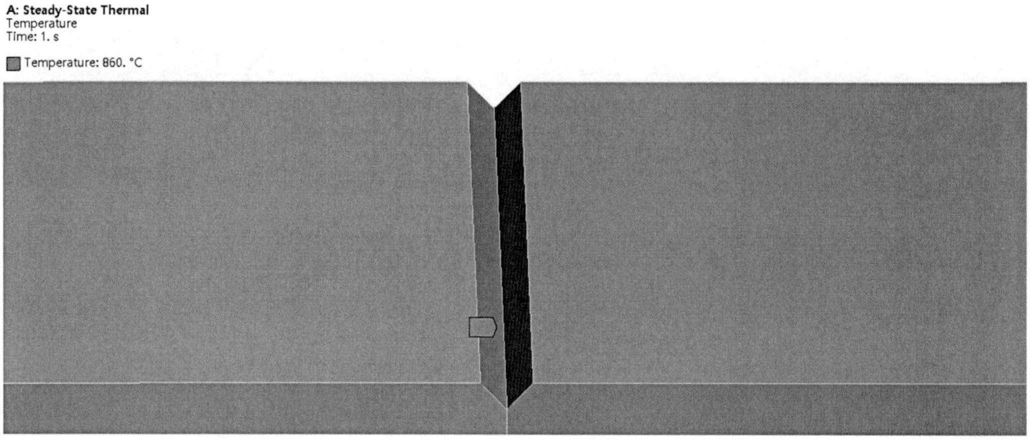

Tree Outline의 Steady State-Thermal에서 RBM>Insert>Temperature를 추가합니다.

-1. Detail View > Geometry에 분할면 (2 Face)을 지정합니다.

-2. Definition > Magnitude에 860을 입력합니다.

② 판재에 대류를 조건을 부여합니다.

Three Outline의 Steady State-Thermal에서 RBM > Insert > Convection을 추가합니다.

-1. body 선택모드로 두 모델링을 모두 선택합니다

-2. 대류계수: Definition > Film Coefficient > 50. W/mm^2 ˚C

-3. Ambient Temperature: 150. ˚C

Details of "Convection"

Scope	
Scoping Method	Geometry Selection
Geometry	2 Bodies
Definition	
Type	Convection
Film Coefficient	50. W/mm²·°C (step applied)
Ambient Temperature	150. °C (ramped)
Convection Matrix	Program Controlled
Suppressed	No

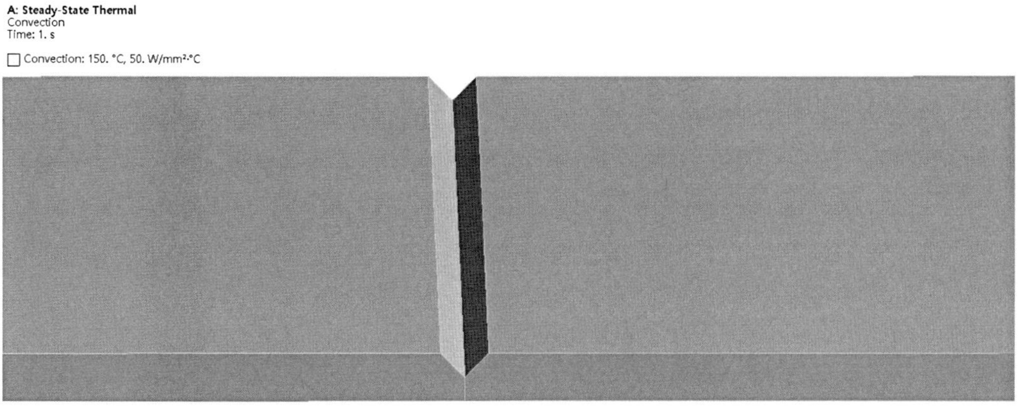

(11) 결과 항목을 추가합니다.

① Temperature 결과 세팅

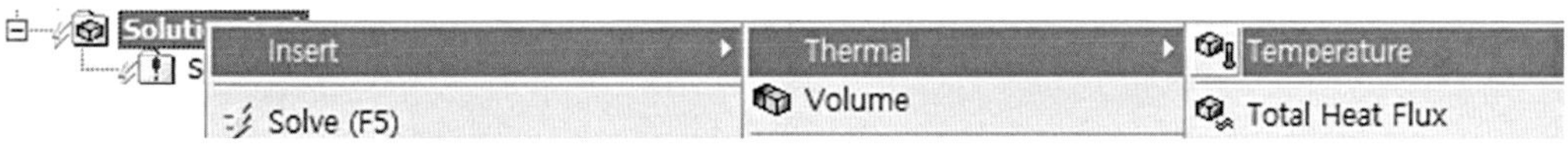

② Solution > RMB > insert > Thermal > Total Heat Flux

(12) 해석 수행

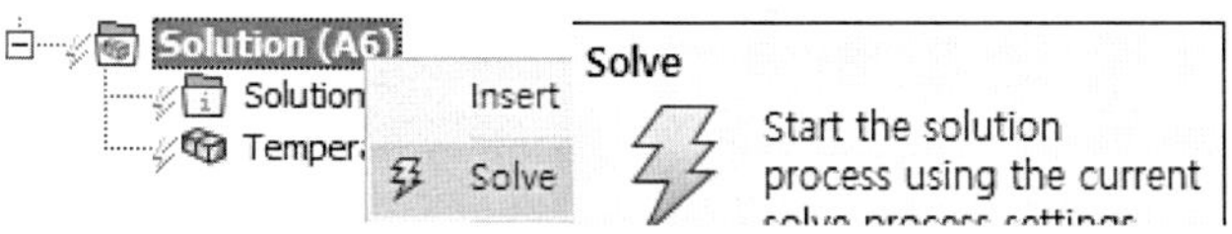

Total CPU time for main thread	:	0.3 seconds
Total CPU time summed for all threads	:	2.8 seconds

---

(13) 해석결과 확인한다.

① Temperature 결과

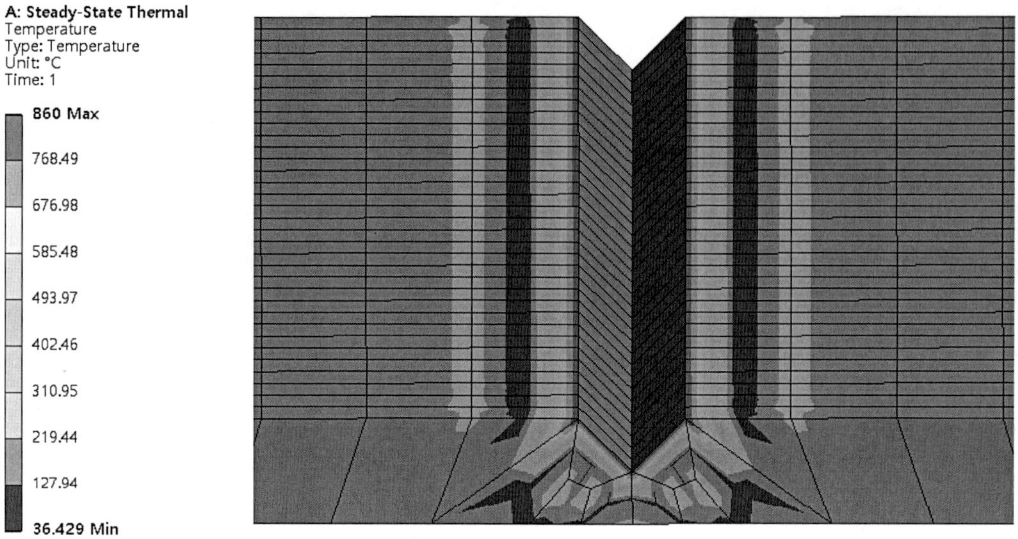

② Total Heat Flux

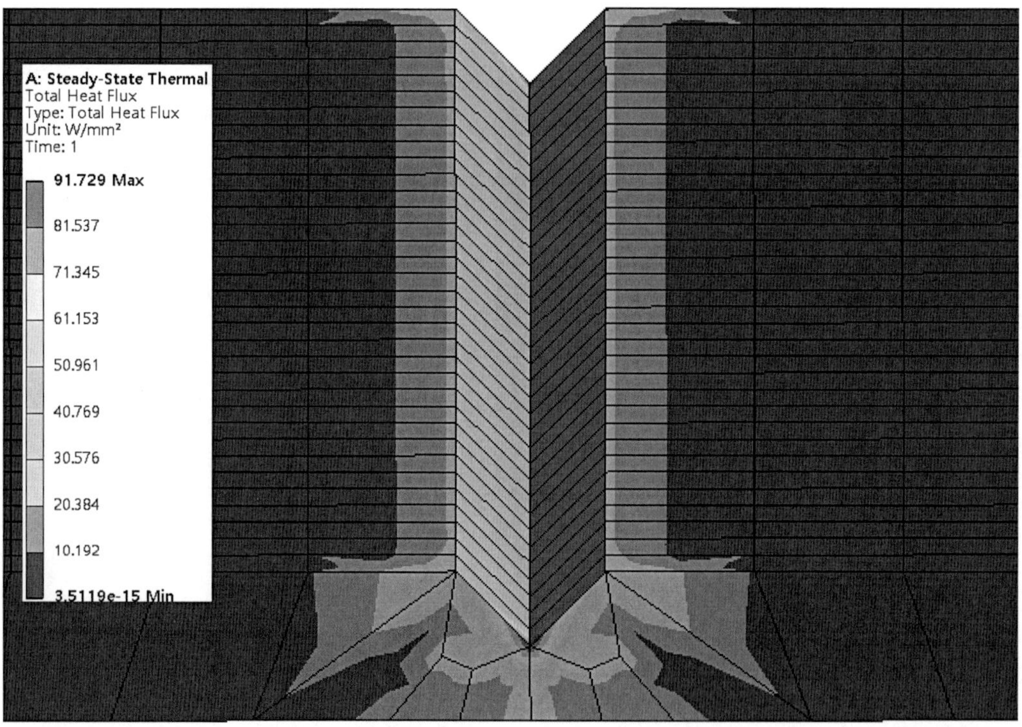

Part 2. : Static Structural Analysis

(1) 정적구조해석을 수행한다.

열응력 해석을 위하여 열전도 해석결과로 얻은 데이터를 응력 해석에 연속해서 수행한다.

① 열전도 해석 결과에 얻은 데이터를 정적구조해석으로 가져온다.

② Toolbox에서 Static Structural을 Project Schematic에 Drag하여 놓는다.

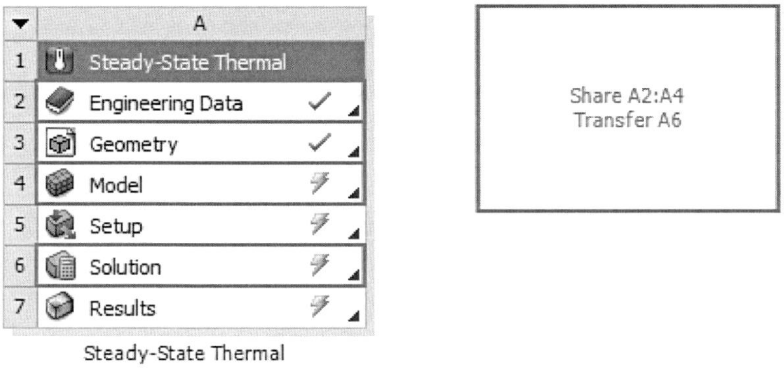

(2) Static Structural에서 Model을 더블클릭하여 Static Structural을 불러온다.

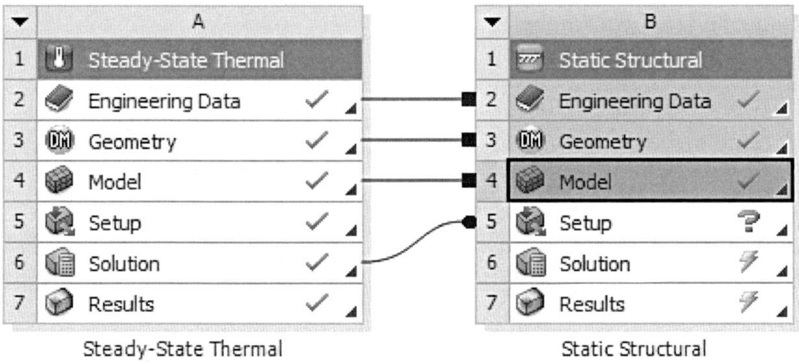

① 모델의 재질을 확인하고 메시를 확인한다.

(3) 온도데이터를 불러온다.

① Static Structural에서 Imported Load를 클릭한다.

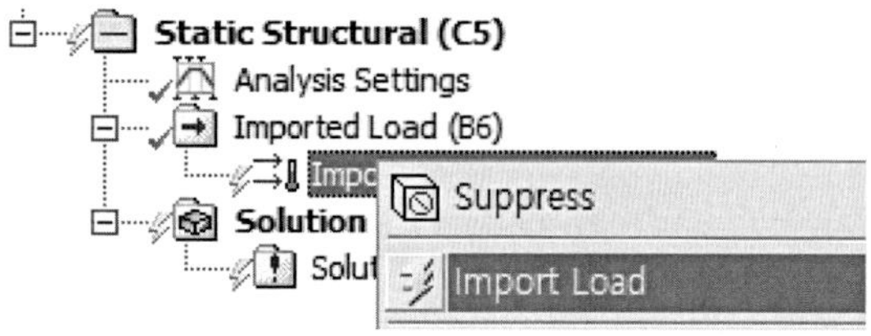

② Import Load를 해서 온도데이터를 불러온 결과.

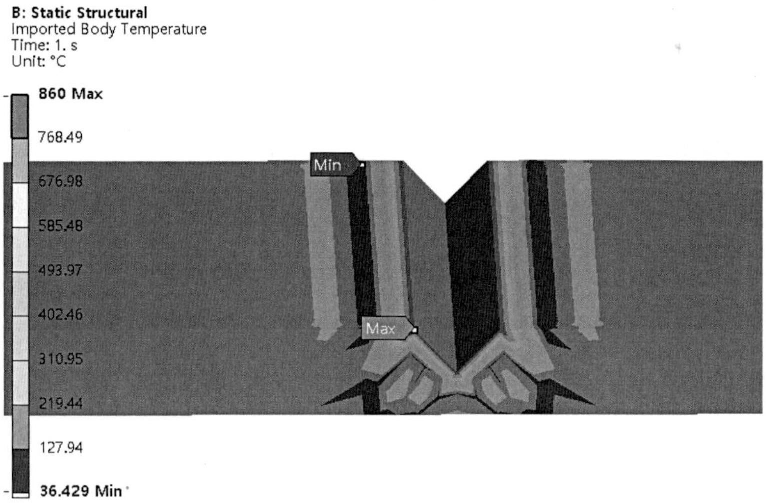

(4) 경계조건을 설정한다.

① 고정조건을 설정한다.

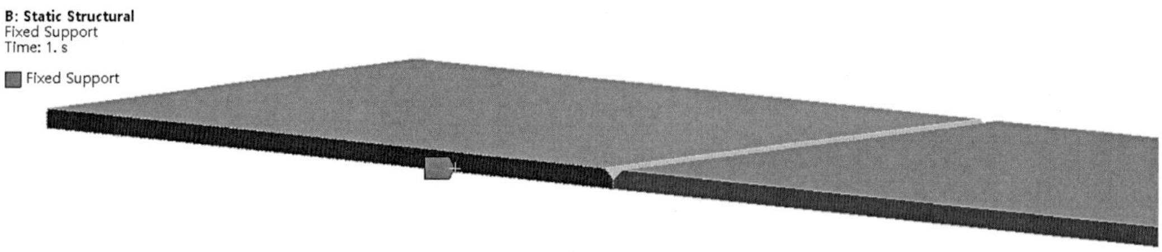

(5) 확인하고자 하는 결과 값을 Solution에 추가한다.

① Total deformation

② Equivalent Stress

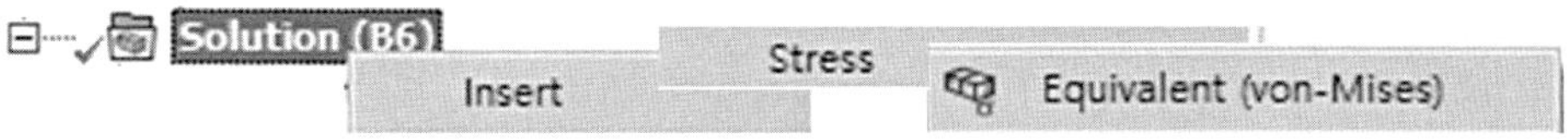

(6) 해석을 수행한다.

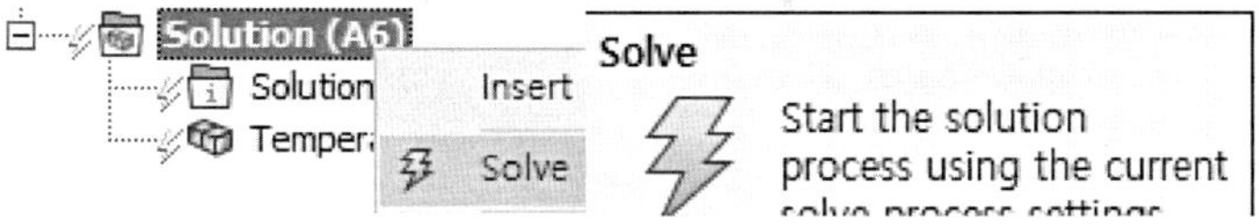


```
----------------------------------------------------------------
Total CPU time for main thread            :       1.0 seconds
Total CPU time summed for all threads     :       5.1 seconds
----------------------------------------------------------------
```

(7) 해석결과 확인한다.

① Total deformation

② Equivalent stress

13. 엔진 피스톤 열분석 26)

1) 구조해석 요구사항

실린더 피스톤의 열해석을 수행하고자 한다.
실린더 피스톤의 맨위 표면은 Temperature(온도) 20℃에서 920℃ 로 변화한다.
1000초동안 22℃ 공기 유동하여 흐름에 구조물의 온도에 영향을 준다
위 구조해석 요구사항을 만족하는 해석을 진행하여 모델의 온도 분포를 구하여라.
또한 시간에 따른 온도변화를 확인한다.
위 조건 외 사항은 기본조건으로 진행한다.

실린더 피스톤의 재질은 Aluminum Alloy 이다.
구조해석을 위한 메쉬 설계는 요소의 크기를 3mm로 한다.
위 구조해석 요구사항을 만족하는 해석을 진행하여 모델의 온도분포를 구하여라.

1)한국공학대학교 로봇메카트로닉스 천민호
2) https://grabcad.com/library/piston-head-137

2) 구조해석

(1) 해석 시스템을 생성한다.
ANSYS Workbench를 실행하고, Steady-state Thermal System을 생성합니다.

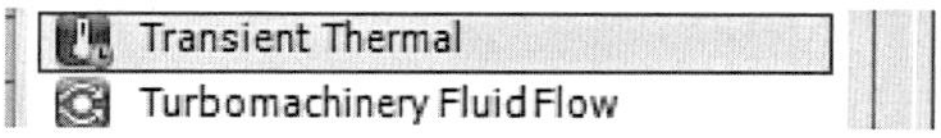

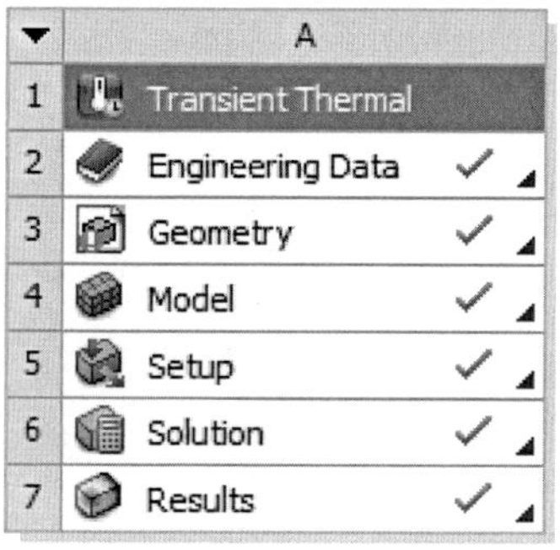

(2) 재료의 물성을 정의한다. (Engineering Data)
① 해석에 사용할 재료 물성을 정의하기 위해 Engineering Data Cell을 더블클릭하거나 또는 RMB(마우스 오른쪽 버튼)>Edit...를 선택합니다.
② Engineering Data Sources 아이콘을 클릭 후 General Materials Library에서 Aluminum Alloy 를 추가(노란색+아이콘클릭)합니다.

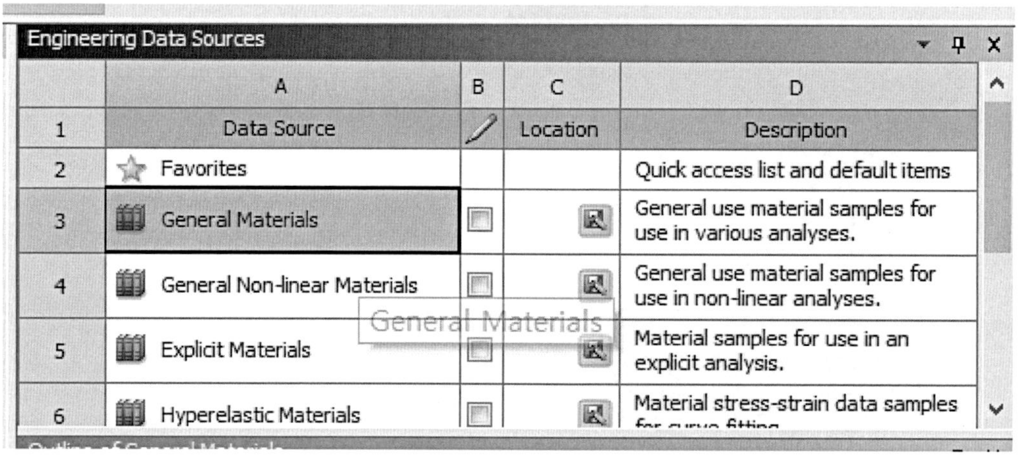

③ Engineering Data 탭을 닫고 Project Schematic 환경으로 돌아갑니다.
  Project를 클릭한다.
④ Geometry Call에서 RMB(마우스 오른쪽 버튼) > import geometry>Browse...를 클릭하여 모델파일 (heat sink.stp 또는 heat.igs)을 선택합니다.

(3) 해석 모델을 불러들이거나 모델링을 수행한다. (Geometry)

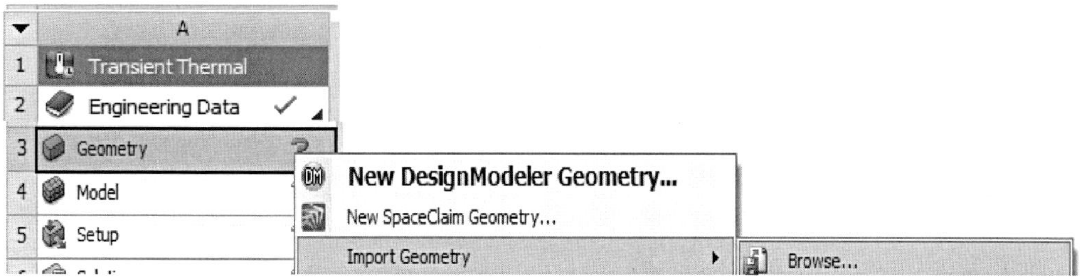

(4) 해석 모델의 환경을 설정한다. (Model)

① Project Schematic에 생성된 Transient Thermal System의 Model Cell을 더블 클릭하여 Mechanical Application을 실행합니다.
② 모델에 적용할 재질을 Aluminum Alloy로 변경합니다.

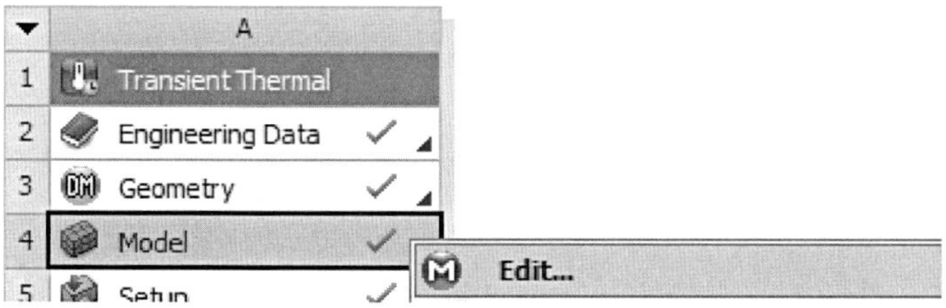

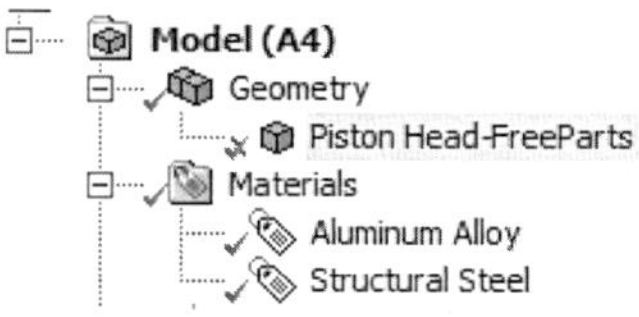

Details of "Piston Head-FreeParts"	
Graphics Properties	
Definition	
Suppressed	No
Stiffness Behavior	Flexible
Coordinate System	Default Coordinate System
Reference Temperature	By Environment
Behavior	None
Material	
Assignment	Aluminum Alloy
Nonlinear Effects	Yes
Thermal Strain Effects	Yes
Bounding Box	
Properties	
Statistics	

(5) 좌표계 설정 (Coordinate Systems) : 변경내용 없음

(6) 연결 관계 정의(Connections)

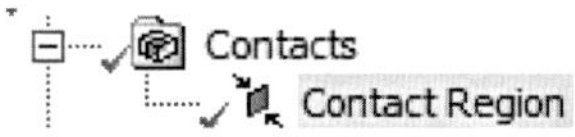

Geometry에 모델이 하나이므로 활성화되지 않았음

(7) 격자 모델 생성 (Mesh)

① Outline화면에서 Model > Mesh 를 선택한다.

② Detail view에서 Sizing > **Element Size 선택하여 값을 10mm**로 세팅한다.

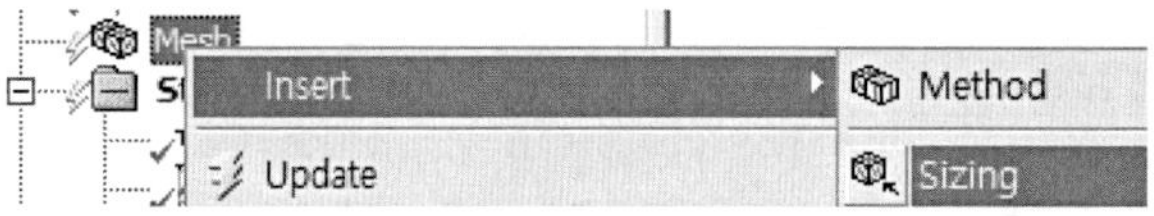

③ Outline화면에서 Model > Mesh 를 선택하고 RMB > Update 실행한다.
Graphic화면에서 모델에 메시가 생성된 것 을 확인할 수 있다.

④ Detail view에서 Statistics에서 메시 생성에 대한 결과를 확인할 수 있다.

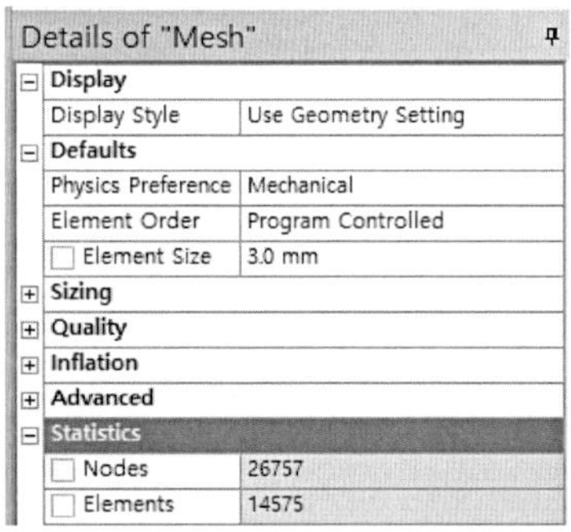

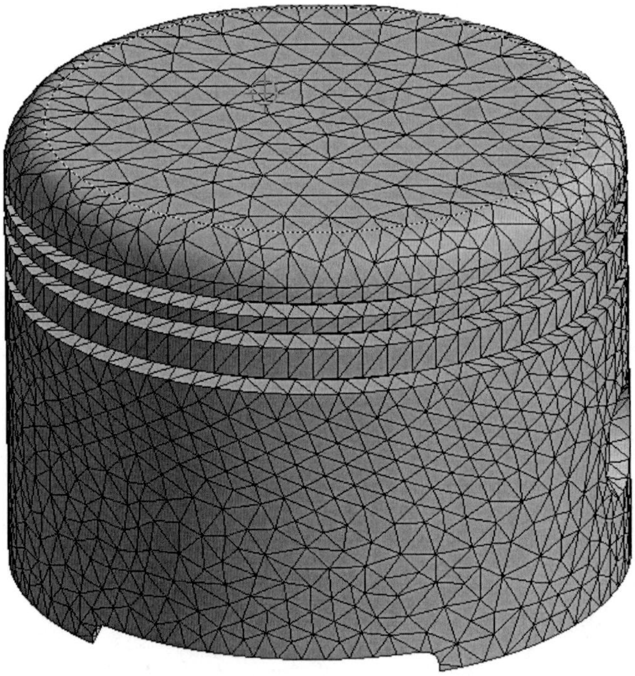

(8) 해석 설정 정의(Analysis Settings) : 기본설정을 사용한다.

① Analysis Settings에서 Auto Time Stepping 1000s 설정.
Tabular Date에서 100초단위로 나누기

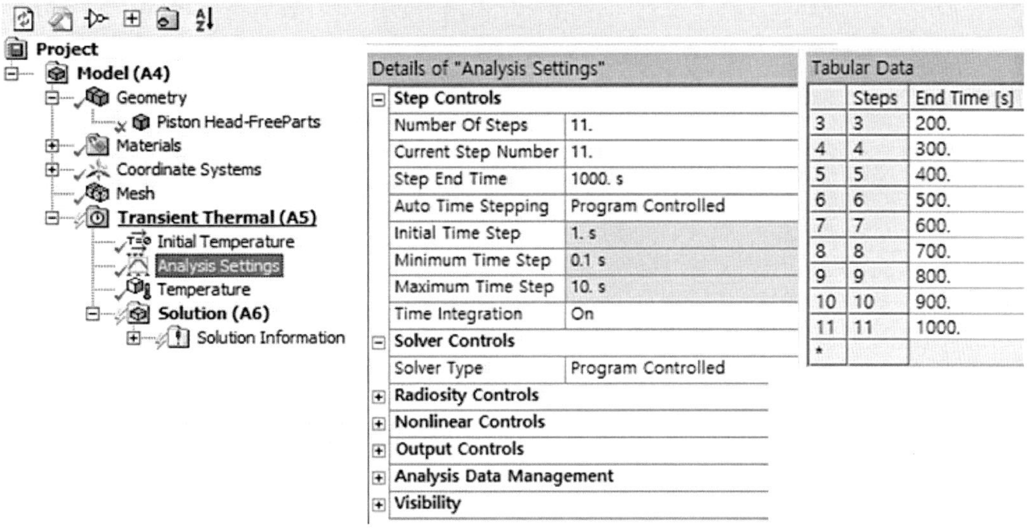

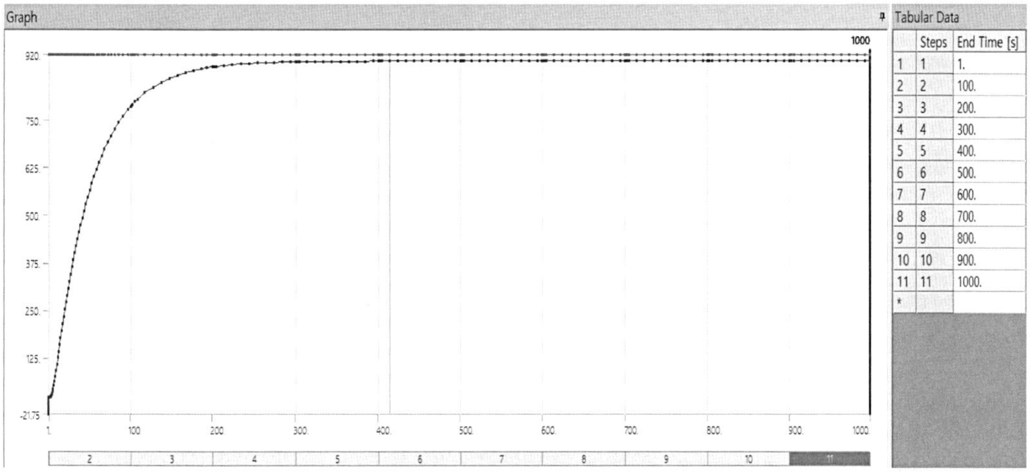

(9) 초기 조건 정의 : 설정할 내용 없음.

(10) 구속조건 정의

ⓐ (온도) Temperature

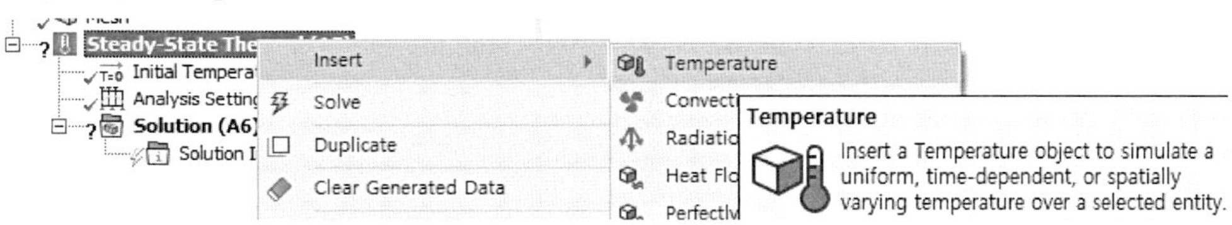

① 원통 외부 위 표면에 온도 설정을 위해 Selection filter에서 면을 선택한다.

② 온도조건을 설정할 내부 면을 선택한다. 여러 면을 동시에 선택할 경우 ctrl키를 누르고 추가 선택한다.

③ Details of "Temperature"에서 Magnitude에 기존 22을 920으로 변경하여 입력한다.

Tree Outline의 Steady State-Thermal에서 RBM>Insert>Temperature를 추가합니다.

④ Detail View>Geometry에 분할면 (3 Face)을 지정합니다.

⑤ Definition >Magnitude에 920을 입력합니다

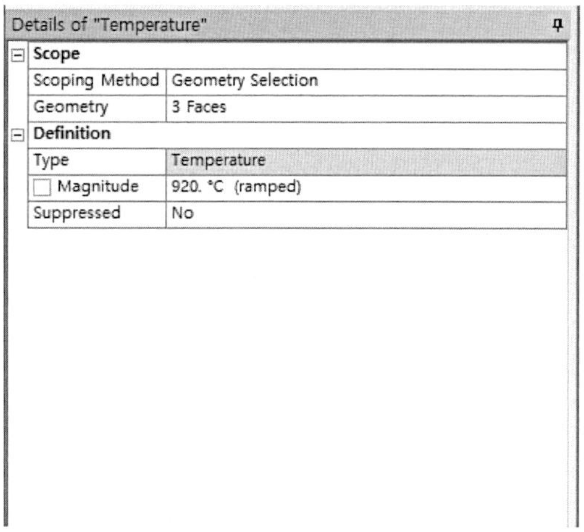

Details of "Temperature"

Scope	
Scoping Method	Geometry Selection
Geometry	3 Faces
Definition	
Type	Temperature
Magnitude	920. °C (ramped)
Suppressed	No

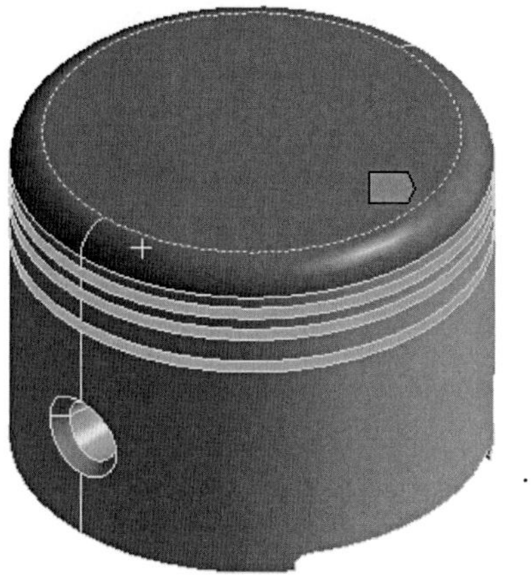

ⓑ 대류 조건 부여합니다.

Three Outline의 Steady State-Thermal에서 RBM > Insert > Convection을 추가합니다.

① Detail View>Geometry에 **외부 돌출 면(12 Face)**을 지정합니다.

② 원통 내부를 제외한 모든 면을 선택합니다.

③ 대류계수는 Workbench에서 제공하는 데이터를 사용하겠습니다.

Detail View >Film Coefficient 항목의 버튼을 클릭하여 추가 Menu의 Import Temperature Dependent...를 클릭합니다.

④ Ambient Temperature에 **22℃(주변 공기의 온도)**를 사용합니다.

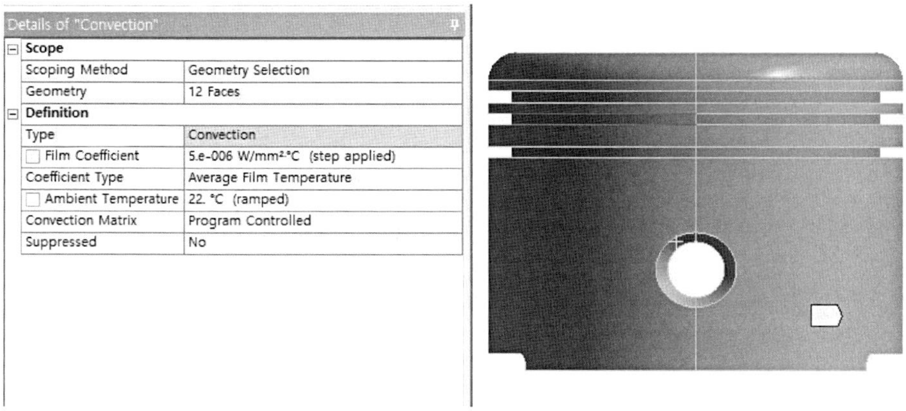

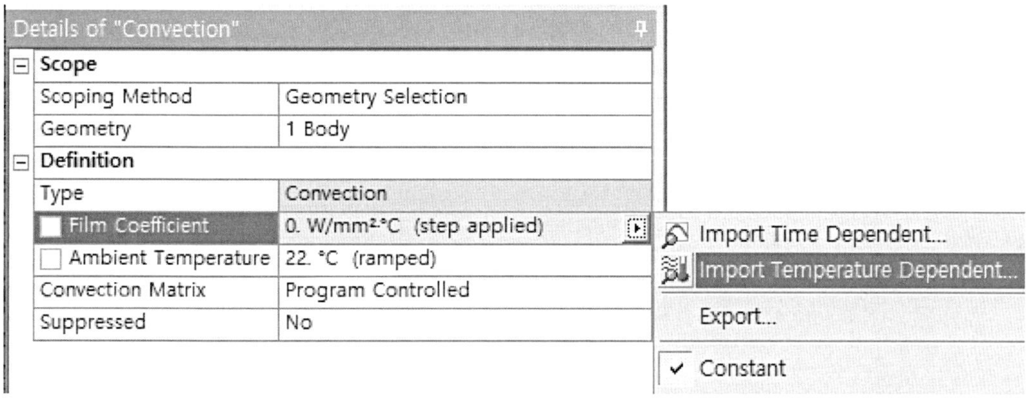

⑤ Convection Data들 중에서 Stagnant Air-Simplified Case 항목을 적용합니다.

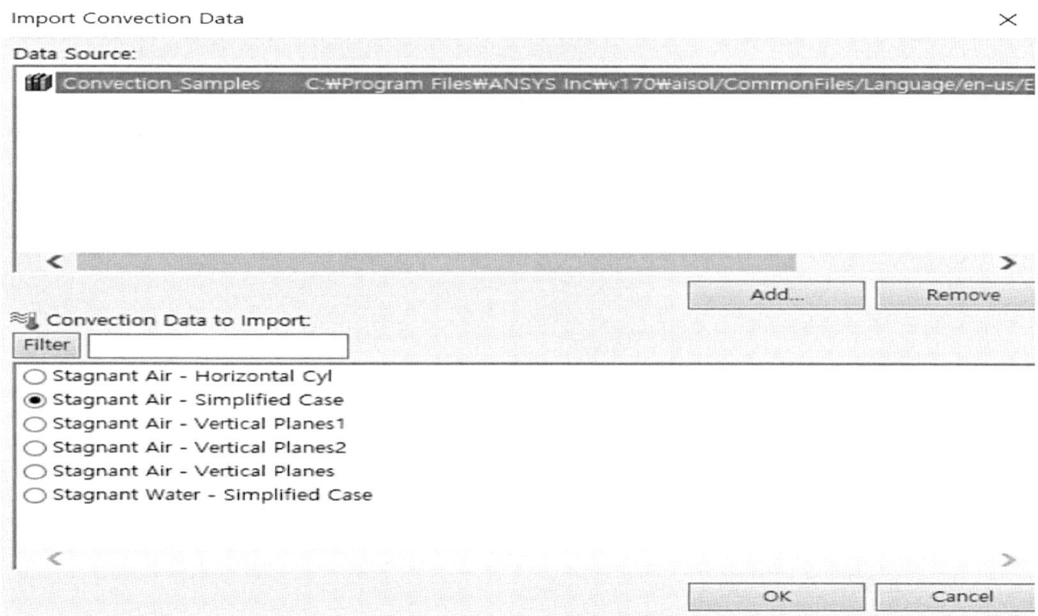

(11) 결과 항목을 추가합니다.

① Temperature 결과 세팅

② Solution > RMB > insert > Thermal > Total Heat Flux

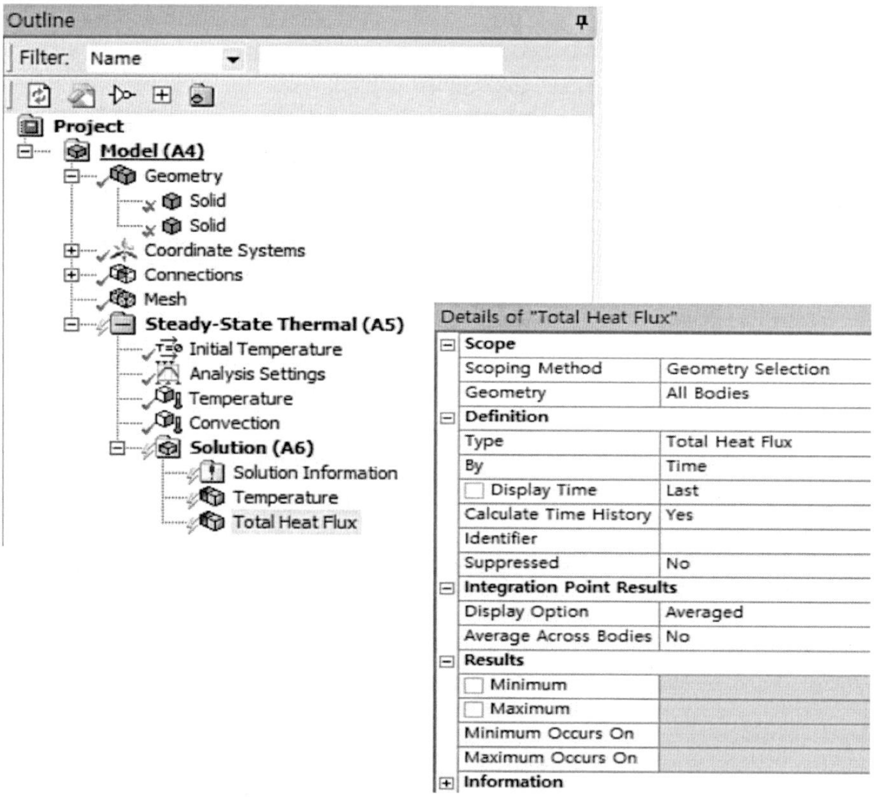

(12) 해석 수행

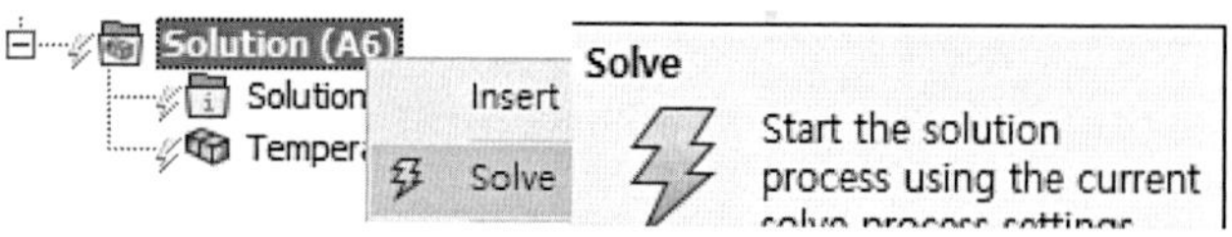

Total CPU time for main thread : 1.6 seconds
Total CPU time summed for all threads : 4.9 seconds

---

(13) 해석결과 확인한다.

온도분포와 열속 분포를 확인합니다. Heat Sink의 온도는 900℃에서 약 873.59℃ 로 분포(격자밀도에 따라 약간의 차이가 발생 가능)하며 최대 Heat Flux값은 약 0.20501 W/mm²입니다.

① Temperature 결과

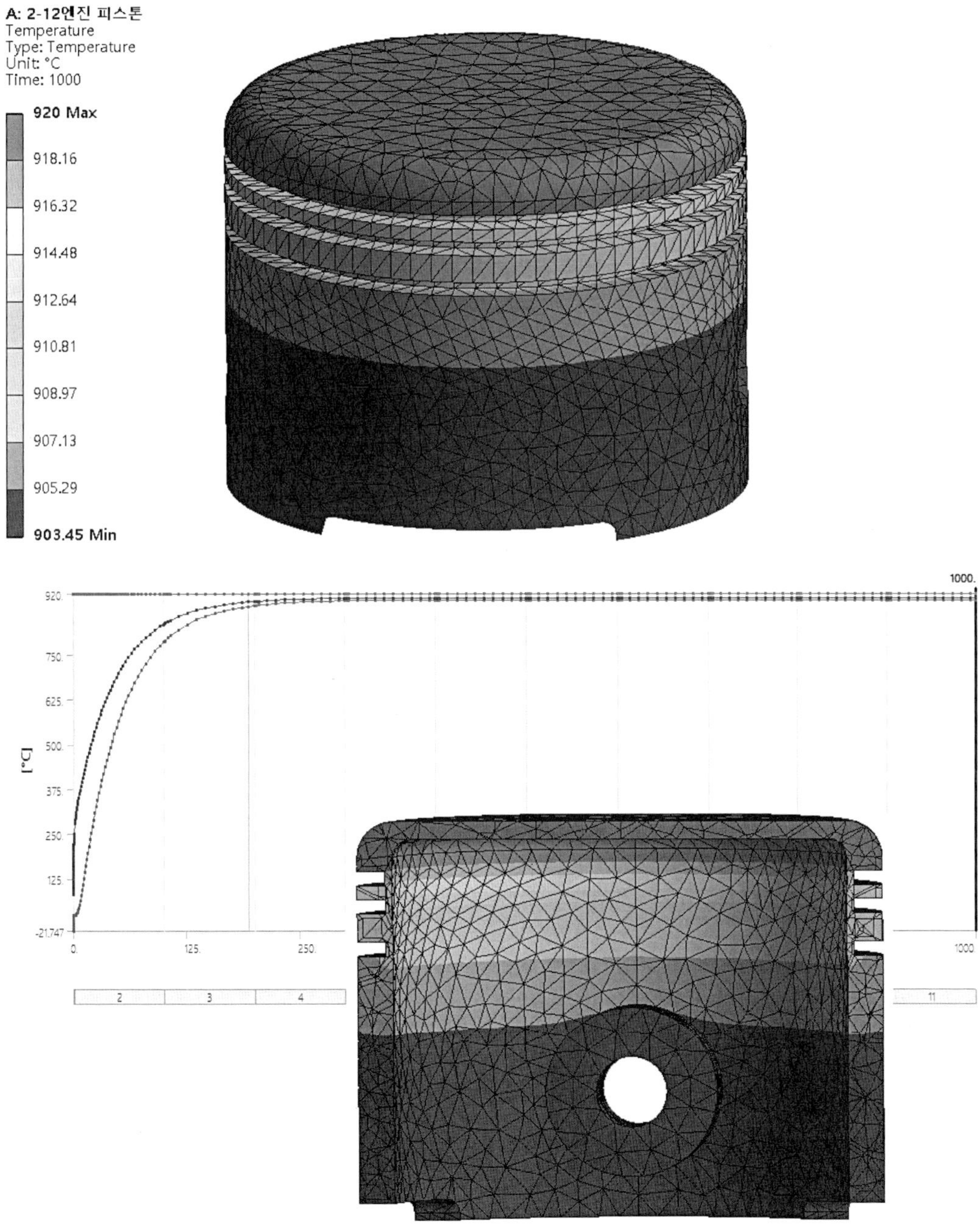

② Total Heat Flux

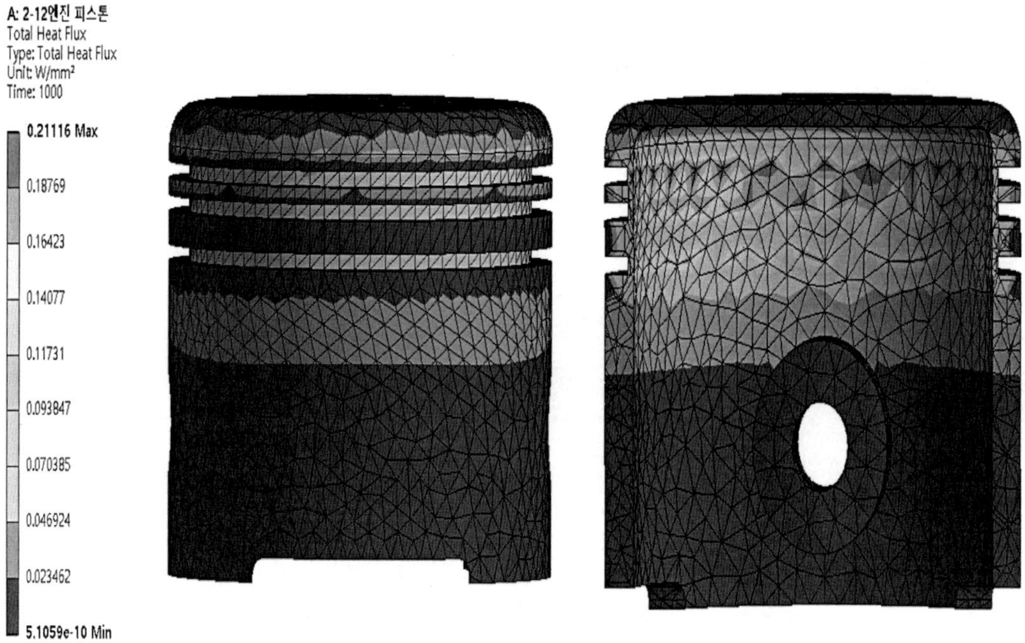

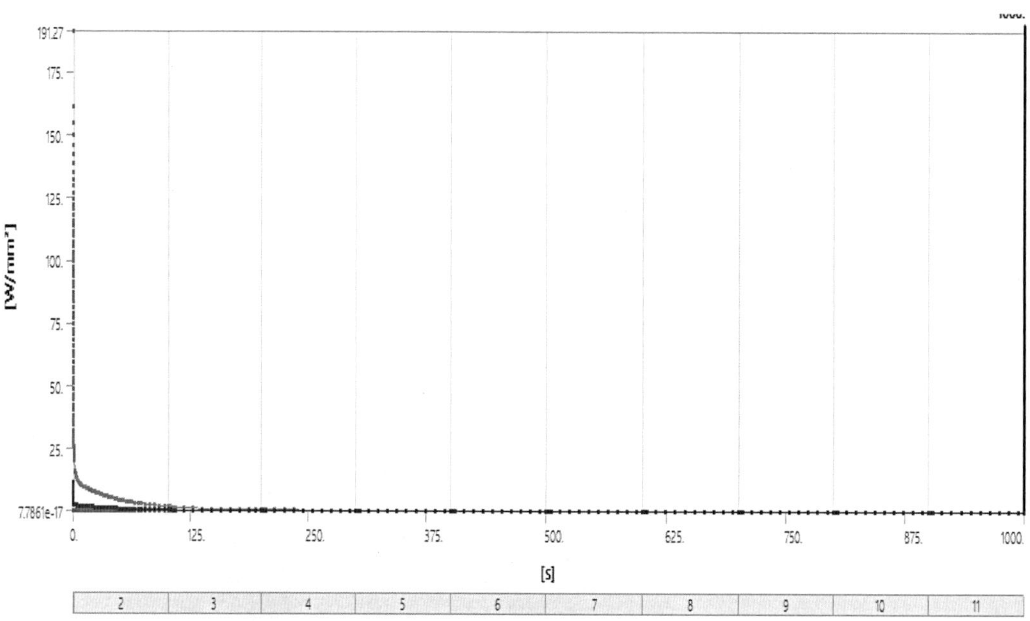

Part 2. : Static Structural Analysis

(1) 정적구조해석을 수행한다.
열응력 해석을 위하여 열전도 해석결과로 얻은 데이터를 응력 해석에 연속해서 수행한다.

① 열전도 해석결과에 얻은 데이터를 정적구조해석으로 가져온다.

② Toolbox에서 Static Structural을 Project Schematic에 Drag하여 놓는다.

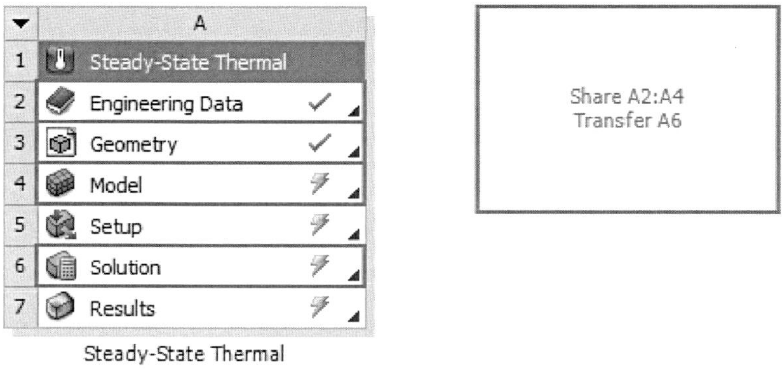

(2) Static Structural에서 Model을 더블클릭하여 Static Structural을 불러온다.

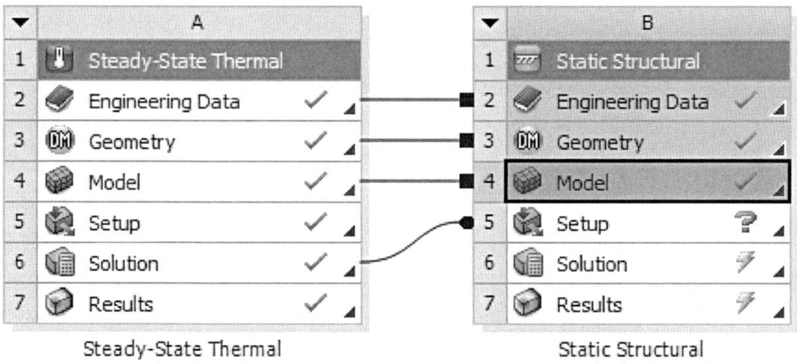

① 모델의 재질을 확인하고 메시는 기본설정을 사용한다.

(3) 온도데이터를 불러온다.

① Static Structural에서 Imported Load를 클릭한다.

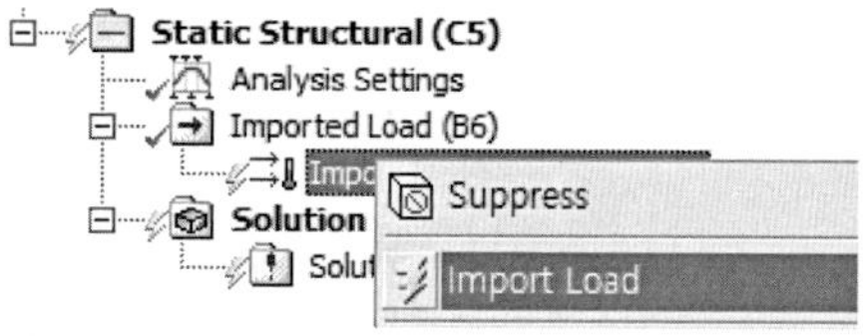

② Import Load를 해서 온도데이터를 불러온 결과.

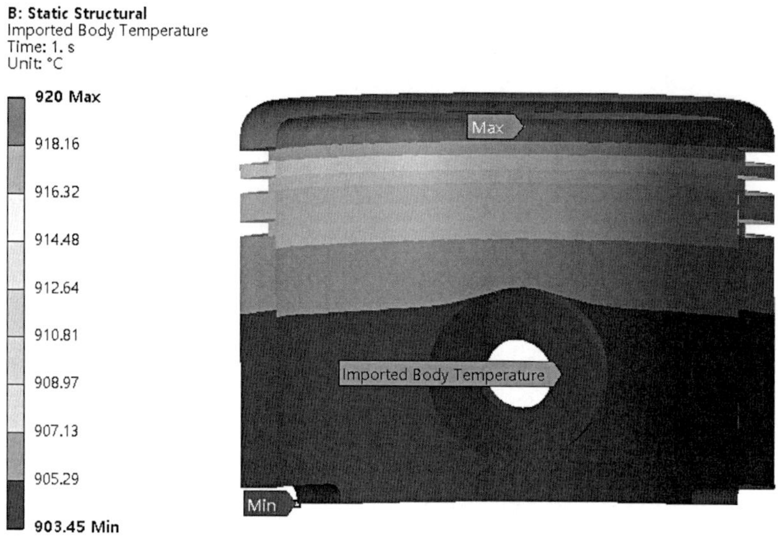

(4) 경계조건을 설정한다.

① 고정조건을 설정한다.

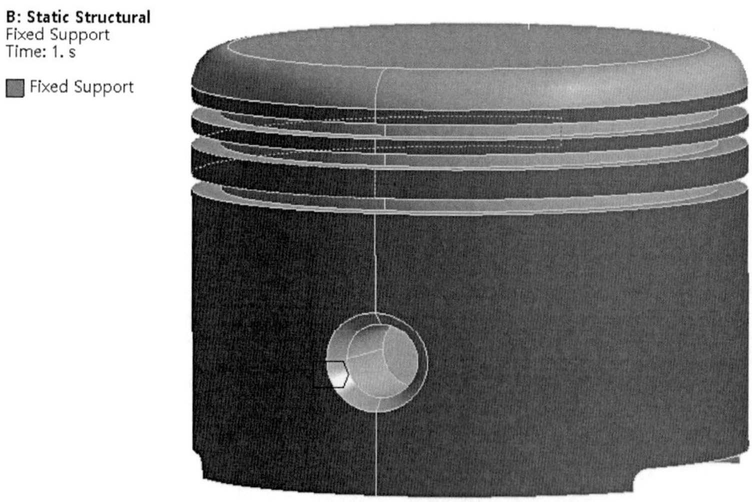

(5) 확인하고자 하는 결과 값을 Solution에 추가한다.

① Total deformation

② Equivalent Stress

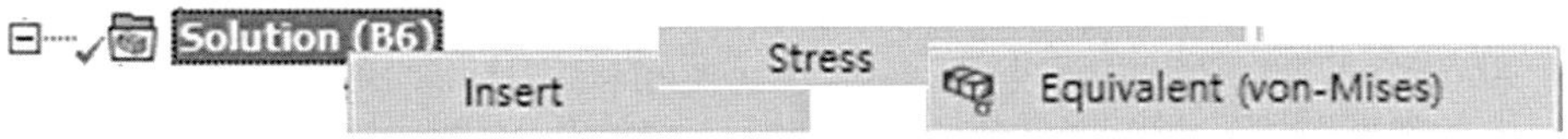

(6) 해석을 수행한다.

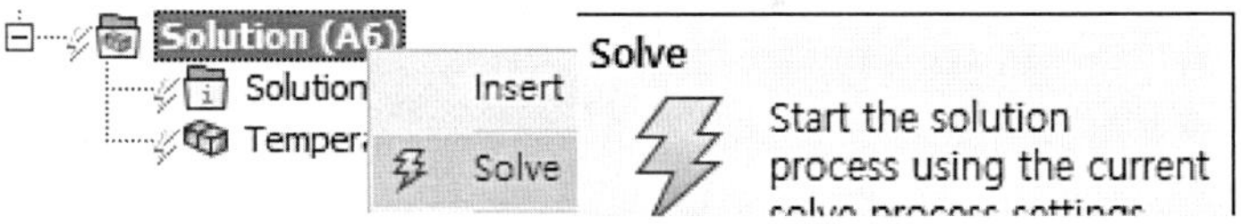

\---

Total CPU time for main thread	:	1.6 seconds
Total CPU time summed for all threads	:	4.9 seconds

\---

(7) 해석결과 확인한다.

① Total deformation

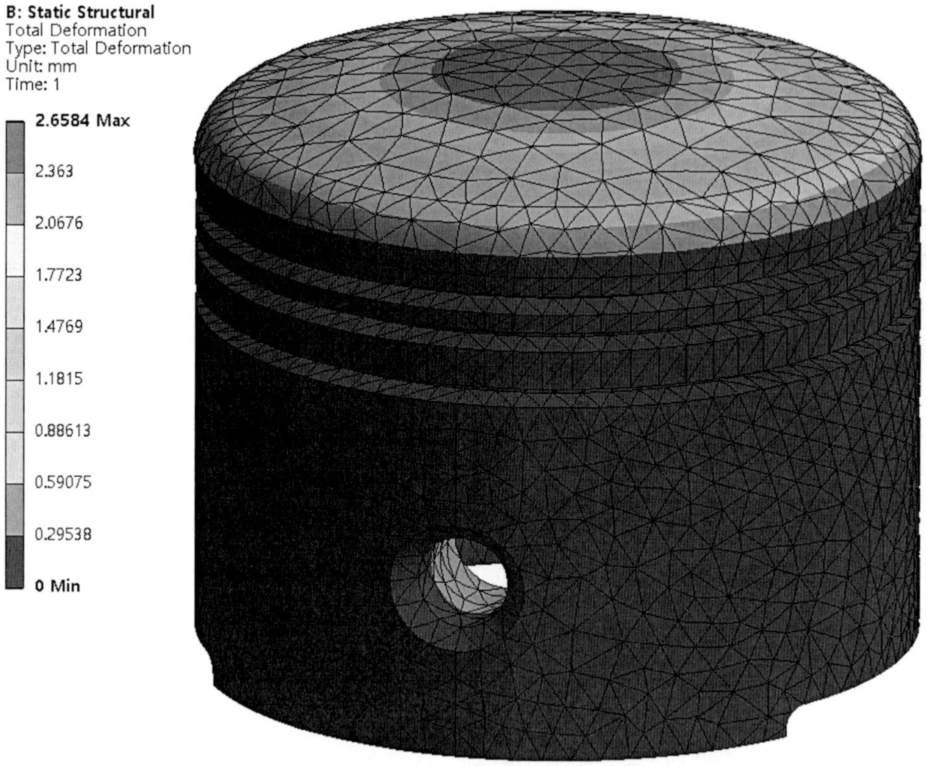

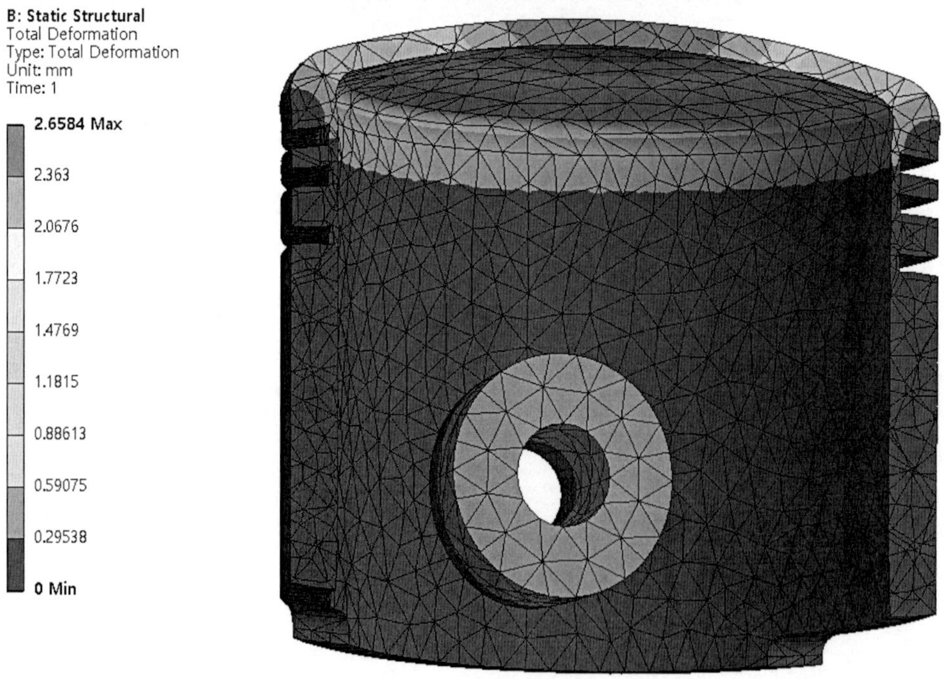

② Equivalent stress

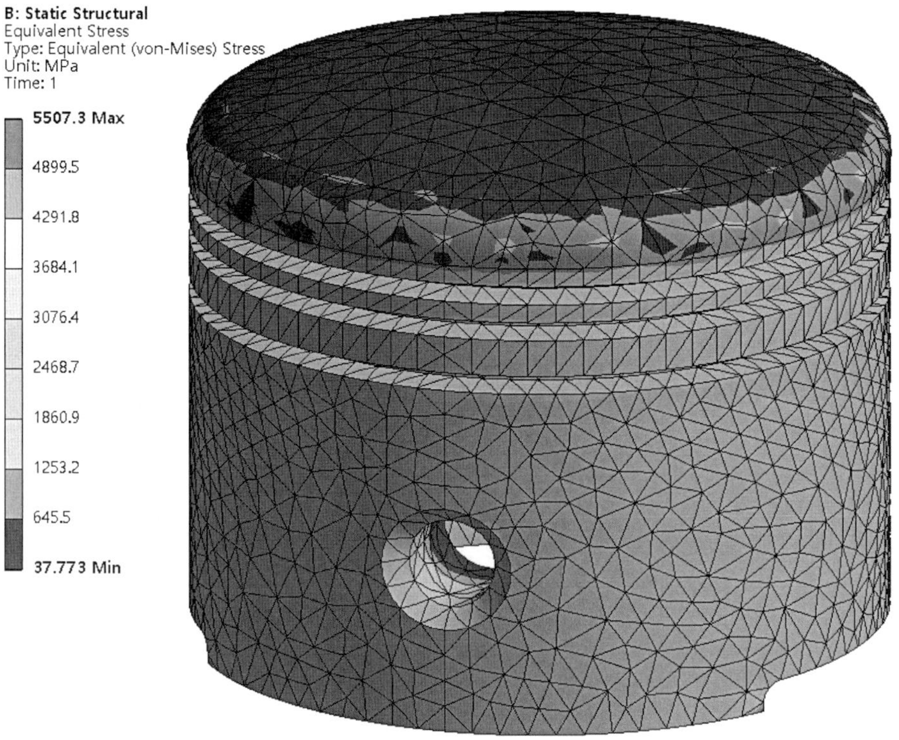

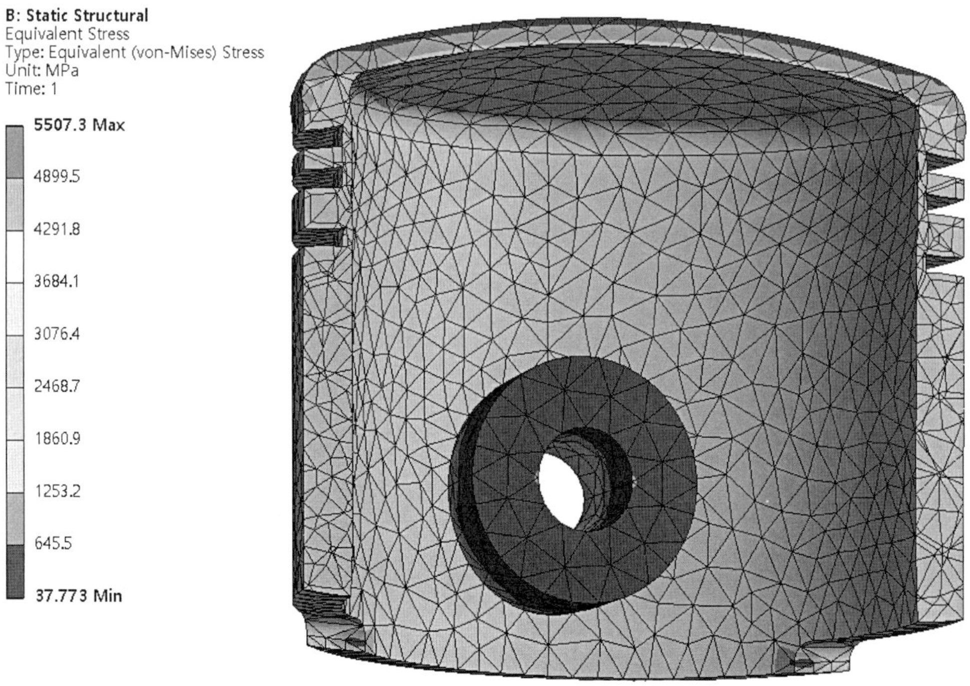

14. 방사 슬래브의 열방사 해석 [27)]

1) 구조해석 요구사항 [28)]

그림과 같이 2개의 구조물이 설치되어 있다.

왼쪽 구조물의 재질은 Teflon, 오른쪽 구조물의 재질은 Aluminum으로 한다.

구조물에서 Teflon의 온도가 22℃, Aluminium의 온도가 600℃이다.

물체가 각각 방사율 0.6, 0.8을 가질 때 열전달을 알아보자.

온도를 분석하고 온도분포에 따른 응력 및 변형을 해석하고자 한다.

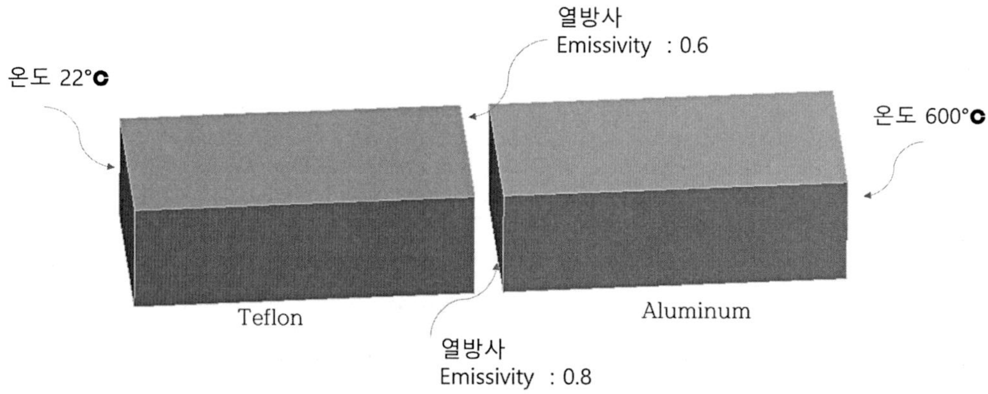

구조해석을 위해서 메쉬 Element Size는 Default로 한다.

27) 한국공학대 로봇메카트로닉 최승하

28) https://www.youtube.com/watch?v=qzQoZ7k1q00

2) 구조해석

Part 1. : Thermal Analysis

(1) 해석 시스템을 생성한다.
ANSYS Workbench를 실행하고, Steady-state Thermal System을 생성합니다.

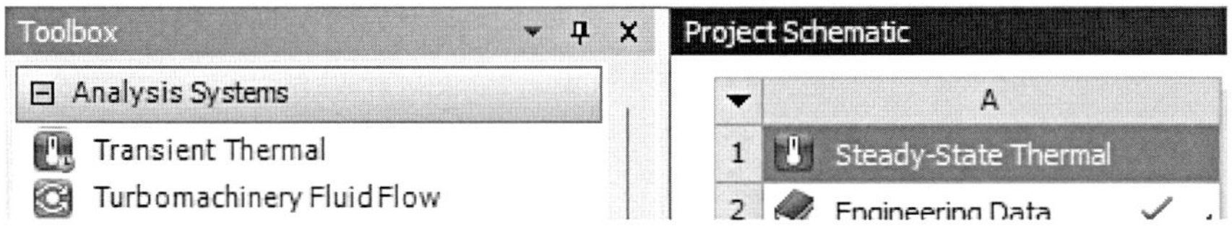

(2) 재료의 물성을 정의한다. (Engineering Data)
① 해석에 사용할 재료 물성을 정의하기 위해 Engineering Data Cell을 더블클릭하거나 또는 RMB(마우스 오른쪽 버튼)>Edit...를 선택합니다.
② Engineering Data Sources 아이콘을 클릭 후 General Materials Library에서 Aluminum Alloy을 추가(노란색+아이콘클릭)합니다.
③ Engineering Data Sources 아이콘을 클릭 후 Thermal Materials Library에서 Teflon을 추가(노란색+아이콘클릭)합니다.
Linear Elastic에서 Isotropic Elasticity를 선택학고 Young's Modulus 710000MPa, 푸아송비 0.33을 입력한다.

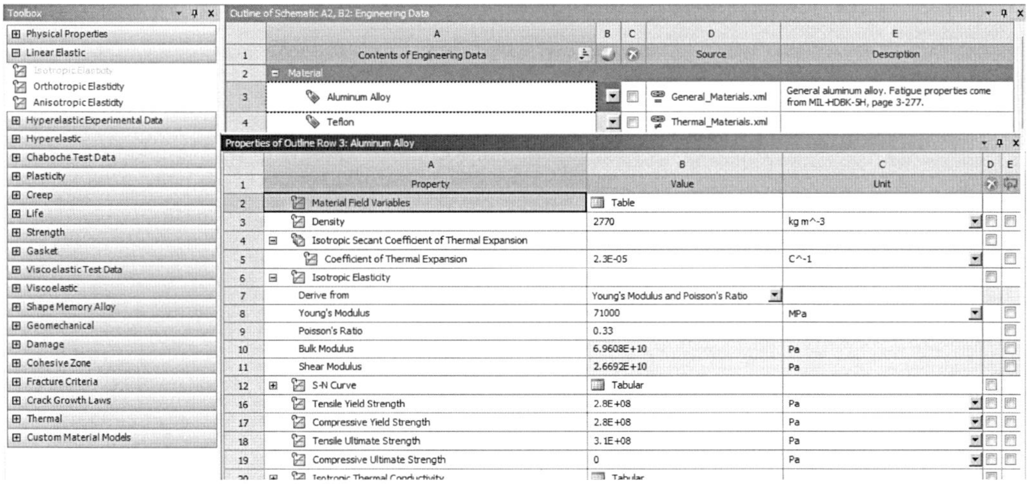

④ Engineering Data 탭을 닫고 Project Schematic 환경으로 돌아갑니다.
Project를 클릭한다.

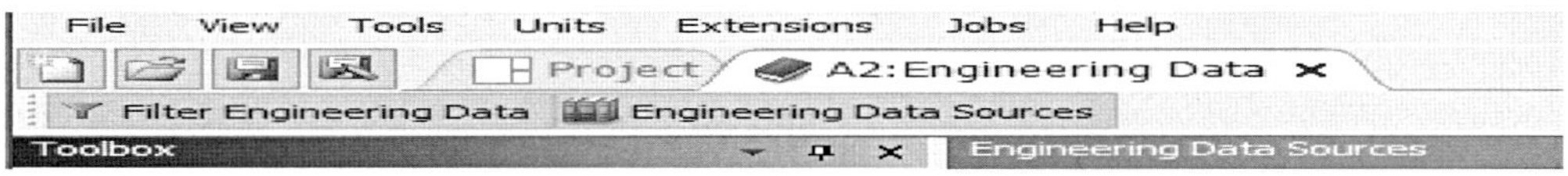

(3) 해석 모델을 불러들이거나 모델링을 수행한다. (Geometry)

＊ CAD 데이터를 불러와서 해석을 수행할 수도 있고, Geometry를 더블클릭하여 Workbench에서 Design Modeler를 불러 모델링할 수도 있다.

＊ 이 과정에서는 CAD 데이터를 불러와서 해석을 수행을 한다.

Geometry Call에서 RMB(마우스 오른쪽 버튼) > import geometry>Browse...를 클릭하여 모델파일을 선택합니다.

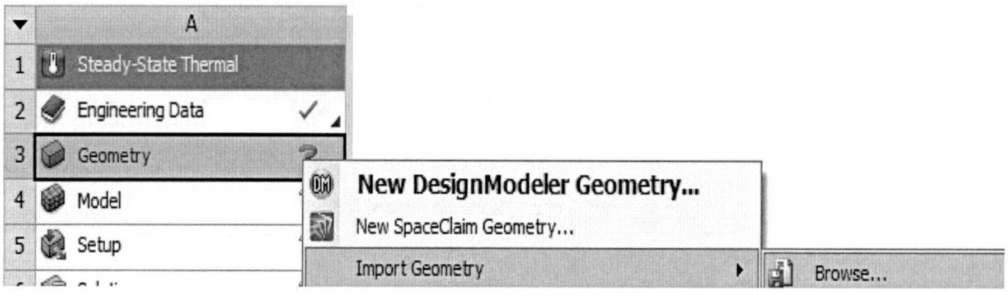

(4) 해석 모델의 환경을 설정한다. (Model)

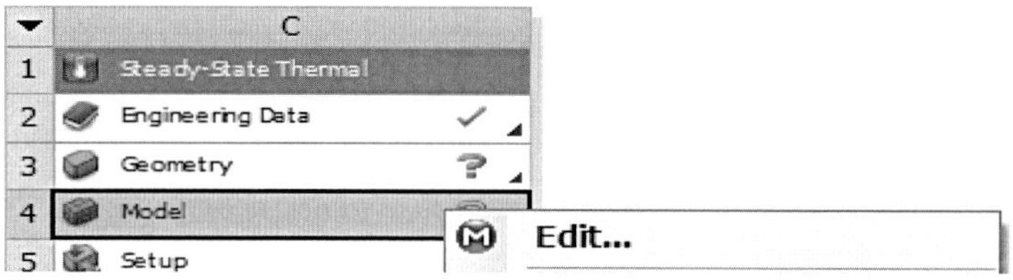

① Project Schematic에 생성된 Steady-State Thermal System의 Model Cell을 더블클릭하여 Mechanical Application을 실행합니다.

② Outline화면에서 Model > Geometry 를 선택한다.

③ Detail view에서 Geometry에 대한 정보를 확인한다.

모델에 적용할 재질을 각각 Aluminum, Teflon로 변경합니다.

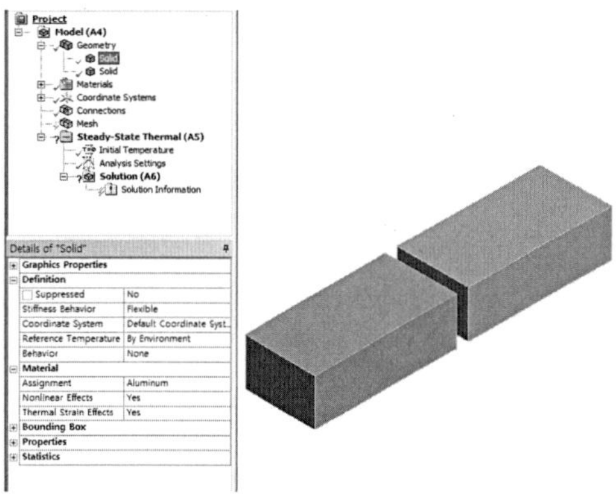

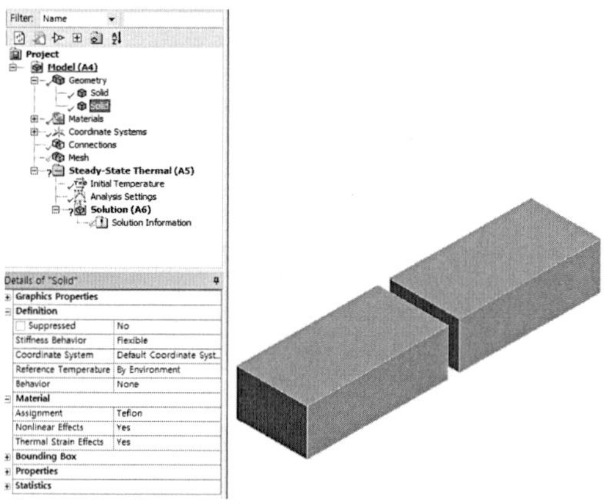

(5) 좌표계 설정 (Coordinate Systems) : 변경내용 없음

(6) 연결 관계 정의(Connections) : 기본설정을 사용한다.

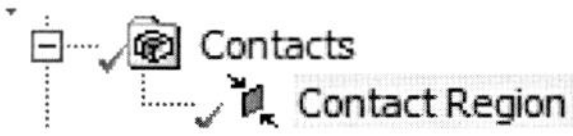

(7) 격자 모델 생성 (Mesh)
Mesh클릭 후 Element Size Default로 설정 합니다.

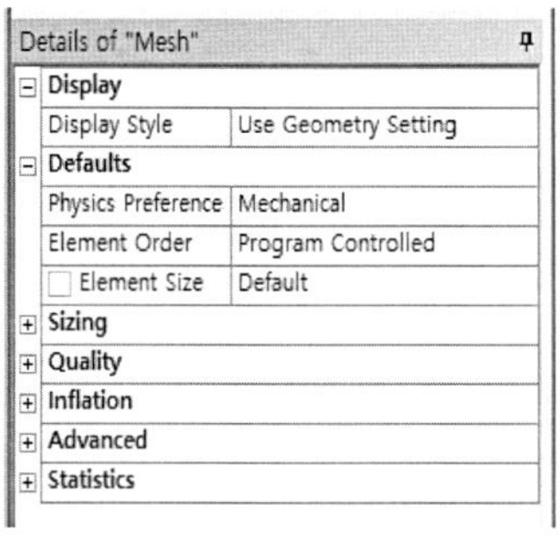

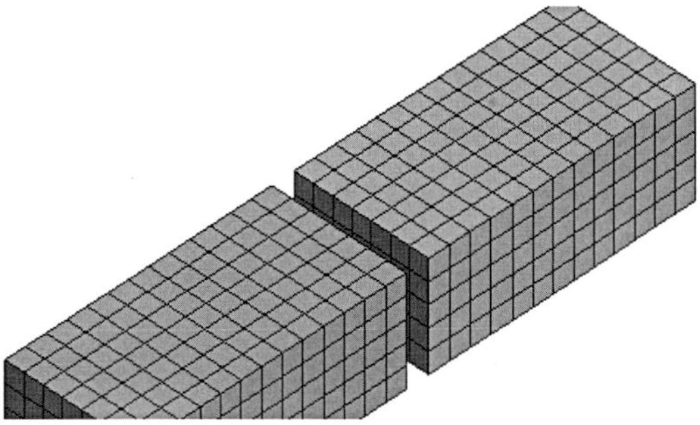

(8) 해석 설정 정의(Analysis Settings) : 기본설정을 사용한다.

(9) 초기 조건 정의 : 설정할 내용 없음.

(10) 구속조건 정의
① Solid의 온도조건을 부여합니다.
Tree Outline의 Steady State-Thermal에서 RBM>Insert>Temperature를 추가합니다.

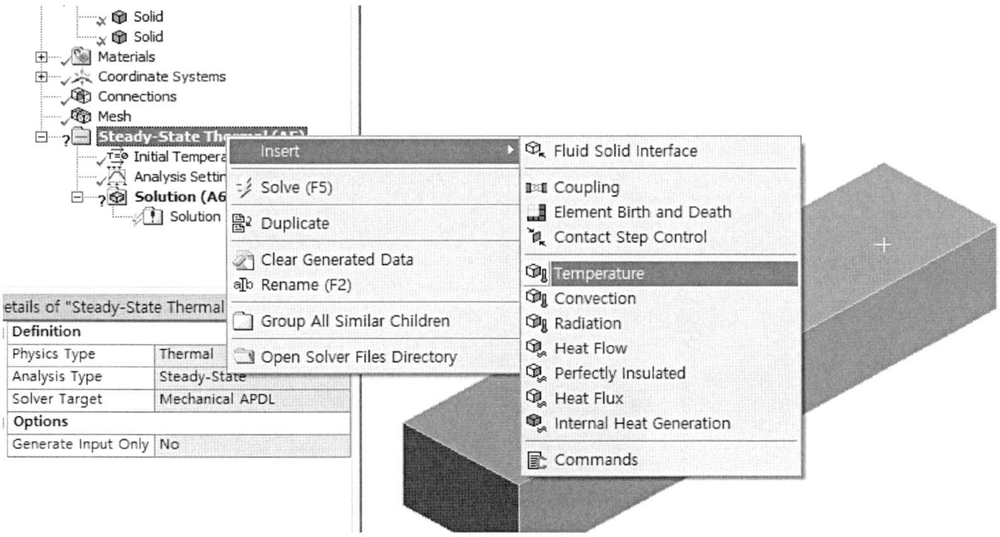

② Solid의 온도조건을 부여합니다.
온도 600℃를 1Face에 부여합니다.

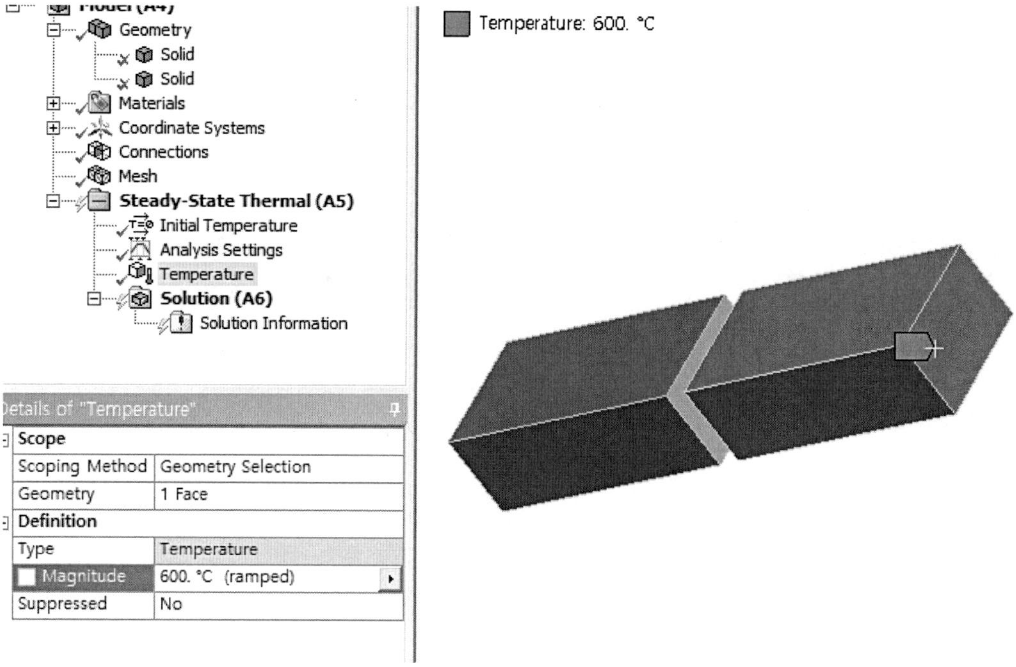

③ Solid의 온도조건을 부여합니다.
Tree Outline의 Steady State-Thermal에서 RBM>Insert>Temperature를 추가합니다.

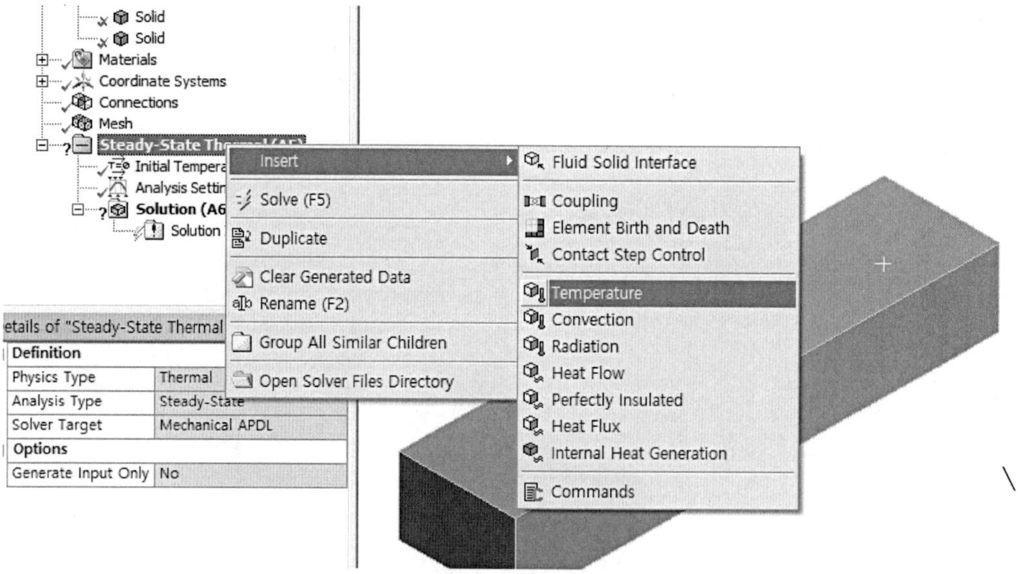

④ Solid의 온도조건을 부여합니다.
온도 22℃를 1Face에 부여합니다.

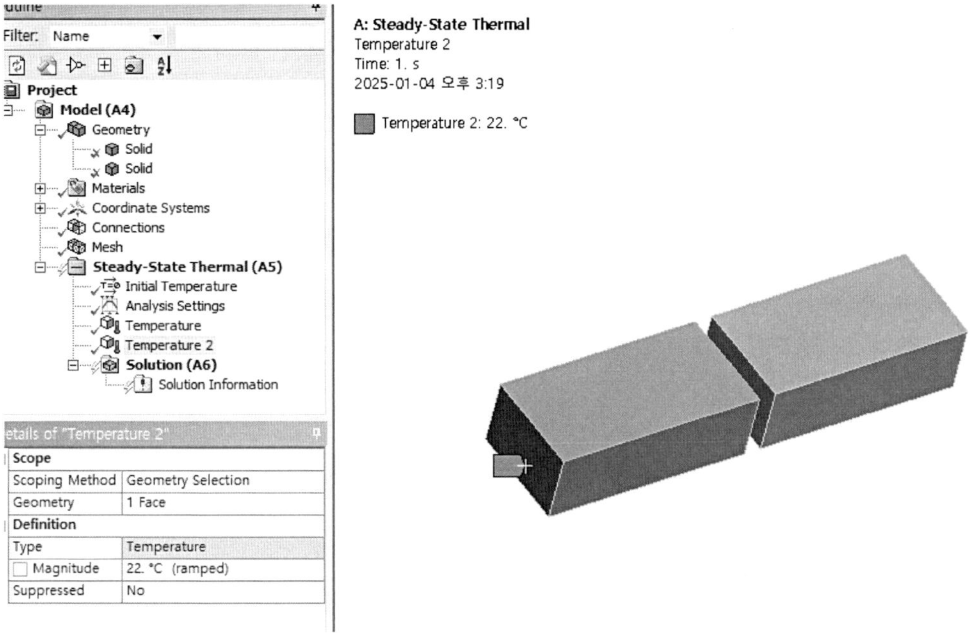

⑤ Solid의 온도조건을 부여합니다.
Tree Outline의 Steady State-Thermal에서 RBM>Insert>Radiation를 추가합니다.

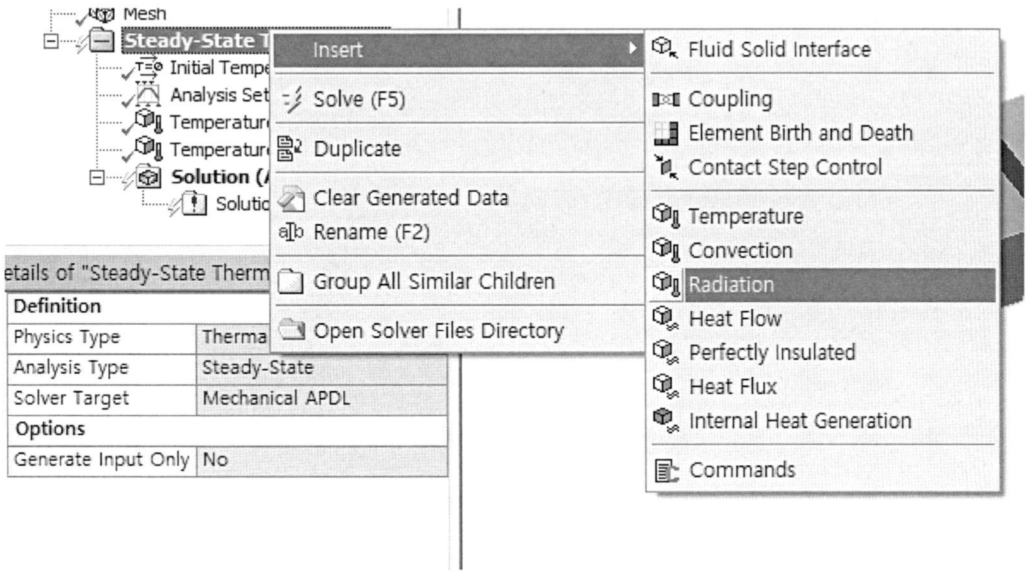

⑥ 그림과 같이 1Face 지정 후 Correlation > Surface to Surface로 설정 Emissivity 값 0.8(step applied) 설정

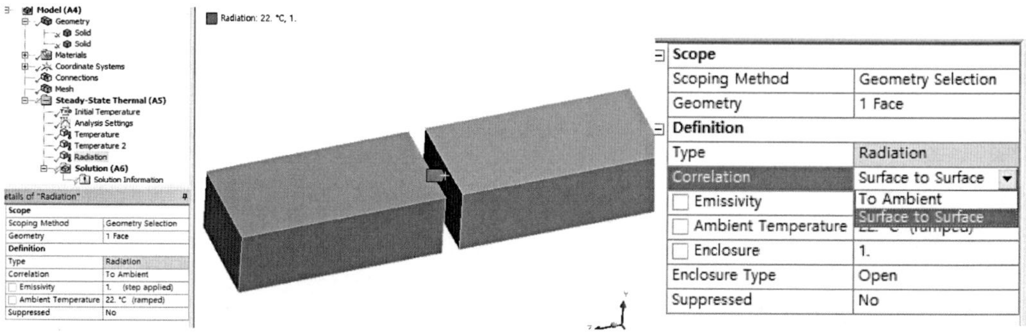

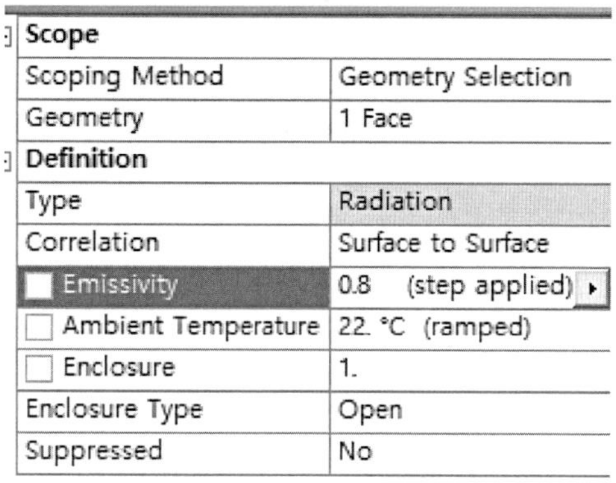

⑦ Tree Outline의 Steady State-Thermal에서 RBM>Insert>Radiation를 추가합니다.

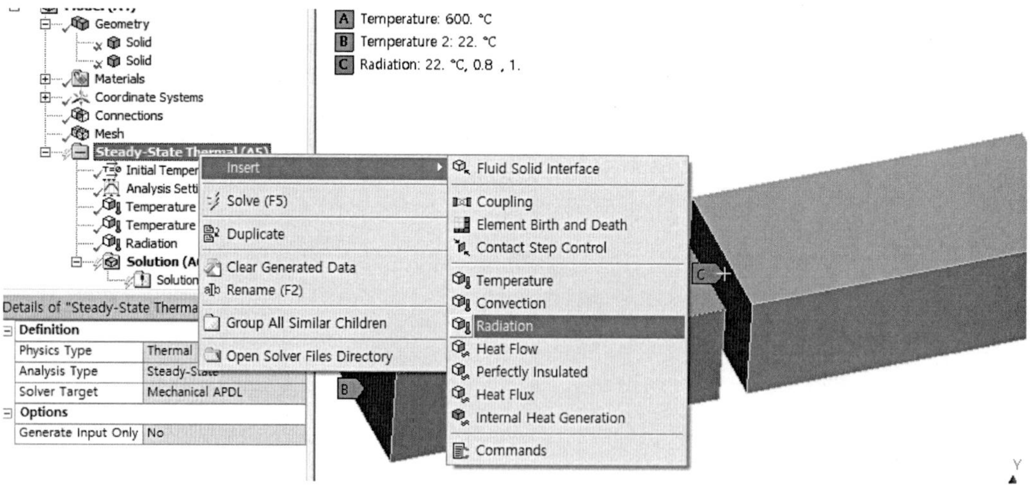

⑧ 그림과 같이 1Face 지정 후 Correlation > Surface to Surface로 설정 Emissivity 값 0.6(step applied) 설정

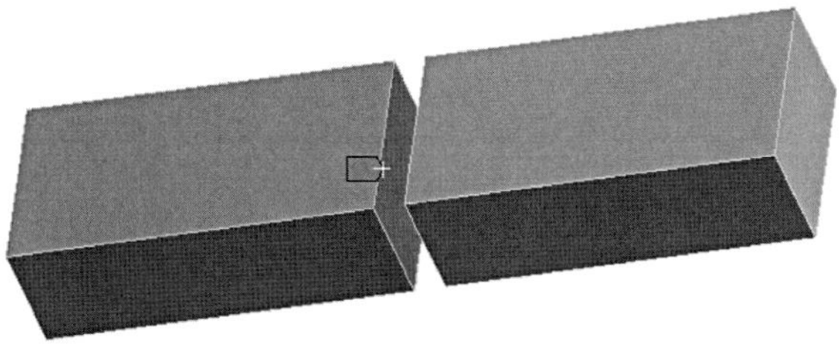

Scope	
Scoping Method	Geometry Selection
Geometry	1 Face
Definition	
Type	Radiation
Correlation	Surface to Surface
Emissivity	0.6 (step applied)
Ambient Temperature	22. °C (ramped)
Enclosure	1.
Enclosure Type	Open
Suppressed	No

(11) 결과 항목을 추가합니다.

① Temperature 결과 세팅

② Radiation, Radiation2 결과 세팅

Radiation Probe
Radiation Probe 2

Details of "Radiation Probe"

Definition	
Type	Radiation Probe
Location Method	Boundary Condition
Boundary Condition	Radiation
Suppressed	No
Options	
Result Selection	All
Display Time	End Time
Results	
Information	

Radiation Probe
Radiation Probe 2

Details of "Radiation Probe 2"

Definition	
Type	Radiation Probe
Location Method	Boundary Condition
Boundary Condition	Radiation 2
Suppressed	No
Options	
Result Selection	All
Display Time	End Time
Results	
Information	

(12) 해석 수행

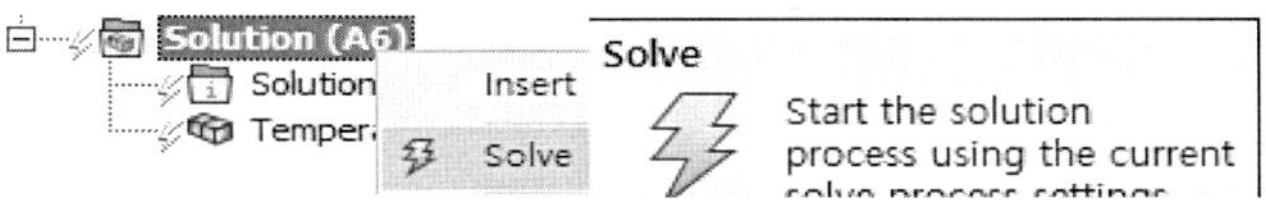

Total CPU time for main thread : 0.2 seconds

Total CPU time summed for all threads : 1.6 seconds

---

(13) 해석결과 확인한다.

① Temperature

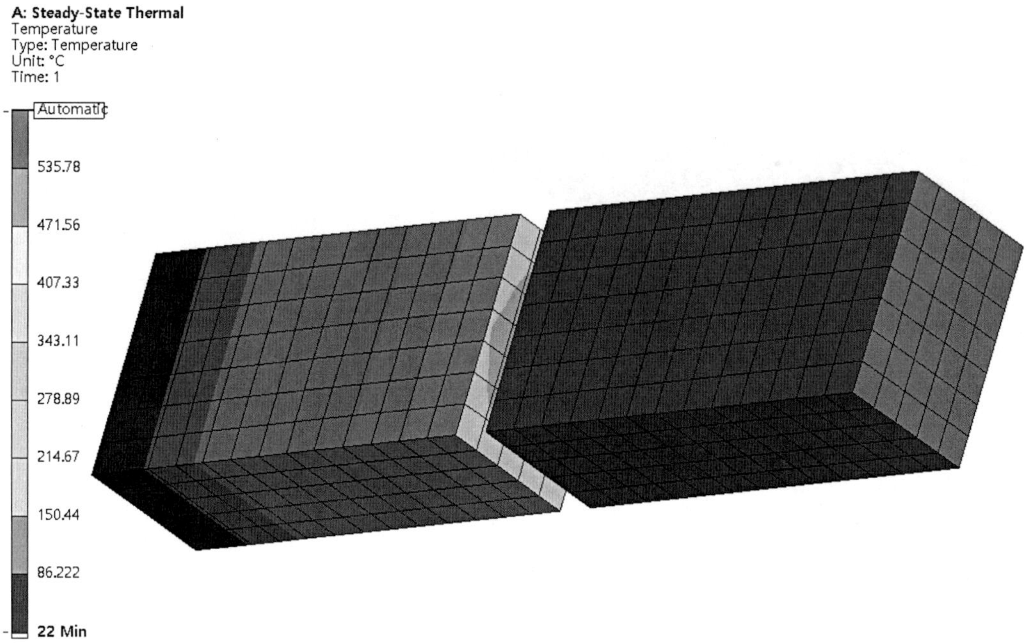

② Radiation Probe

Definition	
Type	Radiation Probe
Location Method	Boundary Condition
Boundary Condition	Radiation
Suppressed	No
Options	
Result Selection	All
Display Time	End Time
Results	
Outgoing Net Radiation	35.662 W
Emitted Radiation	61.116 W
Reflected Radiation	6.3626 W
Incident Radiation	31.816 W
Information	

③ Radiation Probe 2

Definition	
Type	Radiation Probe
Location Method	Boundary Condition
Boundary Condition	Radiation 2
Suppressed	No
Options	
Result Selection	All
Display Time	End Time
Results	
Outgoing Net Radiation	-2.3217 W
Emitted Radiation	25.872 W
Reflected Radiation	18.793 W
Incident Radiation	46.987 W
Information	

Part 2. : Static Structural Analysis

(1) 정적구조해석을 수행한다.

① Steady State Thermal에서는 Stress를 계산할 수 없다. 열응력 해석을 하기 위해서는 정적구조해석을 수행해야 한다.

열응력 해석을 위하여 열전도 해석결과로 얻은 데이터를 응력 해석에 연속해서 수행한다.

② 열전도 해석 결과에 얻은 데이터를 정적구조해석으로 가져온다.

③ Toolbox에서 Static Structural을 Project Schematic에 Drag하여 놓는다

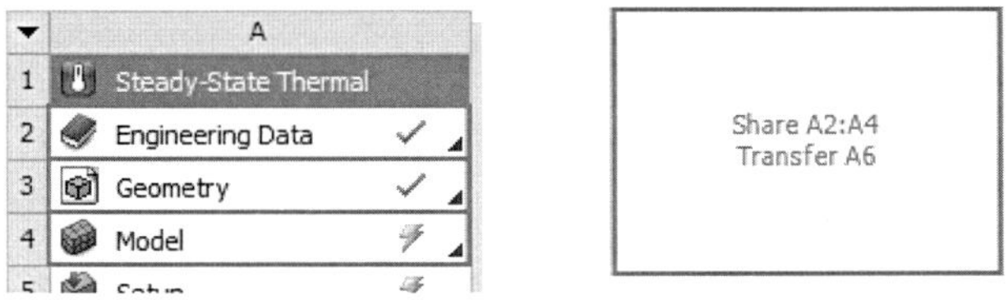

(2) Static Structural에서 Model을 더블클릭하여 Static Structural을 불러온다.

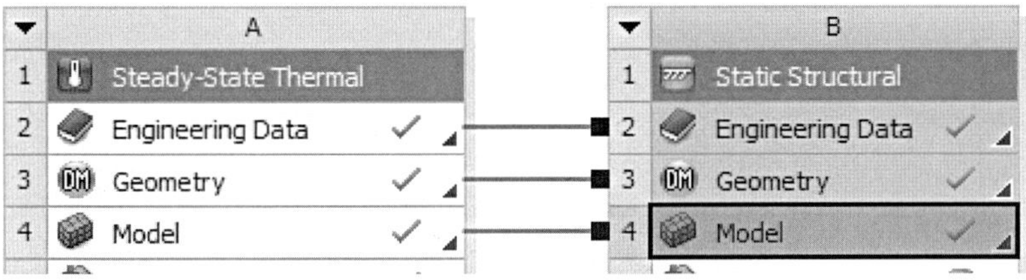

(3) 온도데이터를 불러온다.

① Static Structural에서 Imported Load를 클릭한다.

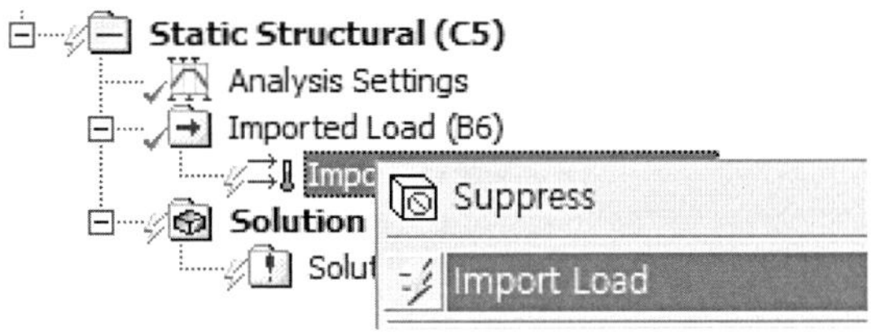

② Import Load를 해서 온도데이터를 불러온 결과.

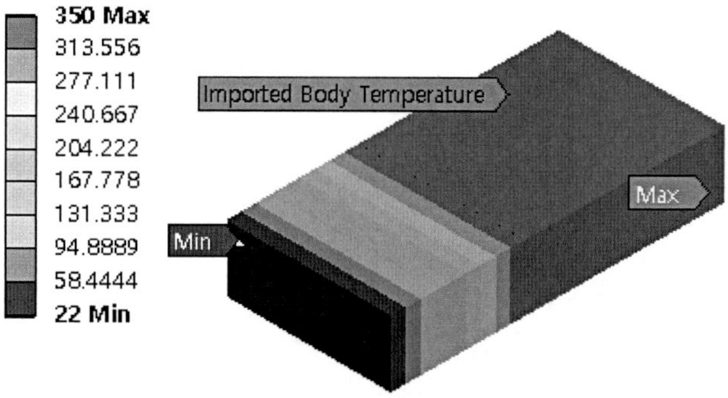

(4) 경계조건을 설정한다.

① Support의 Fixed support를 추가한다.
두 부재의 양쪽면을 고정한다.

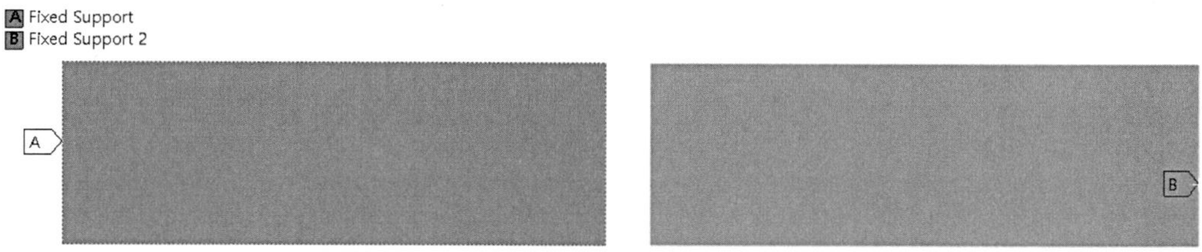

(5) 확인하고자 하는 결과 값을 Solution에 추가한다.

① Total deformation

② Equivalent Stress

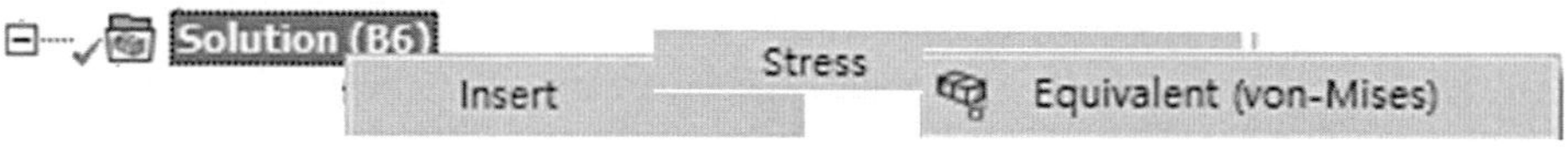

(6) 해석을 수행한다.

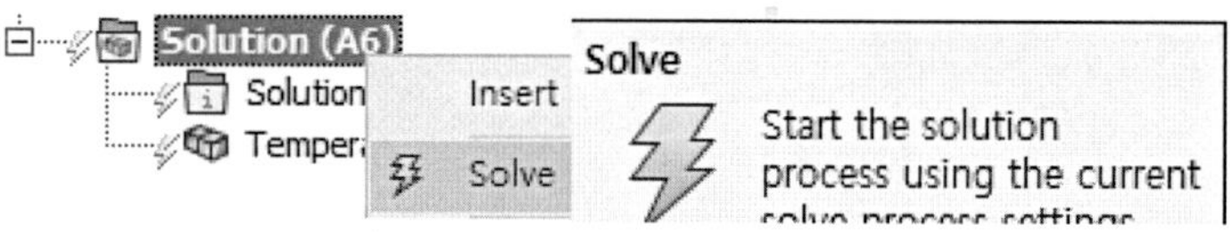

Total CPU time for main thread : 0.0 seconds

Total CPU time summed for all threads : 1.9 seconds

----

(7) 해석결과 확인

① Total deformation

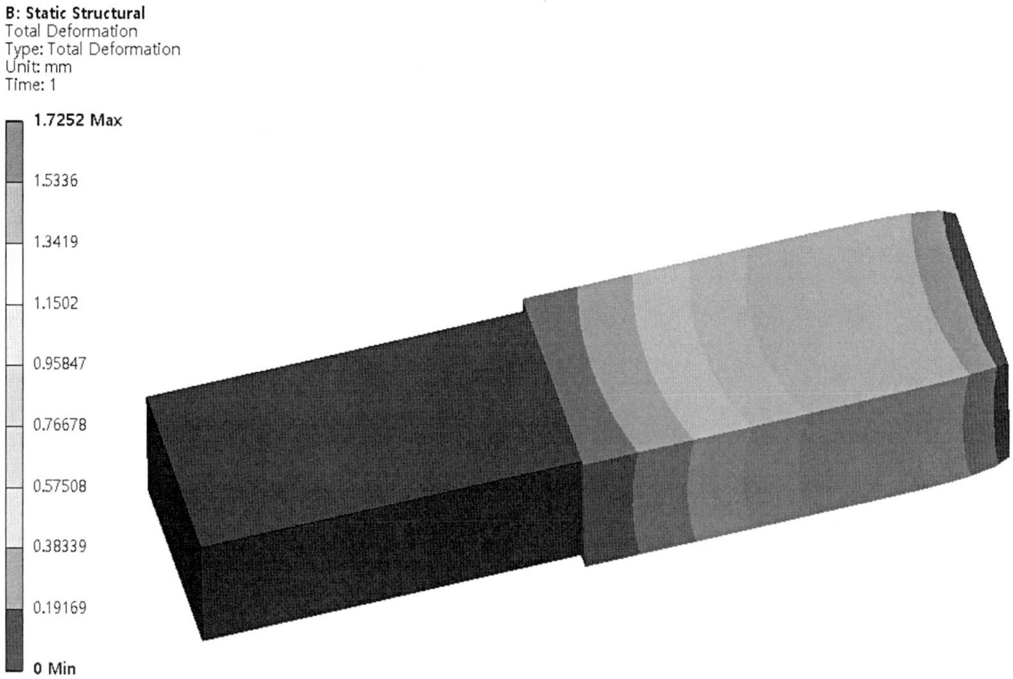

② Equivalent Stress

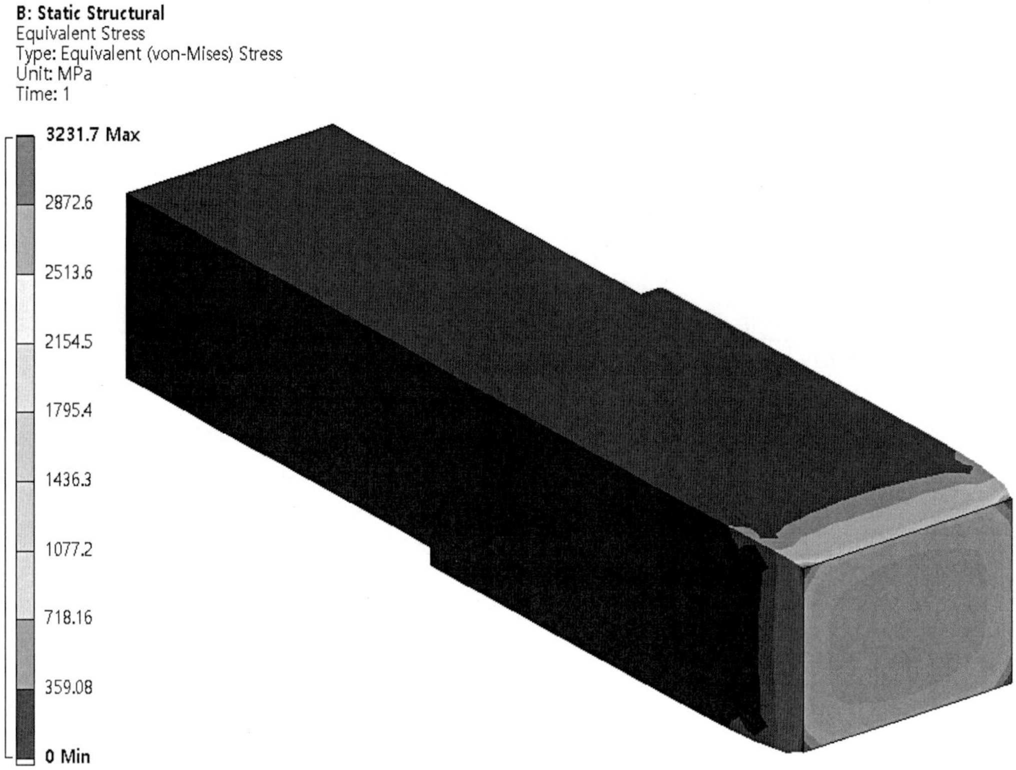

3 과도열(Trainsient Thermal) 분석

1. 과도 열 분석이란?

과도 열 분석은 시스템이 고정 및 가변 경계 조건에 시간 경과에 따라 어떻게 반응하는지 평가하는 것입니다. 고정 경계 조건의 경우 정상 상태 온도에 도달하는 시간과 임계 온도에 도달하기 전에 작동 조건을 얼마나 오래 유지할 수 있는지 평가할 수 있습니다. 시간 가변 경계 조건의 경우 과도 분석을 통해 시스템의 결과 열 반응을 보여줄 수 있습니다.

과도 분석은 시스템이 정상 상태로 돌아가기 전에 작동 조건의 전환을 평가하는 데 자주 사용됩니다. 이러한 경우 일반적으로 한 세트의 작동 조건에 대한 정상 상태 솔루션을 찾은 다음 다른 세트의 작동 조건을 사용하여 과도 분석을 수행합니다. 과도 분석은 시간 및 온도와 같은 입력을 사용하여 전력 및 팬 속도와 같은 출력을 제어하는 제어 알고리즘을 평가하는 데에도 유용합니다.

2. 과도 열 분석이 중요한 이유는?

과도 열 분석은 전자 시뮬레이션에 필수적입니다. 제어 알고리즘을 테스트하든 냉각 오류를 테스트하든 가장 중요한 프로세스는 과도입니다. 과도 열 분석은 다양한 조건에 대한 시스템의 시간 종속적 응답에 대해 알아내는 방법입니다.

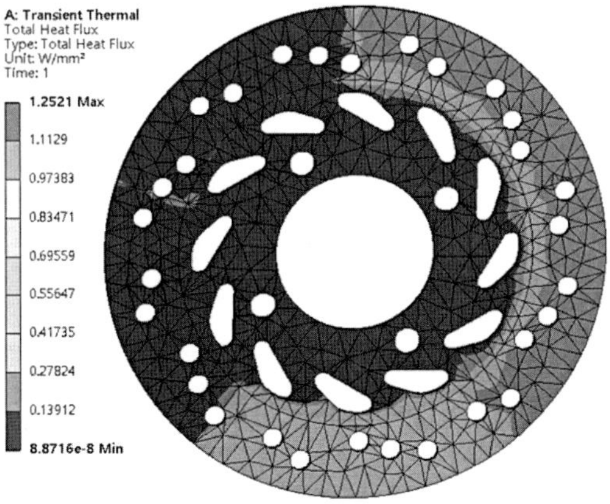

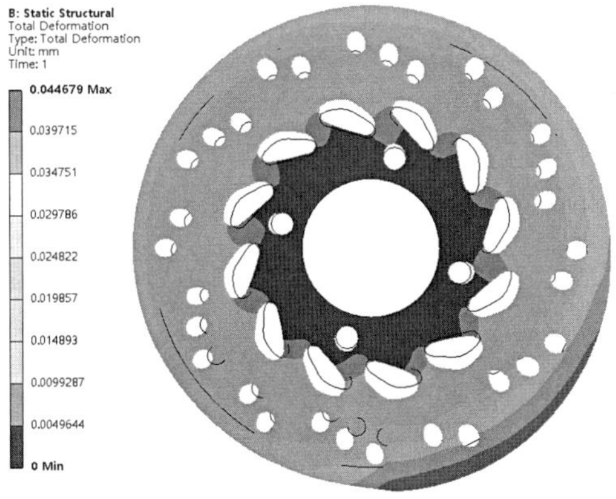

1. 원형 구의 열전달 해석 29)

1) 구조해석 요구사항 30)

구조해석 대상 모델은 반경 25mm인 강구다.

강구의 재질은 구조강이다.

강구의 초기온도는 500℃이다.

강구의 온도가 대기 온도에 영향을 받아 온도가 낮아진다.

대기의 온도는 22℃ 이며, 대류 상수는 5e-6W/mm^{2}도 이다.

구조해석을 위한 메쉬 설계는 자동으로 설정한다.

구조해석 분석 시간은 50초로 설정한다.

온도에 따른 강구의 온도 변화를 산정한다.

29) 한국공학대학교 로봇메카트로닉스 박준우

30) https://www.bing.com/videos/riverview/relatedvideo?&q=ansys+thermal+analysis&&mid=4A3DBE62E203471BE84B4A3DBE62E203471BE84B&&mcid=9FB49A0AD9B1413B8E5755B1217DCB64&FORM=VRDGAR

2) 구조해석

(1) ANSYS Workbench를 실행하고, transient Thermal을 생성합니다.

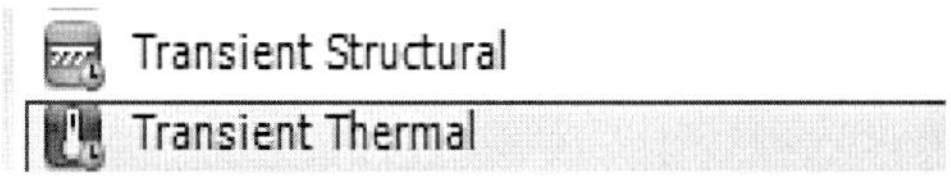

(2) 재료의 물성을 정의한다. (Engineering Data)

이번 구조해석에서는 구조강을 사용하므로 특별한 재료의 선택은 하지 않는다.

(3) 해석 모델을 불러들이거나 모델링을 수행한다. (Geometry)

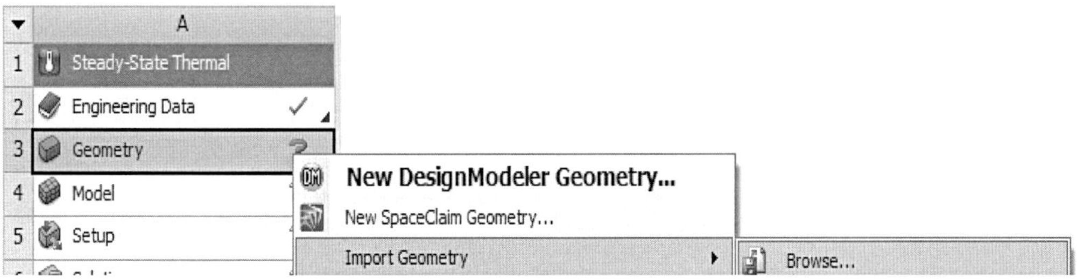

① Geometry Call에서 RMB(마우스 오른쪽 버튼) > import geometry>Browse...를 클릭하여 모델파일을 선택합니다.

(4) 해석 모델의 환경을 설정한다. (Model)
Application을 Cell을 Mechanical Model Project Schematic에 Thermal의 transient 더블클릭하여 실행합니다.

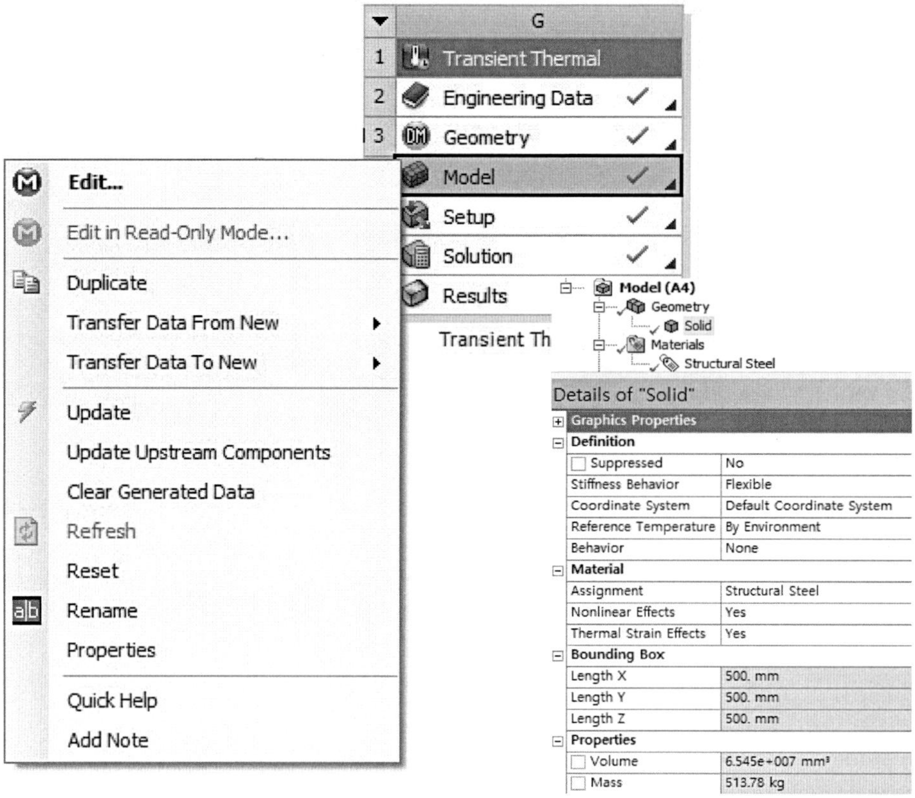

(5) 좌표계 설정 (Coordinate Systems) : 변경내용 없음

(6) 연결 관계 정의(Connections)

Geometry에 모델이 하나이므로 활성화 되지 않았음

(7) 메쉬의 크기를 설정합니다.

기본설정을 사용한다.

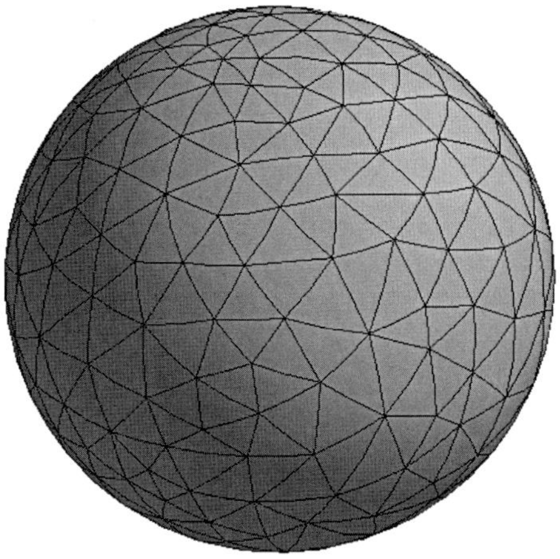

(8) 해석 설정 정의(Analysis Settings)

Details of "Analysis Settings"	
Step Controls	
Number Of Steps	10.
Current Step Number	1.
Step End Time	50. s
Auto Time Stepping	Off
Define By	Time
Time Step	1.e-002 s
Time Integration	On
Solver Controls	
Solver Type	Program Controlled
Radiosity Controls	
Nonlinear Controls	
Output Controls	
Analysis Data Management	
Visibility	

(9) 초기 조건 정의

본 문제에서는 자중의 영향이 있을 수 있으나 고려하지 않는다.

(10) 구속조건 정의

① Sphere에 초기 온도 설정을 부여한다.

- **Transient Thermal (G5)**
  - Initial Temperature
  - Analysis Settings
  - Convection

Details of "Initial Temperature"	
Definition	
Initial Temperature	Uniform Temperature
Initial Temperature Value	500. °C

Initial Temperature을 클릭하고 Initial Temperature value 항목에 500℃로 설정한다.

② Sphere에 해석 설정을 부여한다.

Details of "Analysis Settings"	
Step Controls	
Number Of Steps	10.
Current Step Number	1.
Step End Time	50. s
Auto Time Stepping	Off
Define By	Time
Time Step	1.e-002 s
Time Integration	On
Solver Controls	
Solver Type	Program Controlled
Radiosity Controls	
Nonlinear Controls	
Output Controls	
Analysis Data Management	
Visibility	

Outline의 Transient Thermal에서 RBM>Insert>Analysis Settings을 클릭한다.

-1. step controls에 Number Of steps항목에 10을 입력한다.

-2. step End Time 항목에 50을 입력한다.

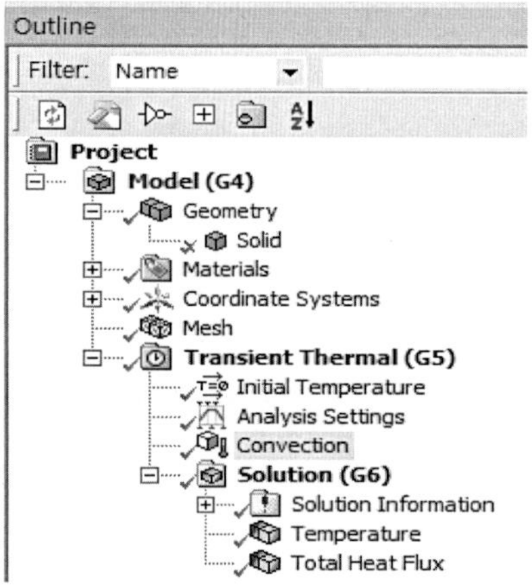

Details of "Convection"	
Scope	
Scoping Method	Geometry Selection
Geometry	1 Face
Definition	
Type	Convection
Film Coefficient	5.e-006 W/mm²·°C (step applied)
Coefficient Type	Average Film Temperature
Ambient Temperature	22. °C (step applied)
Convection Matrix	Program Controlled
Suppressed	No

Details of "Initial Temperature"	
Definition	
Initial Temperature	Uniform Temperature
Initial Temperature Value	500. °C

③ Sphere에 대류 조건을 부여합니다.

Outline의 Transient Thermal에서 RBM > Insert > Convection을 추가합니다.

-1. Detail View > Geometry에 외부 돌출 면을 지정합니다.

-2. Select Filter를 Box Select로 변경 후 구체(sphere)를 선택합니다.

-3. 대류계수는 Convection Data들 중에서 Stagnant Air-Simplified Case 항목을 적용합니다.

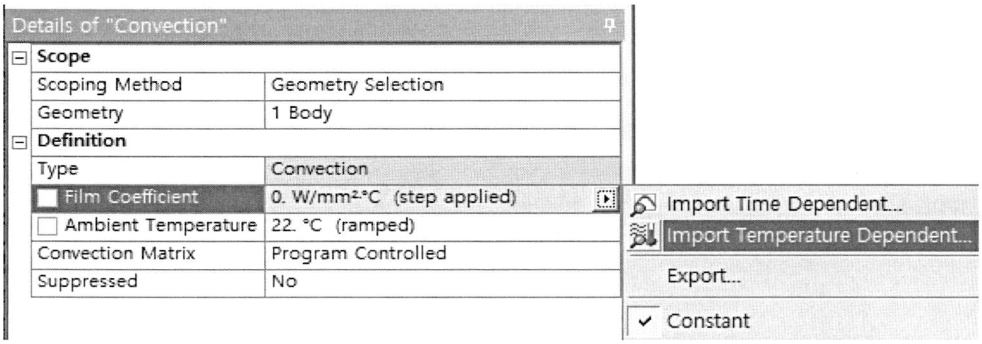

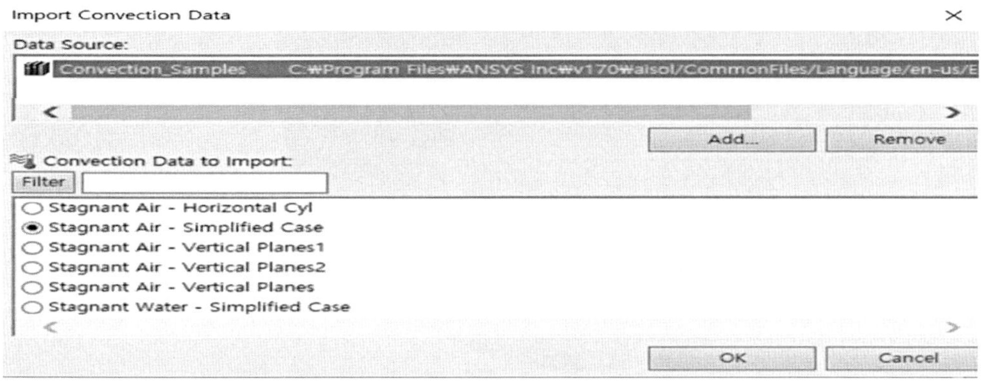

Detail View > Ambient Temperature 항목은 22℃로 설정한다.

(11) 결과 항목을 추가합니다.

① Temperature 결과 세팅

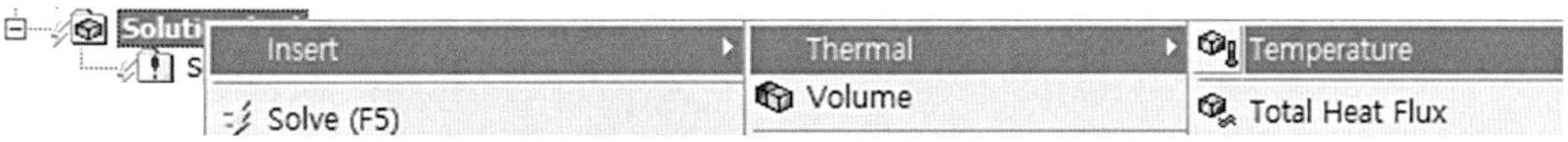

② Solution > RMB > insert > Thermal > Total Heat Flux

(12) 해석 수행

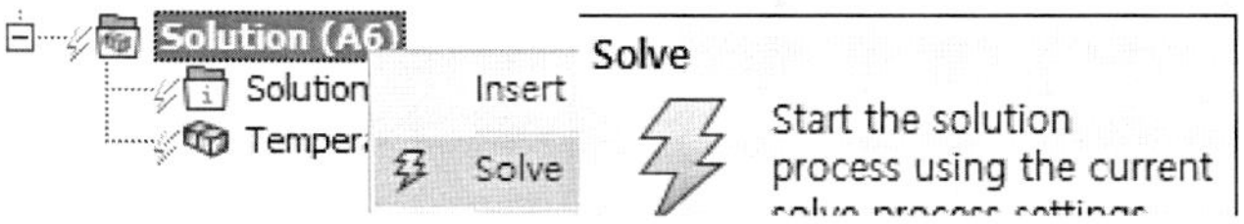

Total CPU time for main thread : 16.9 seconds

Total CPU time summed for all threads : 26.7 seconds

---

(13) 해석결과 확인한다.

① Temperature 결과

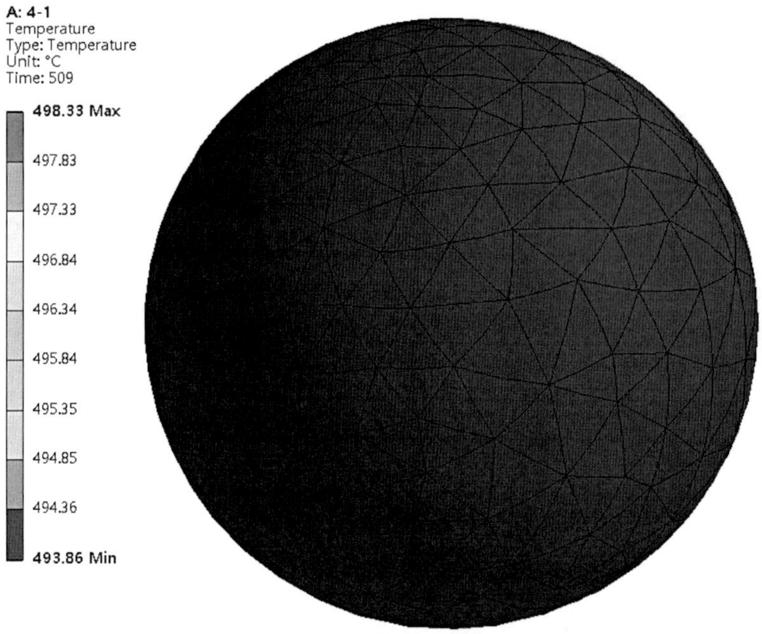

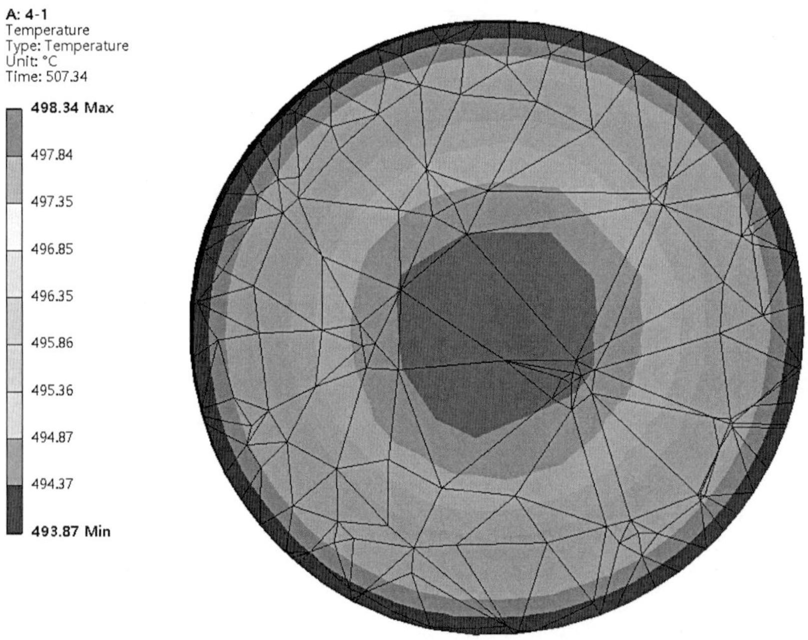

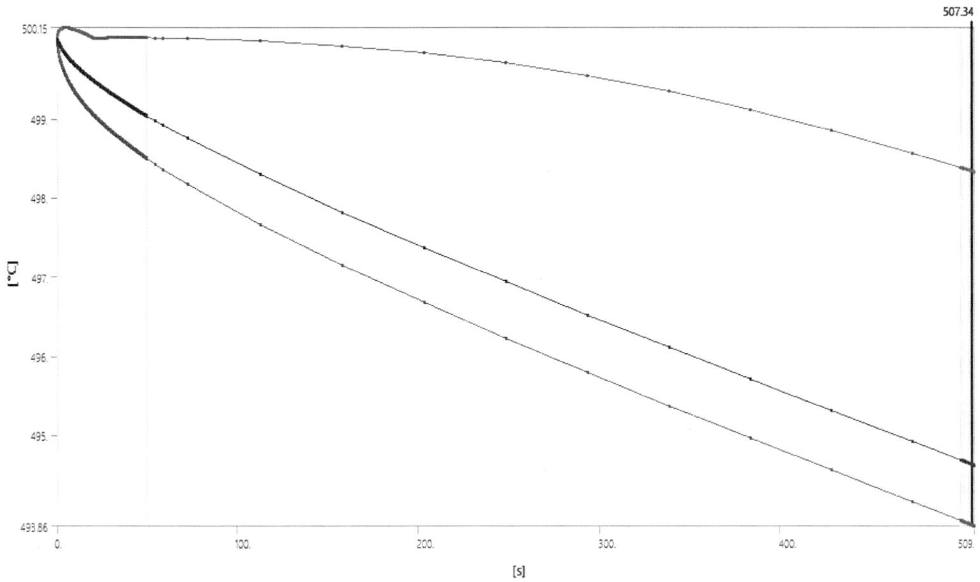

② Total Heat Flux 결과

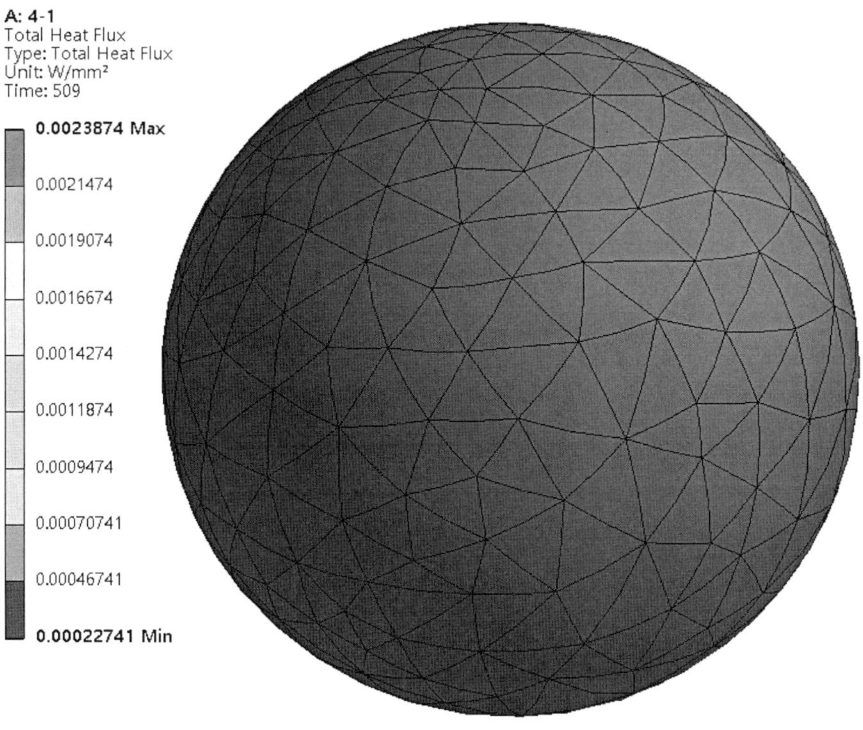

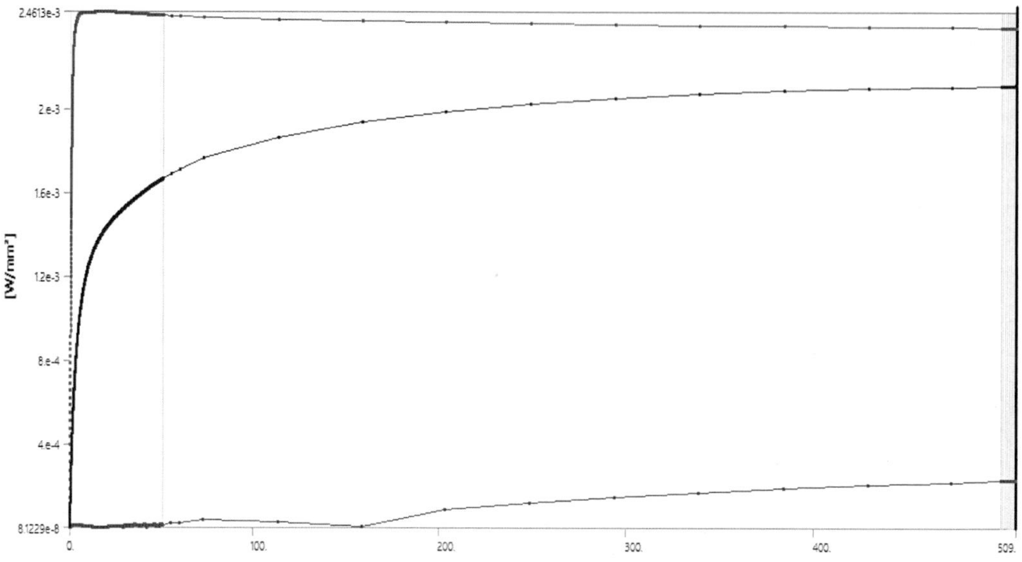
2.4613e-3
2e-3
1.6e-3
1.2e-3
8e-4
4e-4
8.1229e-8
[W/mm²]
0.
100.
200.
300.
400.
509.

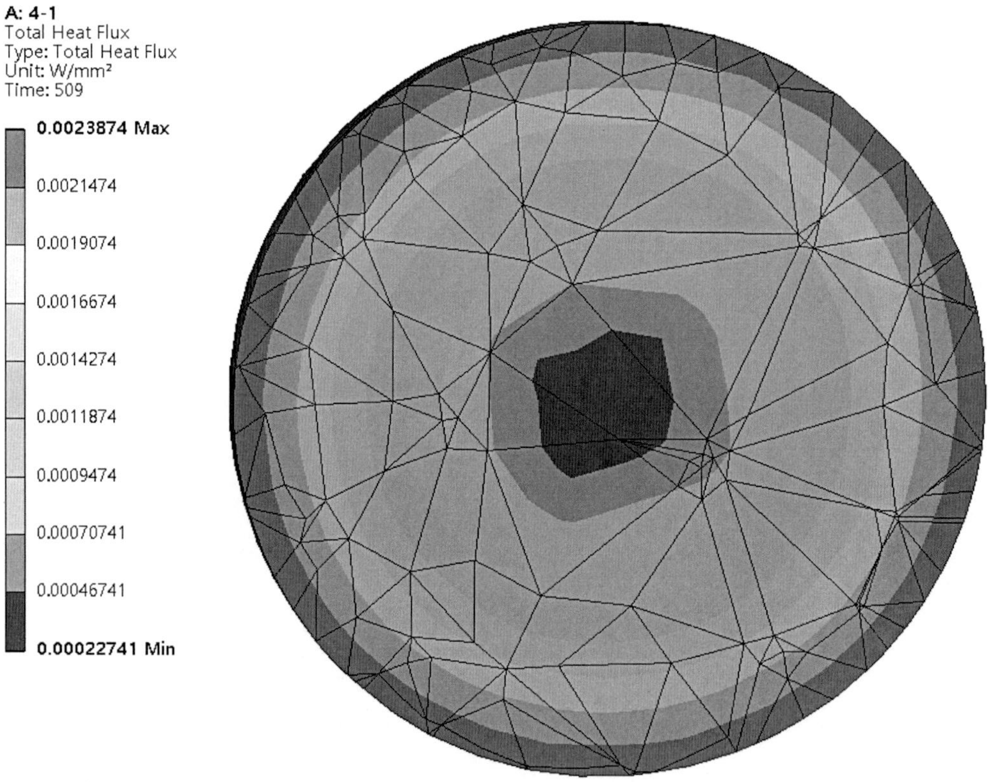
A: 4-1
Total Heat Flux
Type: Total Heat Flux
Unit: W/mm²
Time: 509
0.0023874 Max
0.0021474
0.0019074
0.0016674
0.0014274
0.0011874
0.0009474
0.00070741
0.00046741
0.00022741 Min

2. 디스크 판의 온도해석 31)

1) 구조해석 요구사항 32)

해석 대상 구조물의 재질은 Structural Steel로 한다.

브레이크의 초기 온도는 30℃ 이다.

브레이크에 사용되는 디스크의 외곽 부분은 10초 동안 1초에 10℃씩 오른다.

단, 분석 시 time step은 1s로 설정하고, 온도변화는 1sec단위로 조정한다.

디스크의 2면 모두 공기에 의한 대류에 의해 온도 변화한다.

내측 면은 고정되고, 외측 면에는 모멘트 100Nm가 작용한다.

디스크의 변위와 응력을 구하시오.

반력을 구하시오.

31) 한국공학대 메카트로닉스 최승하

32) https://www.youtube.com/watch?v=cL_LM8i-RC8

2) 구조해석

Part 1. : Thermal Analysis

(1) ANSYS Workbench를 실행하고, Transient Thermal 을 생성합니다.

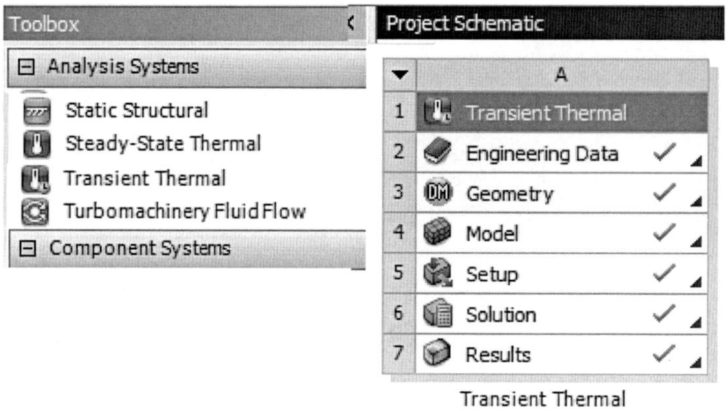

(2) 재료의 물성을 정의한다. (Engineering Data)

이번 구조해석에서는 구조강을 사용하므로 특별한 재료의 선택은 하지 않는다.

(3) 해석 모델을 불러들이거나 모델링을 수행한다. (Geometry)

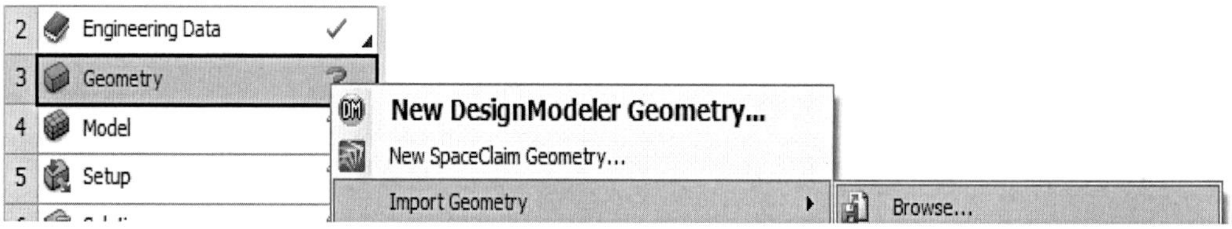

① Geometry Call에서 RMB(마우스 오른쪽 버튼)>import geometry>Browse...를 클릭하여 모델파일을 선택합니다.

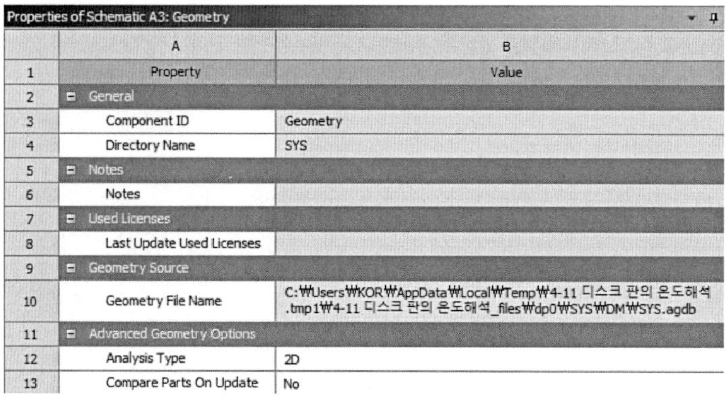

Properties of Schematic A3: Geometry

	A	B
1	Property	Value
2	General	
3	Component ID	Geometry
4	Directory Name	SYS
5	Notes	
6	Notes	
7	Used Licenses	
8	Last Update Used Licenses	
9	Geometry Source	
10	Geometry File Name	C:₩Users₩KOR₩AppData₩Local₩Temp₩4-11 디스크 판의 온도해석.tmp1₩4-11 디스크 판의 온도해석_files₩dp0₩SYS₩DM₩SYS.agdb
11	Advanced Geometry Options	
12	Analysis Type	2D
13	Compare Parts On Update	No

(4) 해석 모델의 환경을 설정한다. (Model)

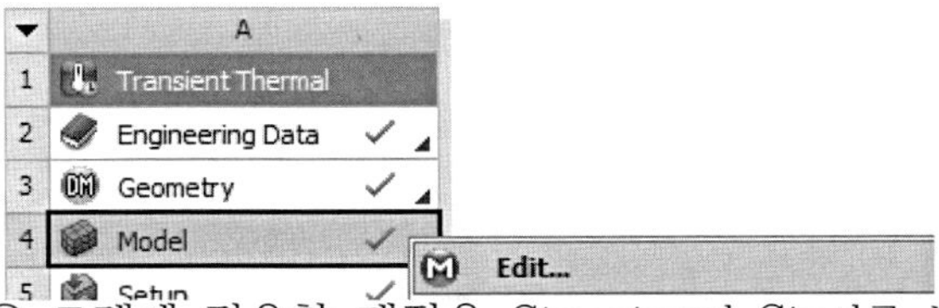

① 모델에 적용할 재질을 Structural Steel로 변경합니다.

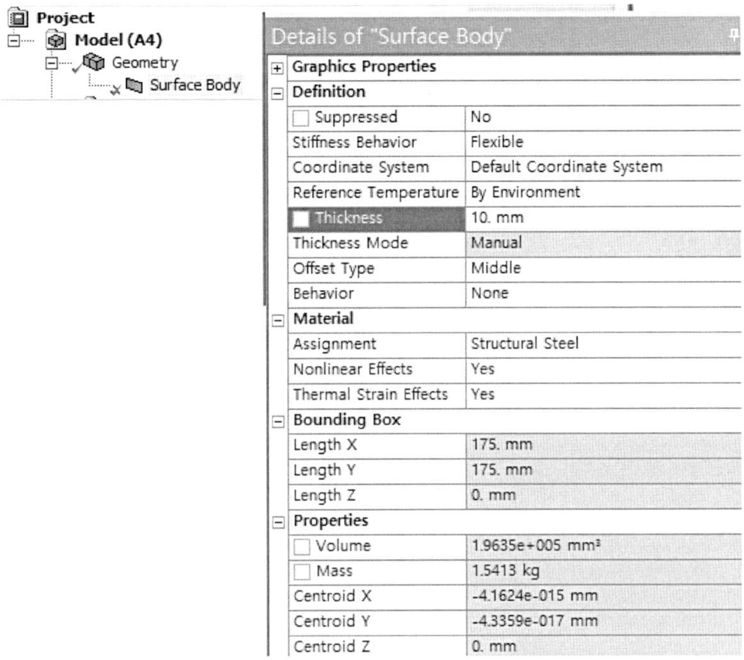

(5) 좌표계 설정 (Coordinate Systems) : 변경내용 없음

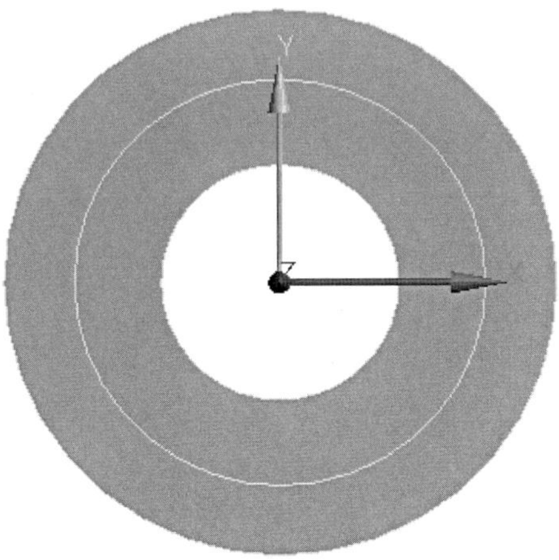

(6) 연결 관계 정의(Connections) : 기본설정을 사용한다.

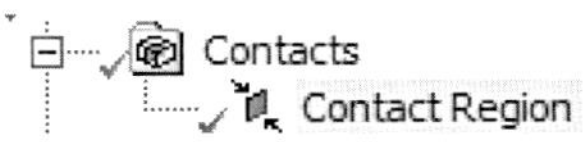

(7) 격자 모델 생성 (Mesh)

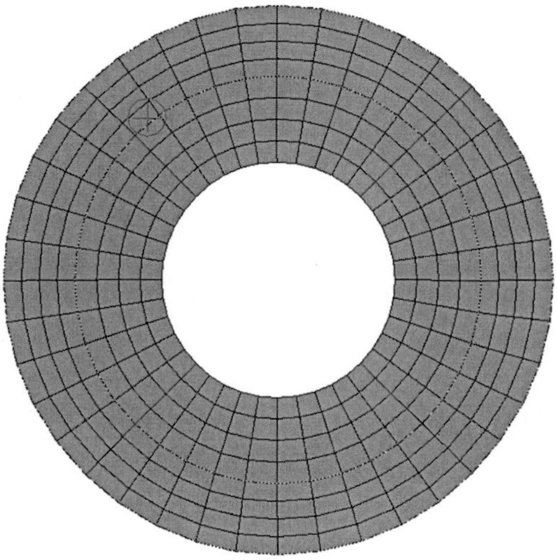

① Mesh의 Elemental Size는 Default로 설정

Details of "Mesh"

Display	
Display Style	Use Geometry Setting
Defaults	
Physics Preference	Mechanical
Element Order	Program Controlled
☐ Element Size	Default (12.354 mm)

② Mesh > RMB > Insert > Sizing

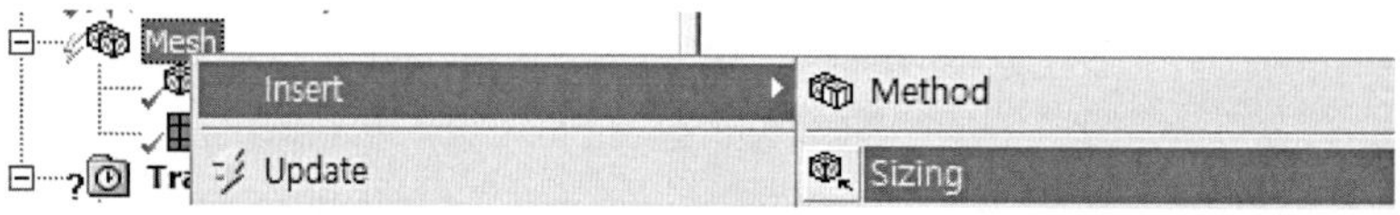

바깥 엣지와 내부 엣지를 선택 > Details of "Edge Sizing" Definition > Type > Number of Divisions 선택 후 Number of Divisions 값 36입력

② Mesh > RMB > Insert > Face Meshing 선택

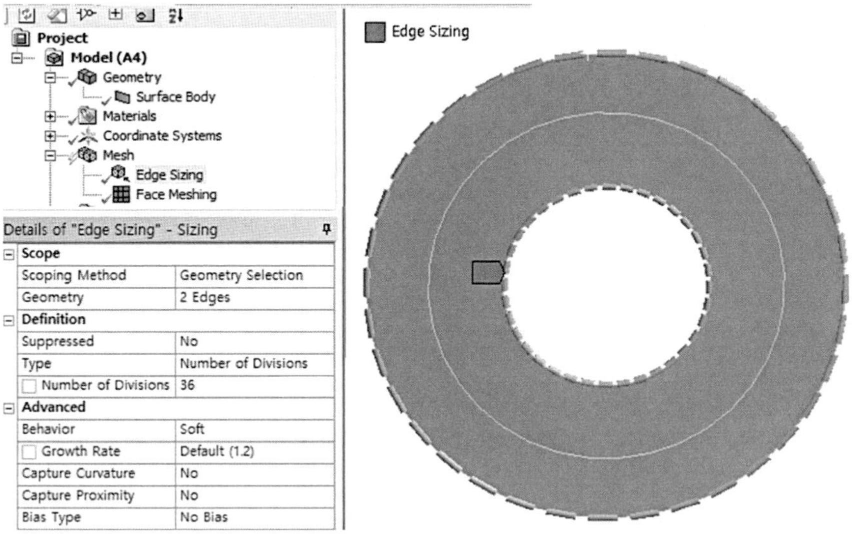

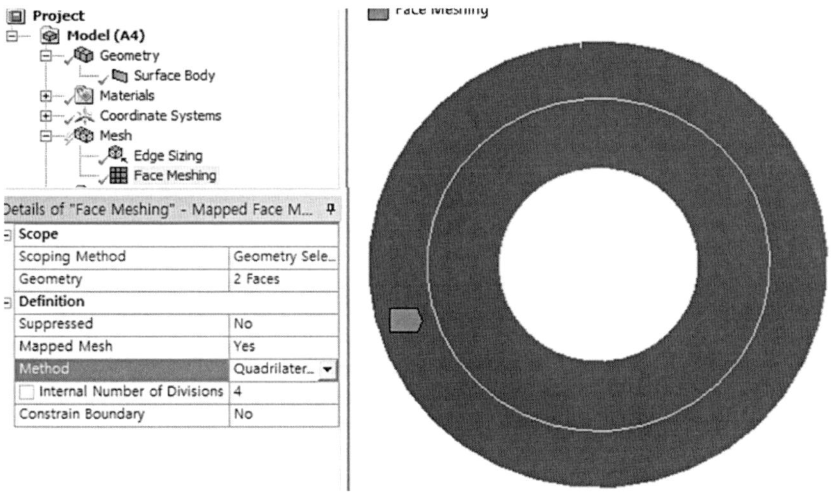

③ 2 Face 선택 > Details of “Edge Sizing” Definition > Method > Quadrilaterals 선택 후 값 4입력

(8) 해석 설정 정의(Analysis Settings)

Analysis Settings 텝을 선택하여 분석 세팅을 합니다

① Step End Time를 10s로 설정.

Details of "Analysis Settings"

Step Controls	
Number Of Steps	1.
Current Step Number	1.
Step End Time	10
Auto Time Stepping	Off
Define By	Time
Time Step	1. s
Time Integration	On

② Auto Time Stepping 항목을 off로 설정합니다.

Step Controls	
Number Of Steps	1.
Current Step Number	1.
Step End Time	10. s
Auto Time Stepping	Off
Define By	Time
Time Step	1. s
Time Integration	On

③ Time Step의 시간을 1s로 설정합니다.

Step Controls	
Number Of Steps	1.
Current Step Number	1.
Step End Time	10. s
Auto Time Stepping	Off
Define By	Time
Time Step	1
Time Integration	On
Solver Controls	
Solver Type	Program Controlled
Radiosity Controls	
Nonlinear Controls	

(9) 초기 조건 정의

Model의 초기온도를 30℃로 설정합니다.

① Intial Temperature 탭에서 Intial Temperature 30℃로 수정

Details of "Initial Temperature"

Definition	
Initial Temperature	Uniform Temperature
Initial Temperature Value	30. °C

(10) 구속조건 정의

① 디스크에 온도를 부여한다.
Transient Thermal에서 RBM>Insert>Temperature를 추가합니다.

② 외곽 디스크 부분 시간Step 별 온도를 “Tabular Data” 항목에서 수정합니다.
- 디스크 부분별 온도를 설정하는 Temperature를 선택합니다.
- Time[s] 항목에 0~10까지 추가 추가 (Time[s]항목 아래 빈셀에 시간입력시 생성)
- Temperature 항목 0초 30℃ ~ 10초 130℃ (1초마다 10℃ 상승)

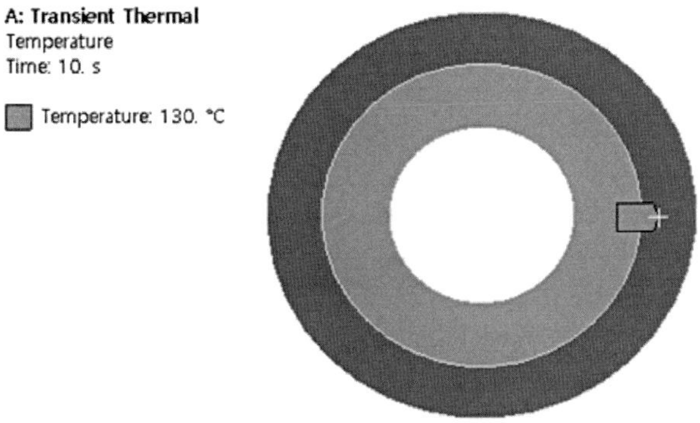

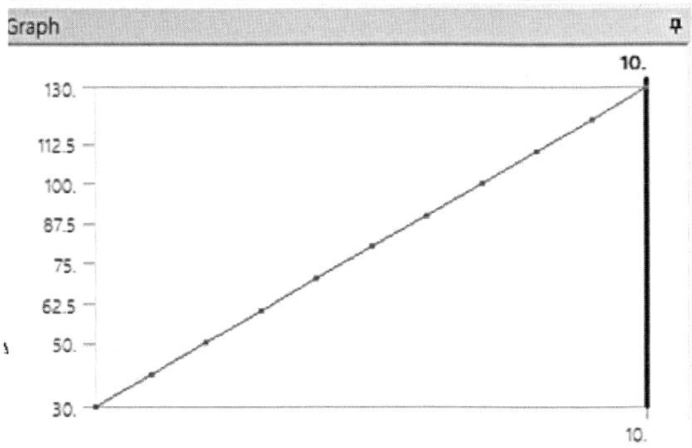

Tabular Data

	Steps	Time [s]	✔ Temperature [°C]
1	1	0.	30.
2	1	1.	40.
3	1	2.	50.
4	1	3.	60.
5	1	4.	70.
6	1	5.	80.
7	1	6.	90.
8	1	7.	100.
9	1	8.	110.
10	1	9.	120.
11	1	10.	130.
*			

③ 대류 조건 부여합니다.
- Transient Thermal에서 RBM > Insert > Convection을 추가합니다.
  디스크의 2부분을 모두 선택한다.

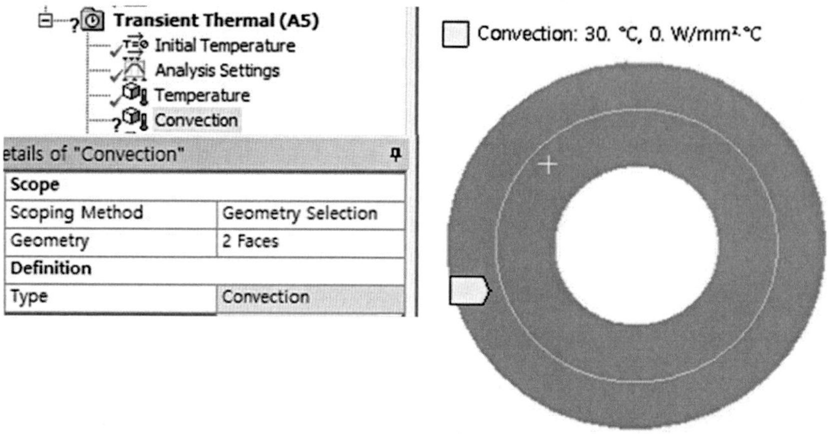

- 대류계수는 Workbench에서 제공하는 데이터를 사용하겠습니다.

Film Coefficient 항목의 버튼을 클릭하여 추가 Menu의 Import Temperature Dependent...를 클릭합니다.

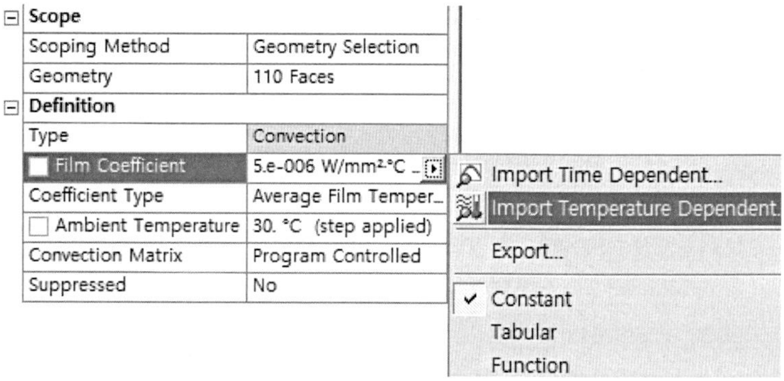

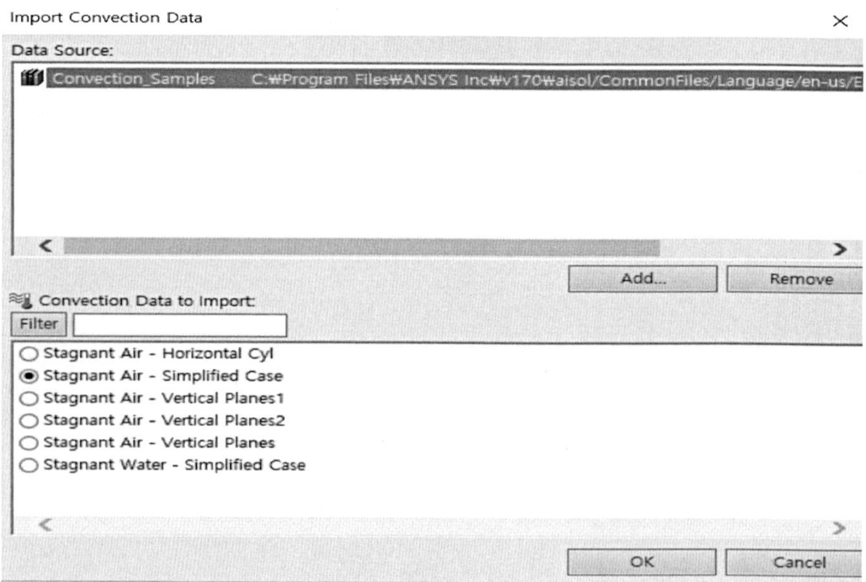

(11) 결과 항목을 추가합니다.

① Temperature 결과 세팅

② Solution > RMB > insert > Thermal > Total Heat Flux

(12) 해석 수행

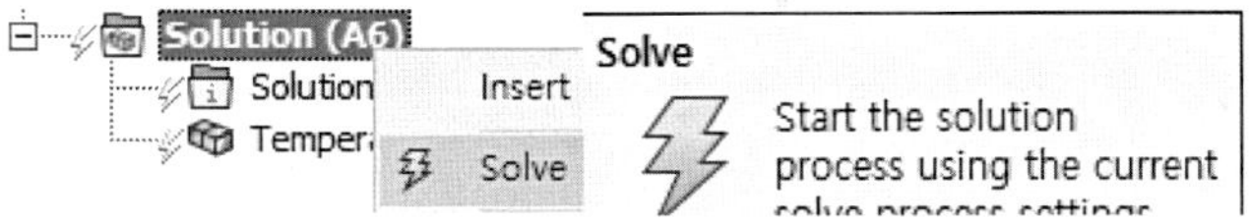

Total CPU time for main thread : 0.5 seconds

Total CPU time summed for all threads : 0.6 seconds

----

(13) 해석결과 확인한다.

온도분포와 열속 분포를 확인합니다. Disc의 온도는 45.463℃에서 약 130℃ 로 분포(격자밀도에 따라 약간의 차이가 발생 가능)하며 최대 Heat Flux값은 약 0.29341W/mm^2입니다.

① Temperature 결과

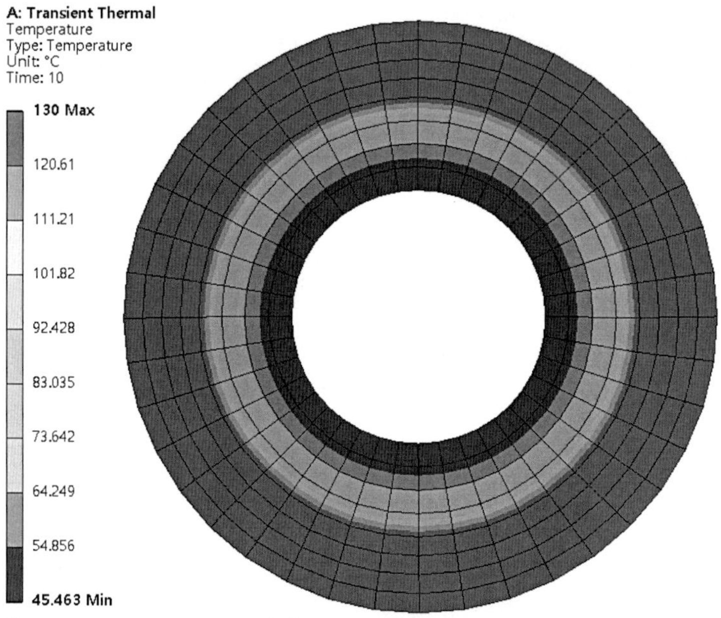

② Total Heat Flux 결과

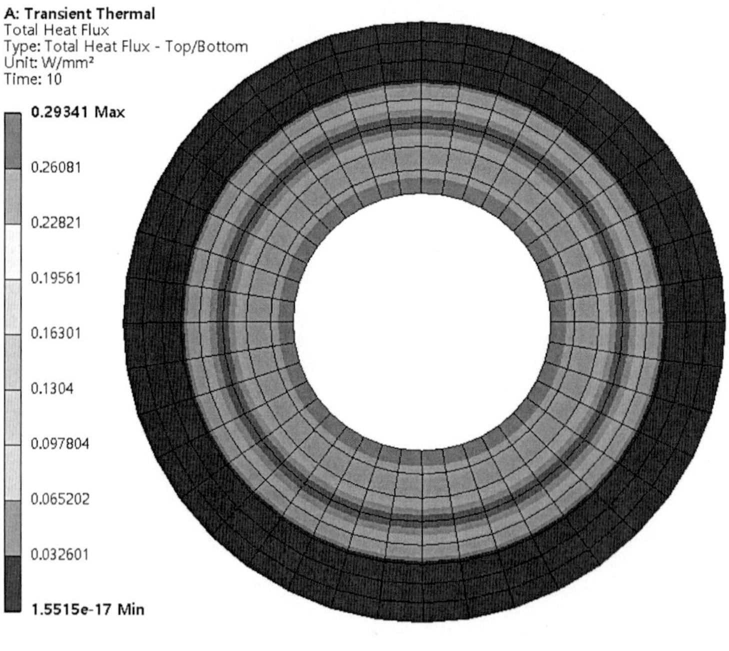

Part 2. : Static Structural Analysis

(1) 정적구조해석을 수행한다.

① Transient Thermal에서는 Stress를 계산할 수 없다. 열응력 해석을 하기 위해서는 정적구조해석을 수행해야 한다.
열응력 해석을 위하여 열전도 해석결과로 얻은 데이터를 응력 해석에 연속해서 수행한다.

② 열전도 해석 결과에 얻은 데이터를 정적구조해석으로 가져온다.

③ Toolbox에서 Static Structural을 Project Schematic에 Drag하여 놓는다

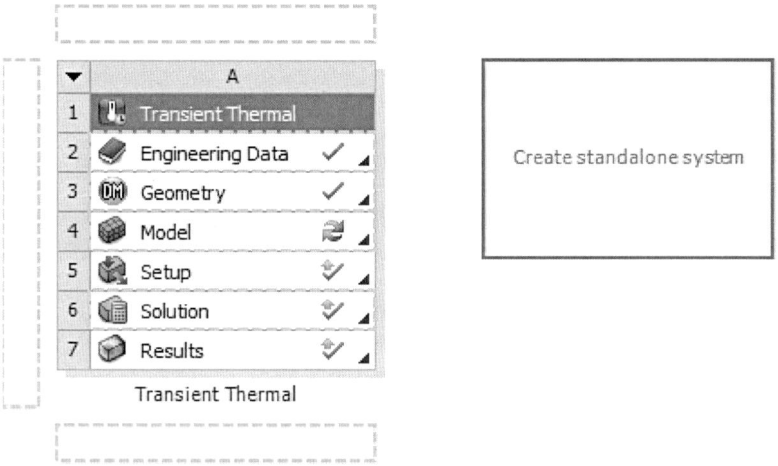

(2) Static Structural에서 Model을 더블클릭하여 Static Structural을 불러온다.

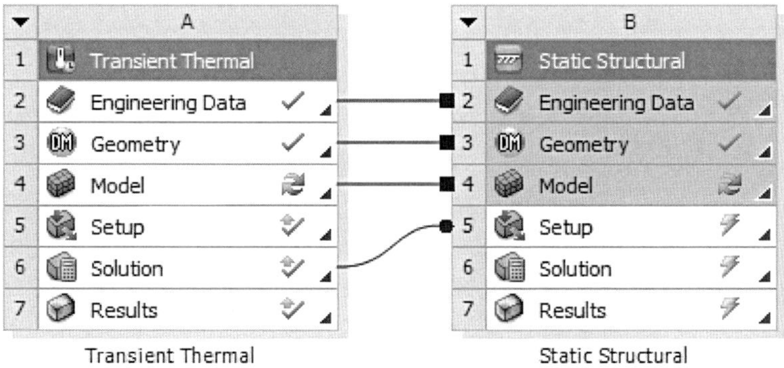

(3) 온도데이터를 불러온다.

① Static Structural에서 Imported Load를 클릭한다.

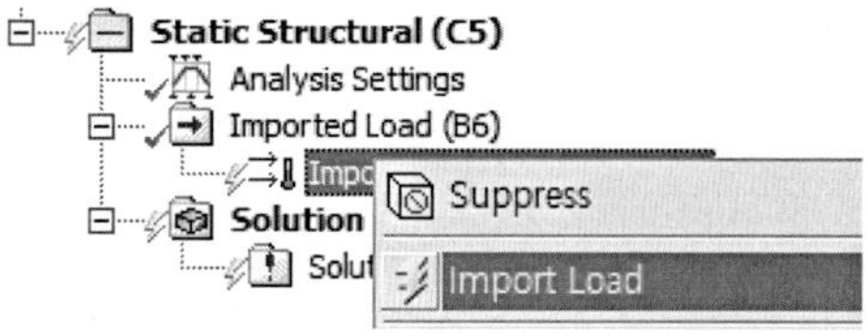

② Import Load를 해서 온도데이터를 불러온 결과.

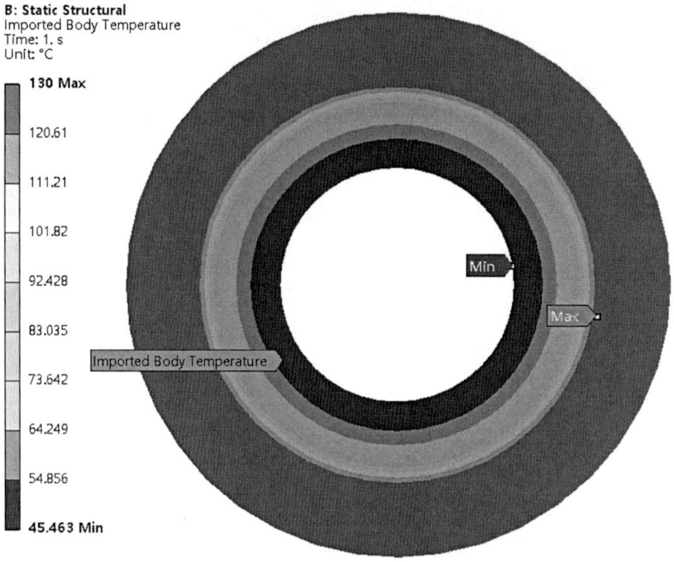

(4) 경계조건을 설정한다.

① Fixed support를 추가한다.

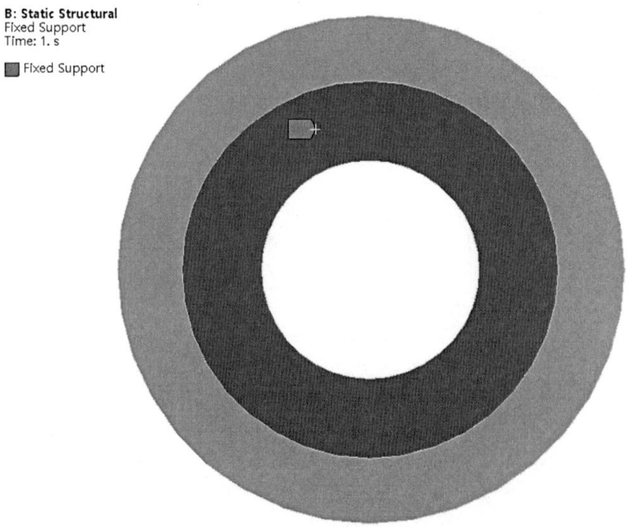

② Moment를 추가한다.

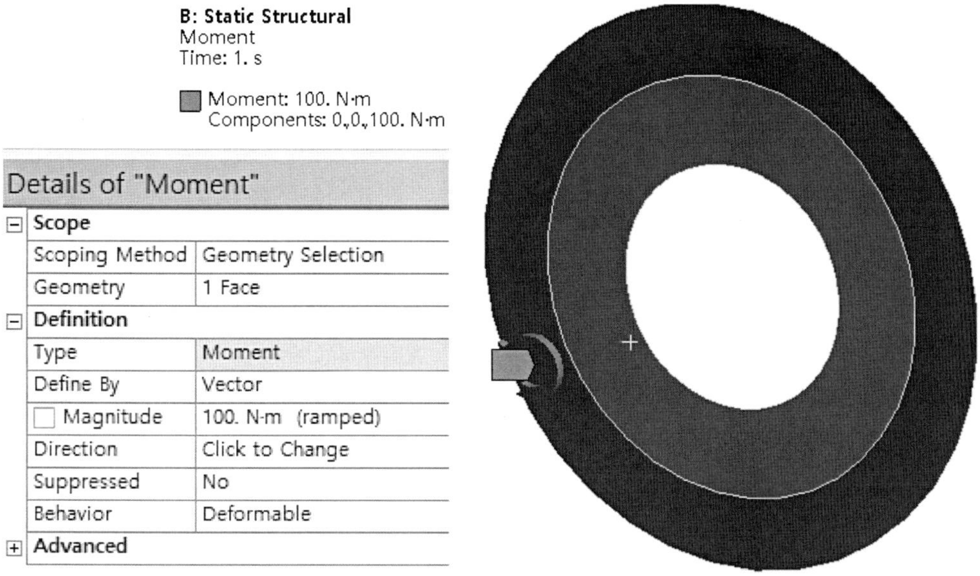

(5) 확인하고자 하는 결과 값을 Solution에 추가한다.

① Total deformation

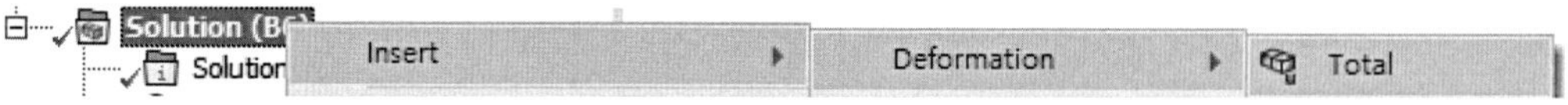

② Equivalent Stress

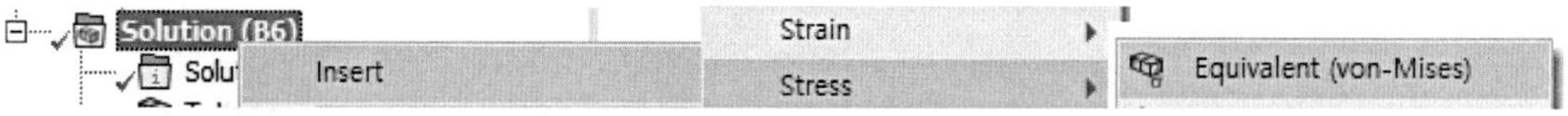

(6) 해석을 수행한다.

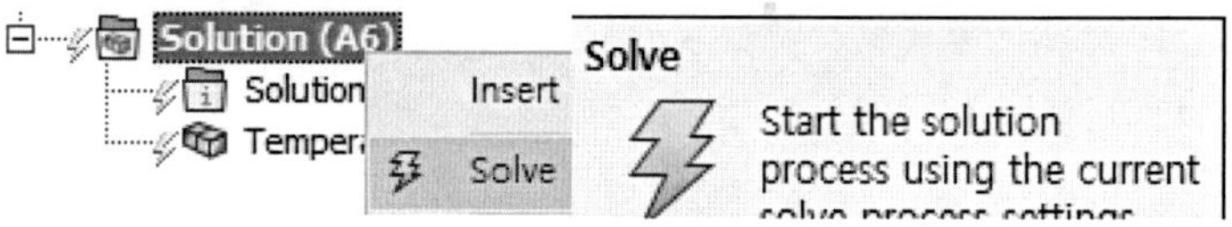

Total CPU time for main thread : 0.1 seconds

Total CPU time summed for all threads : 1.3 seconds

Solution Statstic

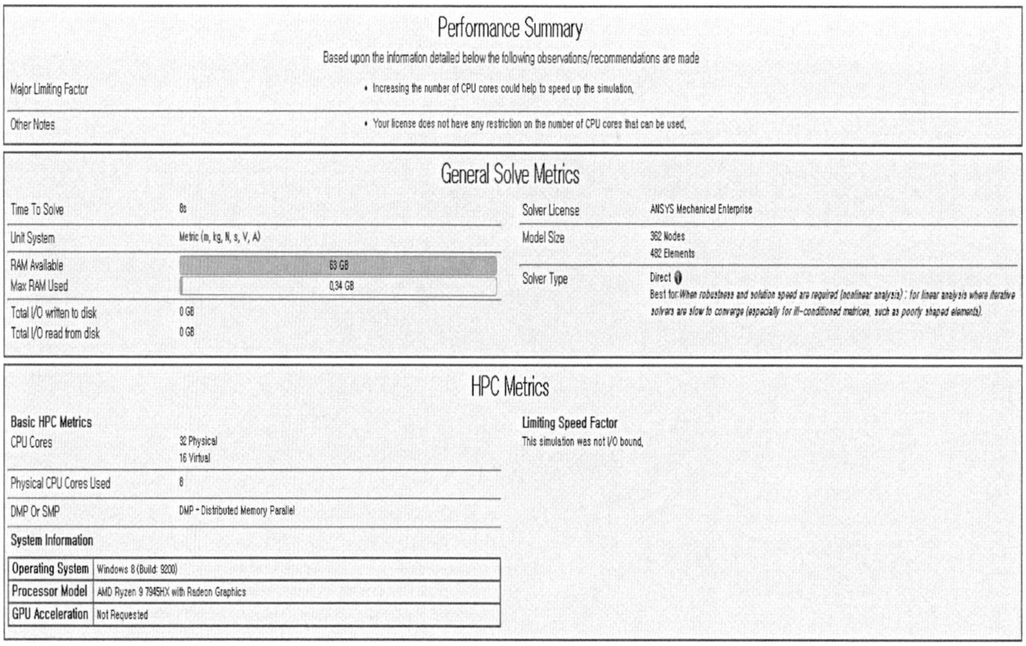

Performance Summary

Based upon the information detailed below the following observations/recommendations are made

Major Limiting Factor	• Increasing the number of CPU cores could help to speed up the simulation,
Other Notes	• Your license does not have any restriction on the number of CPU cores that can be used,

General Solve Metrics

Time To Solve	8s	Solver License	ANSYS Mechanical Enterprise
Unit System	Metric (m, kg, N, s, V, A)	Model Size	362 Nodes 482 Elements
RAM Available Max RAM Used	63 GB 0,34 GB	Solver Type	Direct Best for: *When robustness and solution speed are required (nonlinear analysis) ; for linear analysis where iterative solvers are slow to converge (especially for ill-conditioned matrices, such as poorly shaped elements).*
Total I/O written to disk Total I/O read from disk	0 GB 0 GB		

HPC Metrics

Basic HPC Metrics

CPU Cores	32 Physical 16 Virtual
Physical CPU Cores Used	8
DMP Or SMP	DMP - Distributed Memory Parallel

Limiting Speed Factor

This simulation was not I/O bound,

System Information

Operating System	Windows 8 (Build: 9200)
Processor Model	AMD Ryzen 9 7945HX with Radeon Graphics
GPU Acceleration	Not Requested

(7) 해석결과 확인

① Total deformation

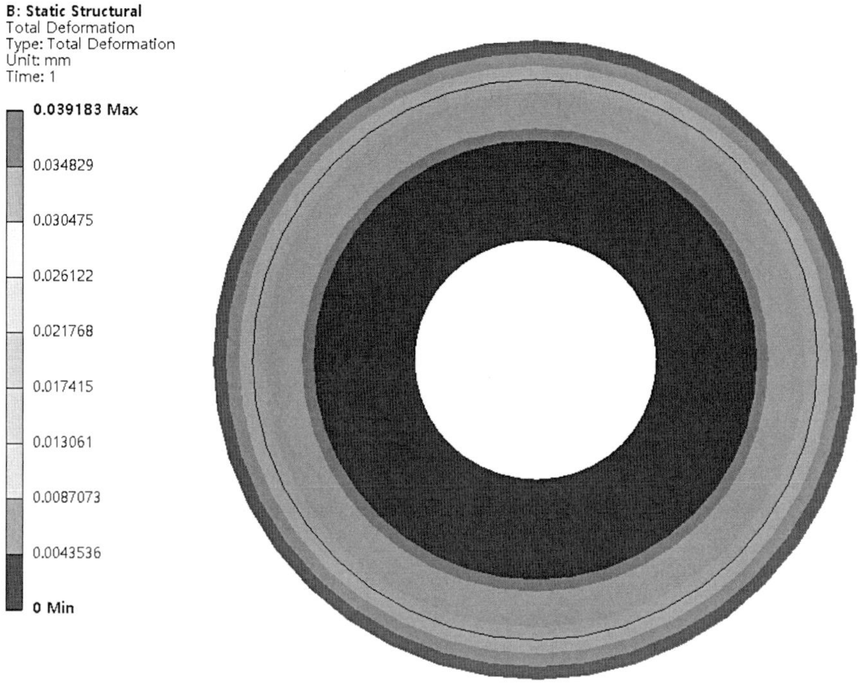

② Equivalent Stress

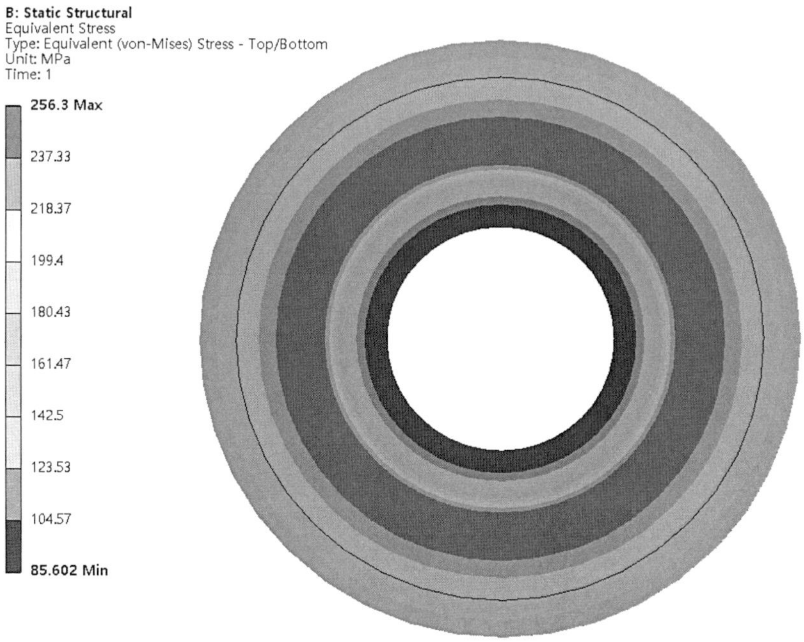

③ Force Reaction

B: Static Structural
Force Reaction

Details of "Force Reaction"

Definition	
Type	Force Reaction
Location Method	Boundary Condition
Boundary Condition	Fixed Support
Orientation	Global Coordinate System
Suppressed	No
Options	
Result Selection	All
Display Time	End Time
Results	
Maximum Value Over Time	
X Axis	-1.8372e-010 N
Y Axis	-2.4602e-010 N
Z Axis	0. N
Total	3.0705e-010 N
Minimum Value Over Time	
X Axis	-1.8372e-010 N
Y Axis	-2.4602e-010 N
Z Axis	0. N
Total	3.0705e-010 N
Information	

④ Moment Reaction

B: Static Structural
Moment Reaction

Details of "Moment Reaction"

Definition	
Type	Moment Reaction
Location Method	Boundary Condition
Boundary Condition	Fixed Support
Orientation	Global Coordinate System
Summation	Centroid
Suppressed	No
Options	
Result Selection	All
Display Time	End Time
Results	
Maximum Value Over Time	
X Axis	0. N·mm
Y Axis	0. N·mm
Z Axis	-1.e+005 N·mm
Total	1.e+005 N·mm
Minimum Value Over Time	
X Axis	0. N·mm
Y Axis	0. N·mm
Z Axis	-1.e+005 N·mm
Total	1.e+005 N·mm
Information	

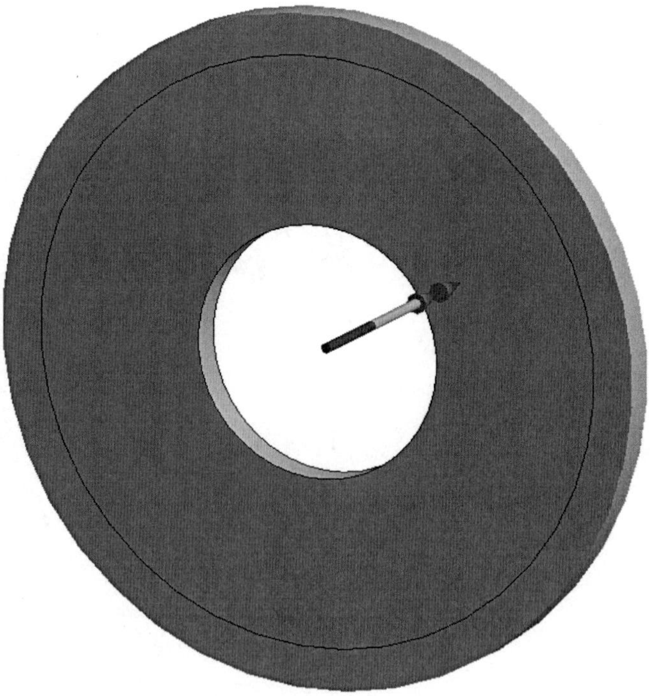

3. 웍의 열전달 해석 [33]

1) 구조해석 요구사항

웍에 대한 열해석을 하고자 한다.
웍의 안쪽 바닥면에는 heat Flux 45000 W/m^2가 발생한다.
웍의 바깥쪽 바닥면에는 temperature 226°C가 적용된다.
상기와 같은 온도 조건 경우의 웍의 temperature, total heat flux를 산정하시오.

웍의 재질은 Stainless steel이다.
구조해석시 메쉬의 설계는 30mm을 적용한다.

33) 한국공학대학교 로봇메카트로닉스 김봉현

2) 구조해석

Part 1. : Thermal Analysis

(1) ANSYS Workbench를 실행하고, Transient Thermal을 생성합니다.

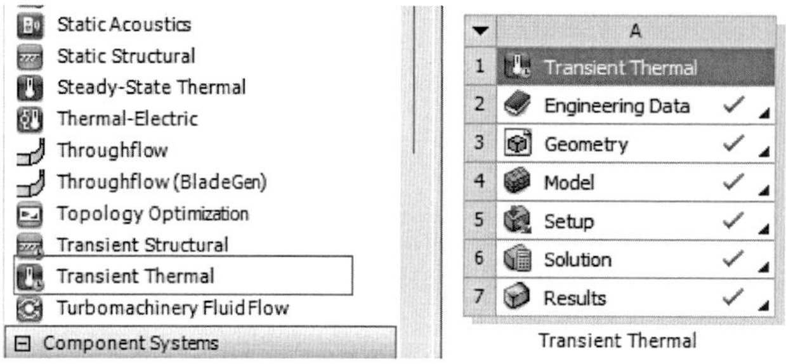

(2) 재료의 물성을 정의한다. (Engineering Data)

① 해석에 사용할 재료 물성을 정의하기 위해 Engineering Data Cell을 더블클릭하거나 또는 RMB(마우스 오른쪽 버튼)>Edit...를 선택합니다.

② General material Engineering Source에서 Stainless steel을 가져온다.

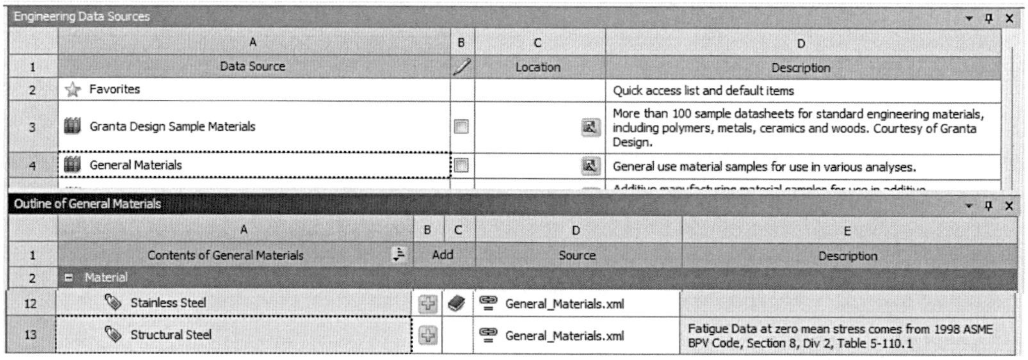

(3) 해석 모델을 불러들이거나 모델링을 수행한다. (Geometry)

다시 위쪽에 project 버튼을 누르고 transient thermal을 끌고 온다.

만들어둔 모델링파일을 geometry에 집어 넣는다.

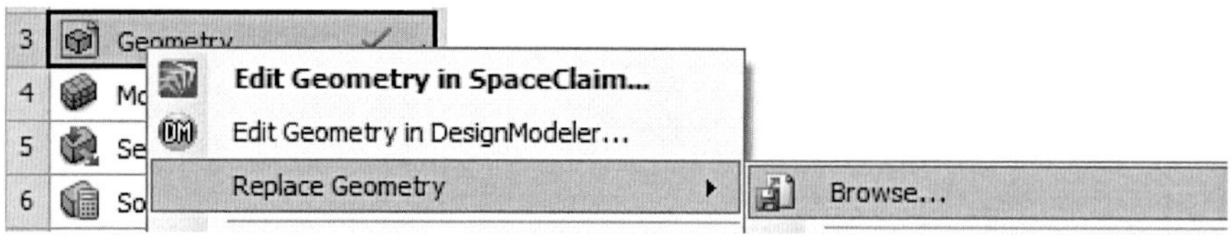

(4) 해석 모델의 환경을 설정한다. (Model)

① Project Schematic에 생성된 transient thermal 의 Model Cell을 더블클릭한다.

② 모델에 적용할 재질을 Stainless steel로 변경합니다.

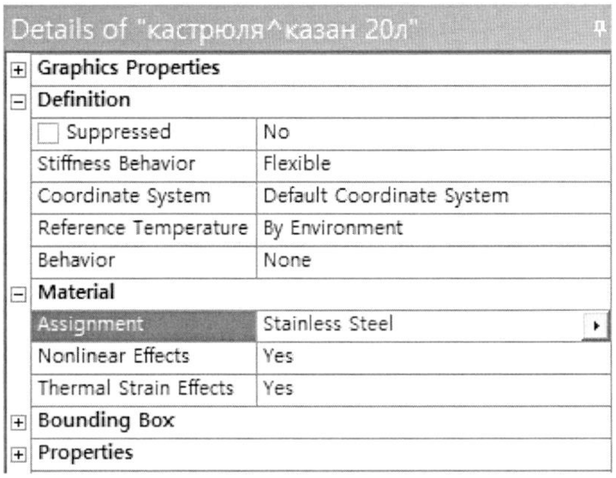

(5) 좌표계 설정 (Coordinate Systems) : 변경내용 없음

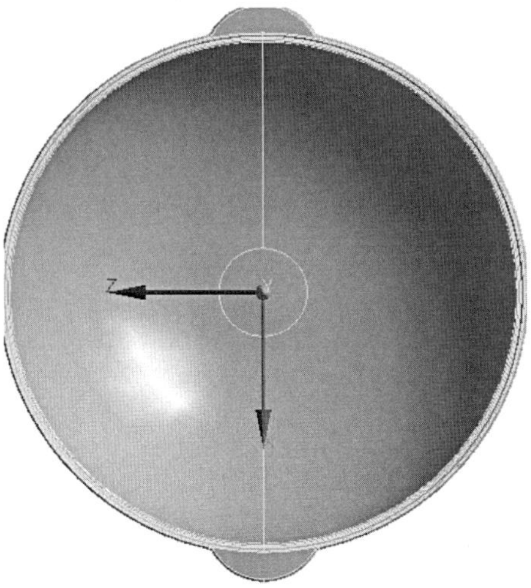

(6) 연결 관계 정의(Connections)

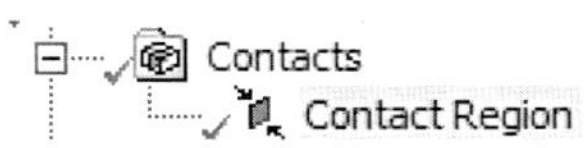

(7) 격자 모델 생성 (Mesh)
메시는 30mm 한다.

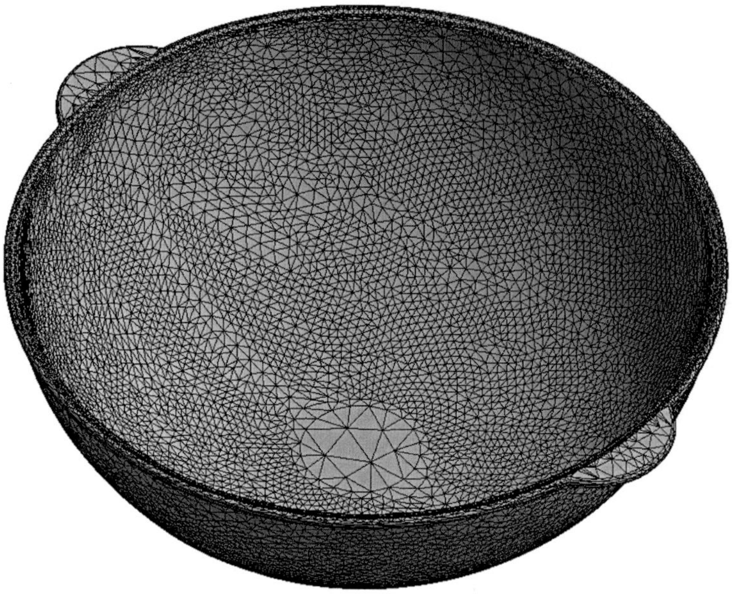

(8) 초기 조건 정의

Details of "Initial Temperature"	
Definition	
Initial Temperature	Uniform Temperature
Initial Temperature Value	0. °C

(9) 해석 설정 정의(Analysis Settings)

Details of "Analysis Settings"	
Step Controls	
Number Of Steps	1.
Current Step Number	1.
Step End Time	50000 s
Auto Time Stepping	Program Controlled
Initial Time Step	500. s
Minimum Time Step	50. s
Maximum Time Step	5000. s
Time Integration	On

(10) 구속조건 정의

① 평행사변형의 윗면에 heat flux 부여합니다.

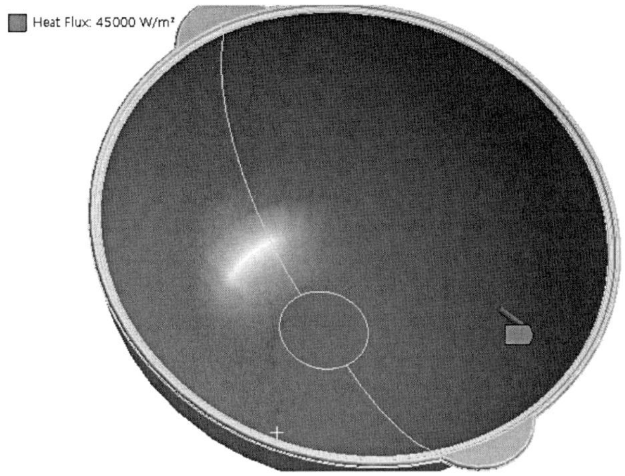

Tree Outline의 transient thermal에서 heat flux를 추가합니다.
-1. Detail View>Geometry에 분할면 (1 Face)을 지정합니다.
-2. Definition >Magnitude에 45000을 입력합니다.

② 평행 사변형에 temperature 부여합니다.
Three Outline의 transient thermal에서 temperature 추가합니다.
-1. Detail View>Geometry에 외부 돌출 면을 지정합니다.
-2. Definition >Magnitude에 226을 입력합니다.

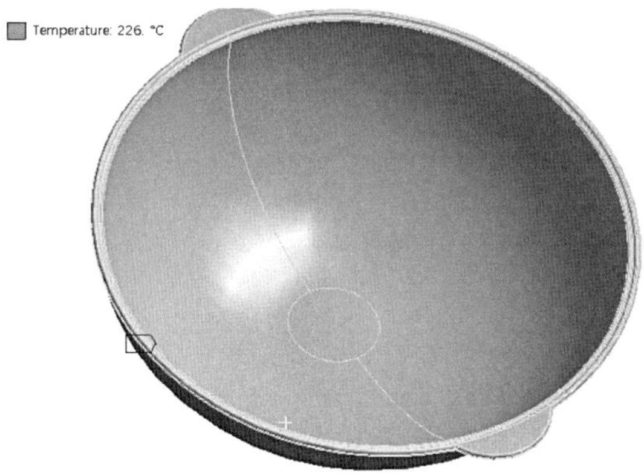

Scope	
Scoping Method	Geometry Selection
Geometry	3 Faces
Definition	
Type	Temperature
☐ Magnitude	226. °C (step applied)
Suppressed	No

ANALYSIS SETTINGS에 STEP END TIME에 50000S를 부여한다.

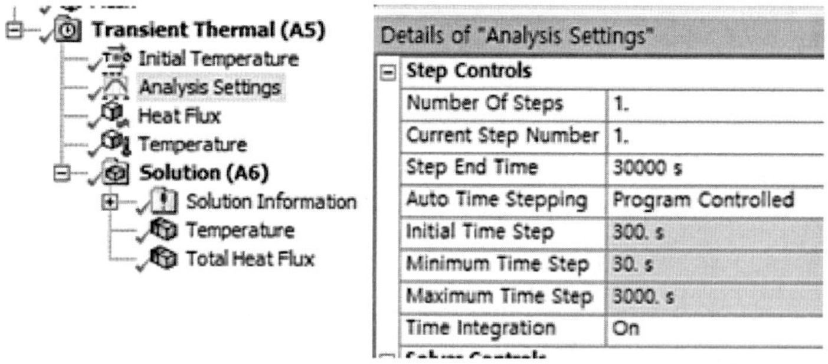

INITIAL TEMPERATURE의 INITIAL TEMPERATURE VALUE 0를 부여한다.

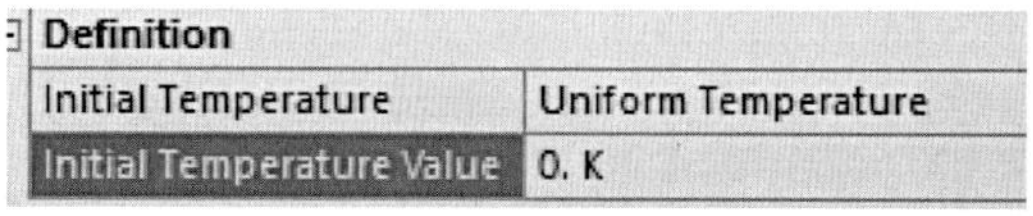

(11) 결과 항목으로 Temperature, Total Heat Flux를 추가합니다.

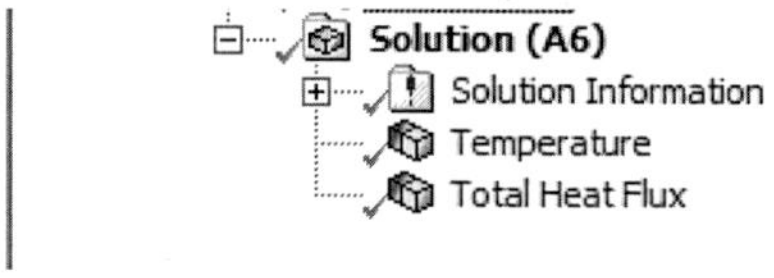

(12) 해석 수행

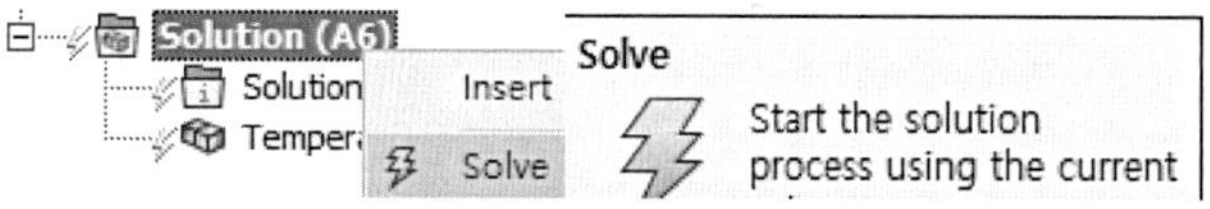

Total CPU time for main thread : 4.5 seconds
Total CPU time summed for all threads : 9.1 seconds

---

(13) 해석결과 확인한다.

① Temperature 결과

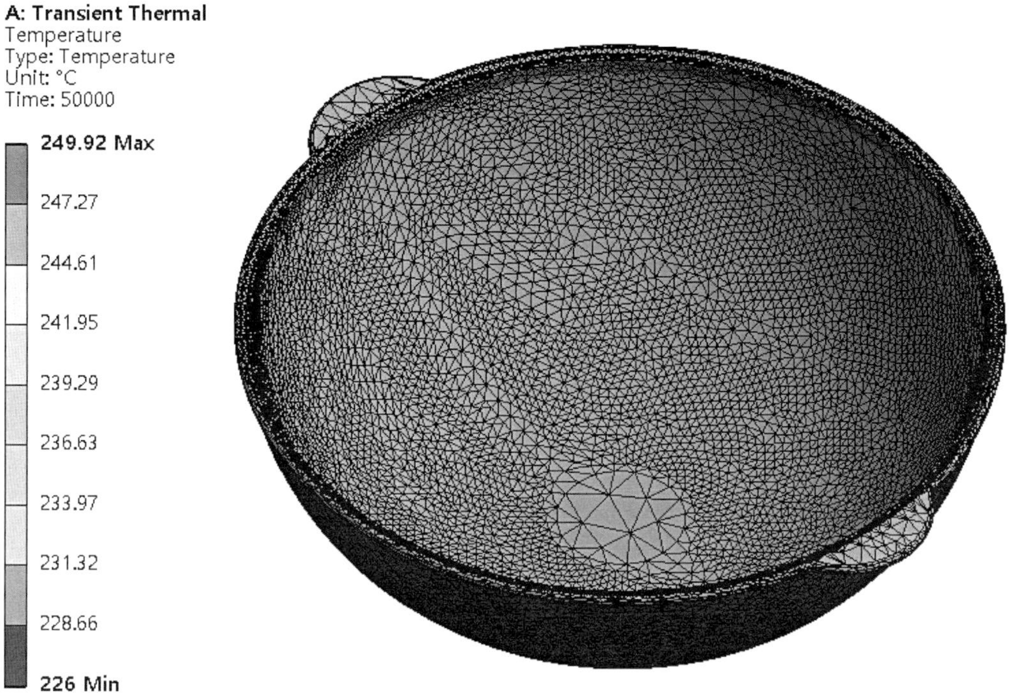

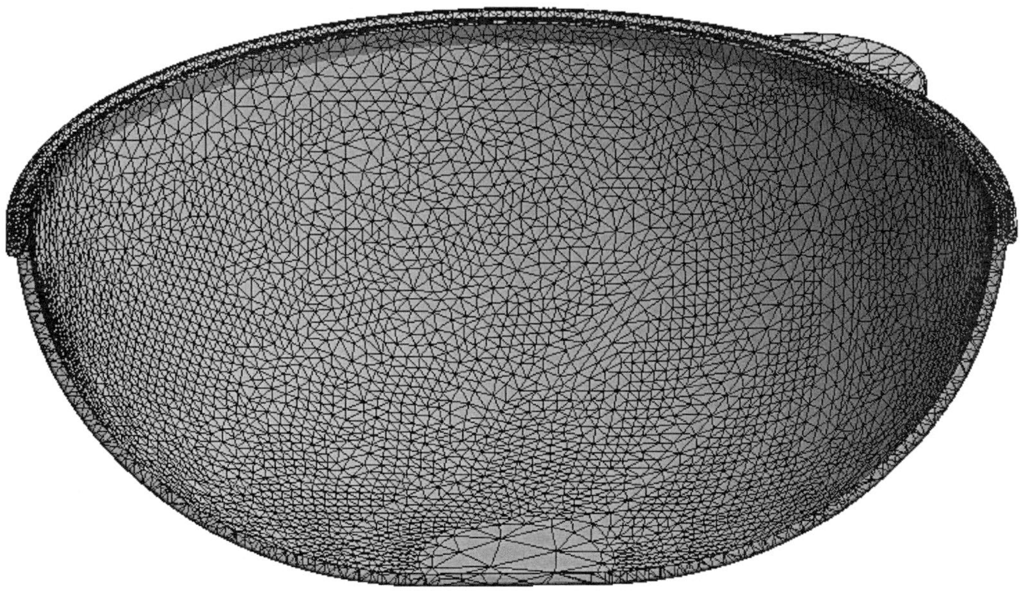

② Total Heat Flux 결과

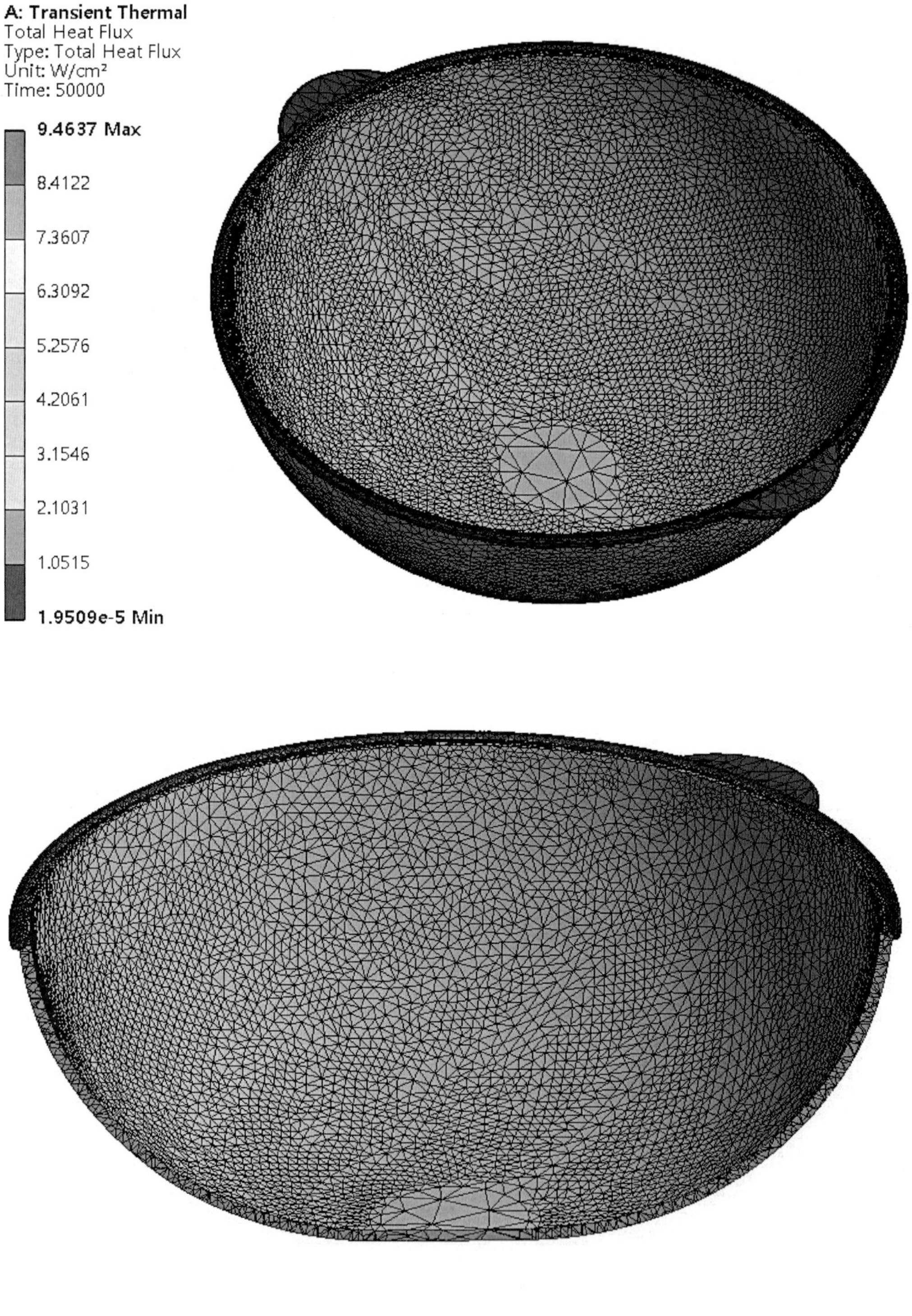

Part 2. : Static Structural Analysis

(1) 정적구조해석을 수행한다.

① Transient Thermal에서는 Stress를 계산할 수 없다. 열응력 해석을 하기 위해서는 정적구조해석을 수행해야 한다.

열응력 해석을 위하여 열전도 해석결과로 얻은 데이터를 응력 해석에 연속해서 수행한다.

② 열전도 해석 결과에 얻은 데이터를 정적구조해석으로 가져온다.

③ Toolbox에서 Static Structural을 Project Schematic에 Drag하여 놓는다

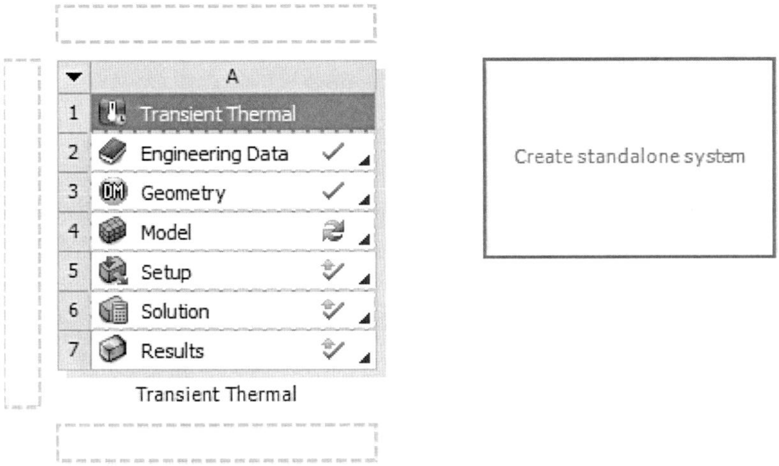

(2) Static Structural에서 Model을 더블클릭하여 Static Structural을 불러온다.

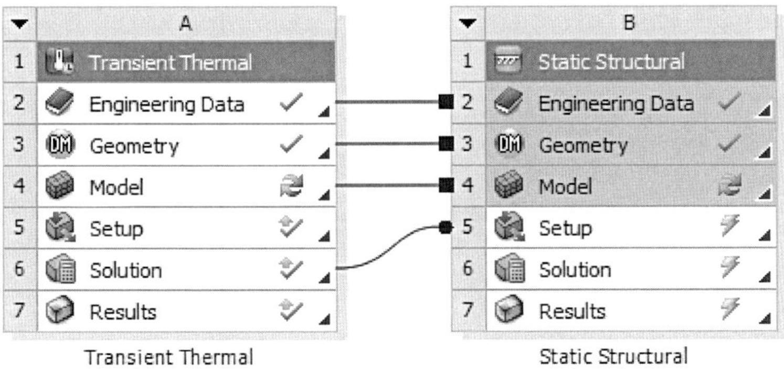

(3) 온도데이터를 불러온다.

① Static Structural에서 Imported Load를 클릭한다.

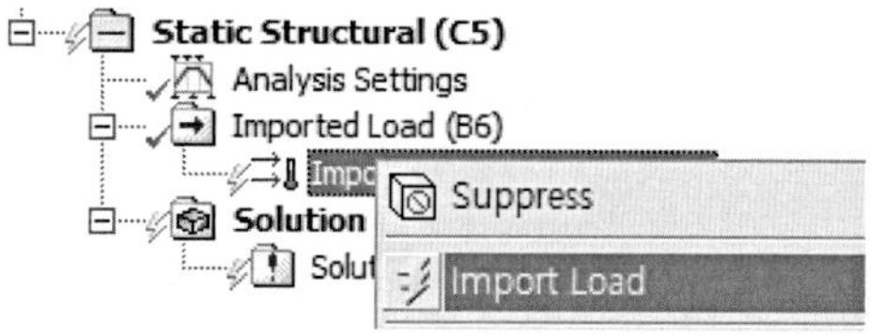

② Import Load를 해서 온도데이터를 불러온 결과.

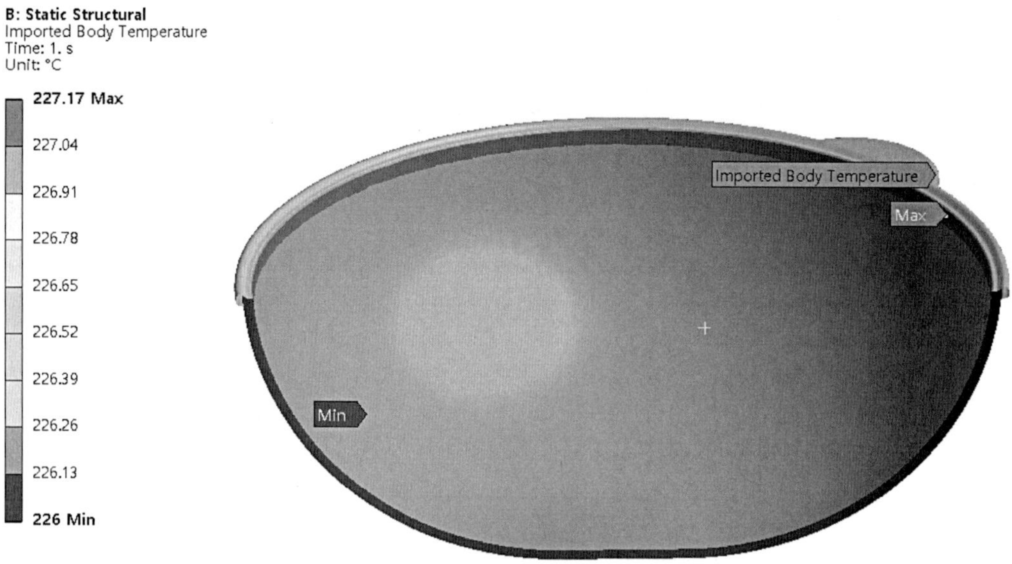

(4) 경계조건을 설정한다.

① Fixed support를 추가한다.

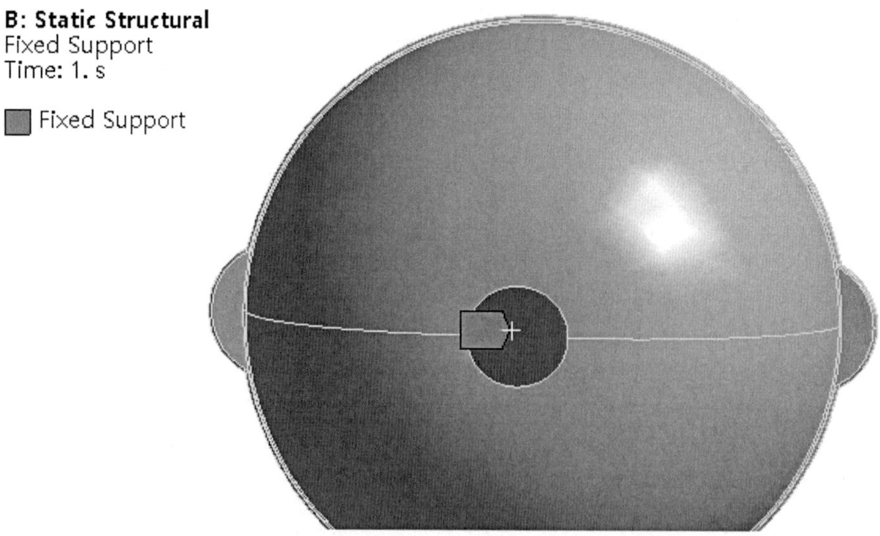

② Hydrostatic Pressure

Details of "Hydrostatic Pressure"	
Scope	
Scoping Method	Geometry Selection
Geometry	3 Faces
Definition	
Type	Hydrostatic Pressure
Coordinate System	Global Coordinate System
Fluid Density	1. g/cm³
Suppressed	No
Hydrostatic Acceleration	
Define By	Components
X Component	0. cm/s² (ramped)
Y Component	980. cm/s² (ramped)
Z Component	0. cm/s² (ramped)
Free Surface Location	
X Coordinate	5.9841e-010 cm
Y Coordinate	19.843 cm
Z Coordinate	16.154 cm
Location	Click to Change

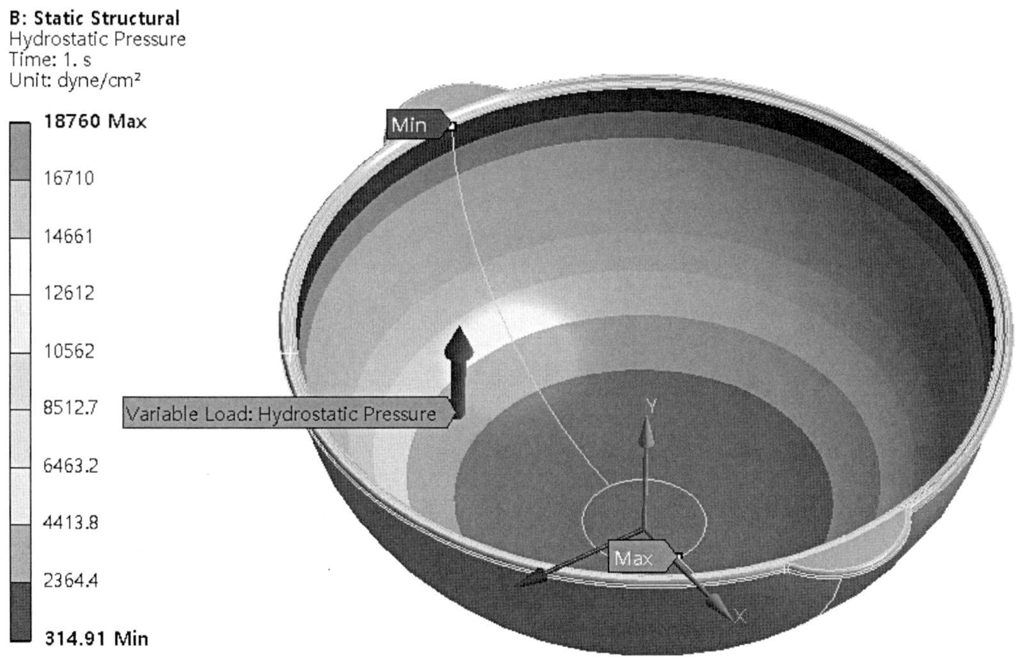

(5) 확인하고자 하는 결과 값을 Solution에 추가한다.

① Total deformation

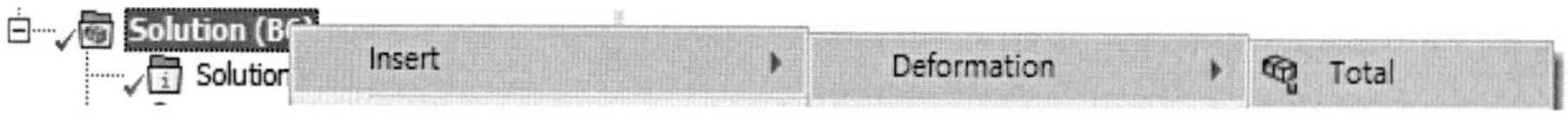

② Equivalent Stress

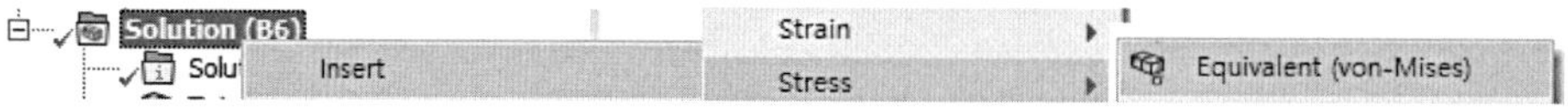

(6) 해석을 수행한다.

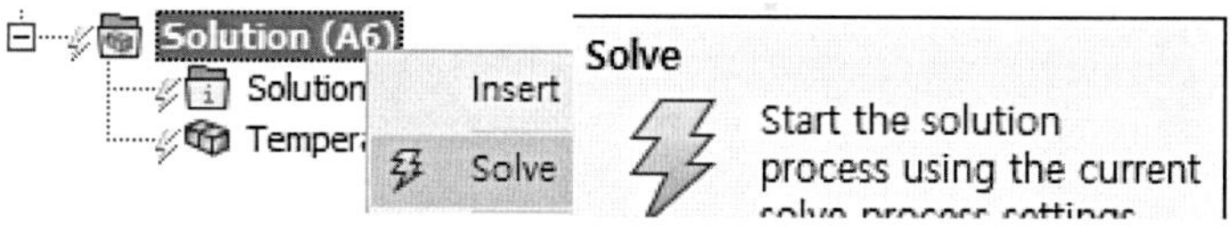

Total CPU time for main thread : 0.1 seconds
Total CPU time summed for all threads : 1.3 seconds

Solution Statstic

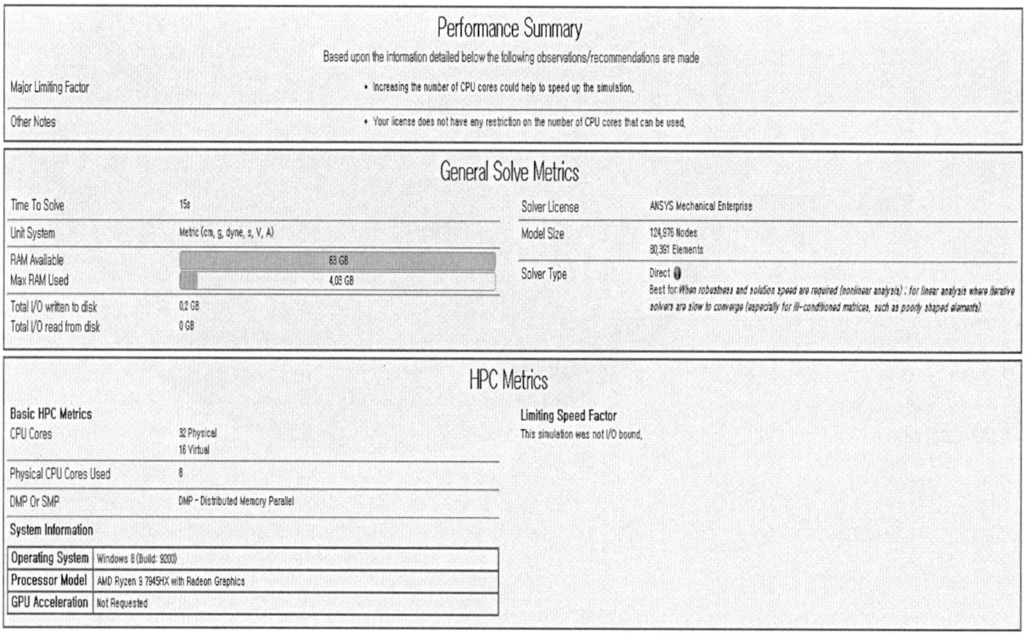

Performance Summary

Based upon the information detailed below the following observations/recommendations are made

Major Limiting Factor	• Increasing the number of CPU cores could help to speed up the simulation.
Other Notes	• Your license does not have any restriction on the number of CPU cores that can be used.

General Solve Metrics

Time To Solve	15s	Solver License	ANSYS Mechanical Enterprise
Unit System	Metric (cm, g, dyne, s, V, A)	Model Size	124,978 Nodes 80,391 Elements
RAM Available	63 GB	Solver Type	Direct Best for: When robustness and solution speed are required (nonlinear analysis); for linear analysis where iterative solvers are slow to converge (especially for ill-conditioned matrices, such as poorly shaped elements).
Max RAM Used	4.08 GB		
Total I/O written to disk	0.2 GB		
Total I/O read from disk	0 GB		

HPC Metrics

Basic HPC Metrics

CPU Cores	32 Physical 16 Virtual
Physical CPU Cores Used	8
DMP Or SMP	DMP - Distributed Memory Parallel

Limiting Speed Factor

This simulation was not I/O bound.

System Information

Operating System	Windows 8 (Build: 9200)
Processor Model	AMD Ryzen 9 7945HX with Radeon Graphics
GPU Acceleration	Not Requested

(7) 해석결과 확인

① Total deformation

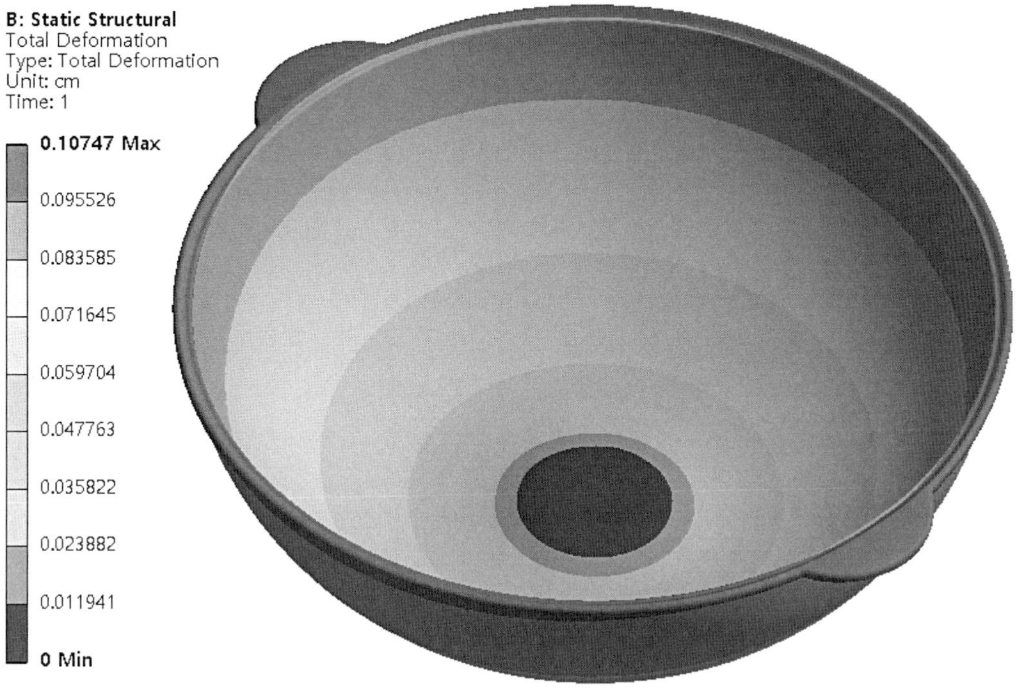

② Equivalent Stress

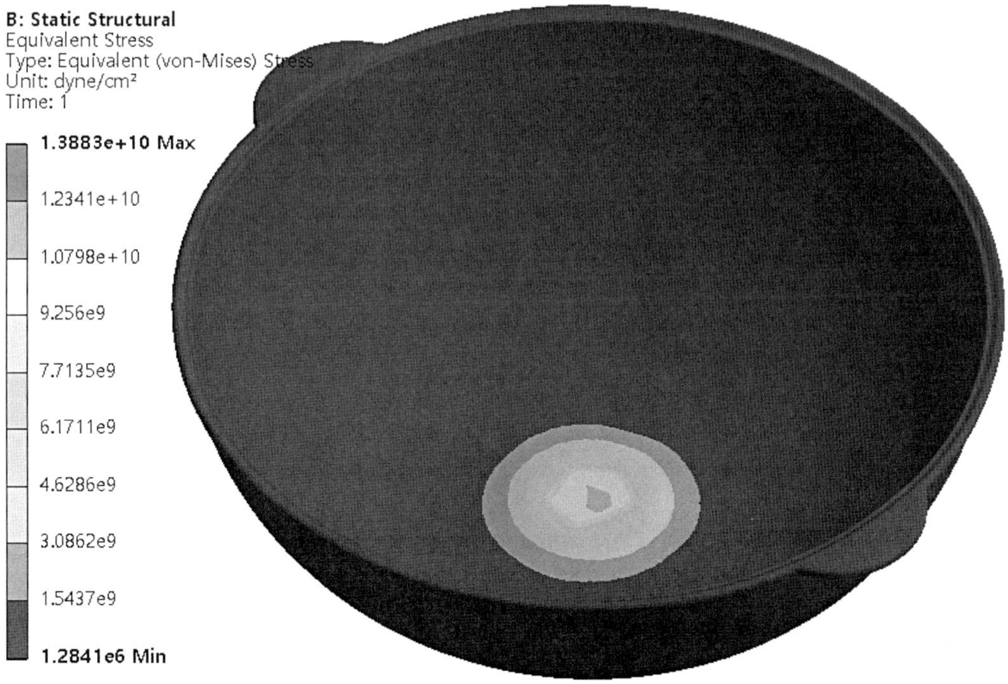

③ Force Reaction

B: Static Structural
Force Reaction

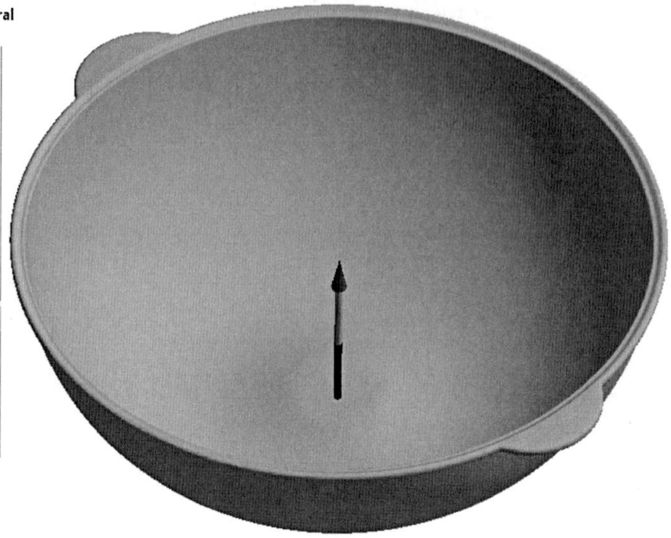

Details of "Force Reaction"	
Definition	
Type	Force Reaction
Location Method	Boundary Condition
Boundary Condition	Fixed Support
Orientation	Global Coordinate System
Suppressed	No
Options	
Result Selection	All
Display Time	End Time
Results	
Maximum Value Over Time	
X Axis	-7.006 dyne
Y Axis	2.5151e+007 dyne
Z Axis	-17.711 dyne
Total	2.5151e+007 dyne
Minimum Value Over Time	
X Axis	-7.006 dyne
Y Axis	2.5151e+007 dyne
Z Axis	-17.711 dyne
Total	2.5151e+007 dyne
Information	

4. PCB 열해석 [34)]

1) 구조해석 요구사항[35)]

구조해석 대상 모델은 은 PCB이다. PCB의 재질은 해석의 편리성을 위하여 구조강으로 한다.
모델에 작용하는 대기 온도는 22˚C이다.
모델에 복사는 기판에 0.8, 칩들에 0.5로한다.
모델에 대류는 가판 외부와 칩 외부에 5 W/m^2 ˚C
모델에 내부 열은 CPU에 4.34e+006 W/m^3, 나머지 칩들에 5e+006 W/m^3으로 한다.

상기와 같은 조건에서 전체 온도분포를 산정하시오.
바닥 측면이 고정되어 있을 때 모델의 응력분포를 도시하시오.

구조해석을 위한 메쉬 설계는 기판을 1mm, 칩을 0.5mm로 한다.

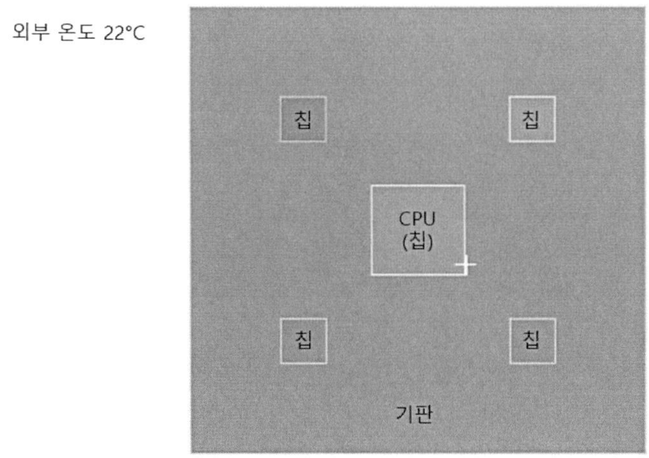

원형 모델

34) 한국공학대 메카트로닉스 장호재
35) https://www.bing.com/videos/riverview/relatedvideo?&q=ansys+thermal+analysis&&mid=41CC12ED54CB93E29AE741CC12ED54CB93E29AE7&&mcid=2436B07797BC4CAE80FAF30A4112BCAC&FORM=VRDGAR

2) 구조해석

Part 1. : Thermal Analysis

(1) ANSYS Workbench를 실행하고, Transient Thermal 을 생성합니다.

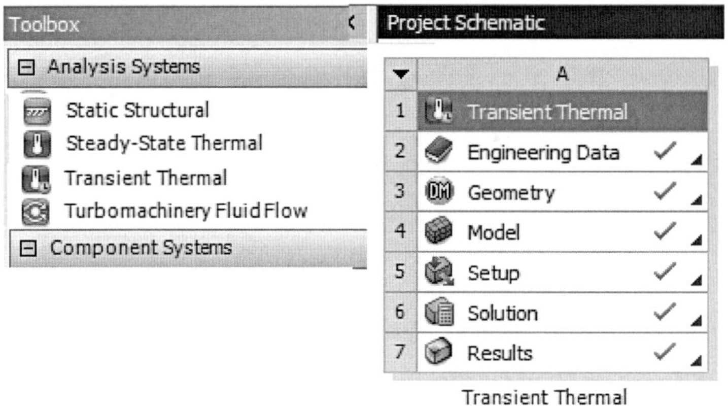

(2) 재료의 물성을 정의한다. (Engineering Data)

① 해석에 사용할 재료 물성을 정의하기 위해 Engineering Data Cell을 더블클릭하거나 또는 RMB(마우스 오른쪽 버튼)>Edit...를 선택합니다.

② Engineering Data Sources 아이콘을 클릭 후 General Materials Library에서 재질을 추가(노란색+아이콘클릭)합니다.

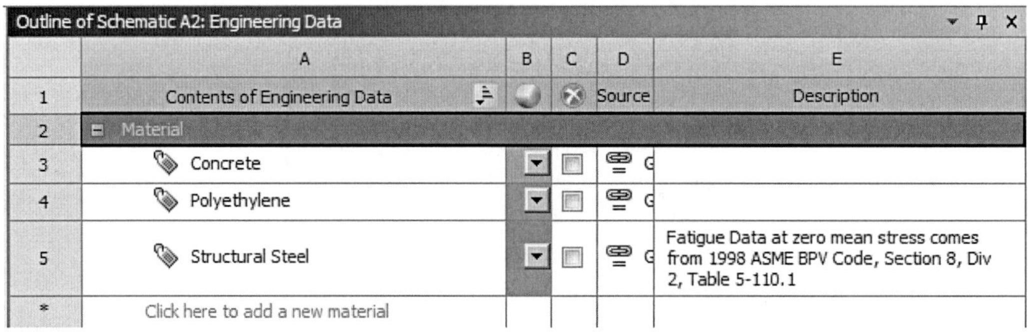

(3) 해석 모델을 불러들이거나 모델링을 수행한다. (Geometry)

Project Schematic에 생성된 Transient Thermal의 Model Cell을 더블클릭하여 Mechanical Application을 실행합니다.

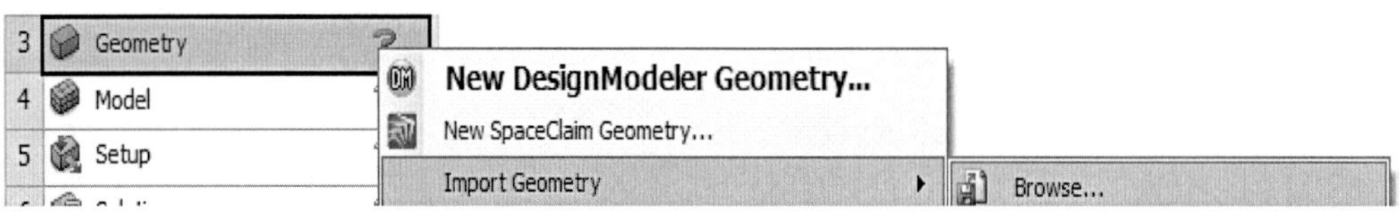

(4) 해석 모델의 환경을 설정한다. (Model)

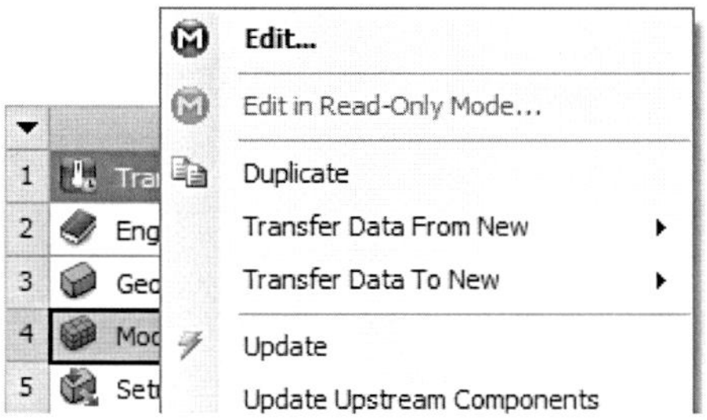

모든 재질은 Structural Steel로 설정한다.

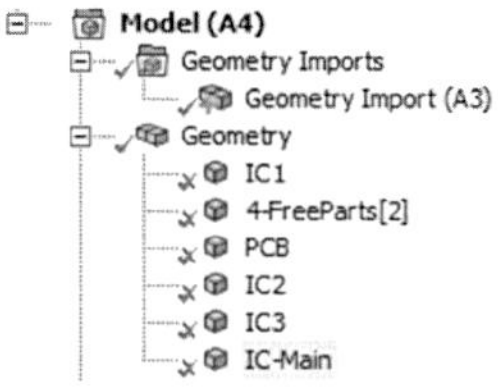

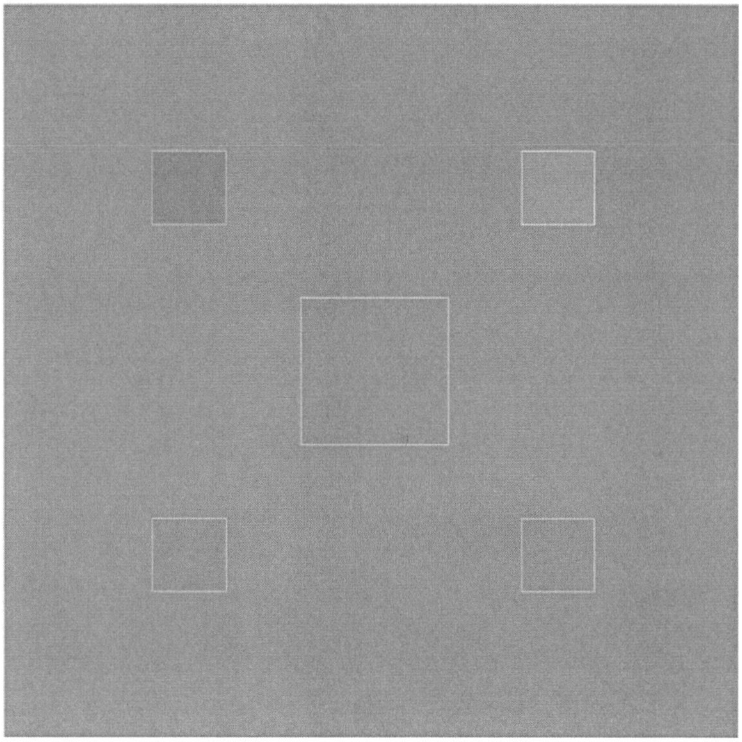

(5) 좌표계 설정 (Coordinate Systems) : 변경내용 없음

(6) 연결 관계 정의(Connections)

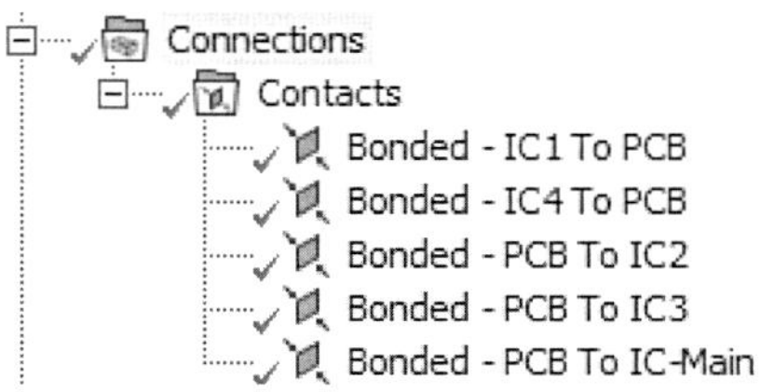

(7) 격자 모델 생성 (Mesh)

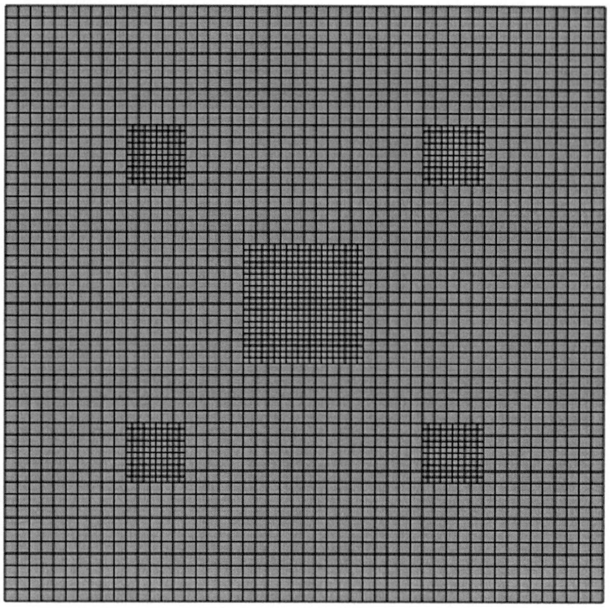

① 격자 사이즈 결정 :

Outline > Model > Mesh RBM > Insert > Sizing > Element Size

Element Size : 1mm(기판), 0.5mm(칩)

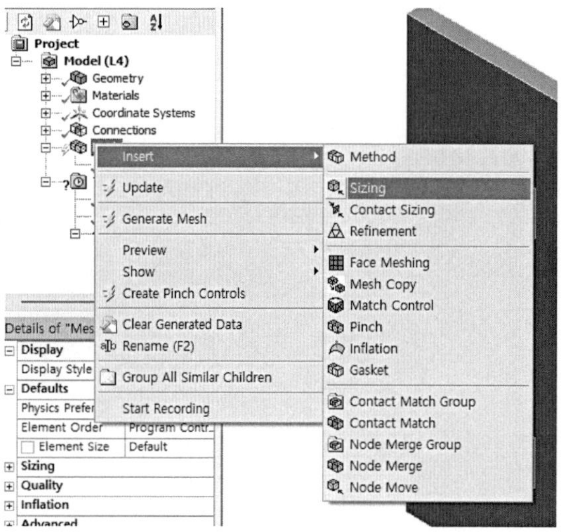

② 격자 Update : Outline > Model > Mesh > RMB > Update

Graphic화면에서 모델에 mesh가 생성된 것 을 확인할 수 있다.

③ 격자 데이터 확인 : Detail > Statistics (Nodes, Elements)

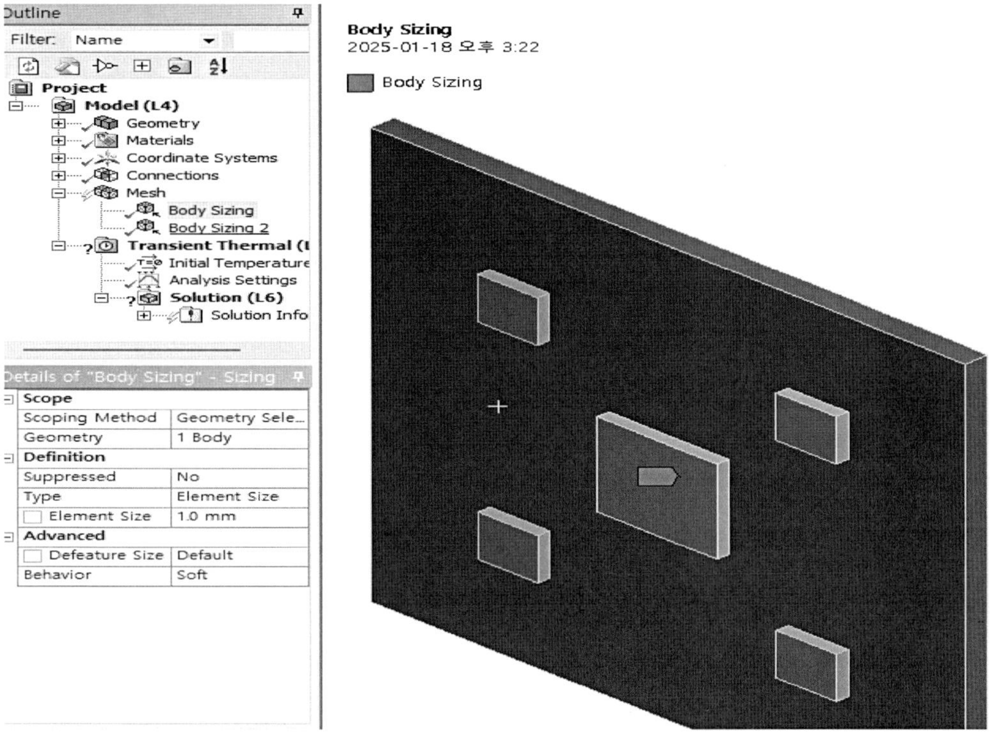
Outline
Filter: Name
Project
Model (L4)
Geometry
Materials
Coordinate Systems
Connections
Mesh
Body Sizing
Body Sizing 2
Transient Thermal
Initial Temperature
Analysis Settings
Solution (L6)
Solution Info
Details of "Body Sizing" - Sizing
Scope
Scoping Method | Geometry Sele...
Geometry | 1 Body
Definition
Suppressed | No
Type | Element Size
Element Size | 1.0 mm
Advanced
Defeature Size | Default
Behavior | Soft
Body Sizing
2025-01-18 오후 3:22
Body Sizing

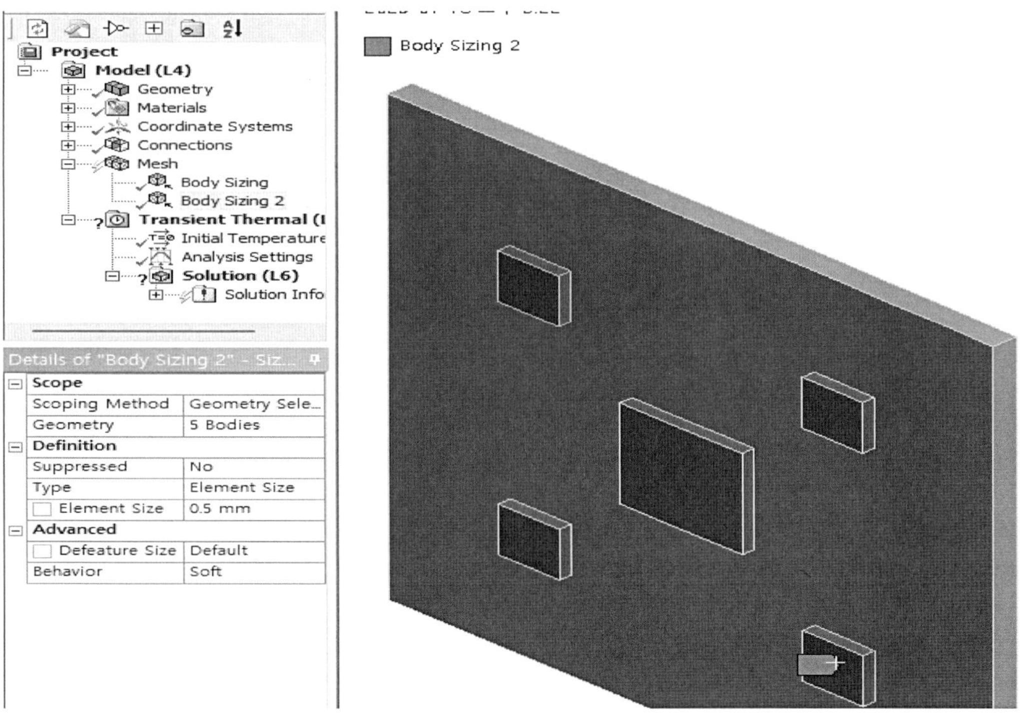
Project
Model (L4)
Geometry
Materials
Coordinate Systems
Connections
Mesh
Body Sizing
Body Sizing 2
Transient Thermal
Initial Temperature
Analysis Settings
Solution (L6)
Solution Info
Details of "Body Sizing 2" - Siz...
Scope
Scoping Method | Geometry Sele...
Geometry | 5 Bodies
Definition
Suppressed | No
Type | Element Size
Element Size | 0.5 mm
Advanced
Defeature Size | Default
Behavior | Soft
Body Sizing 2

(8) 해석 설정 정의(Analysis Settings)

① 시간을 부여한다.

Tree Outline의 Transient Therma > Analysis Settings > Details > Step End Time > 10s 변경

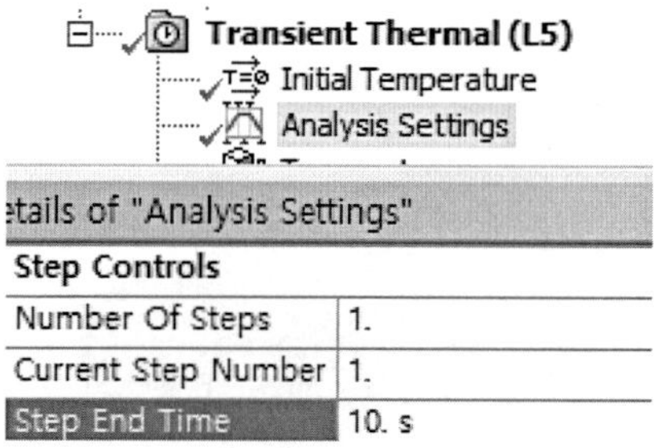

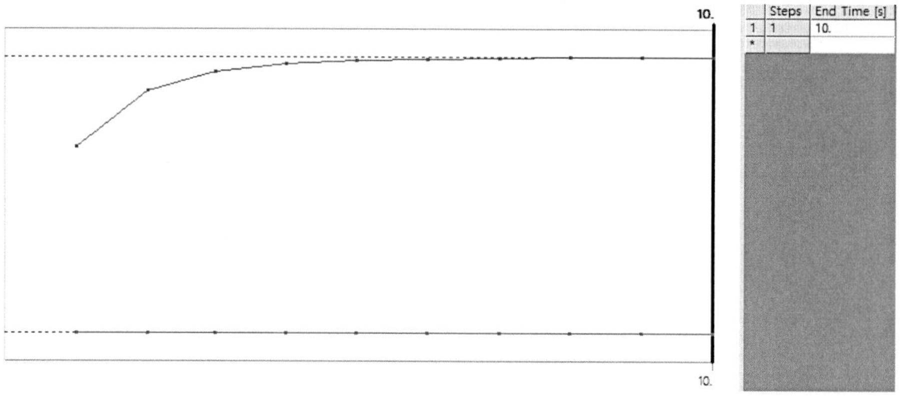

Tree Outline의 Transient Therma > Analysis Settings > Details > Auto Time Stepping > Off로 변경

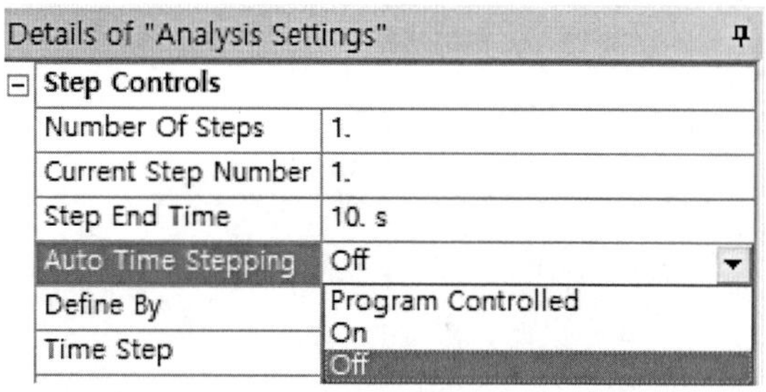

Tree Outline의 Transient Therma > Analysis Settings > Details > Time Step > 1로 변경

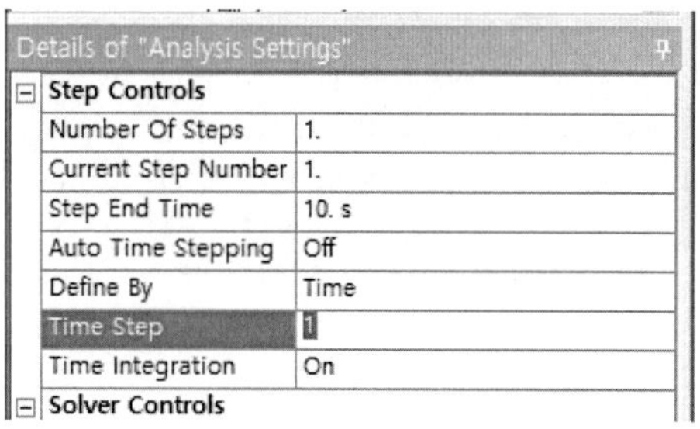

(9) 초기 조건 정의

본 문제에서는 자중의 영향이 있을 수 있으나 고려하지 않는다.

Details of "Initial Temperature"

Definition	
Initial Temperature	Uniform Temperature
Initial Temperature Value	22. °C

(10) 구속조건 정의

① Tree Outline의 Transient Therma에서 RBM > Insert > Temperature를 추가합니다.

Detail View>Geometry에 분할선 (20 Edges)을 지정하고, Definition >Magnitude에22을입력합니다.

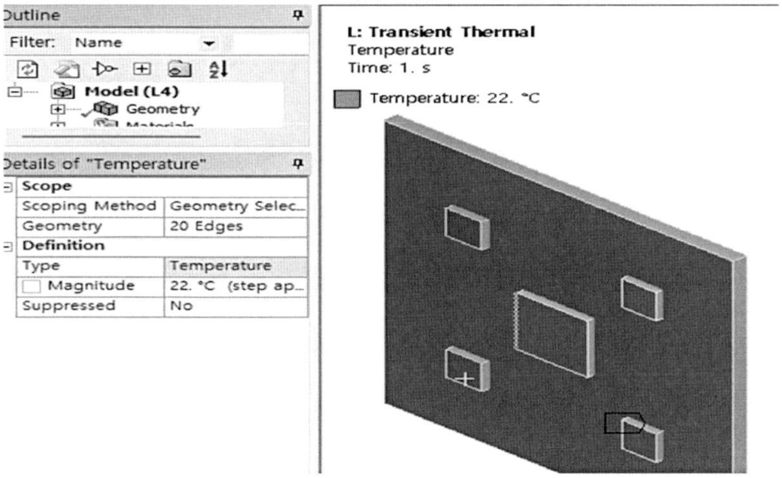

② Tree Outline의 Transient Therma에서 RBM > Insert > Convection를 추가합니다.

Detail View>Geometry에 분할면(기판) (6 Faces)을 지정하고, Film Coefficient에 5 W/m^2°C을 입력한다.

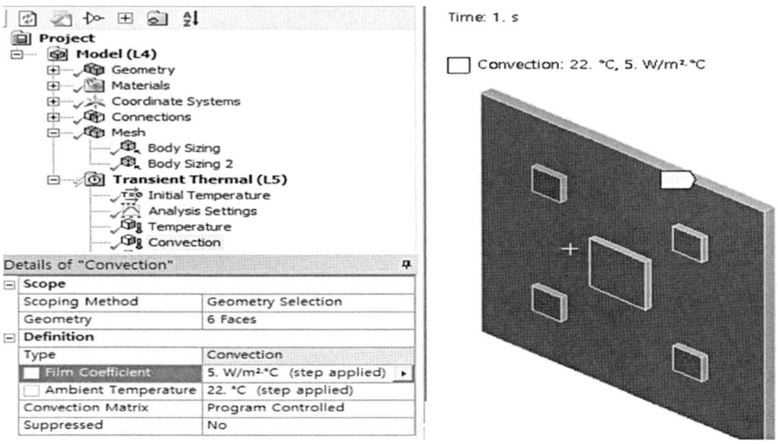

③ Tree Outline의 Transient Therma에서 RBM > Insert > Convection를 추가합니다.
Detail View>Geometry에 분할면(칩) (25 Faces)을 지정하고, Film Coefficient에 5 W/m^2°C을 입력한다.

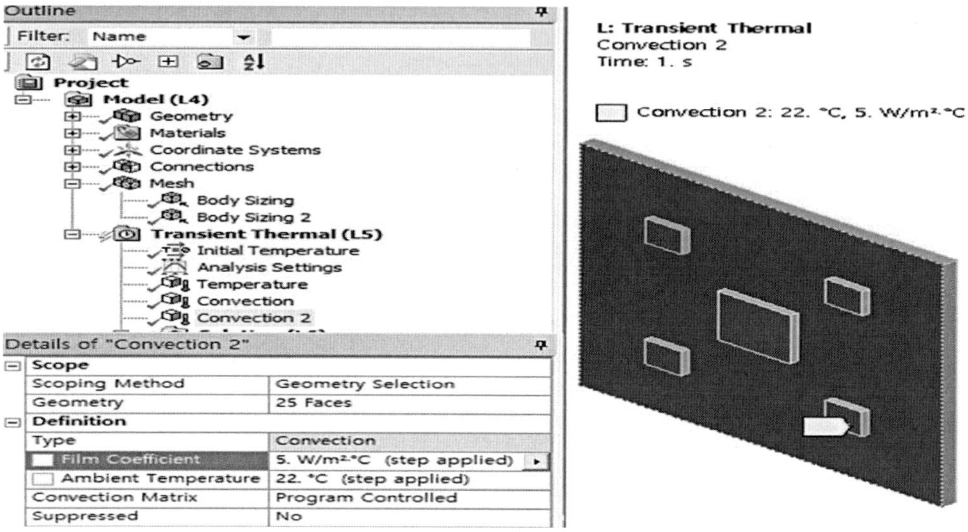

④ Tree Outline의 Transient Therma에서 RBM > Insert > Radiation를 추가합니다.
Detail View>Geometry에 분할면(기판) (6 Faces)을 지정하고, Emissivity에 0.8을 입력한다.

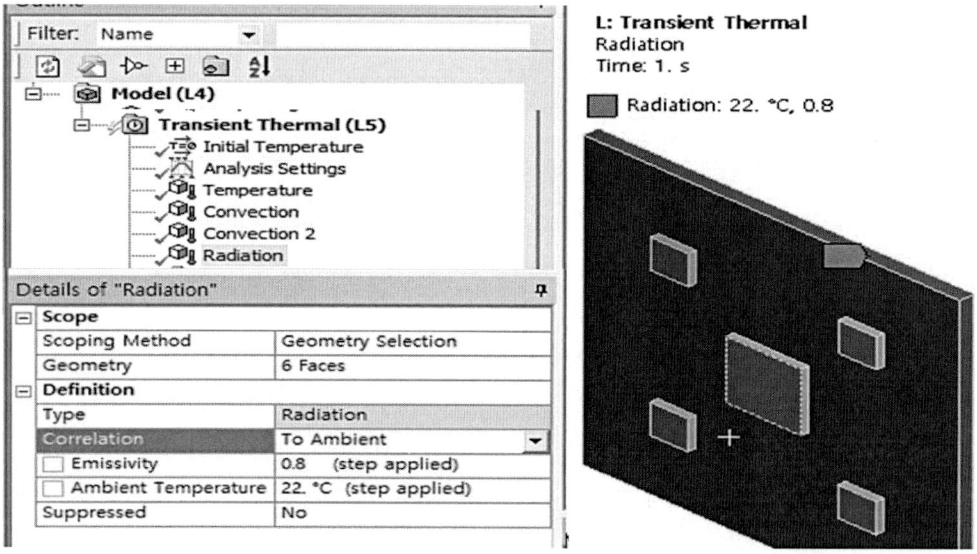

⑤ Tree Outline의 Transient Thermal에서 RBM > Insert > Radiation를 추가합니다.
Detail View > Geometry에 분할면(칩) (25 Faces)을 지정하고, Emissivity에 0.5을 입력한다.

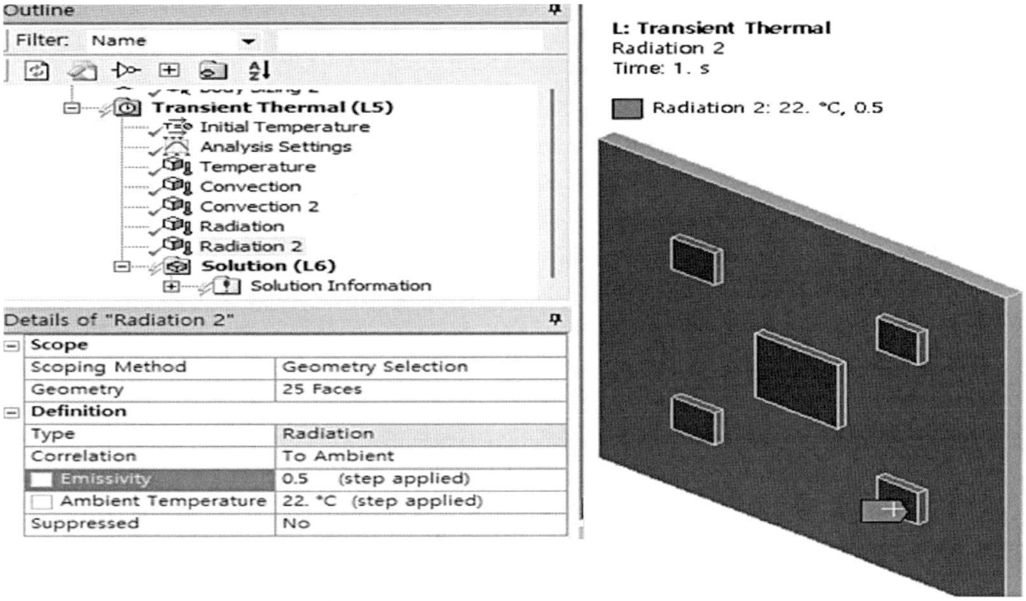

⑥ Tree Outline의 Transient Thermal에서 RBM > Insert > Internal Heat Generatin를 추가합니다.
Detail View > Geometry에 CPU (1 Body)을 지정하고, Magnitude에 4.34e+006을 입력한다.

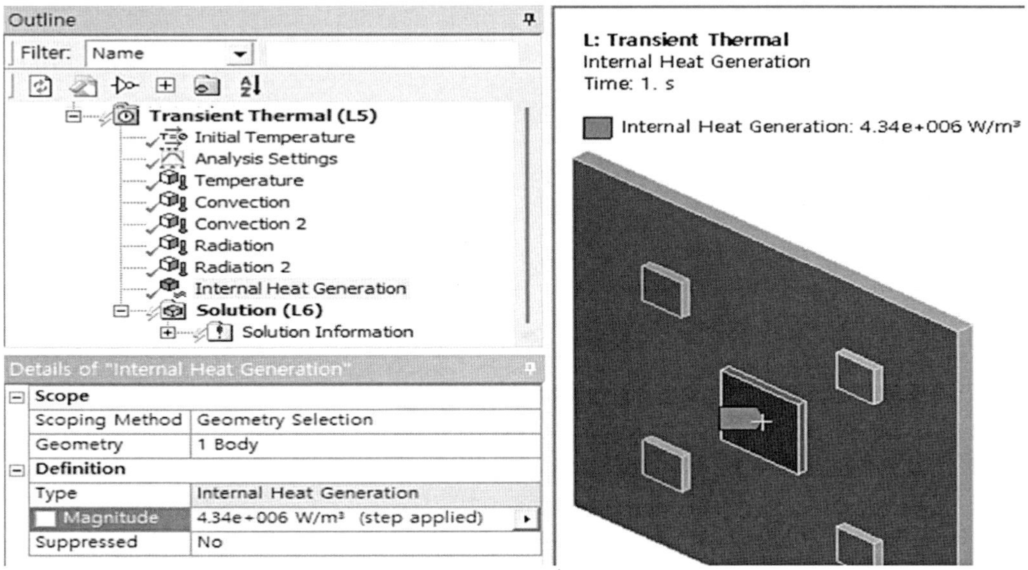

⑥ Tree Outline의 Transient Thermal에서 RBM > Insert > Internal Heat Generating를 추가합니다.

Detail View > Geometry에 나머지 칩(4 Body)을 지정하고, Magnitude에 5e+006을 입력한다.

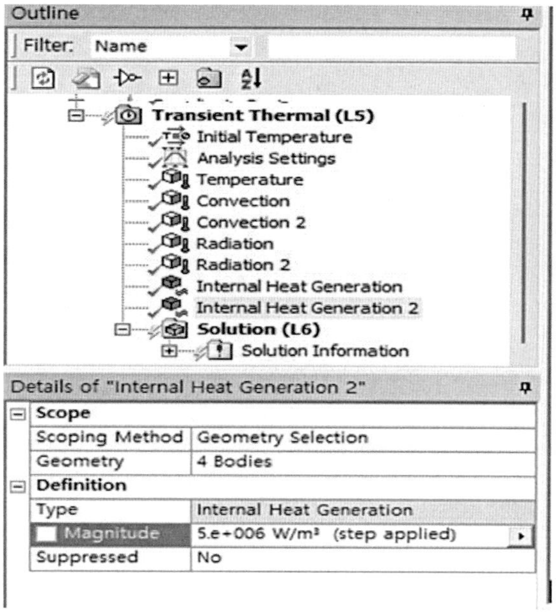

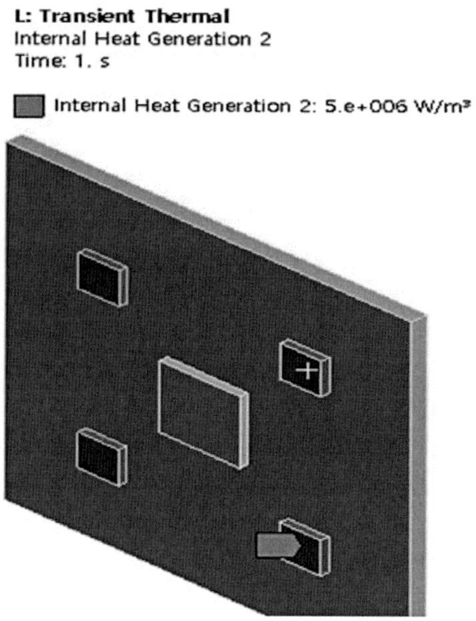

(11) 결과 항목을 추가합니다.

① Temperature 결과 세팅

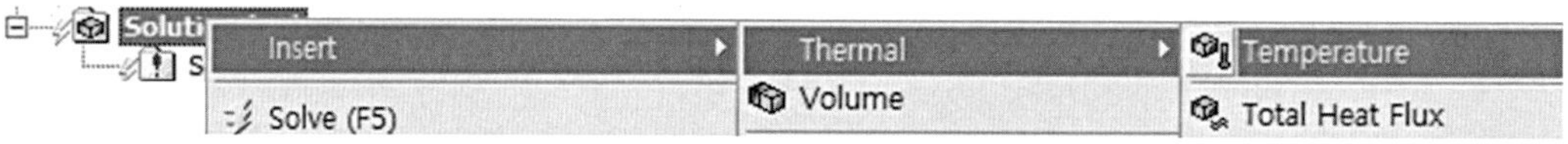

② Solution > RMB > insert > Thermal > Total Heat Flux

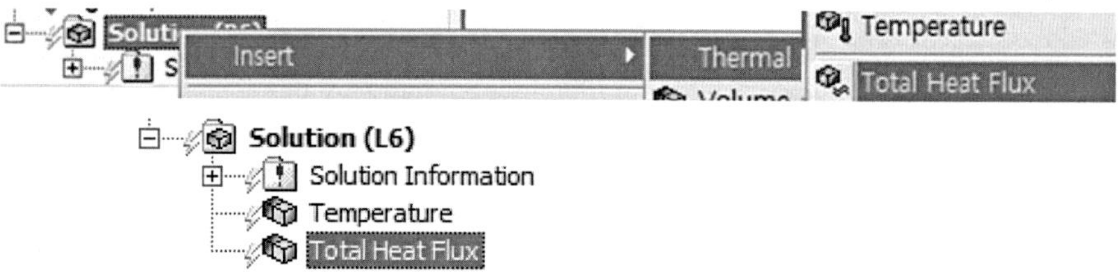

(12) 해석 수행

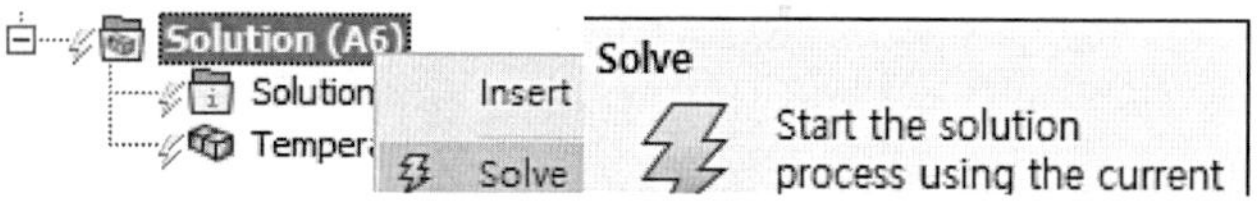

Total CPU time for main thread : 6.8 seconds

Total CPU time summed for all threads : 7.0 seconds

---

(13) 해석결과 확인한다.

온도분포와 열속 분포를 확인합니다. Heat Sink의 온도는 22.248℃에서 약 22℃ 로 분포(격자밀도에 따라 약간의 차이가 발생 가능)하며 최대 Heat Flux값은 약 0.0432222W/mm^2입니다.

① Temperature 결과

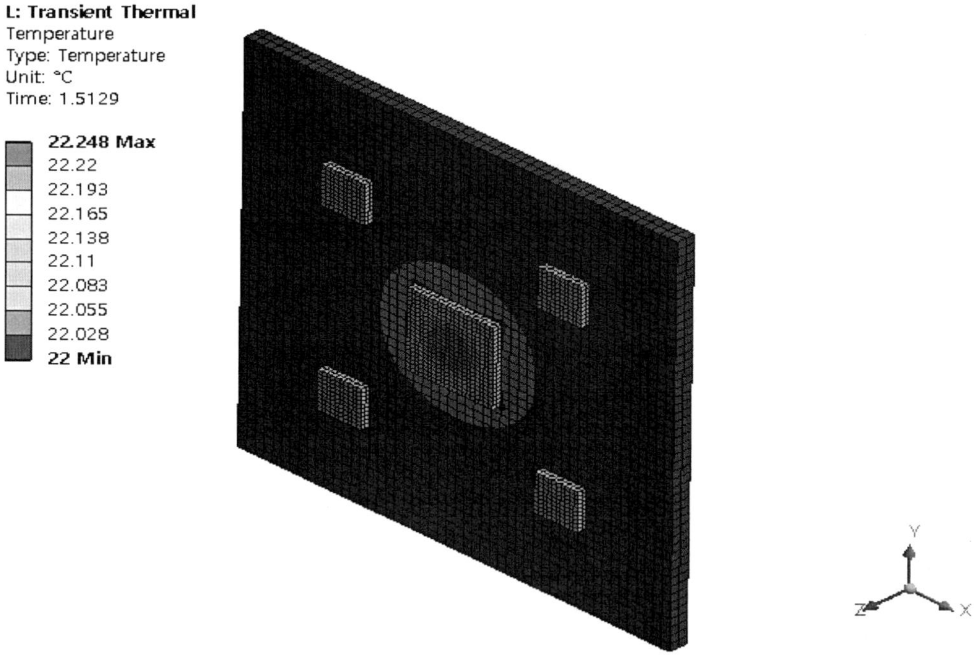

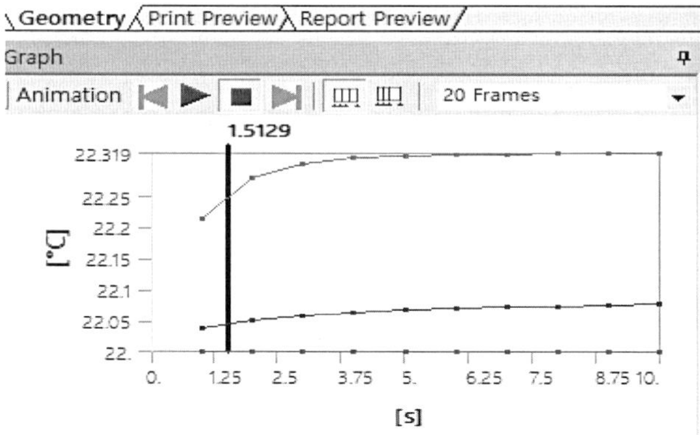

Tabular Data

	Time [s]	Minimum [°C]	Maximu
1	1.	22.	22.215
2	2.	22.	22.279
3	3.	22.	22.302
4	4.	22.	22.311
5	5.	22.	22.315
6	6.	22.	22.317
7	7.	22.	22.318
8	8.	22.	22.319
9	9.	22.	22.319
10	10.	22.	22.319

② Total Heat Flux 결과

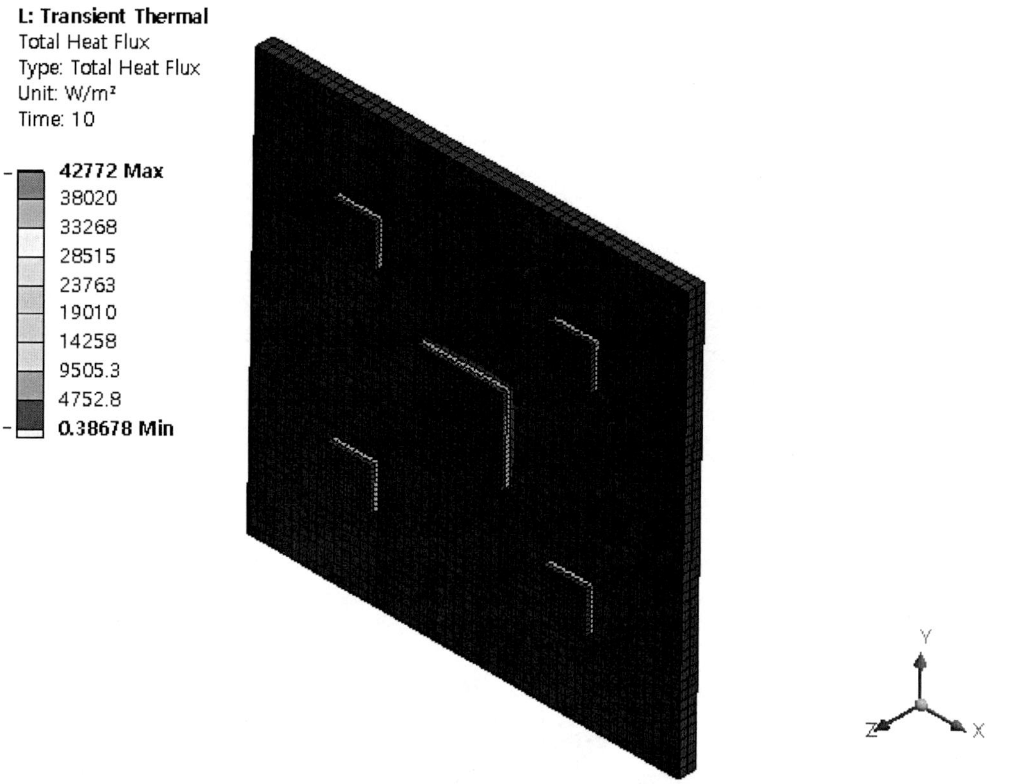

Geometry / Print Preview / Report Preview

Graph

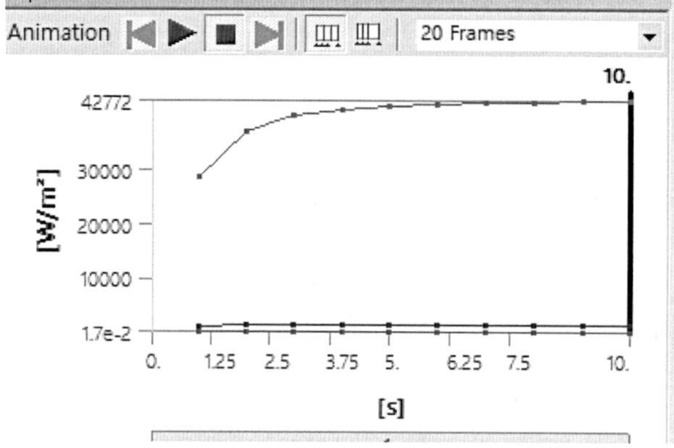

Tabular Data

	Time [s]	Minimum [W/m²]	Maxi
1	1.	1.7e-002	28760
2	2.	5.4084e-002	36879
3	3.	0.10376	39931
4	4.	0.15735	41237
5	5.	0.20893	41870
6	6.	0.25559	42219
7	7.	0.29639	42435
8	8.	0.33146	42582
9	9.	0.36136	42690
10	10.	0.38678	42772

Part 2. : Static Structural Analysis

(1) 정적구조해석을 수행한다.

열응력 해석을 위하여 열전도 해석 결과로 얻은 데이터를 응력 해석에 연속해서 수행한다.

① 열전도 해석 결과에 얻은 데이터를 정적구조해석으로 가져온다.

② Toolbox에서 Static Structural을 Project Schematic에 Drag하여 놓는다.

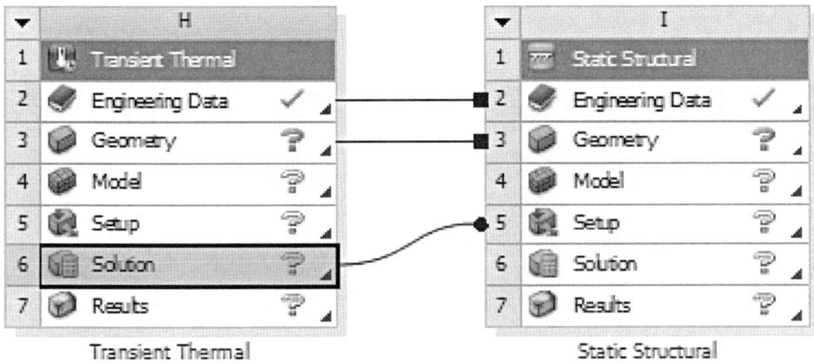

(2) 모델의 재질을 확인하고 메시는 기판 1mm, 칩 0.5mm으로 한다.

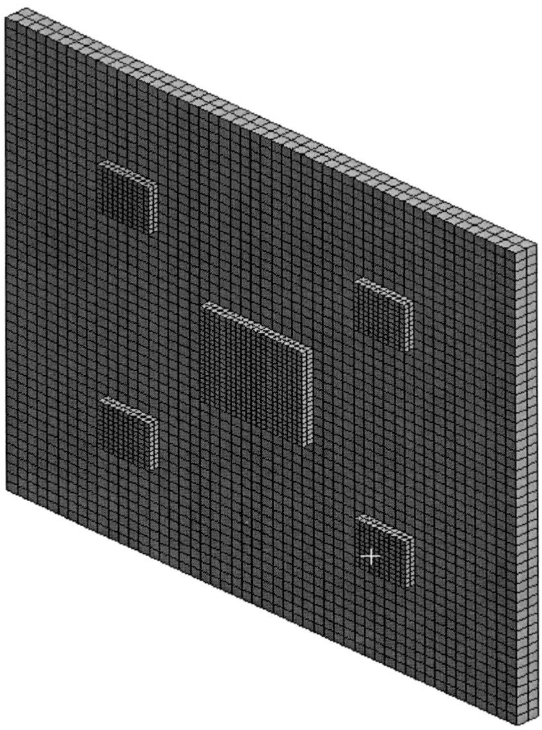

(3) 온도데이터를 불러온다.

① Static Structural에서 Imported Load를 클릭한다.

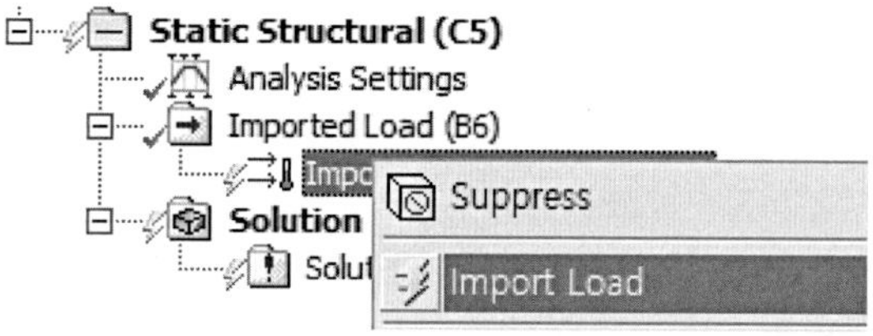

② Import Load를 해서 온도데이터를 불러온 결과.

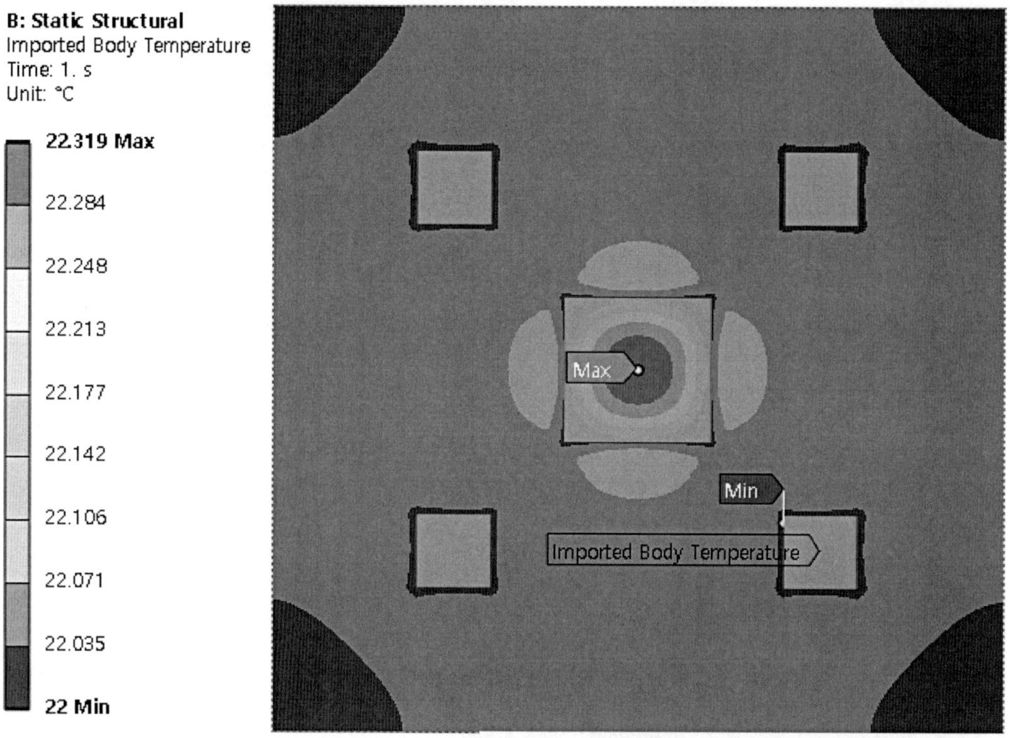

(4) 경계조건을 설정한다.

① Fixed support를 추가한다.

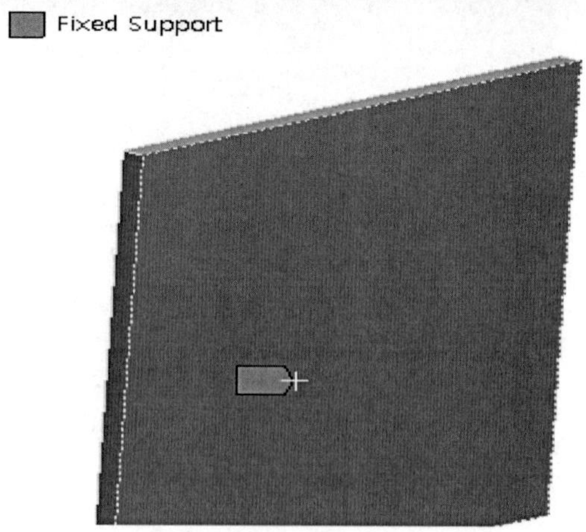

(5) 확인하고자 하는 결과 값을 Solution에 추가한다.

① Total deformation

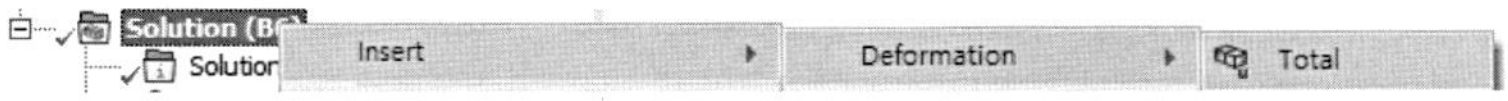

② Equivalent Stress

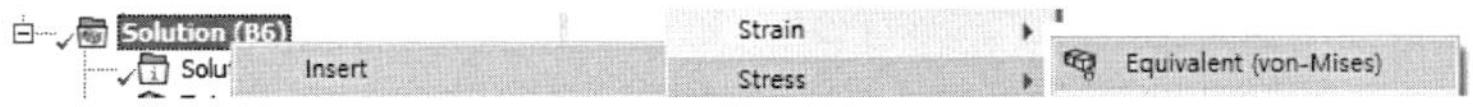

(6) 해석을 수행한다.

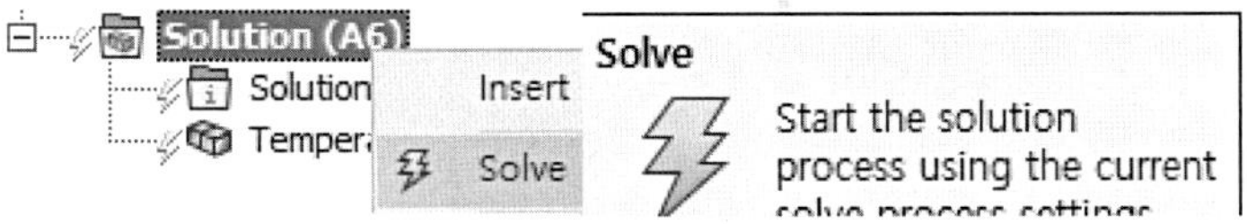

Total CPU time for main thread : seconds

Total CPU time summed for all threads : seconds

----

(7) 해석결과 확인한다.

① Total deformation

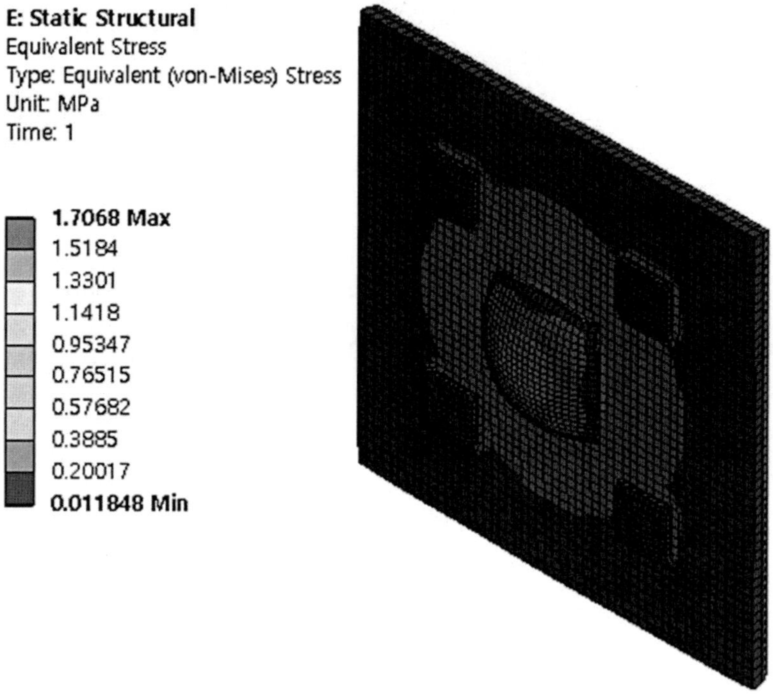

② Equivalent Stress

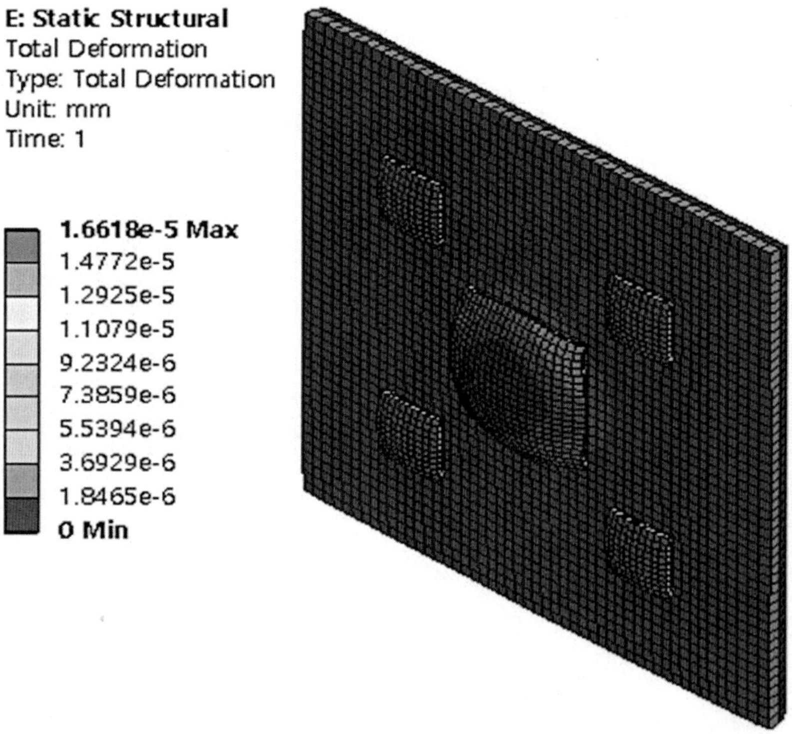

5. 원기둥 열분석 [36]

1) 구조해석 요구사항 [37]

구조해석 모델은 지름 6000 mm, 높이 5000 mm의 원기둥을 사용한다.
모델의 재질은 Structural Steel 이다.
구조해석을 위한 메쉬 설계는 요소의 크기를 500mm로 한다.
모델의 전체 온도가 200℃ 일 때 1000초 동안 22℃ 공기 유동하여 흐름에 구조물의 온도에 영향을 준다
위 조건으로 해석을 진행하였을 때 변화하는 온도의 흐름을 파악하여라.
위 조건 외 사항은 기본조건으로 진행한다.
위 구조해석 요구사항을 만족하는 해석을 진행하여 모델의 온도 분포를 구하여라.

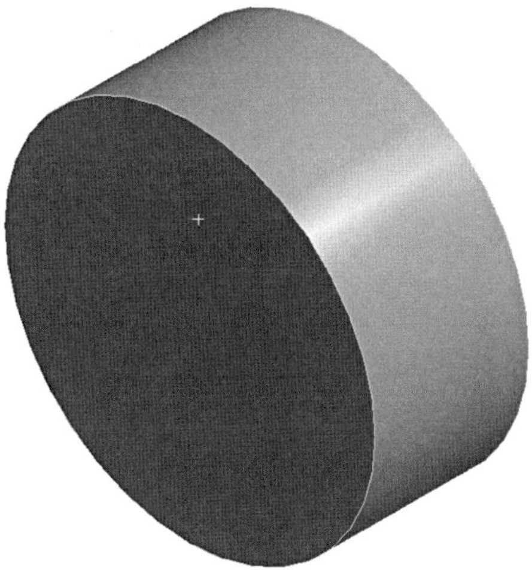

36) 한국공학대학교 로봇메카트로닉스 천민호
37) https://www.bing.com/videos/riverview/relatedvideo?q=ansys%20thermal%20analysis&mid=5DAB61968623E1F49EA65DAB61968623E1F49EA6&ajaxhist=0

2) 구조해석

Part 1. : Thermal Analysis

(1) ANSYS Workbench를 실행하고, Transient Thermal 을 생성합니다.

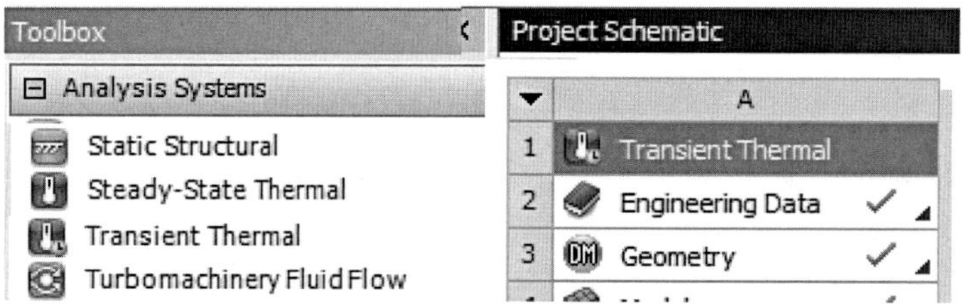

(2) Geometry Call에서 RMB(마우스 오른쪽 버튼)>import geometry>Browse...를 클릭하여 모델파일 (heat sink.stp 또는 heat.igs)을 선택합니다.

① 지오메트리 → 우클릭 → 디자인모델 지오메트리

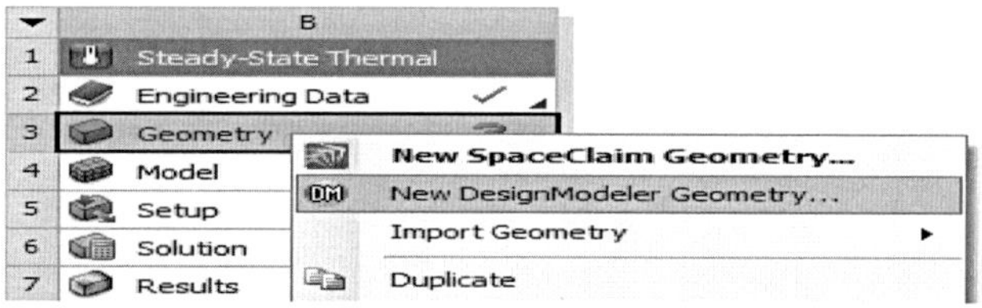

② Create → Primitives → Cuilnder생성

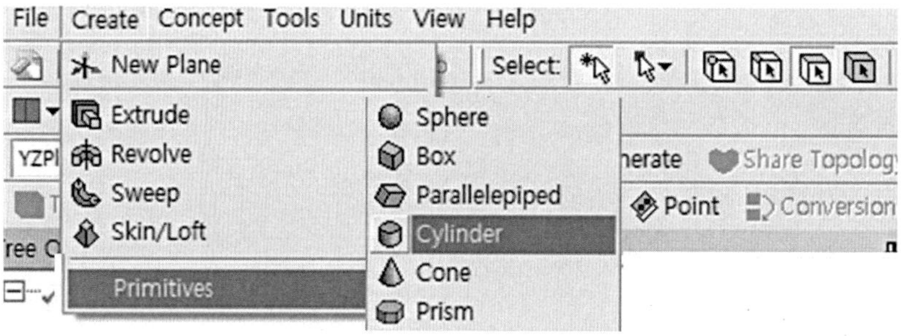

Z(지름) 5M Radius(반지름) 3M 변경

Details View	
Details of Cylinder3	
Cylinder	Cylinder3
Base Plane	XYPlane
Operation	Add Material
Origin Definition	Coordinates
FD3, Origin X Coordinate	0 m
FD4, Origin Y Coordinate	0 m
FD5, Origin Z Coordinate	0 m
Axis Definition	Components
FD6, Axis X Component	0 m
FD7, Axis Y Component	0 m
FD8, Axis Z Component	5 m
FD10, Radius (>0)	3 m
As Thin/Surface?	No

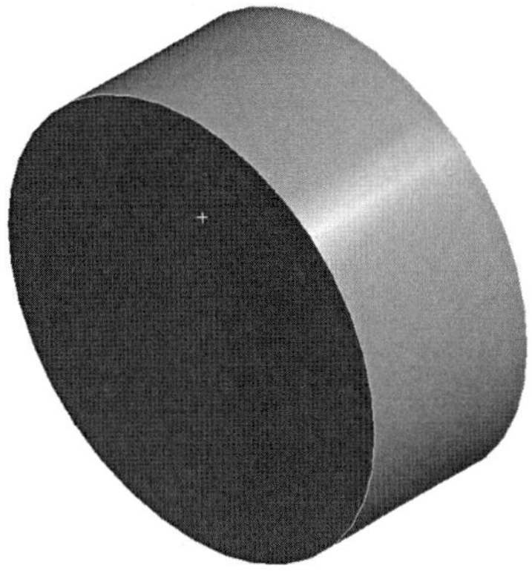

③ Generate로 모델 생성 후 종료

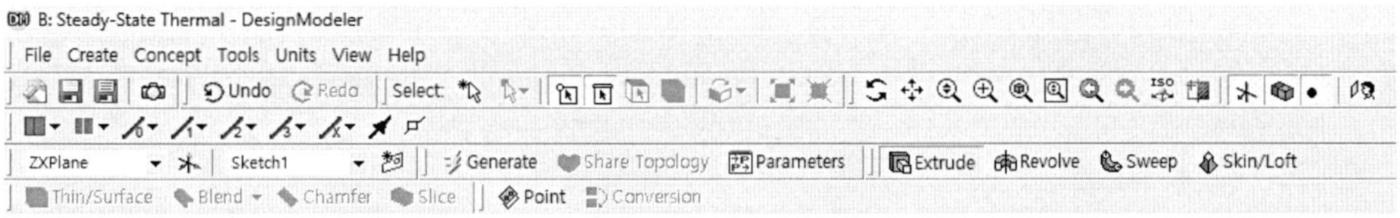

(4) 해석 모델의 환경을 설정한다. (Model)

① ANSYS Workbench를 실행하고, Steady-state Thermal System을 생성합니다.

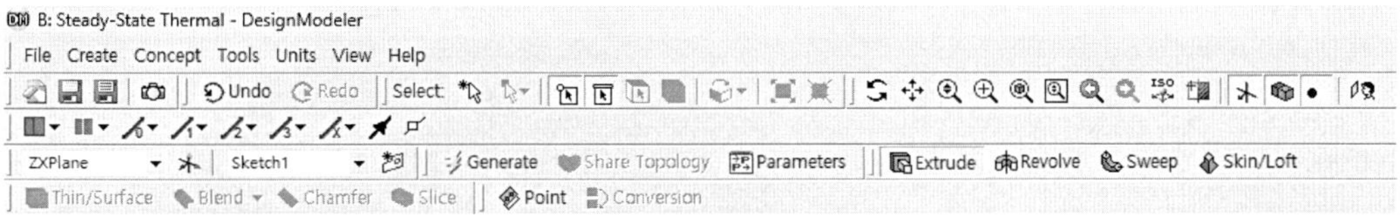

② 해석에 사용할 재료 물성을 정의하기 위해 Engineering Data Cell을 더블클릭하거나 또는 RMB(마우스 오른쪽 버튼)>Edit...를 선택합니다.

③ Engineering Data Sources 아이콘을 클릭 후 General Materials Library에서 Structural Steel 추가되어있는지 확인 합니다.

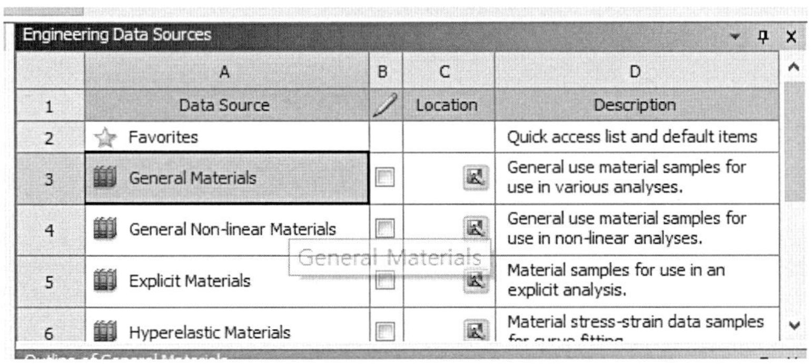

Engineering Data Sources

	A	B	C	D
1	Data Source		Location	Description
2	Favorites			Quick access list and default items
3	General Materials			General use material samples for use in various analyses.
4	General Non-linear Materials			General use material samples for use in non-linear analyses.
5	Explicit Materials			Material samples for use in an explicit analysis.
6	Hyperelastic Materials			Material stress-strain data samples

④ Engineering Data 탭을 닫고 Project Schematic 환경으로 돌아갑니다.

Project를 클릭한다.

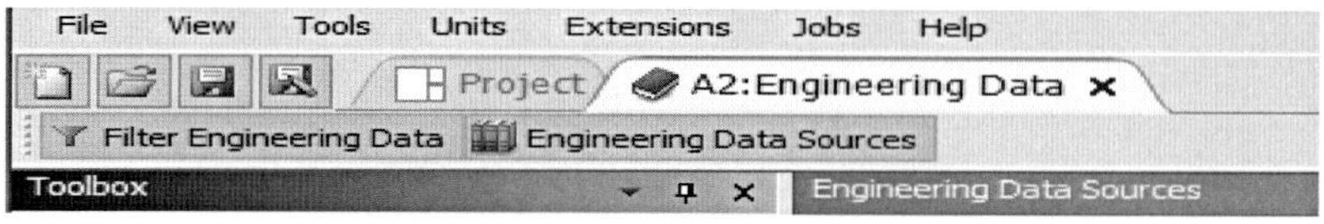

(5) 좌표계 설정 (Coordinate Systems) : 변경내용 없음

(6) 연결 관계 정의(Connections)

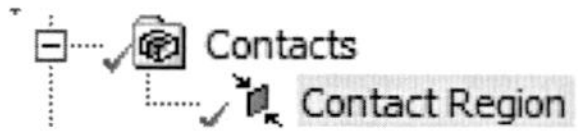

자동설정을 사용한다.

(7) 격자 모델 생성 (Mesh)

① Outline화면에서 Model > Mesh 를 선택한다.

② Detail view에서 Sizing > Element Size 선택하여 값을 500mm로 세팅한다.

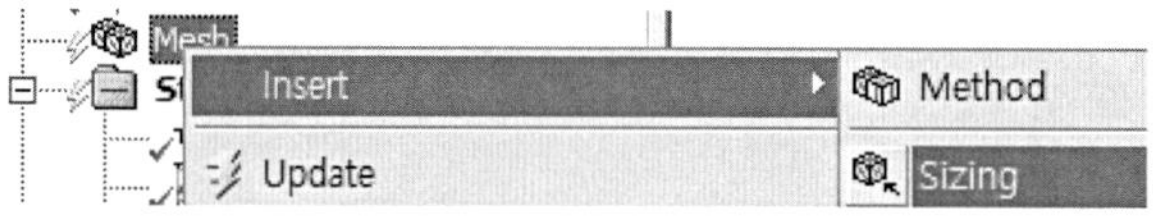

③ Outline화면에서 Model > Mesh 를 선택하고 RMB > Update 실행한다.
Graphic화면에서 모델에 메시가 생성된 것 을 확인할 수 있다.

④ Detail view에서 Statistics에서 메시 생성에 대한 결과를 확인할 수 있다.

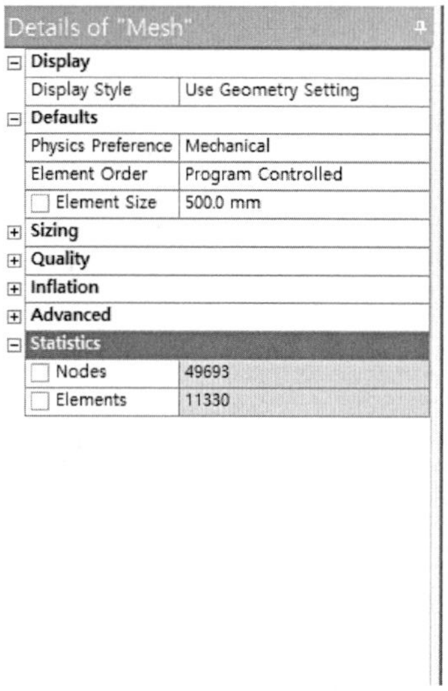

Details of "Mesh"

Display	
Display Style	Use Geometry Setting
Defaults	
Physics Preference	Mechanical
Element Order	Program Controlled
Element Size	500.0 mm
Sizing	
Quality	
Inflation	
Advanced	
Statistics	
Nodes	49693
Elements	11330

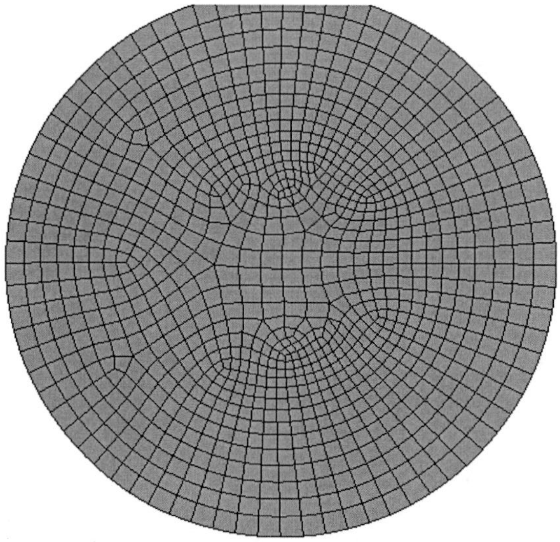

(8) 해석 설정 정의(Analysis Settings)

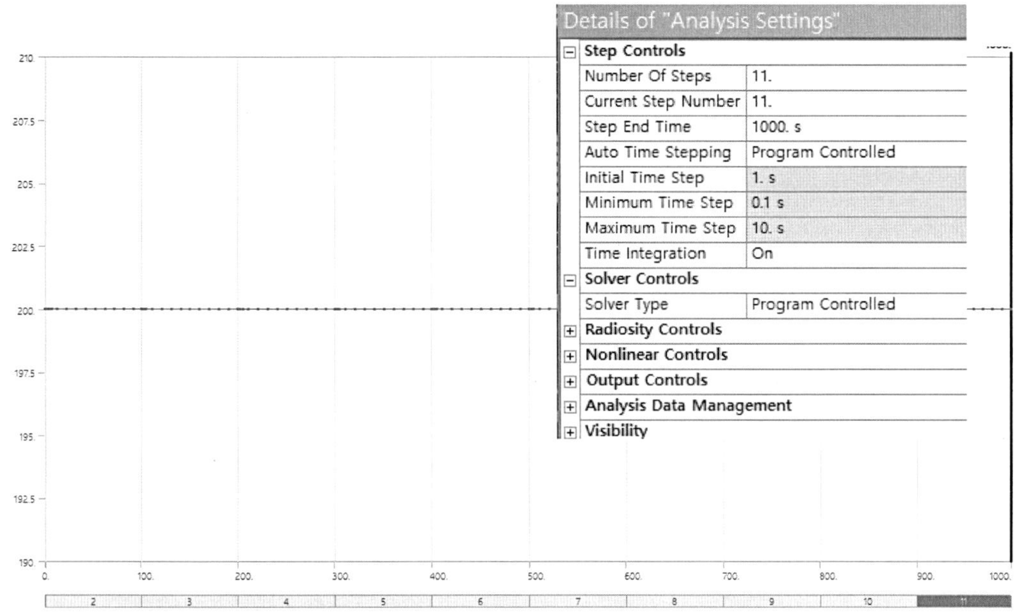

(9) 초기 조건 정의

Details of "Initial Temperature"

Definition	
Initial Temperature	Uniform Temperature
Initial Temperature Value	200. °C

(10) 구속조건 정의

ⓐ 모델 초기온도 설정

Initial Temperature에서 Initial Temperature Value 200℃ 로 설정한다.

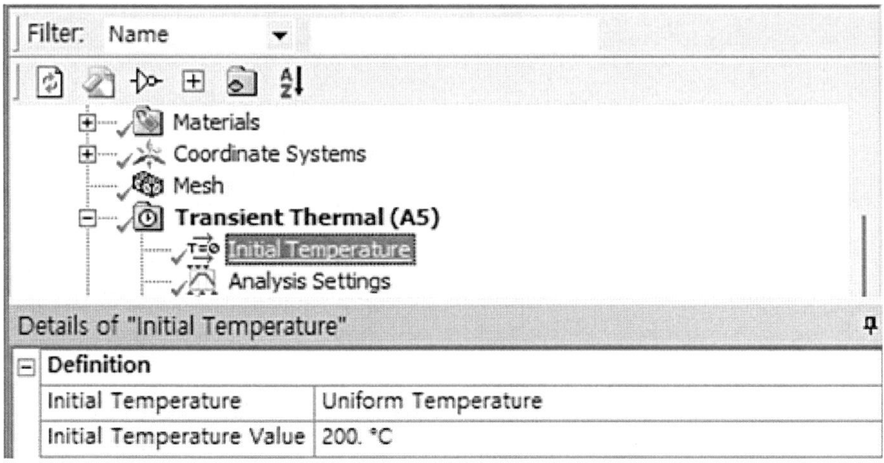

Details of "Initial Temperature"

Definition	
Initial Temperature	Uniform Temperature
Initial Temperature Value	200. °C

ⓑ 대류 조건 부여합니다.

Three Outline의 Steady State-Thermal에서 RBM > Insert > Convection을 추가합니다.

① Detail View>Geometry에 올바디(1 Body)을 지정합니다.

② 원통 내부를 제외한 모든 면을 선택합니다.

③ 대류계수는 Workbench에서 제공하는 데이터를 사용하겠습니다.

Detail View >Film Coefficient 항목의 버튼을 클릭하여 추가 Menu의 Import Temperature Dependent...를 클릭합니다.

④ Ambient Temperature에 22°C(**주변 공기의 온도**)를 사용합니다.

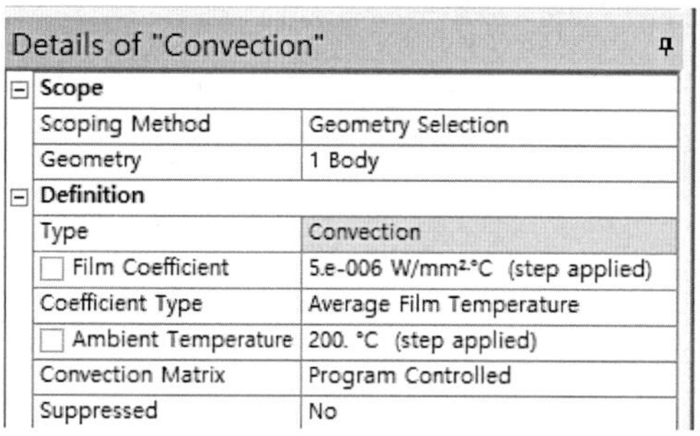

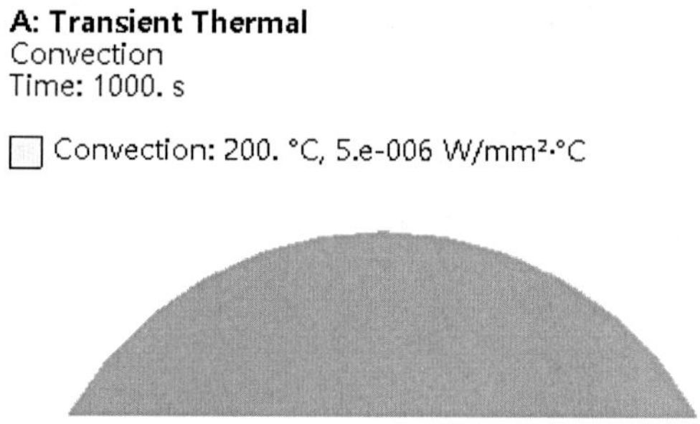

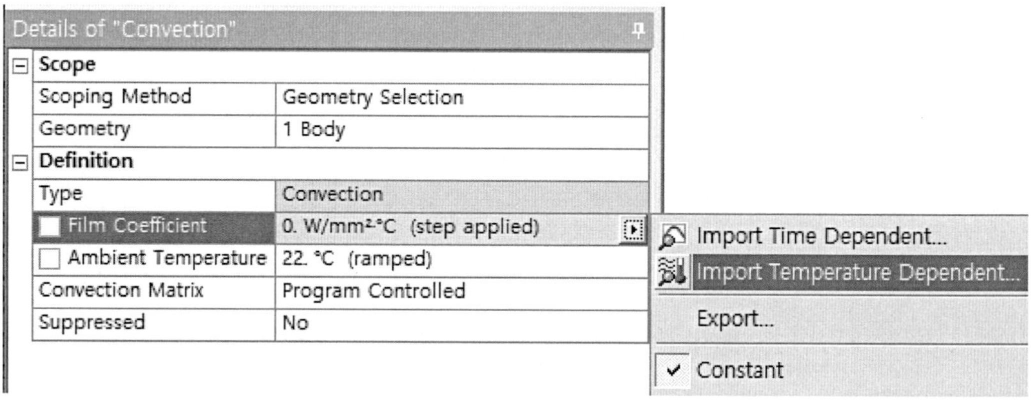

⑤ Convection Data들 중에서 Stagnant Air-Simplified Case 항목을 적용합니다.

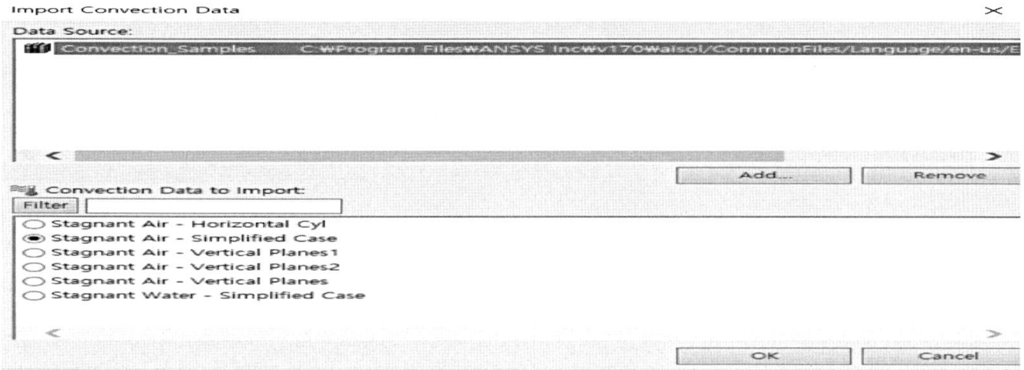

(8) 해석 설정 정의(Analysis Settings)

① Analysis Settings에서 Auto Time Stepping 1000s 설정
Tabular Date에서 100초단위로 나누기

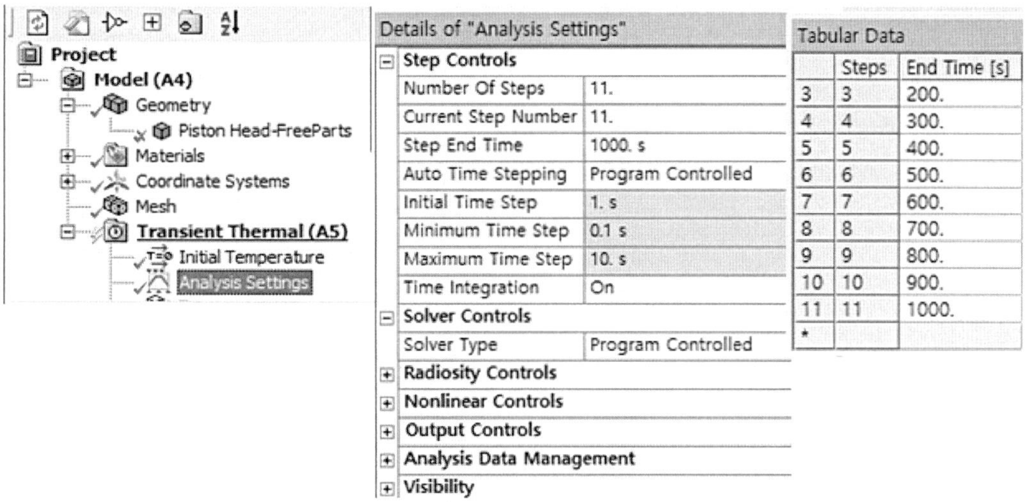

(11) 결과 항목을 추가합니다.

① Temperature 결과 세팅

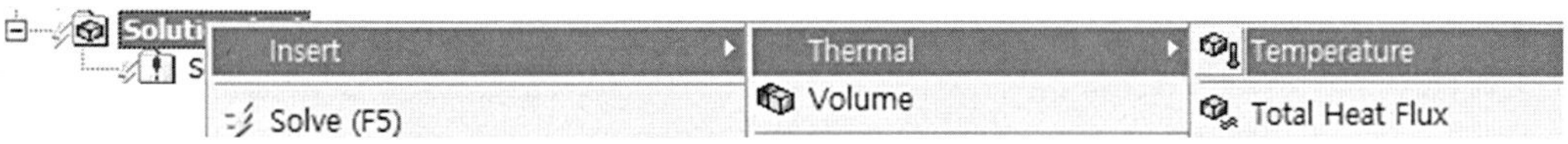

② Solution > RMB > insert > Thermal > Total Heat Flux

(12) 해석 수행

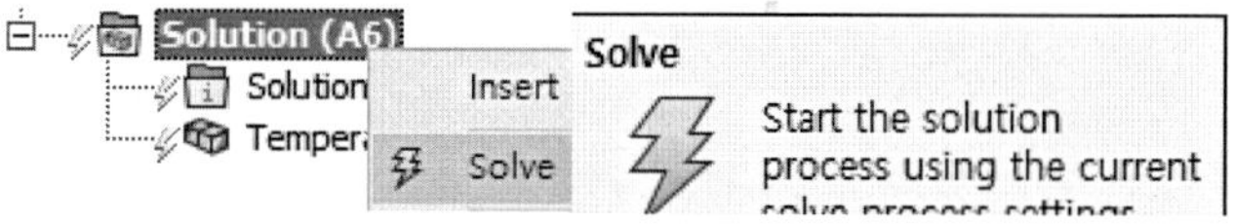

Total CPU time for main thread : 113.7 seconds

Total CPU time summed for all threads : 114.0 seconds

----

(13) 해석결과 확인한다.

온도분포와 열속 분포를 확인합니다. Heat Sink의 온도는 900℃에서 약 873.59℃ 로 분포(격자밀도에 따라 약간의 차이가 발생 가능)하며 최대 Heat Flux값은 약 0.20501 W/mm²입니다.

① Temperature 결과

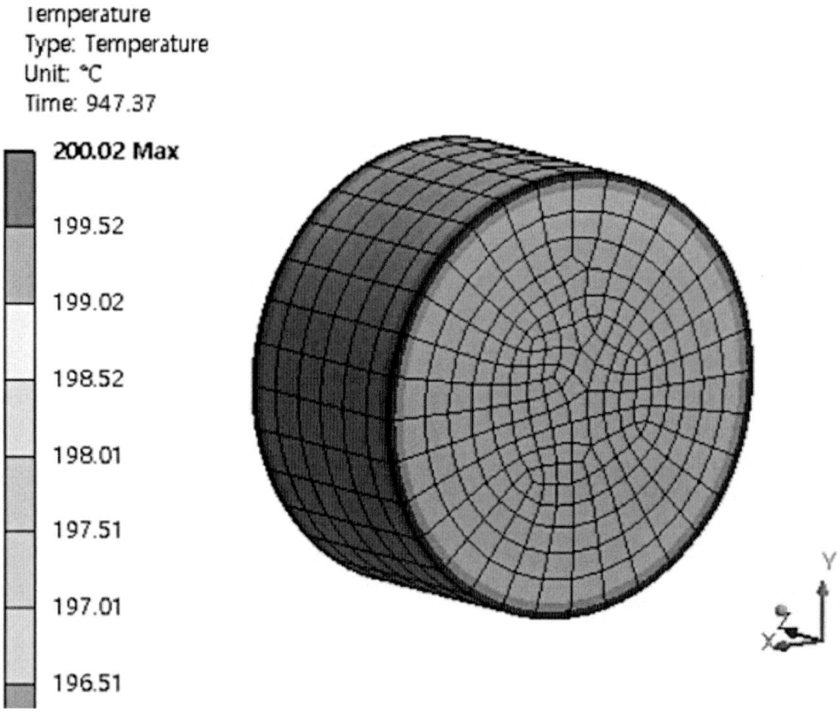

6. 디스크 브레이크 마찰 열해석 [38)]

1) 구조해석 요구사항 [39)]

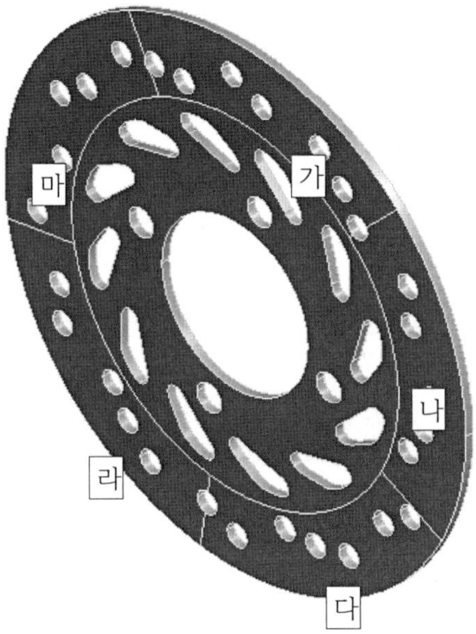

구조해석을 위한 구조물의 재질은 Structural Steel 이다.
구조해석 대상 브레이크에 사용되는 디스크의 날 부분은 시간에 따라 부분별로 다음과 같다.

가. 초기 30℃ 0.2~1sec 45℃
나. 초기 ~ 0.2sec 30℃, 0.4 ~ 1sec 55℃
다. 초기 ~ 0.4sec 30℃, 0.6 ~ 1sec 65℃
라. 초기 ~ 0.6sec 30℃, 0.8sec 65℃, 1sec 70℃
마. 초기 ~ 0.2sec 40℃, 0.4 ~ 0.6sec 45℃, 0.8sec 50℃, 1sec 90℃

단, 분석시 time step은 0.2s로 설정하고, 온도변화는 0.2sec단위로 조정한다.
디스크의 외부 날부분을 제외한 부분(내부, 홀의 내면, 디스크의 띠...)부분은 모두 공기에 의한 대류에 의해 온도 변화한다.

---

38) 한국공학대 메카트로닉스 최승하
39) https://www.youtube.com/watch?v=cL_LM8i-RC8

2) 구조해석

Part 1. : Thermal Analysis

(1) ANSYS Workbench를 실행하고, Transient Thermal을 생성합니다.

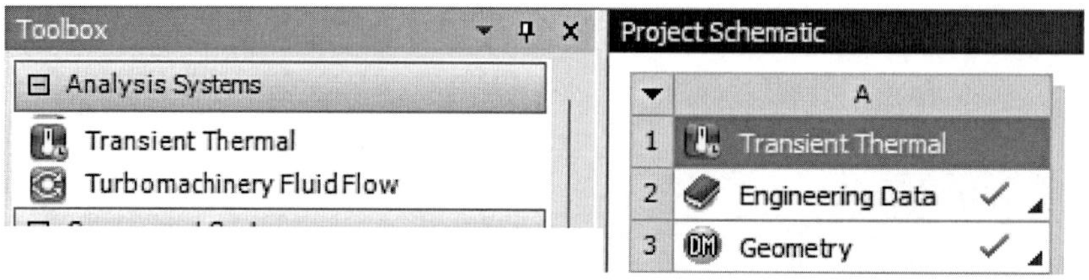

(2) 재료의 물성을 정의한다. (Engineering Data)

이번 구조해석에서는 구조강을 사용하므로 특별한 재료의 선택은 하지 않는다.

(3) 해석 모델을 불러들이거나 모델링을 수행한다. (Geometry)

＊ CAD 데이터를 불러와서 해석을 수행할 수도 있고, Geometry를 더블클릭하여 Workbench에서 Design Modeler를 불러 모델링할 수도 있다.

＊ 이 과정에서는 CAD 데이터를 불러와서 해석을 수행을 한다.

Geometry Call에서 RMB(마우스 오른쪽 버튼) > import geometry>Browse...를 클릭하여 모델파일을 선택합니다.

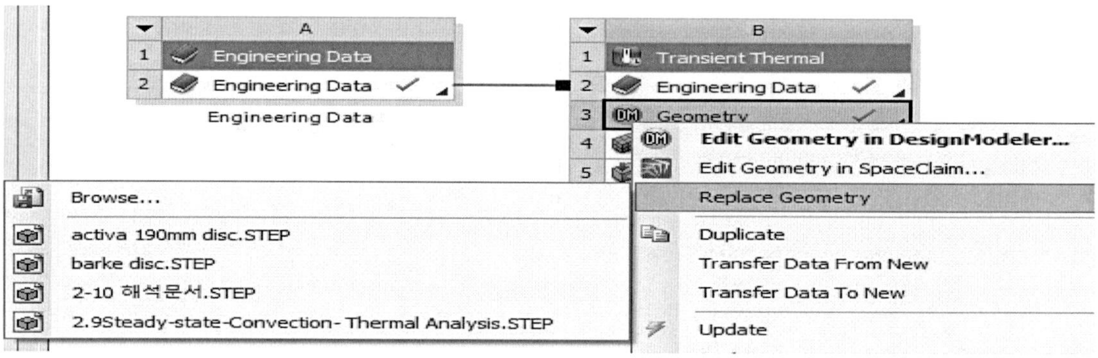

(4) 해석 모델의 환경을 설정한다. (Model)

Project Schematic에 생성된 Steady-State Thermal System의 Model Cell을 더블클릭하여 Mechanical Application을 실행합니다.

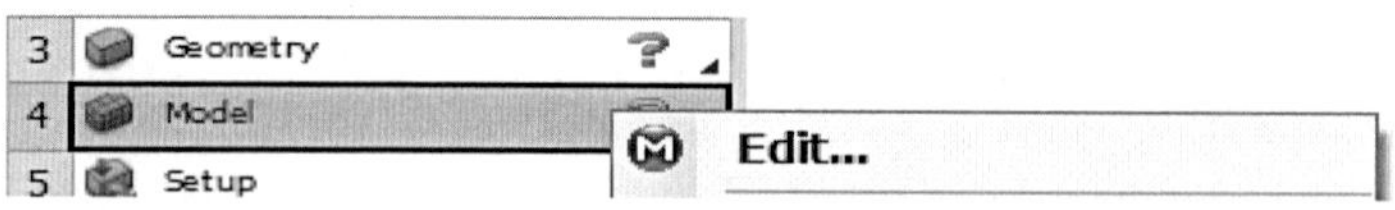

① 모델에 적용할 재질을 Structural Steel로 변경합니다.

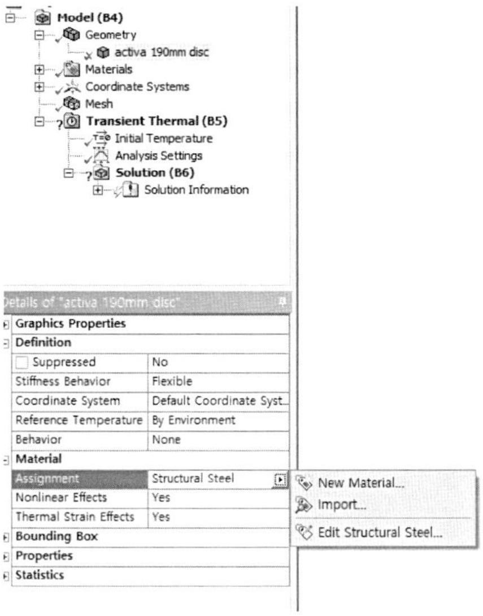

(5) 좌표계 설정 (Coordinate Systems) : 변경내용 없음

(6) 연결 관계 정의(Connections) : 기본설정을 사용한다.

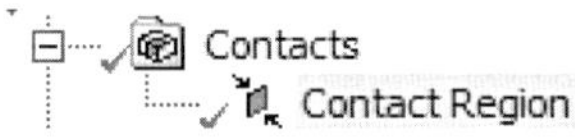

(7) 격자 모델 생성 (Mesh)

Mesh의 Elemental Size는 Default로 설정 후 업데이트합니다.

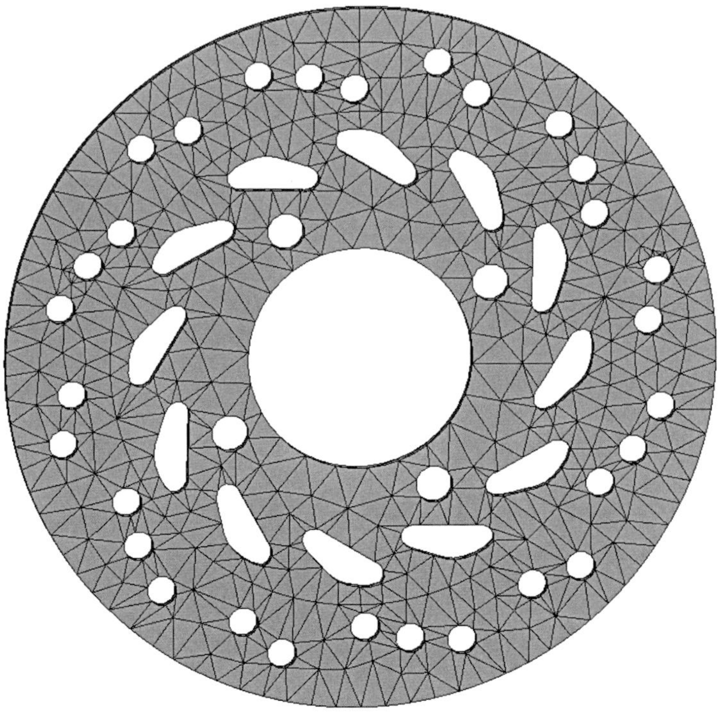

(8) 해석 설정 정의(Analysis Settings) : 기본설정을 사용한다.

① Auto Time Stepping 항목을 off로 설정합니다.

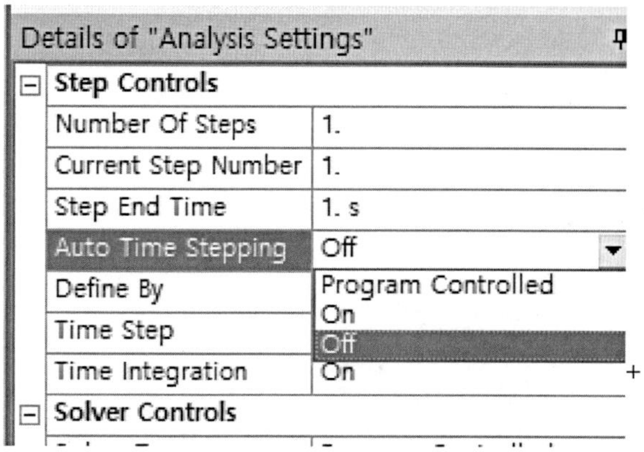

② Time Step의 시간을 0.1s로 설정합니다.

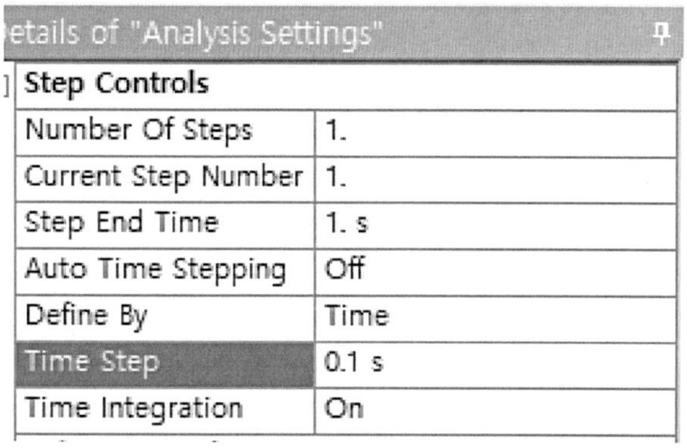

(9) 초기 조건 정의

① Model의 초기온도를 30℃로 설정합니다.

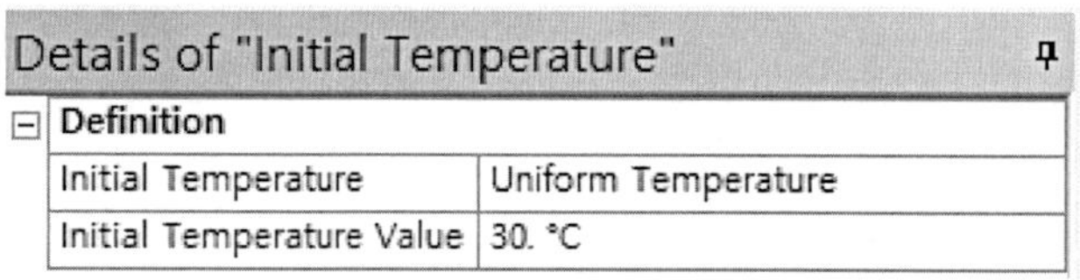

② Intial Temperature 탭에서 Intial Temperature 30℃로 수정

(10) 구속조건 정의

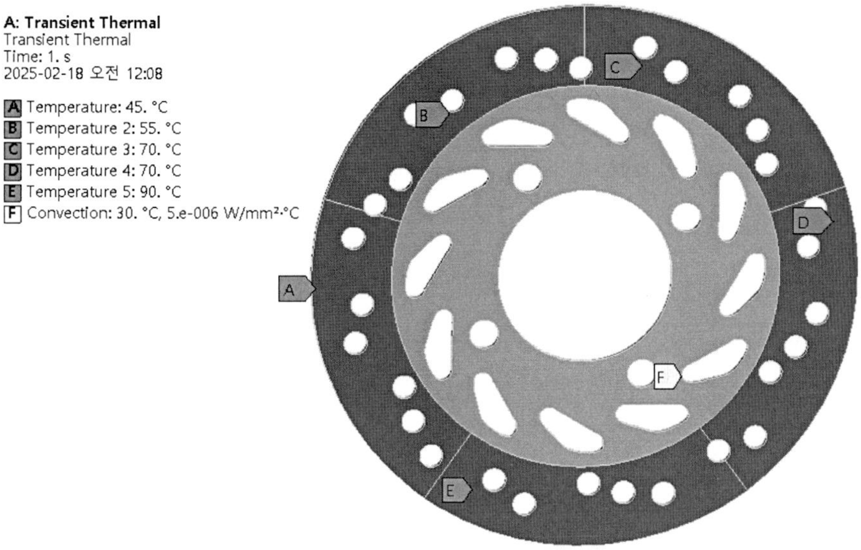

① 각각의 디스크에 온도를 부여한다.

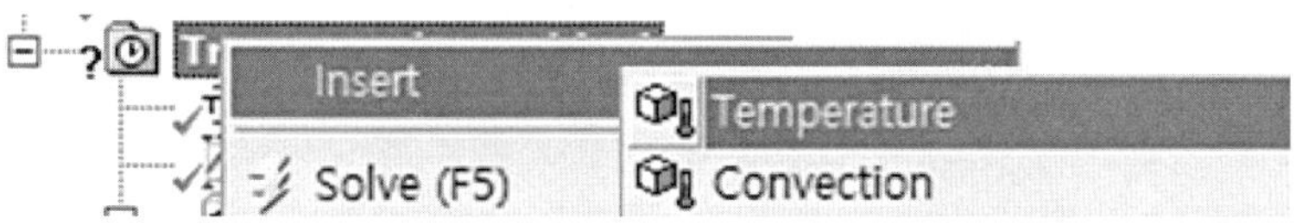

Transient Thermal에서 RBM>Insert>Temperature를 추가합니다.

② 5분할되어 있는 디스크의 앞,뒤 양면 (2Faces)을 선택하여 총5개의 Temperature 를다음 그림과 같이 생성합니다.

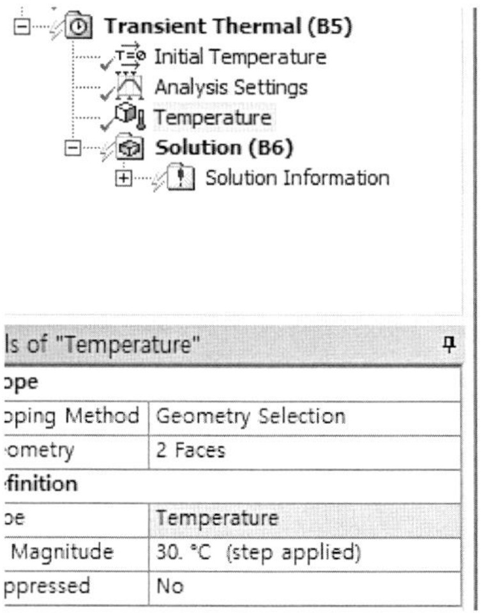

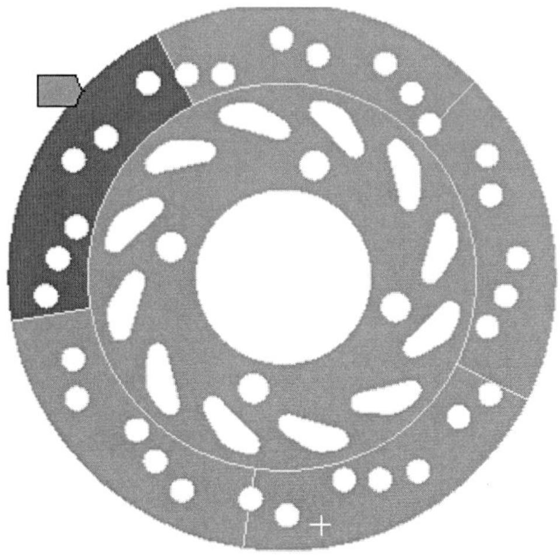

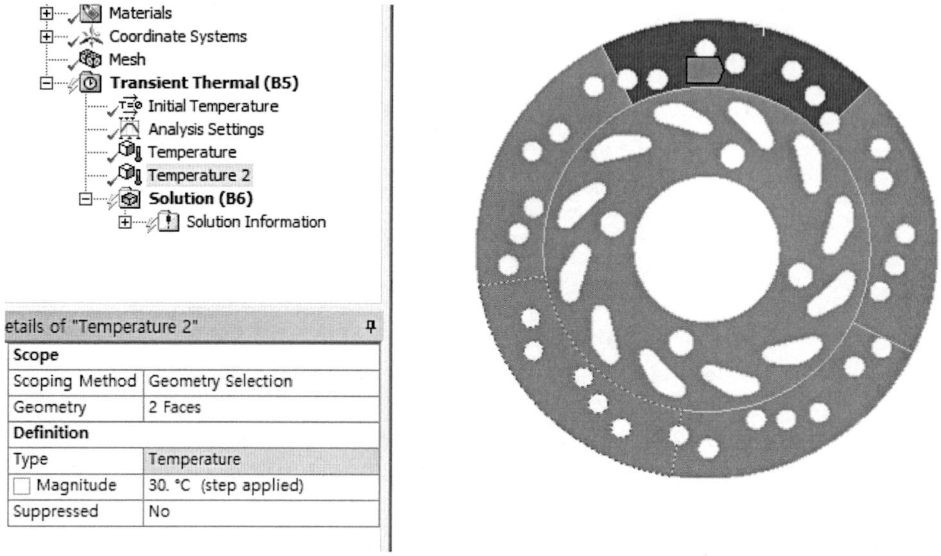
Materials
Coordinate Systems
Mesh
Transient Thermal (B5)
Initial Temperature
Analysis Settings
Temperature
Temperature 2
Solution (B6)
Solution Information
etails of "Temperature 2"
Scope
Scoping Method
Geometry Selection
Geometry
2 Faces
Definition
Type
Temperature
Magnitude
30. °C (step applied)
Suppressed
No

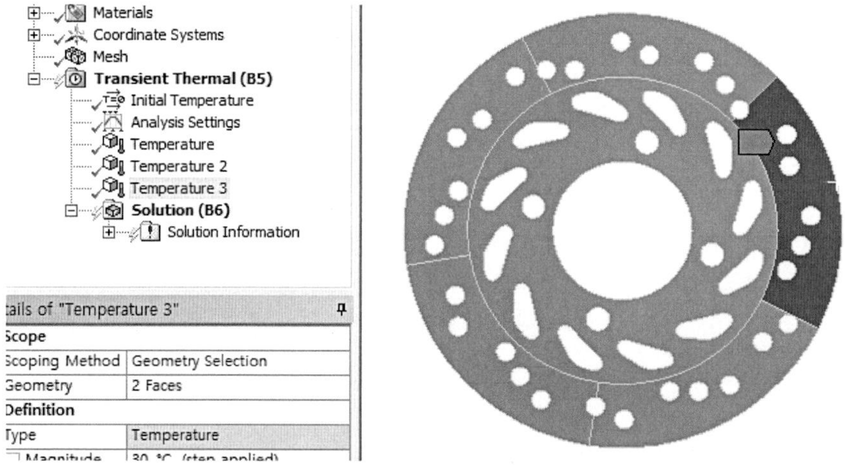
Materials
Coordinate Systems
Mesh
Transient Thermal (B5)
Initial Temperature
Analysis Settings
Temperature
Temperature 2
Temperature 3
Solution (B6)
Solution Information
tails of "Temperature 3"
Scope
Scoping Method
Geometry Selection
Geometry
2 Faces
Definition
Type
Temperature

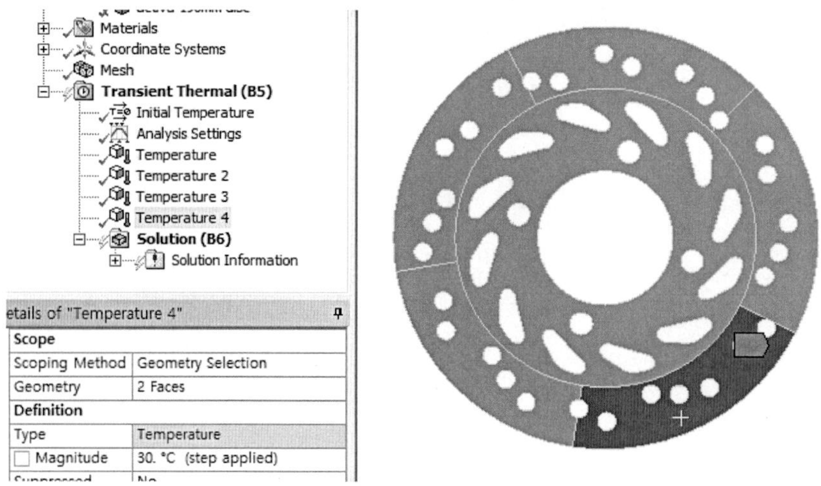
Materials
Coordinate Systems
Mesh
Transient Thermal (B5)
Initial Temperature
Analysis Settings
Temperature
Temperature 2
Temperature 3
Temperature 4
Solution (B6)
Solution Information
etails of "Temperature 4"
Scope
Scoping Method
Geometry Selection
Geometry
2 Faces
Definition
Type
Temperature
Magnitude
30. °C (step applied)

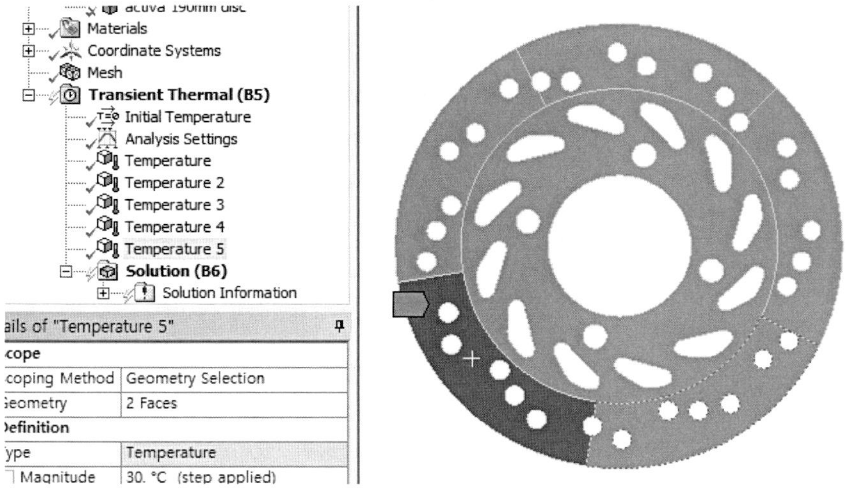

③ 디스크 각부분마다 시간Step 별 온도를 “Tabular Data” 항목에서 수정합니다.

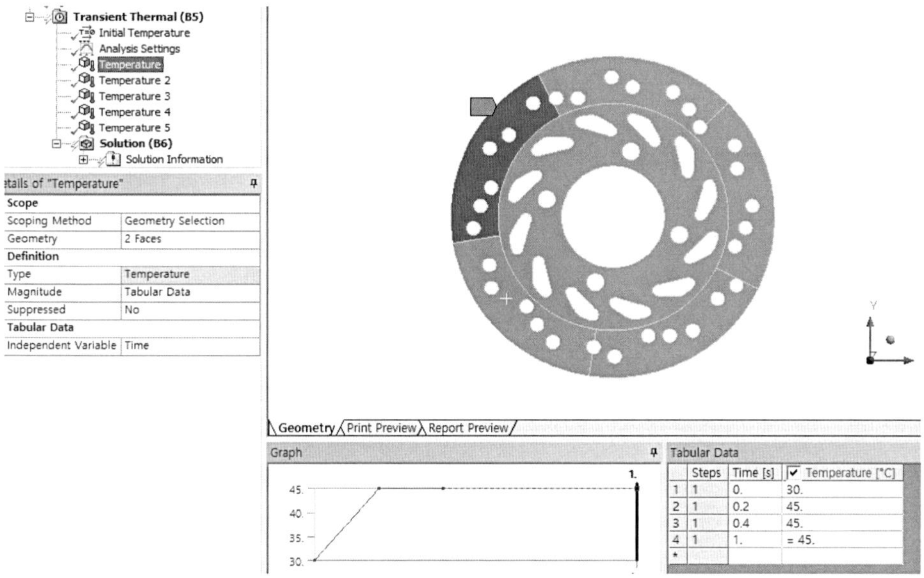

-1.디스크 부분별 온도를 설정하는 Temperature를 선택합니다.

-2. Time[s] 항목에 0.2, 0.4 추가(Time[s]항목 아래 빈셀에 시간입력시 생성)

-3. Temperature 항목 0초 30℃, 0.2초 45℃, 0.4초 45℃, 1초 45℃로 설정한다.

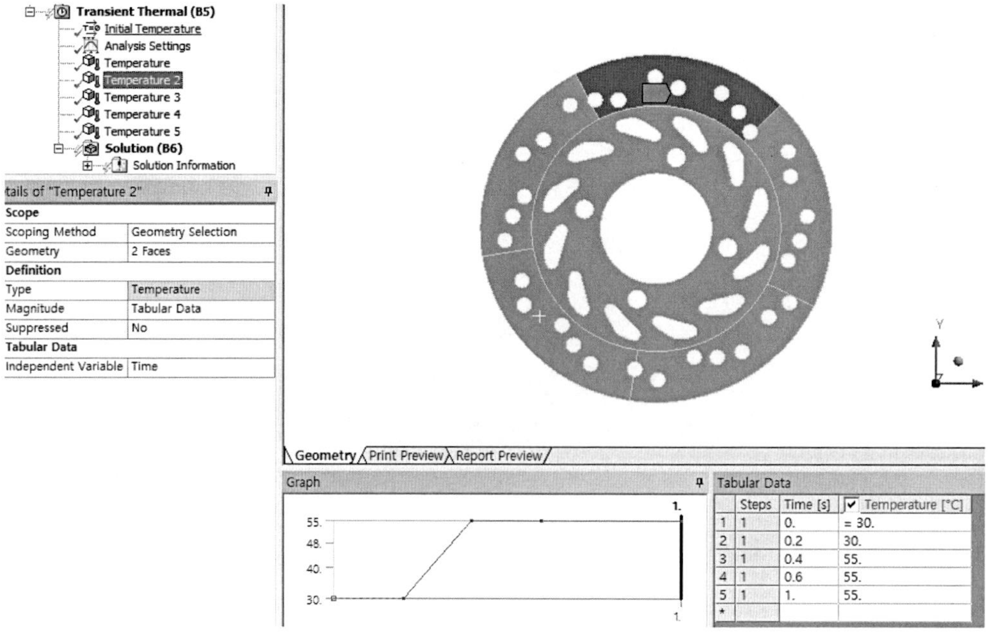

-2. 디스크 부분별 온도를 설정하는 Temperature2를 선택합니다.
-2.1 Time[s] 항목에 0.2, 0.4, 0.6 추가(Time[s]항목 아래 빈셀에 시간입력시 생성)
-2.2 Temperature 항목 0초 30℃, 0.2초 30℃, 0.4초 55℃, 0.6초 55℃, 1초 55℃로 설정한다.

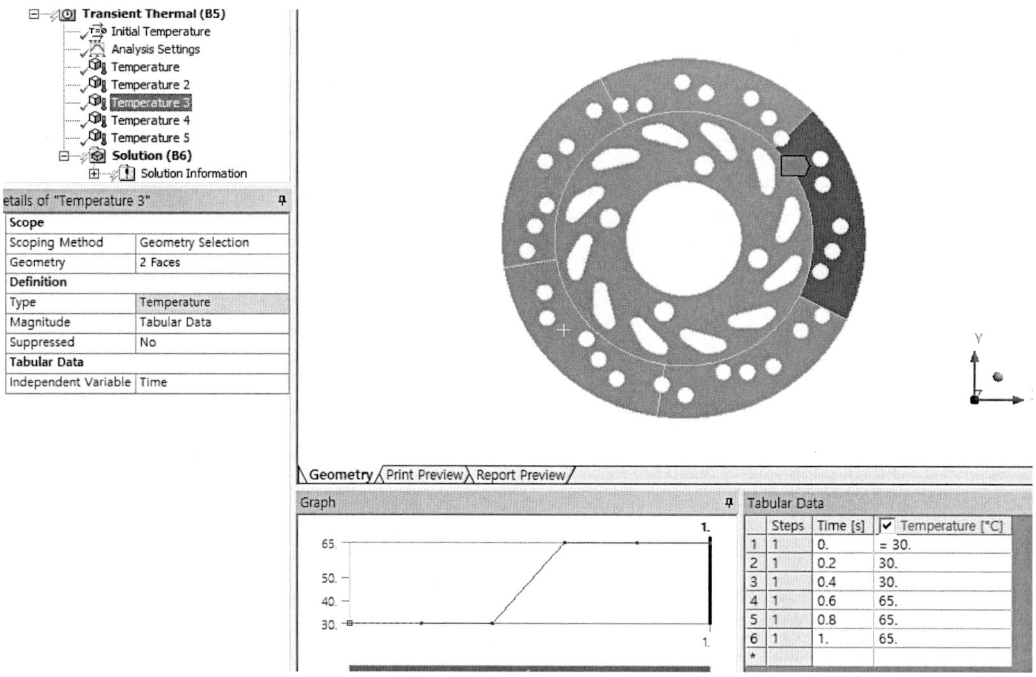

-3. 디스크 부분별 온도를 설정하는 Temperature3를 선택합니다.

-3.1 Time[s] 항목에 0.2, 0.4, 0.6, 0.8 추가
(Time[s]항목 아래 빈셀에 시간입력시 생성)

-3.2 Temperature 항목 0초 30℃, 0.2초 30℃, 0.4초 30℃, 0.6초 65℃, 0.8초 65℃ 1초 65℃로 설정한다.

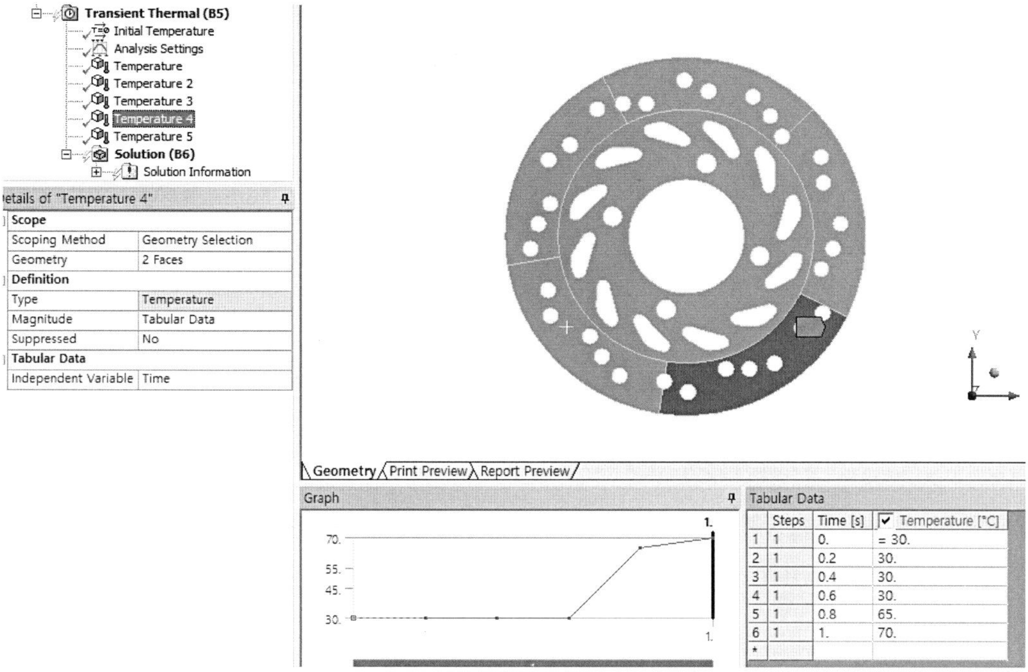

	Steps	Time [s]	Temperature [°C]
1	1	0.	= 30.
2	1	0.2	30.
3	1	0.4	30.
4	1	0.6	30.
5	1	0.8	65.
6	1	1.	70.
*			

-4. 디스크 부분별 온도를 설정하는 Temperature4를 선택합니다.

-4.1. Time[s] 항목에 0.2, 0.4, 0.6, 0.8 추가
(Time[s]항목 아래 빈셀에 시간입력시 생성)

-4.2. Temperature 항목 0초 30℃, 0.2초 30℃, 0.4초 30℃, 0.6초 30℃, 0.8초 65℃ 1초 70℃로 설정한다.

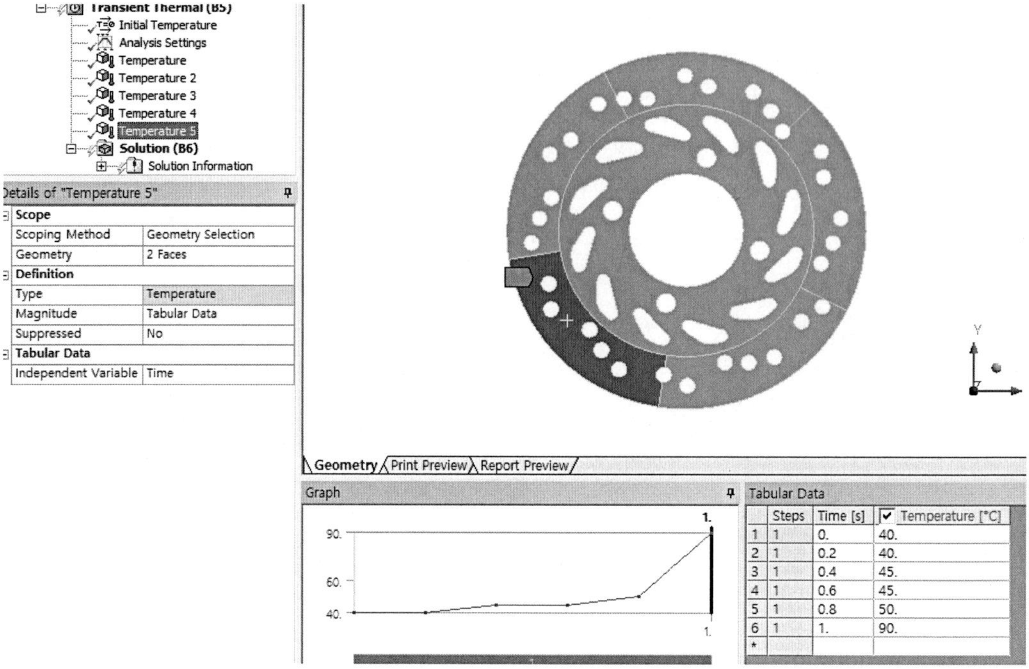

-5.디스크 부분별 온도를 설정하는 Temperature4를 선택합니다.

-5.1 Time[s] 항목에 0.2, 0.4, 0.6, 0.8 추가
(Time[s]항목 아래 빈셀에 시간입력시 생성)

-5.2 Temperature 항목 0초 40℃, 0.2초 40℃, 0.4초 45℃, 0.6초 45℃, 0.8초 50℃ 1초 90℃로 설정한다.

⑤ 대류 조건 부여합니다.

-1. Transient Thermal에서 RBM > Insert > Convection을 추가합니다.

-2. 대류계수는 Workbench에서 제공하는 데이터를 사용하겠습니다.
Film Coefficient 항목의 버튼을 클릭하여 추가 Menu의 Import Temperature Dependent...를 클릭합니다.

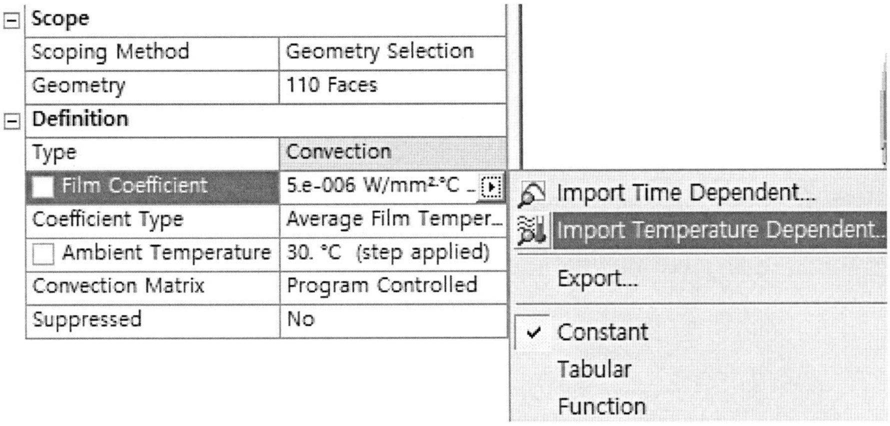

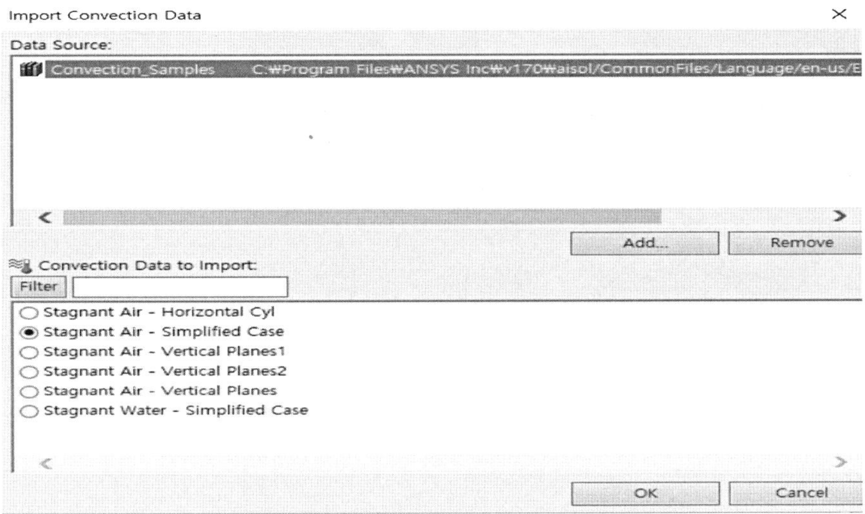

(11) 결과 항목을 추가합니다.

① Temperature 결과 세팅

② Solution > RMB > insert > Thermal > Total Heat Flux

(12) 해석 수행

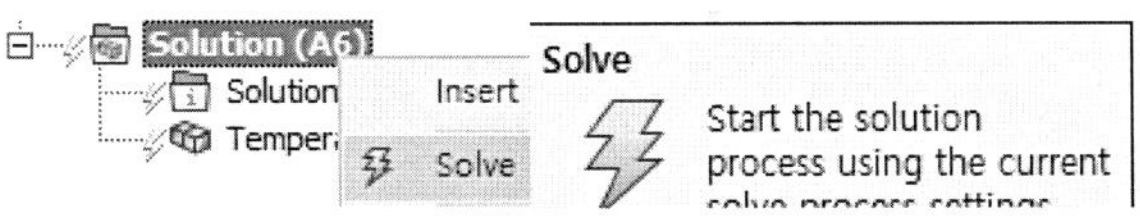

Total CPU time for main thread : 0.5 seconds

Total CPU time summed for all threads : 0.6 seconds

----

(13) 해석결과 확인

온도분포와 열속 분포를 확인합니다. Disc의 온도는 27.341℃에서 약 90℃ 로 분포(격자밀도에 따라 약간의 차이가 발생 가능)하며 최대 Heat Flux값은 약 2.695W/ mm^2입니다.

① Temperature 결과

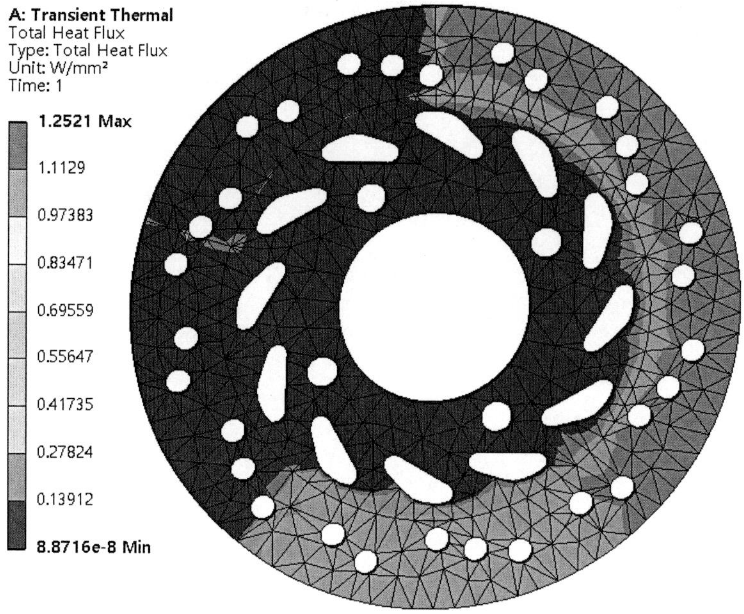

② Total Heat Flux 결과

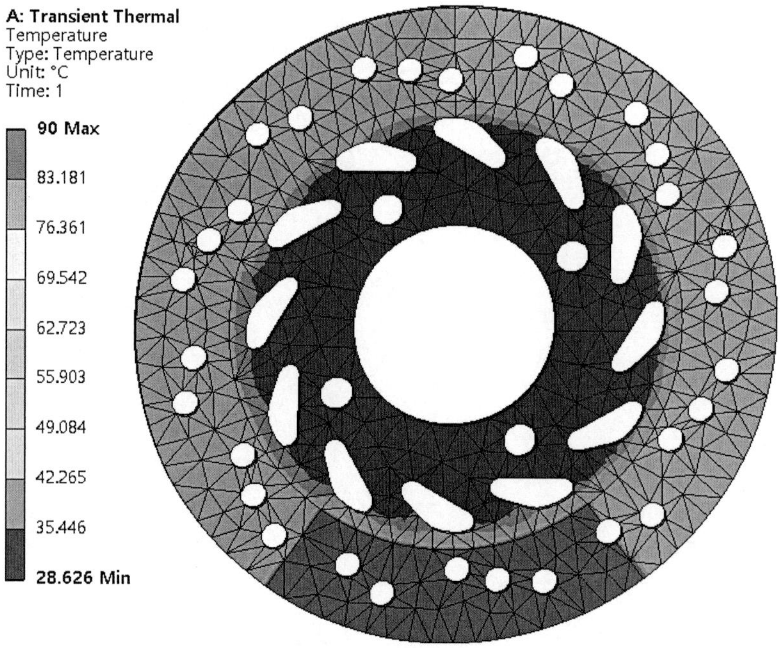

Part 2. : Static Structural Analysis

(1) 정적구조해석을 수행한다.

① Transient Thermal에서는 Stress를 계산할 수 없다. 열응력 해석을 하기 위해서는 정적구조해석을 수행해야 한다.

열응력 해석을 위하여 열전도 해석결과로 얻은 데이터를 응력 해석에 연속해서 수행한다.

② 열전도 해석 결과에 얻은 데이터를 정적구조해석으로 가져온다.

③ Toolbox에서 Static Structural을 Project Schematic에 Drag하여 놓는다

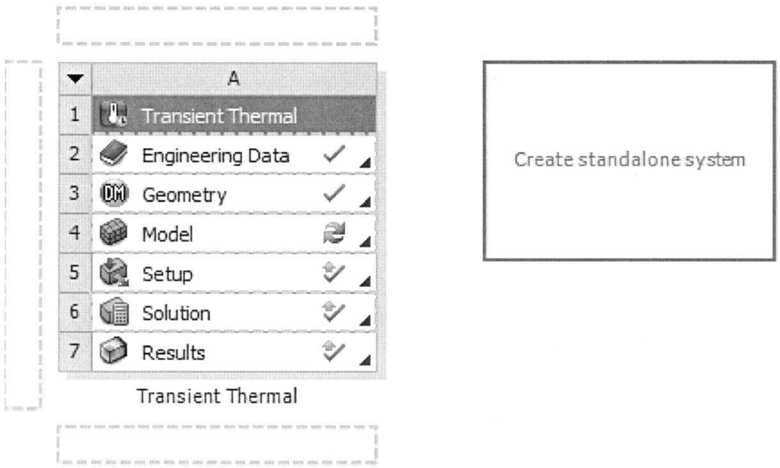

(2) Static Structural에서 Model을 더블클릭하여 Static Structural을 불러온다.

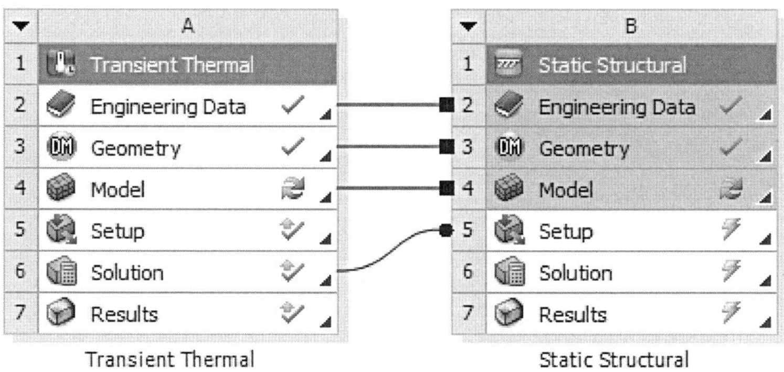

(3) 온도데이터를 불러온다.

① Static Structural에서 Imported Load를 클릭한다.

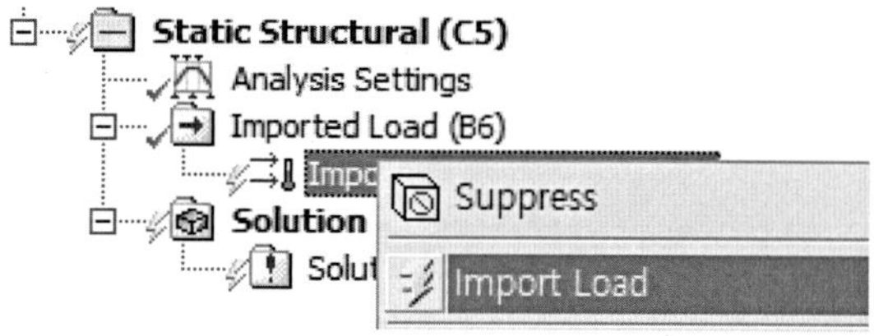

② Import Load를 해서 온도데이터를 불러온 결과.

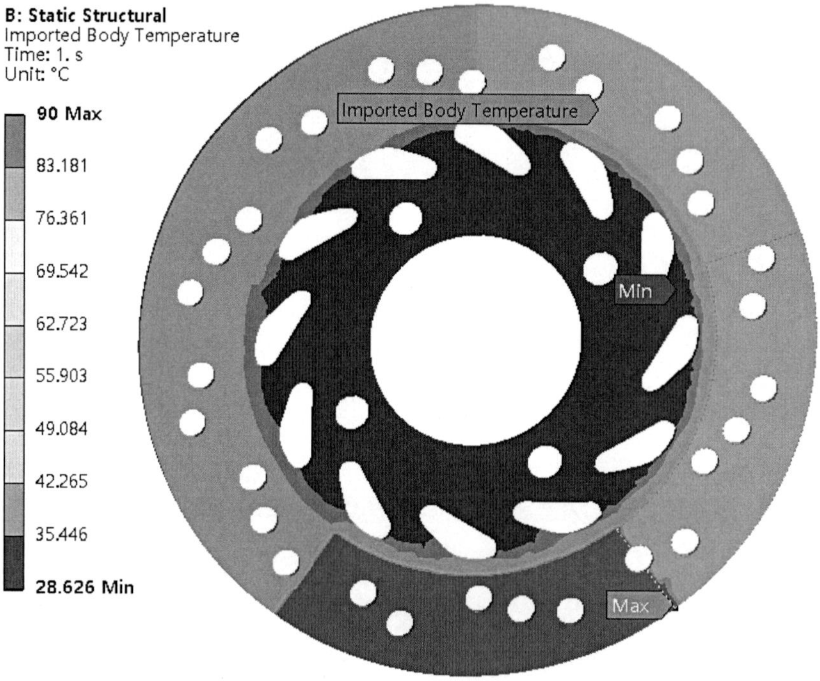

(4) 경계조건을 설정한다.

① Fixed support를 추가한다.

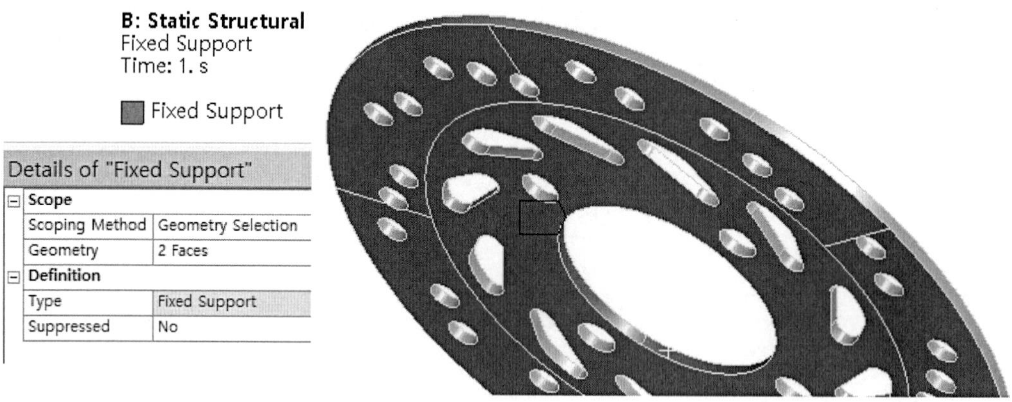

(5) 확인하고자 하는 결과 값을 Solution에 추가한다.

① Total deformation

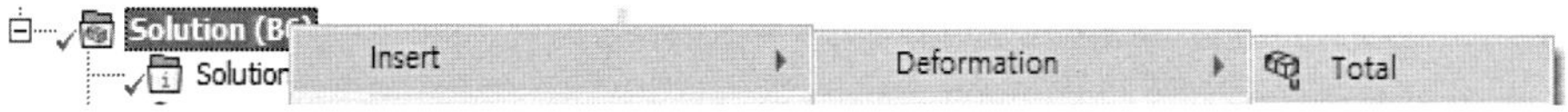

② Equivalent Stress

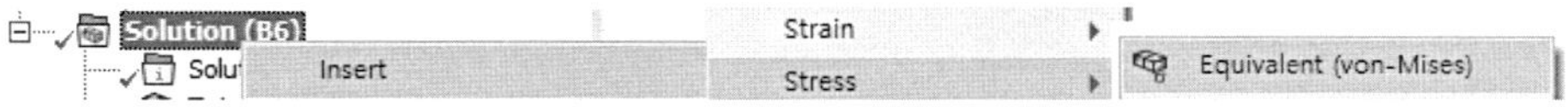

(6) 해석을 수행한다.

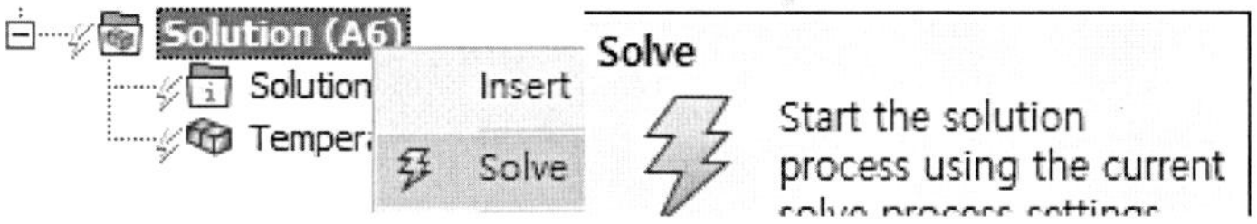

Total CPU time for main thread	:	0.5 seconds
Total CPU time summed for all threads	:	4.0 seconds

---

(7) 해석결과 확인

① Total deformation

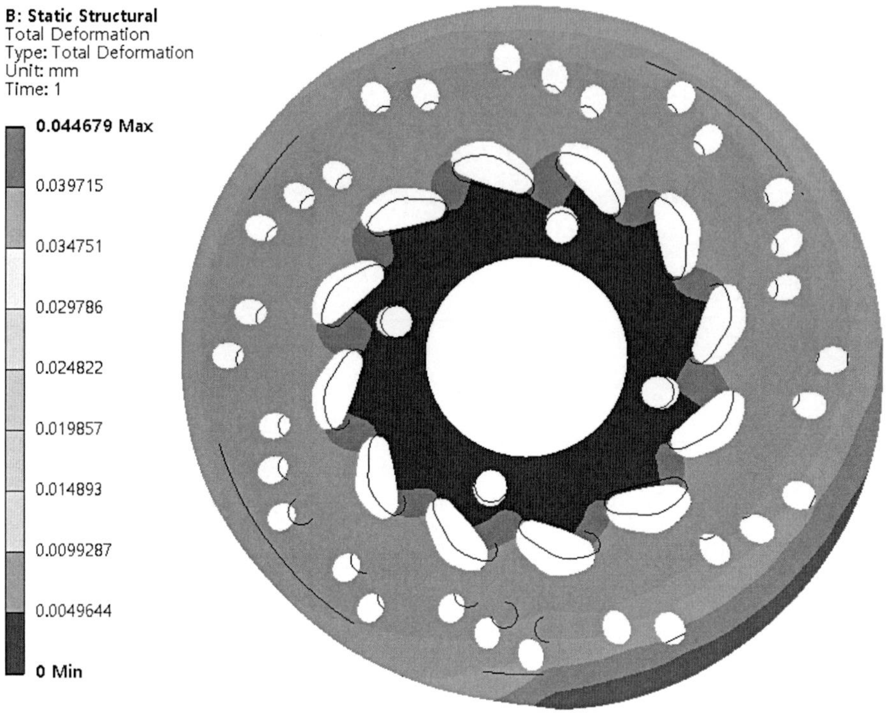

② Equivalent Stress

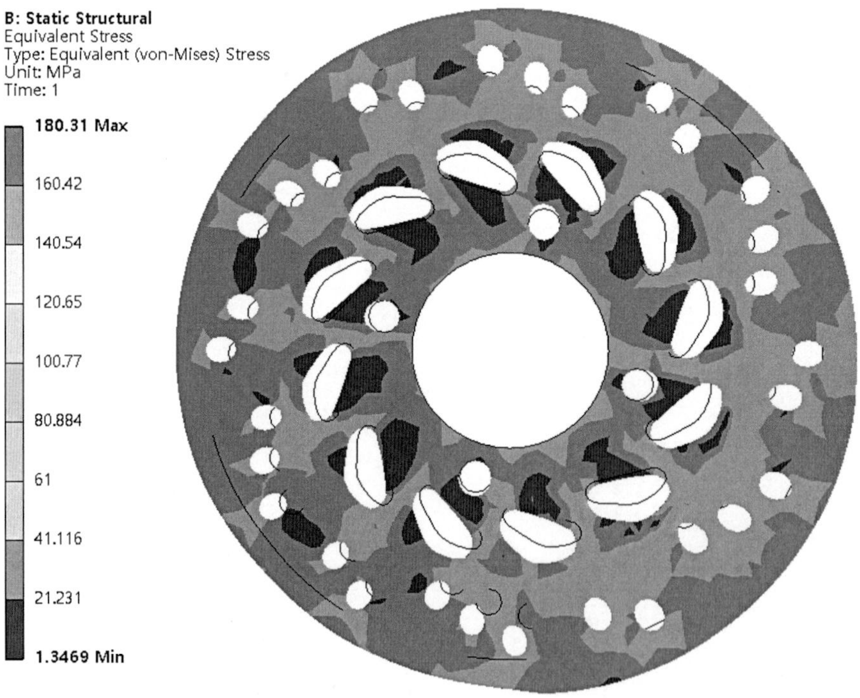

③ Force Reation

B: Static Structural
Force Reaction

Details of "Force Reaction"	
Definition	
Type	Force Reaction
Location Method	Boundary Condition
Boundary Condition	Fixed Support
Orientation	Global Coordinate System
Suppressed	No
Options	
Result Selection	All
Display Time	End Time
Results	
Maximum Value Over Time	
X Axis	-1.4292e-009 N
Y Axis	-5.8716e-009 N
Z Axis	-9.146e-008 N
Total	9.166e-008 N
Minimum Value Over Time	
X Axis	-1.4292e-009 N
Y Axis	-5.8716e-009 N
Z Axis	-9.146e-008 N
Total	9.166e-008 N
Information	

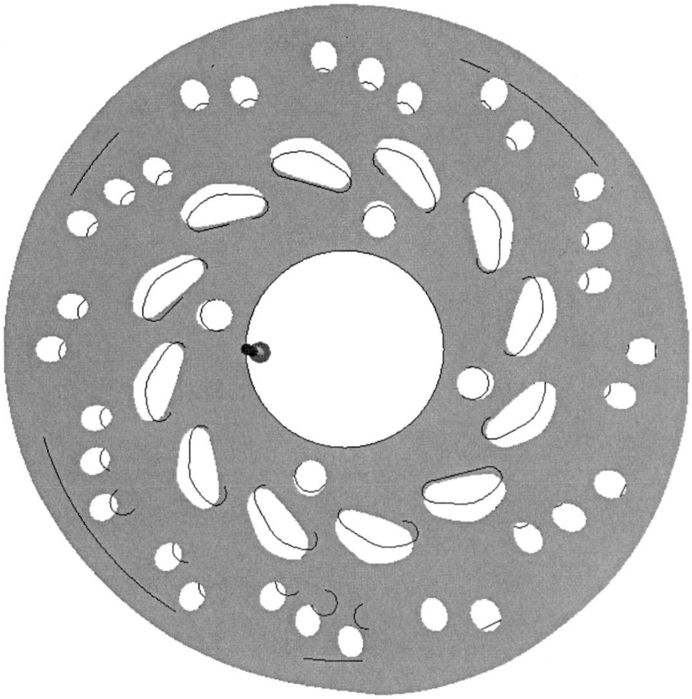

④ Moment Reaction

B: Static Structural
Moment Reaction

Details of "Moment Reaction"	
Definition	
Type	Moment Reaction
Location Method	Boundary Condition
Boundary Condition	Fixed Support
Orientation	Global Coordinate System
Summation	Centroid
Suppressed	No
Options	
Result Selection	All
Display Time	End Time
Results	
Maximum Value Over Time	
X Axis	4.425e-006 N·mm
Y Axis	3.3451e-006 N·mm
Z Axis	-6.4174e-004 N·mm
Total	6.4176e-004 N·mm
Minimum Value Over Time	
X Axis	4.425e-006 N·mm
Y Axis	3.3451e-006 N·mm
Z Axis	-6.4174e-004 N·mm
Total	6.4176e-004 N·mm
Information	

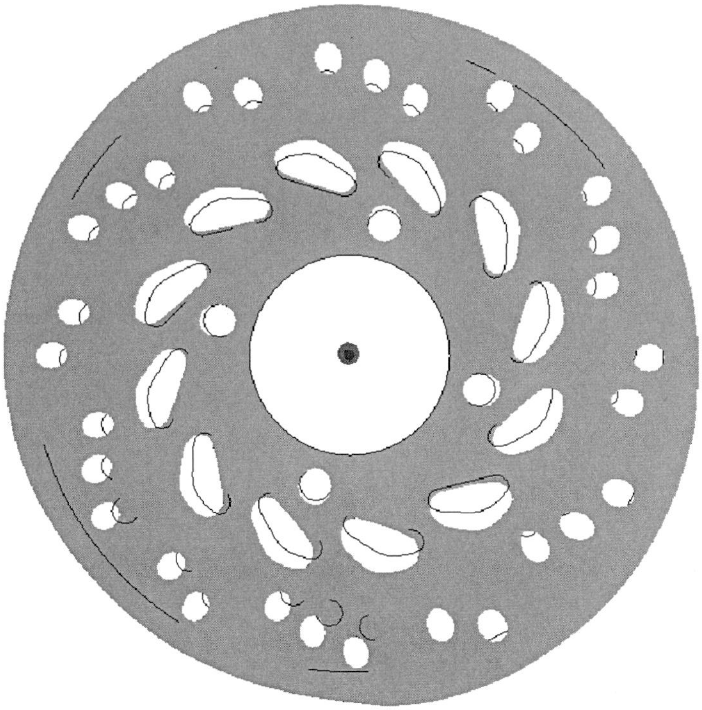

7. 사다리꼴 구조물의 열전달 해석 [40]

1) 구조해석 요구사항

구조해석 대상 모델은 사다리꼴 형태로 되어 있다. 짧은 면의 길이는 0.4, 긴 면의 길이는 0.8, 높이는 1이다. 짧은 면에 heat Flux : 50000 W/m^2를 부여하고, 긴 면에 temperature : 300K를 부여한다. 이런 환경에서의 temperature, total heat flux를 해석하시오.

구조해석 대상 구조물의 재질은 골드로 density는 193000kg/m^-3 , isotropic thermal conductivity 는 320Wm^-1K^-1 이다. 재질의 specific heat이다.
129 Jkg^-1K^-1
구조해석 시 메쉬의 설계는 자동설정을 사용한다.

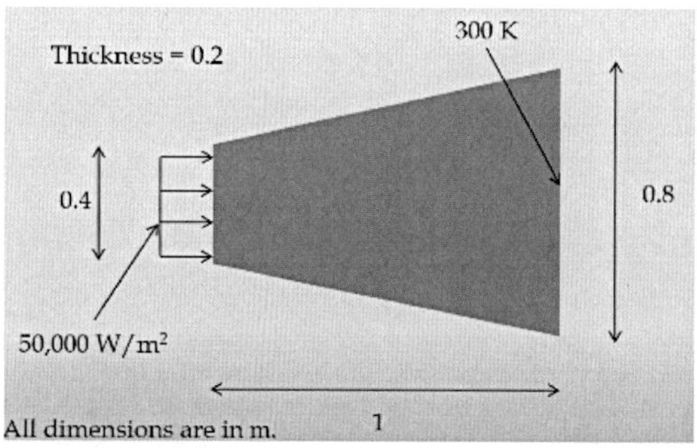

원형모델

40) 한국공학대학교 로봇메카트로닉스 김봉현

2) 구조해석

Part 1. : Thermal Analysis

(1) 해석 시스템을 생성한다.

ANSYS Workbench를 실행하고, transient thermal을 생성합니다.

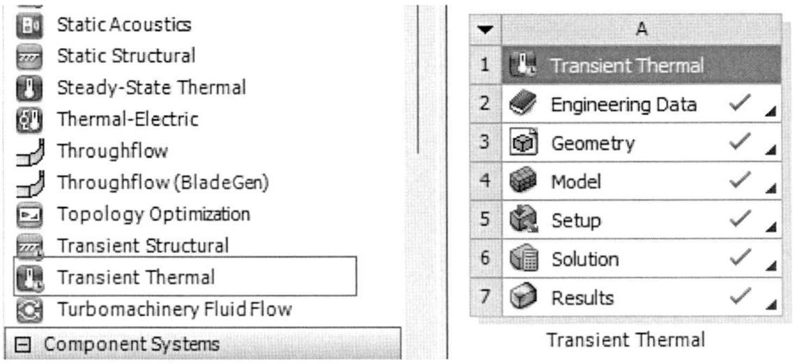

(2) 재료의 물성을 정의한다. (Engineering Data)

① 해석에 사용할 재료 물성을 정의하기 위해 Engineering Data Cell을 더블클릭하거나 또는 RMB(마우스 오른쪽 버튼)>Edit...를 선택합니다.

② click here to add a new material에 Gold 입력하고 재질 물성치를 입력한다.

③ 생성된 gold를 클릭하고 왼쪽 toolbox에서 필요한 물성치들을 더블클릭해서 갖고 온다.

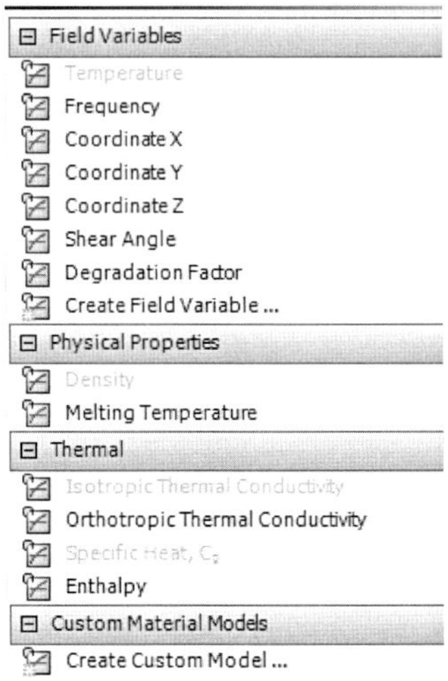

Property	Value	Unit
Material Field Variables	Table	
Density	19300	kg m^-3
Isotropic Thermal Conductivity	320	W m^-1 K^-1
Specific Heat, C_p	129	J kg^-1 K^-1

④ Gold의 물성치는 아래의 그림과 같다.

(3) 해석 모델을 불러들이거나 모델링을 수행한다. (Geometry)
 다시 위쪽에 project 버튼을 누르고 transient thermal을 끌고 온다.
만들어둔 모델링파일을 geometry에 집어넣는다.

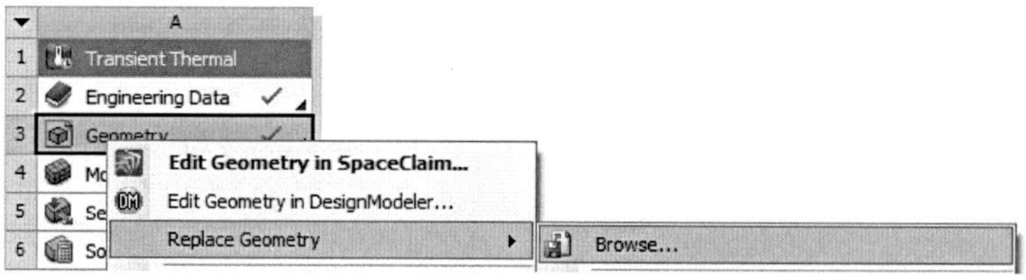

(4) 해석 모델의 환경을 설정한다. (Model)
① Project Schematic에 생성된 transient thermal 의 Model Cell을 더블클릭한다.

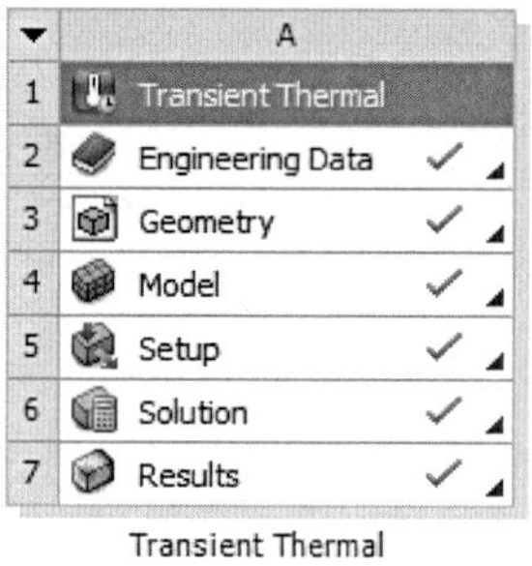

② 모델에 적용할 재질을 Gold로 변경합니다.

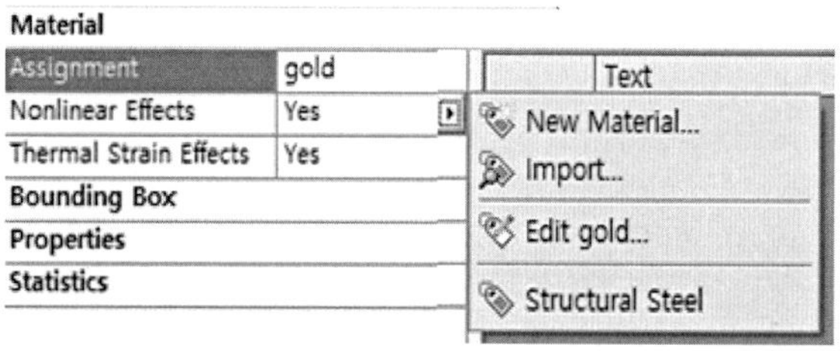

(5) 좌표계 설정 (Coordinate Systems) : 변경내용 없음

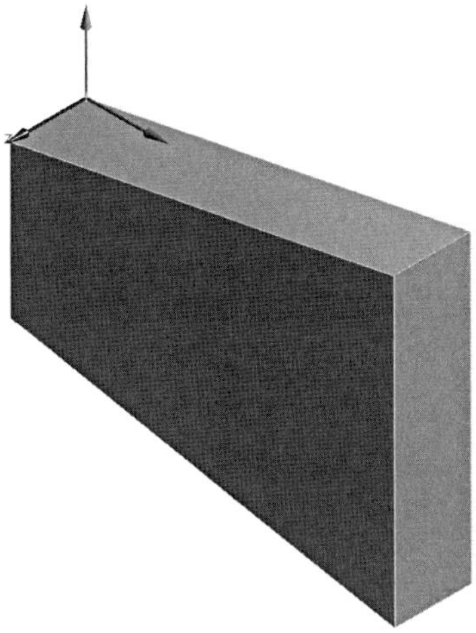

Details of "Global Coordinate System"

Definition	
Type	Cartesian
Coordinate System ID	0.
Origin	
Origin X	0. mm
Origin Y	0. mm
Origin Z	0. mm
Directional Vectors	

(6) 연결 관계 정의(Connections) : 기본설정을 사용한다.

- Contacts
  - Contact Region

(7) 격자 모델 생성 (Mesh)

기본설정을 한다.

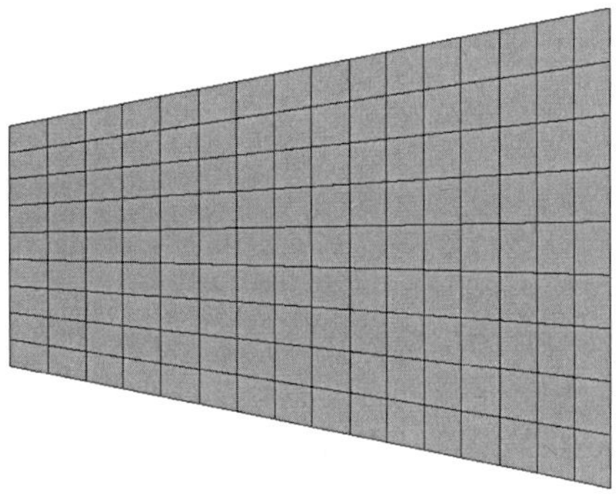

(8) 해석 설정 정의(Analysis Settings)

Details of "Analysis Settings"

Step Controls	
Number Of Steps	1.
Current Step Number	1.
Step End Time	30000 s
Auto Time Stepping	Program Controlled
Initial Time Step	300. s
Minimum Time Step	30. s
Maximum Time Step	3000. s
Time Integration	On
Solver Controls	
Solver Type	Program Controlled
Radiosity Controls	
Nonlinear Controls	
Output Controls	
Analysis Data Management	
Visibility	

- **Transient Thermal (A5)**
  - Initial Temperature
  - Analysis Settings
  - Heat Flux
  - Temperature

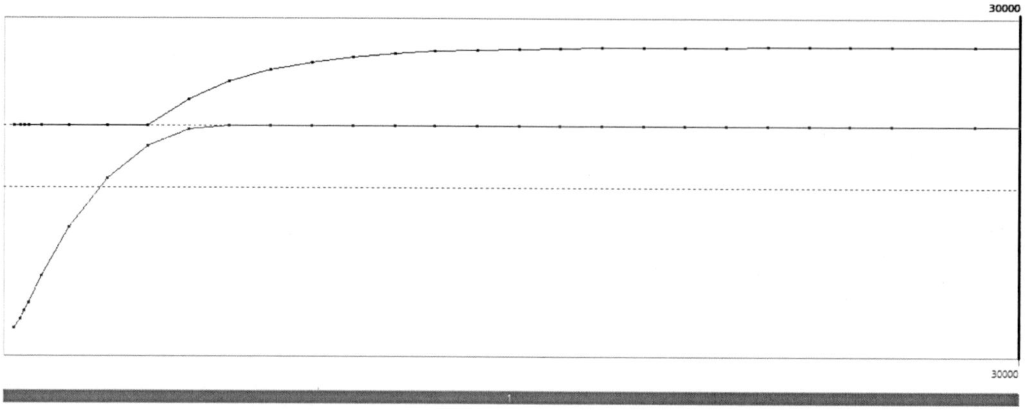

(9) 초기 조건 정의

Details of "Initial Temperature"

Definition	
Initial Temperature	Uniform Temperature
Initial Temperature Value	-273.15 °C

(10) 구속조건 정의

① 평행사변형의 윗면에 heat flux 부여합니다.

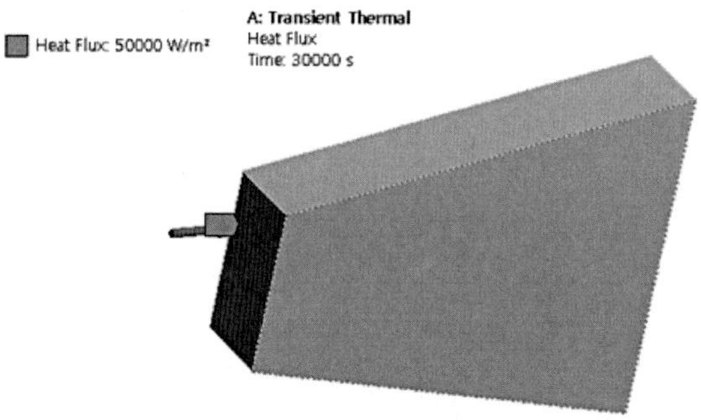

Tree Outline의 transient thermal에서 heat flux를 추가합니다.

-1. Detail View>Geometry에 분할면 (1 Face)을 지정합니다.

-2. Definition >Magnitude에 50000을 입력합니다.

② 평행 사변형에 temperature 부여합니다.

Three Outline의 transient thermal에서 temperature 추가합니다.

-1. Detail View>Geometry에 외부 돌출 면을 지정합니다.

-2. Definition >Magnitude에 300을 입력합니다.

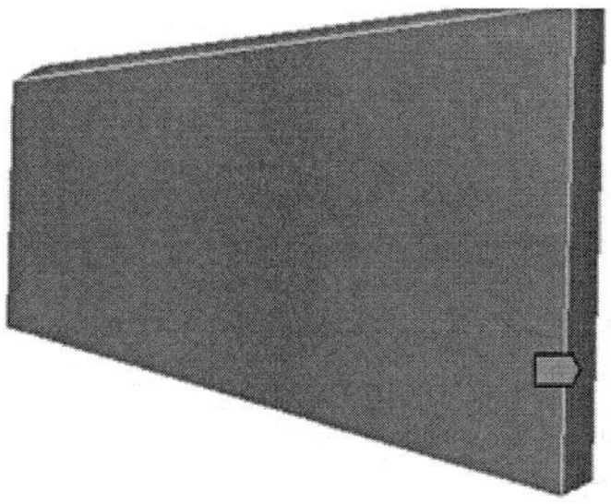

Scope	
Scoping Method	Geometry Selection
Geometry	1 Face
Definition	
ID (Beta)	33
Type	Temperature
Magnitude	300. K (step applied)
Suppressed	No

③ ANALYSIS SETTINGS에 STEP END TIME에 30000S를 부여한다.

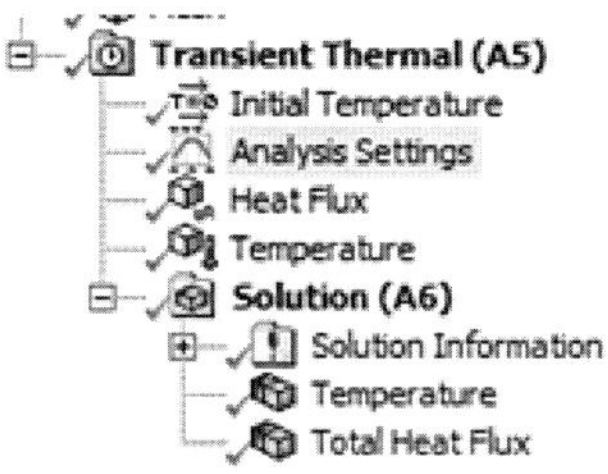

Details of "Analysis Settings"	
Step Controls	
Number Of Steps	1.
Current Step Number	1.
Step End Time	30000 s
Auto Time Stepping	Program Controlled
Initial Time Step	300. s
Minimum Time Step	30. s
Maximum Time Step	3000. s
Time Integration	On

INITIAL TEMPERATURE의 INITIAL TEMPERATURE VALUE 0를 부여한다.

Definition	
Initial Temperature	Uniform Temperature
Initial Temperature Value	0. K

(11) 결과 항목을 추가합니다.

결과 항목으로 Temperature, Total Heat Flux를 추가합니다.

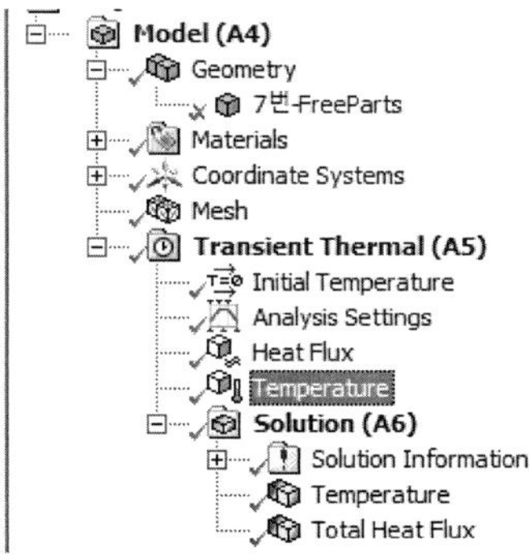

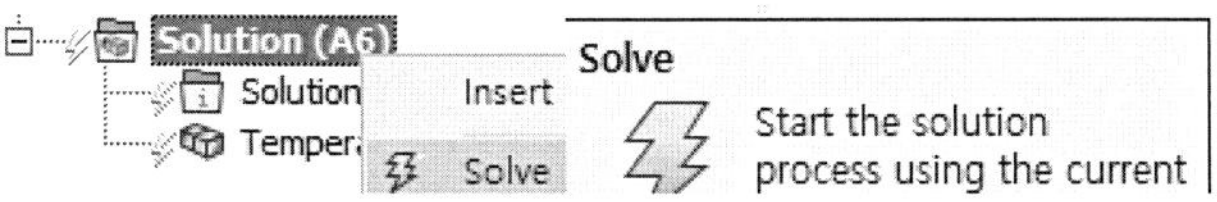

Total CPU time for main thread : 0.8 seconds

Total CPU time summed for all threads : 0.9 seconds

---

(13) 해석결과 확인

① Temperature 결과

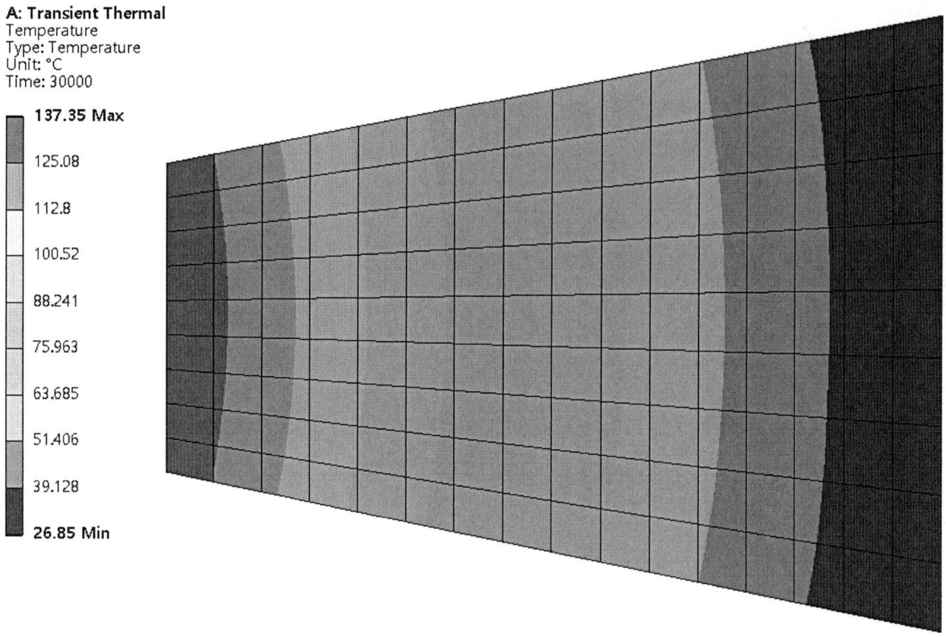

② Total Heat Flux 결과

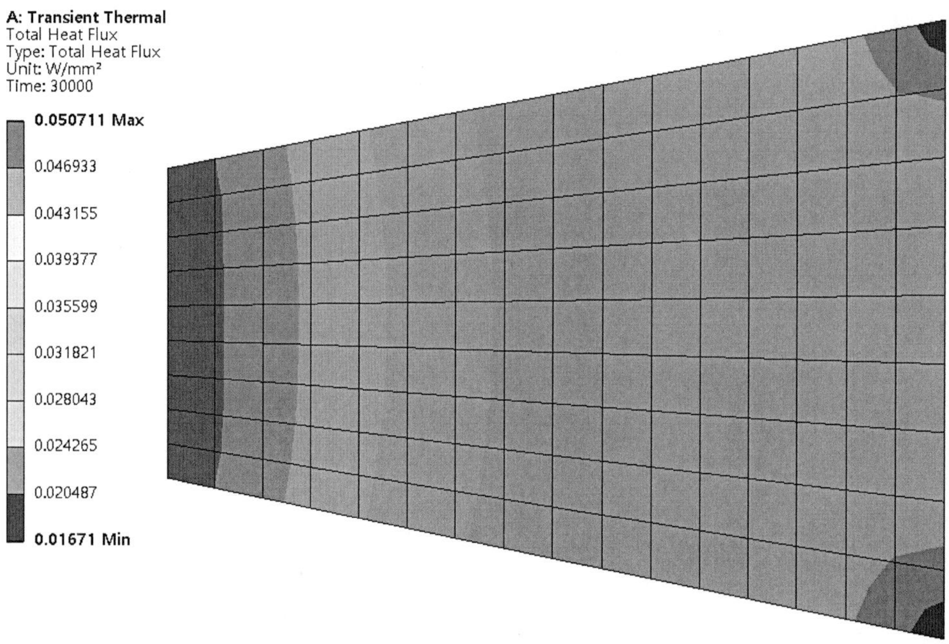

Part 2. : Static Structural Analysis

(1) 정적구조해석을 수행한다.

① Transient Thermal에서는 Stress를 계산할 수 없다. 열응력 해석을 하기 위해서는 정적구조해석을 수행해야 한다.

열응력 해석을 위하여 열전도 해석결과로 얻은 데이터를 응력 해석에 연속해서 수행한다.

② 열전도 해석 결과에 얻은 데이터를 정적구조해석으로 가져온다.

③ Toolbox에서 Static Structural을 Project Schematic에 Drag하여 놓는다

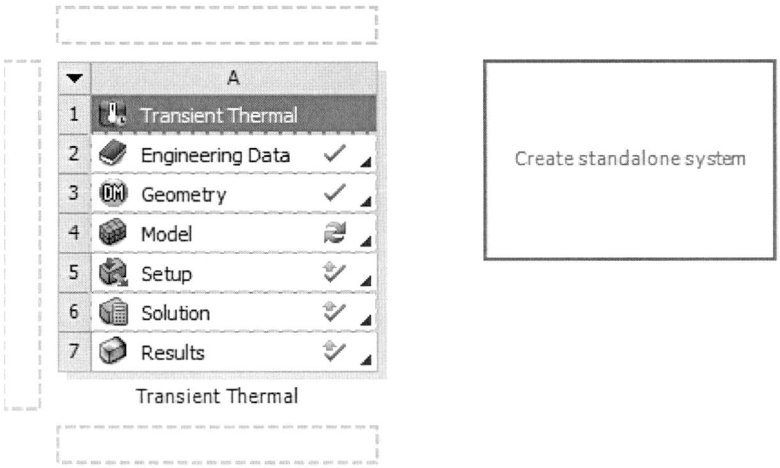

(2) Static Structural에서 Model을 더블클릭하여 Static Structural을 불러온다.

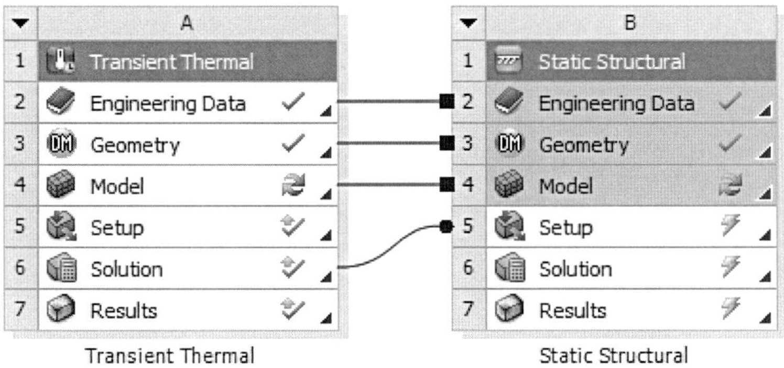

(3) 온도데이터를 불러온다.

① Static Structural에서 Imported Load를 클릭한다.

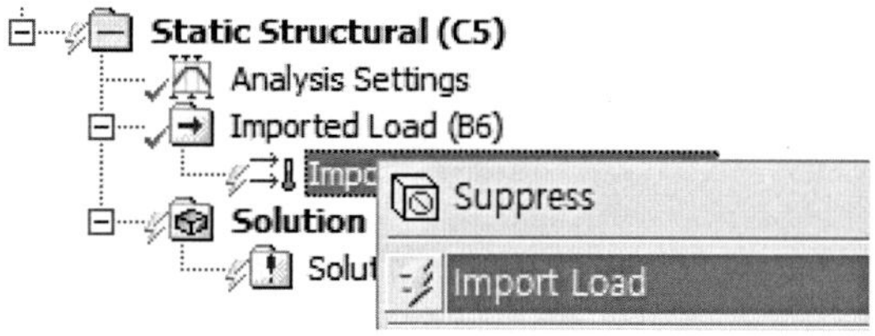

② Import Load를 해서 온도데이터를 불러온 결과.

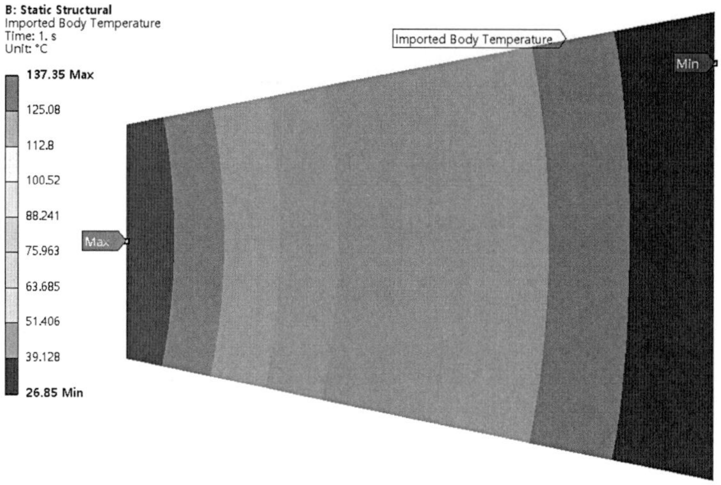

(4) 경계조건을 설정한다.

① Fixed support를 추가한다.

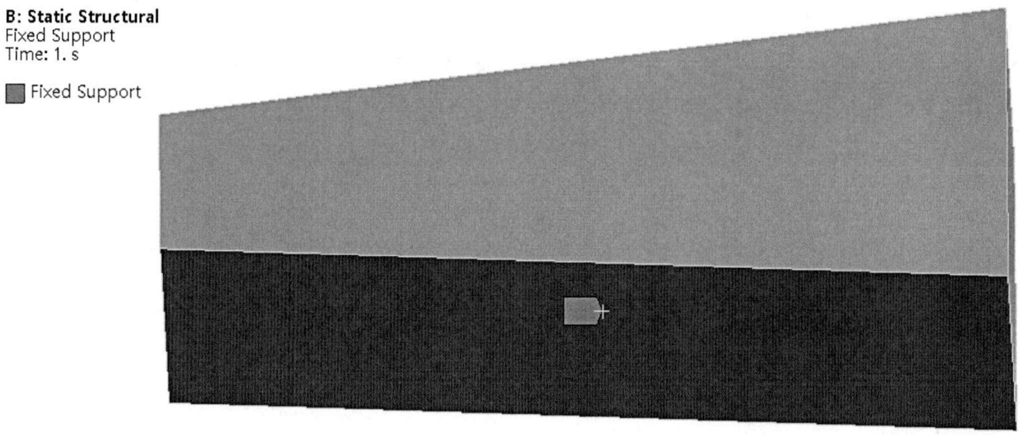

(5) 확인하고자 하는 결과 값을 Solution에 추가한다.

① Total deformation

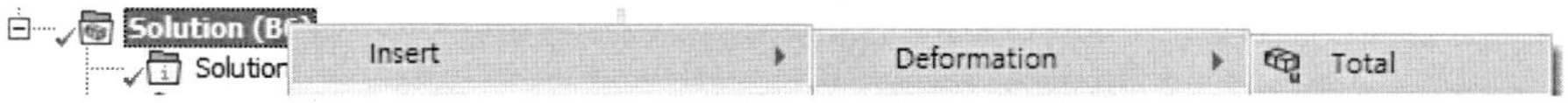

② Equivalent Stress

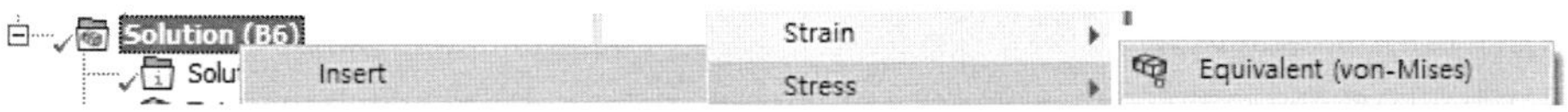

(6) 해석을 수행한다.

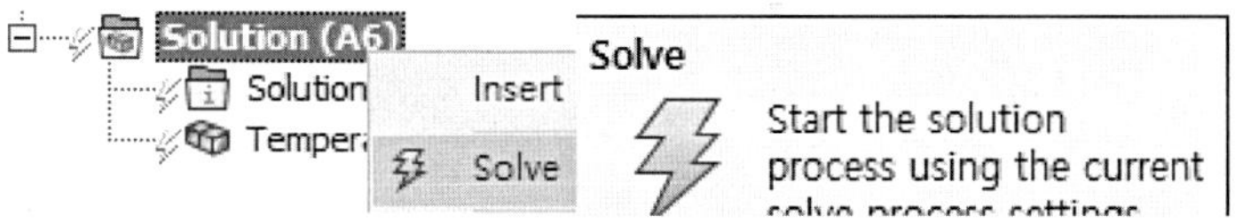

Total CPU time for main thread : seconds
Total CPU time summed for all threads : seconds

---

(7) 해석결과 확인

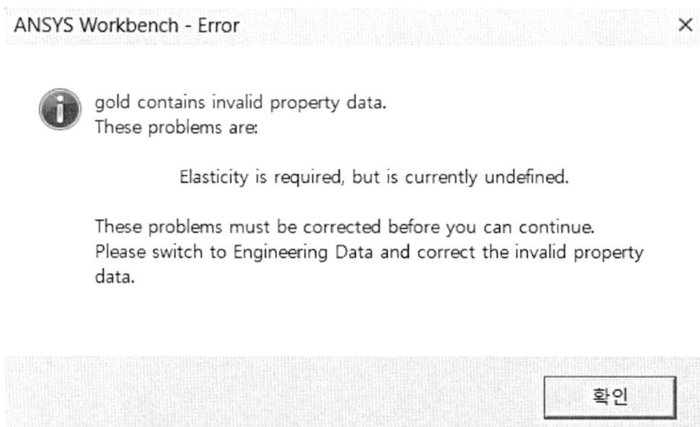

Properties of Outline Row 3: gold

	A	B	C
1	Property	Value	Unit
2	Material Field Variables	Table	
3	Density	19300	kg m^-3
4	Isotropic Elasticity		
5	Derive from	Young's Modulus and Poisson's Ratio	
6	Young's Modulus	71000	MPa
7	Poisson's Ratio	0.33	
8	Bulk Modulus	6.9608E+10	Pa
9	Shear Modulus	2.6692E+10	Pa
10	Isotropic Thermal Conductivity	320	W m^-1 K^-1
11	Specific Heat, C_p	129	J kg^-1 K^-1

(7) 해석결과 확인

① Total deformation

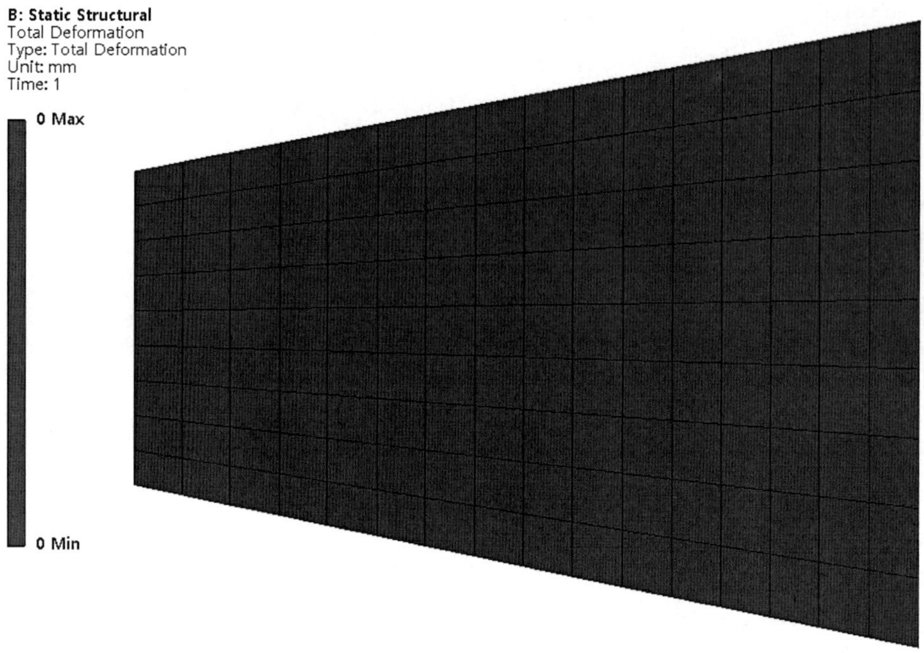

② Equivalent Stress

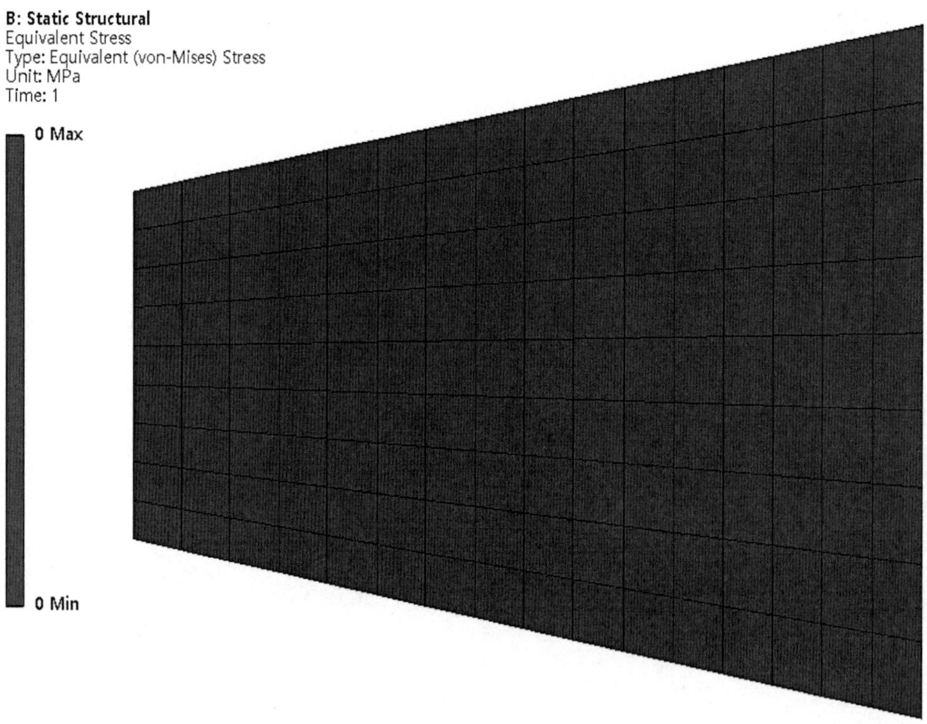

8. 금형틀의 온도 변화 해석 41)

1) 구조해석 요구사항 42)

구조해석용 모델은 2D로 모델링한다.
모델은 2차원으로 모델링하여 다음과 같다.

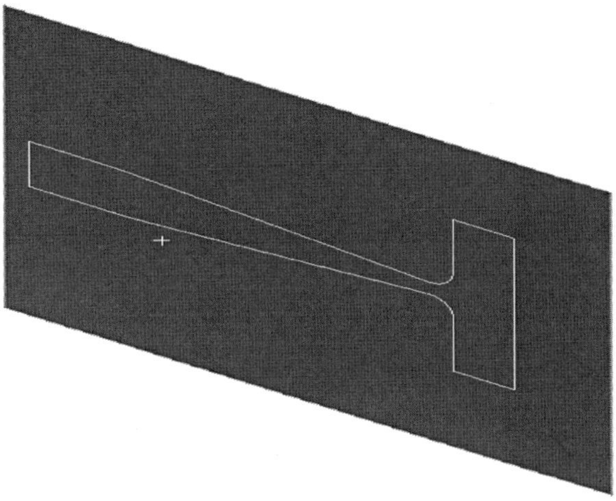

금형틀의 재질은 모래, 재료는 알루미늄으로 설정한다.
금형틀의 초기온도는 30℃이다.
800℃의 용융 알루미늄을 금형틀에 붓는다.
금형틀의 상단과 측면은 다양한 속도로 자유 대류를 통해 환경과 열을 교환합니다.
열 재료 특성은 모래에 대해 일정하다고 가정하지만 알루미늄의 경우 온도에 따라 달라집니다.
분석 시간은 25분(1500초)로 설정한다.
구조해석을 위한 메쉬 설정은 요소 크기를 10mm로 한다.
금형틀의 시간에 따른 온도변화를 해석하시오.

41) 한국공학대학교 로봇메카트로닉스 박준우
42) https://www.bing.com/videos/riverview/relatedvideo?&q=transient+Thermal+analysis&&mid=80360A49733F97C3DB8680360A49733F97C3DB86&&mcid=E8F1E3A364C340B1AC59FFC45B35CF40&FORM=VRDGAR

2) 구조해석

Part 1. : Thermal Analysis

(1) 해석 시스템을 생성한다.

ANSYS Workbench를 실행하고, transient Thermal을 생성합니다.

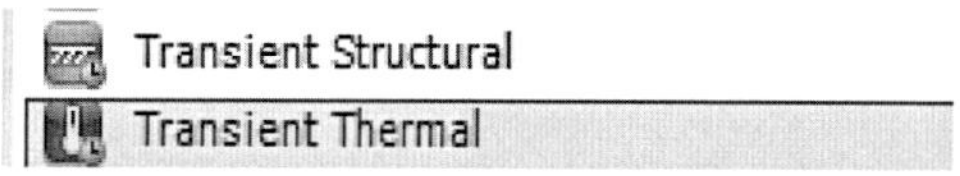

(2) 재료의 물성을 정의한다. (Engineering Data)

① 해석에 사용할 재료 물성을 정의하기 위해 Engineering Data Cell을 더블클릭하거나 또는 RMB(마우스 오른쪽 버튼)>Edit...를 선택합니다.

② Engineering Data Sources 아이콘을 클릭 후 General Materials Library에서 Aluminum Alloy을 추가(노란색+아이콘클릭)합니다.

③ Engineering Data 탭을 닫고 Project Schematic 환경으로 돌아갑니다.
Project를 클릭한다.

④ 새로운 재질을 생성하고 다음과 같이 설정한다.

Outline of Schematic A2: Engineering Data

	A	B	C	D	E
1	Contents of Engineering Data			Source	Description
2	Material				
3	Aluminum Alloy			General_Materials.xml	General aluminum alloy. Fatigue properties come from MIL-HDBK-5H, page 3-277.
4	sand			C:₩Users₩KOR₩AppDat	
*	Click here to add a new material				

Properties of Outline Row 4: sand

	A	B	C	D	E
1	Property	Value	Unit		
2	Material Field Variables	Table			
3	Density	1520	kg m^-3		
4	Isotropic Thermal Conductivity	0.346	W m^-1 C^-1		
5	Specific Heat, C_p	816	J kg^-1 C^-1		

⑤ Aluminum Alloy의 Isotropic Thermal Conductivity 항목을 더블클릭하고 다음과 같이 설정한다.

4	Isotropic Thermal Conductivity

	A	B
1	Temperature (C)	Thermal Conductivity (W m^-1 C^-1)
2	0	206
3	100	208
4	200	215
5	300	228
6	400	248
7	530	268
8	800	290
*		

(3) 해석 모델을 불러들이거나 모델링을 수행한다. (Geometry)

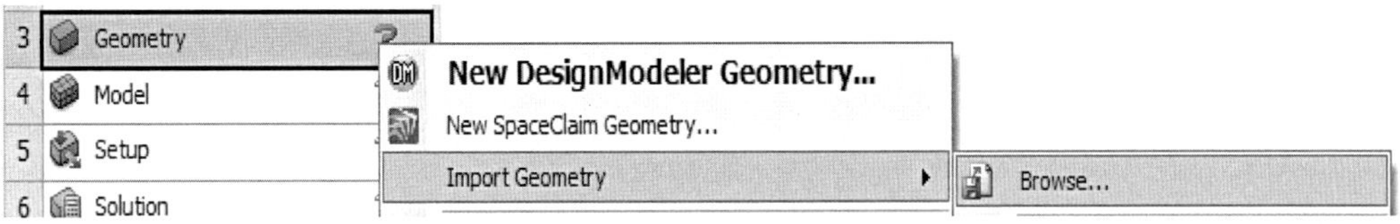

(4) 해석 모델의 환경을 설정한다. (Model)

① Project Schematic에 생성된 Steady-State Thermal System의 Model Cell을 더블클릭하여 Mechanical Application을 실행합니다.

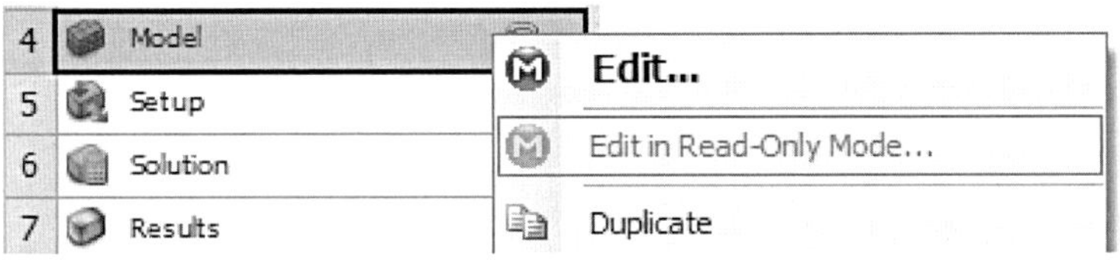

② 모델에 적용할 재질을 변경합니다.

- Mold의 재질은 Sand, ring의 재질은 Aluminum alloy로 설정한다.

Details of "mold"	
Graphics Properties	
Definition	
Suppressed	No
Stiffness Behavior	Flexible
Coordinate System	Default Coordinate System
Reference Temperature	By Environment
Behavior	None
Material	
Assignment	sand
Nonlinear Effects	Yes
Thermal Strain Effects	Yes

Details of "ring"	
Graphics Properties	
Definition	
Suppressed	No
Stiffness Behavior	Flexible
Coordinate System	Default Coordinate System
Reference Temperature	By Environment
Behavior	None
Material	
Assignment	Aluminum Alloy
Nonlinear Effects	Yes
Thermal Strain Effects	Yes

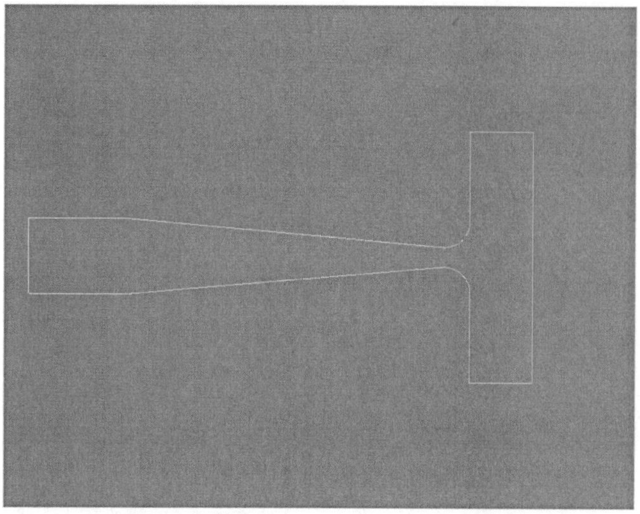

(5) 좌표계 설정 (Coordinate Systems) : 변경내용 없음

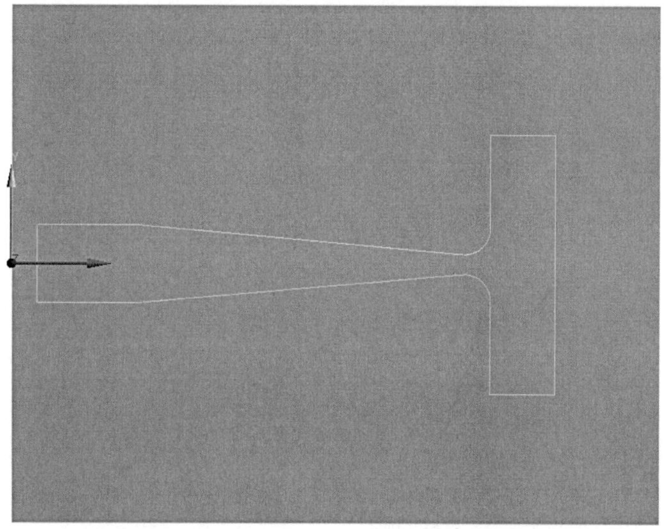

(6) 연결 관계 정의(Connections) : 기본설정을 사용한다.

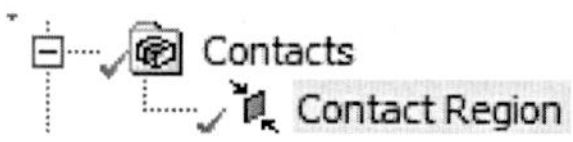

(7) 격자 모델 생성 (Mesh)
기본설정을 사용한다.

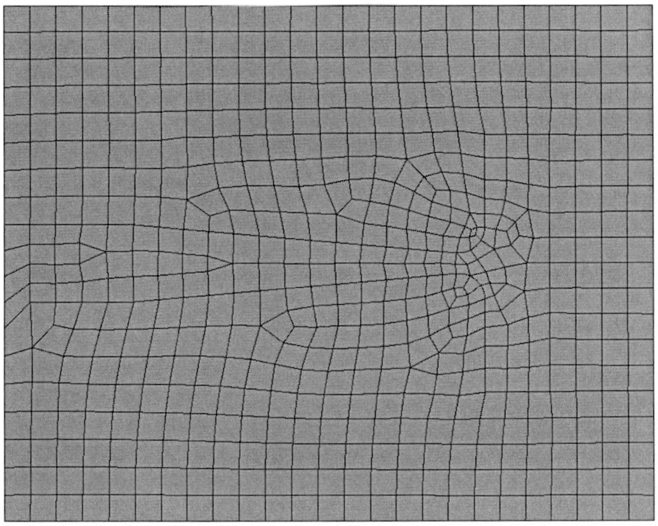

(8) 해석 설정 정의(Analysis Settings)

Outline의 Transient Thermal에서 RBM>Insert>Analysis Settings을 클릭한다.

① step controls에 Number Of steps항목을 2로 설정하고 Current step Number 항목을 1로 선택한 후 Auto Time stepping항목을 on으로 변경하고 step End Time을 0.1로 설정하고, initial Time step과 minnimum time step항목을 0.01로 설정한다.

② Current step Number항목을 2로 선택한 후 step End Time을 0.1로 설정하고, initial Time step과 minnimum time step항목을 0.01로 설정한다.

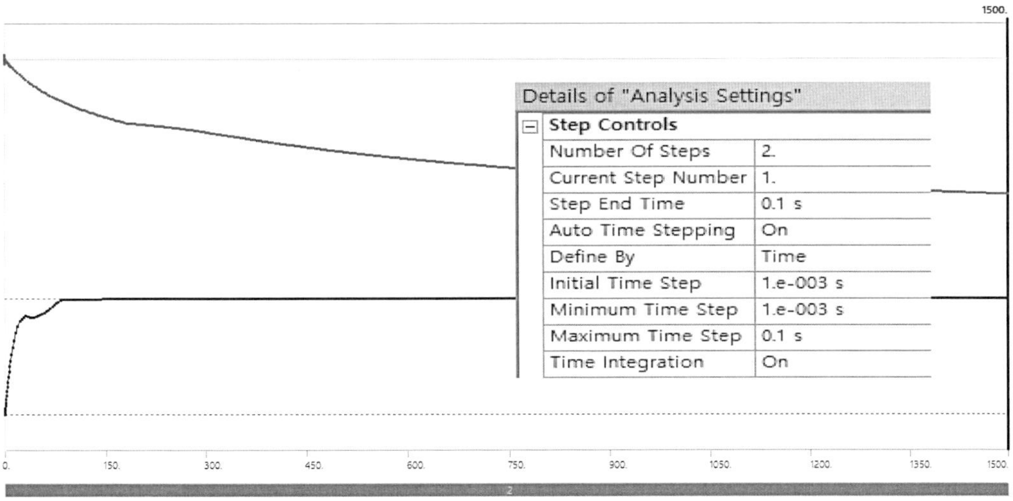

(9) 초기 조건 정의

Mold의 초기온도를 설정한다.

Initial Temperature을 클릭하고 Initial Temperature value 항목에 30℃로 설정한다.

Details of "Initial Temperature"	
Definition	
Initial Temperature	Uniform Temperature
Initial Temperature Value	30. °C

(10) 구속조건 정의

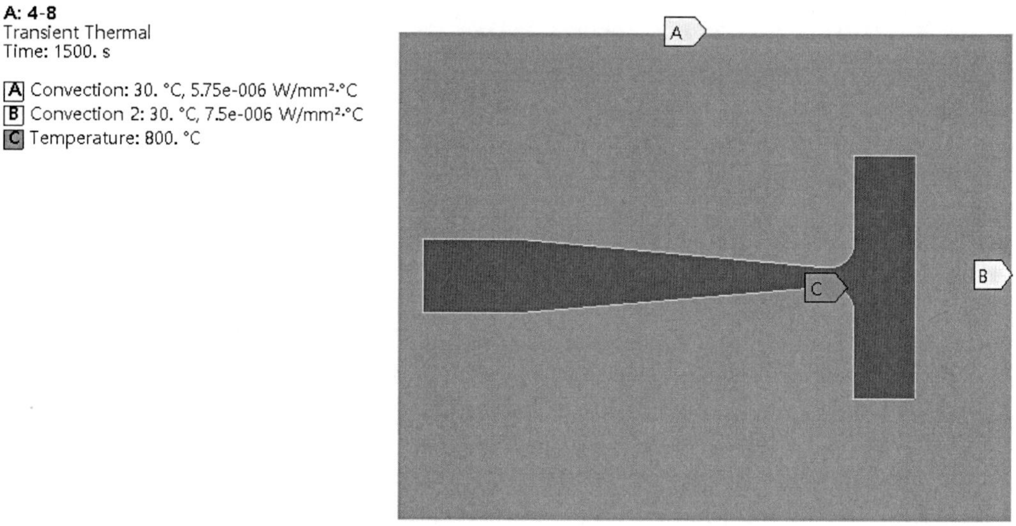

① 금형판의 윗면에 대류를 설정한다.

Outline의 Transient Thermal에서 RBM > Insert > Convection을 추가합니다.

-1. Detail View>Geometry에 외부 돌출 면을 지정합니다.

-2. Select Filter를 edge Select로 변경 후 상단 모서리를 선택합니다.

-3. Convection >LBM > Film Coefficient 항목에 5.75 W/m²℃로 설정한다.

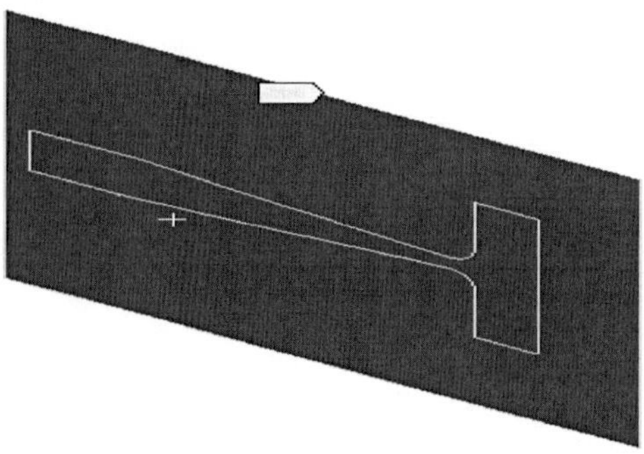

Details of "Convection"	
Scope	
Scoping Method	Geometry Selection
Geometry	1 Edge
Definition	
Type	Convection
Film Coefficient	5.75 W/m²·°C (step applied)
Ambient Temperature	30. °C (step applied)
Convection Matrix	Program Controlled
Suppressed	No

② 금형판의 옆면에 대류를 설정한다.

Outline의 Transient Thermal에서 RBM > Insert > Convection을 추가합니다.

-1. Detail View>Geometry에 외부 돌출 면을 지정합니다.

-2. Select Filter를 edge Select로 변경 후 측면 모서리를 선택합니다.

-3. Convection2 >LBM > Film Coefficient 항목에 7.5 W/m²°C로 설정한다.

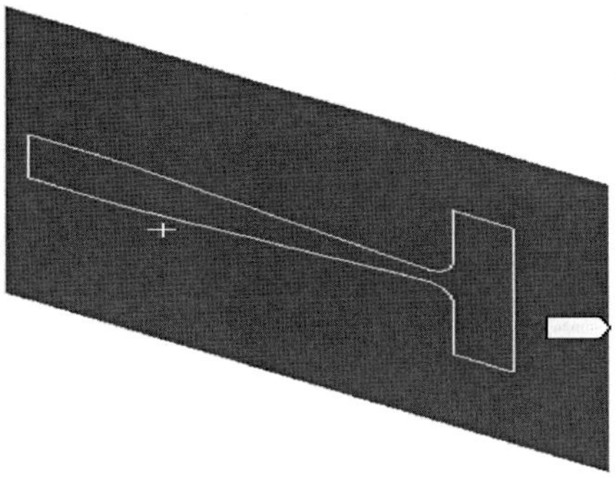

Details of "Convection 2"

Scope	
Scoping Method	Geometry Selection
Geometry	1 Edge
Definition	
Type	Convection
Film Coefficient	7.5 W/m²·°C (step applied)
Ambient Temperature	30. °C (step applied)
Convection Matrix	Program Controlled
Suppressed	No

③ 용융알루미늄의 온도를 설정한다.

Outline의 Transient Thermal에서 RBM > Insert > Temperature을 추가합니다.

-1. Detail View>Geometry에 외부 돌출 면을 지정합니다.

-2. Select Filter를 face Select로 변경 후 ring을 선택합니다.

-3. Temperature >LBM > Magnitude 항목에 800을 입력한다.

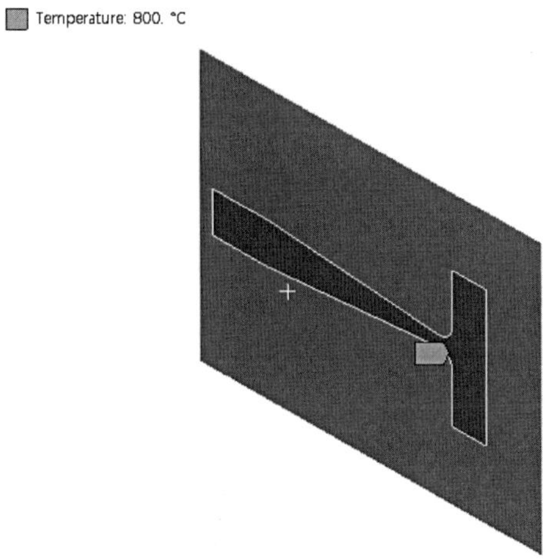

Details of "Temperature"

Scope	
Scoping Method	Geometry Selection
Geometry	1 Body
Apply To	Entire Body
Definition	
Type	Temperature
Magnitude	800. °C (step applied)
Suppressed	No

(11) 결과 항목을 추가합니다.

- **Solution (J6)**
  - Solution Information
    - Temperature - Global Maximum
    - Temperature - Global Minimum
  - Temperature

(12) 해석 수행

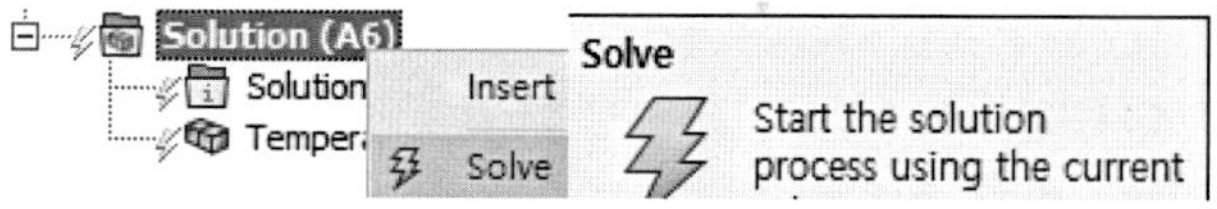


```
--------------------------------------------------------------------------------
Total CPU time for main thread                    :        6.0 seconds
Total CPU time summed for all threads             :        6.1 seconds
--------------------------------------------------------------------------------
```

(13) 해석결과 확인

① Temperature 결과

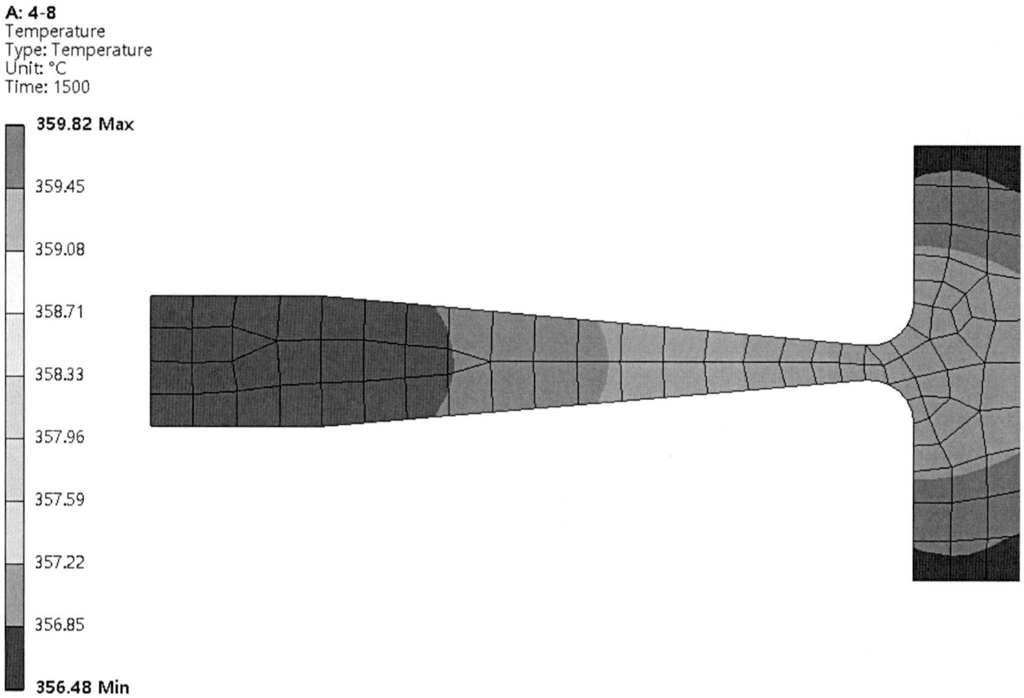

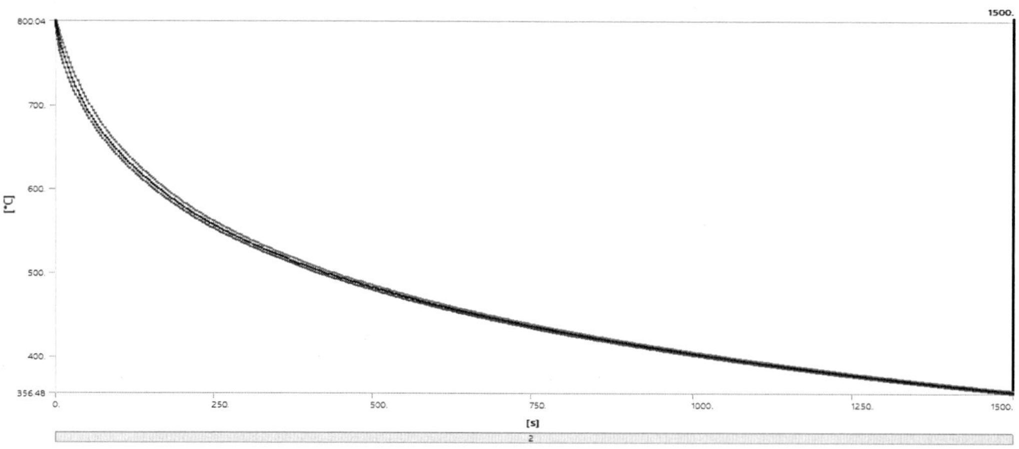

② Total Heat Flux 결과

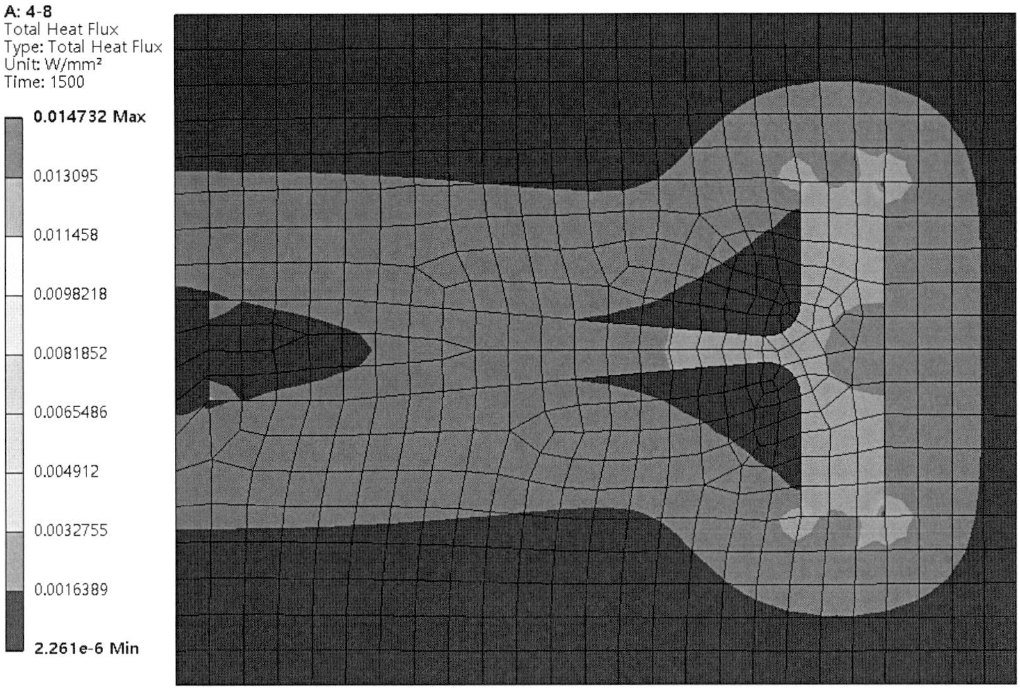

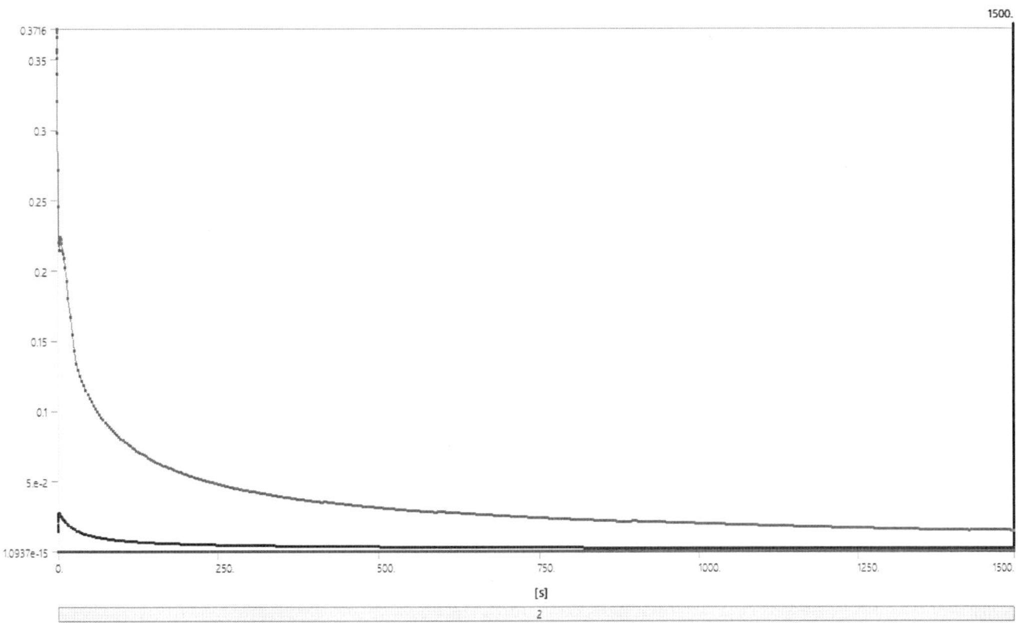

Part 2. : Static Structural Analysis

(1) 정적구조해석을 수행한다.

① Transient Thermal에서는 Stress를 계산할 수 없다. 열응력 해석을 하기 위해서는 정적구조해석을 수행해야 한다.

열응력 해석을 위하여 열전도 해석결과로 얻은 데이터를 응력 해석에 연속해서 수행한다.

② 열전도 해석 결과에 얻은 데이터를 정적구조해석으로 가져온다.

③ Toolbox에서 Static Structural을 Project Schematic에 Drag하여 놓는다

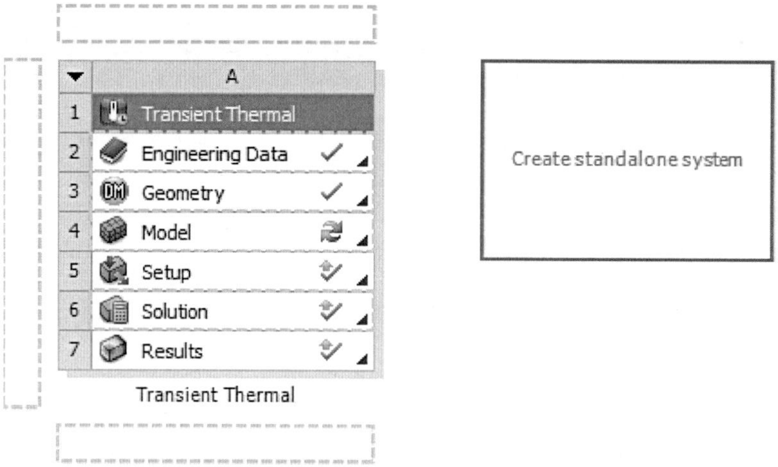

(2) Static Structural에서 Model을 더블클릭하여 Static Structural을 불러온다.

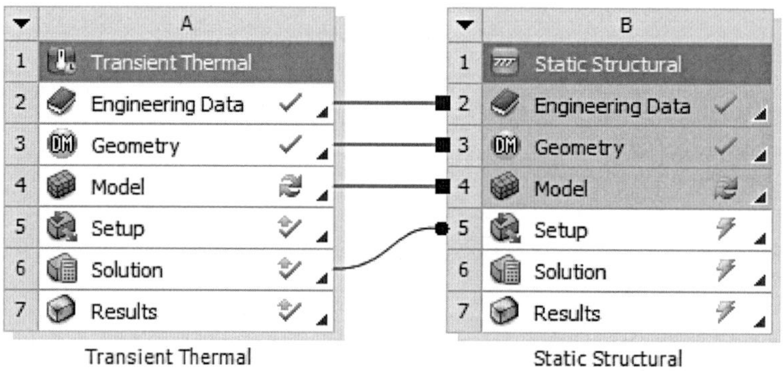

(3) 온도데이터를 불러온다.

① Static Structural에서 Imported Load를 클릭한다.

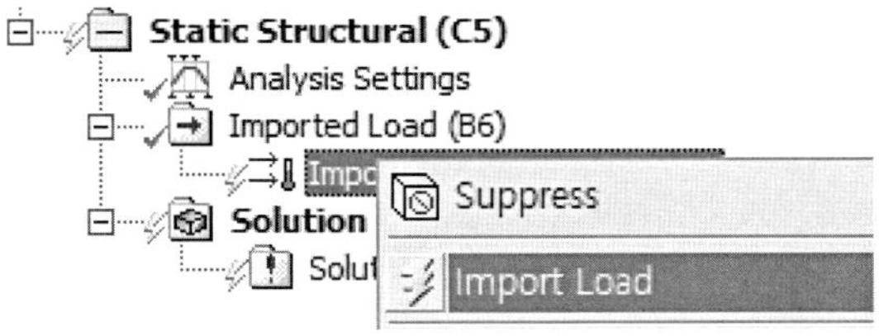

② Import Load를 해서 온도데이터를 불러온 결과.

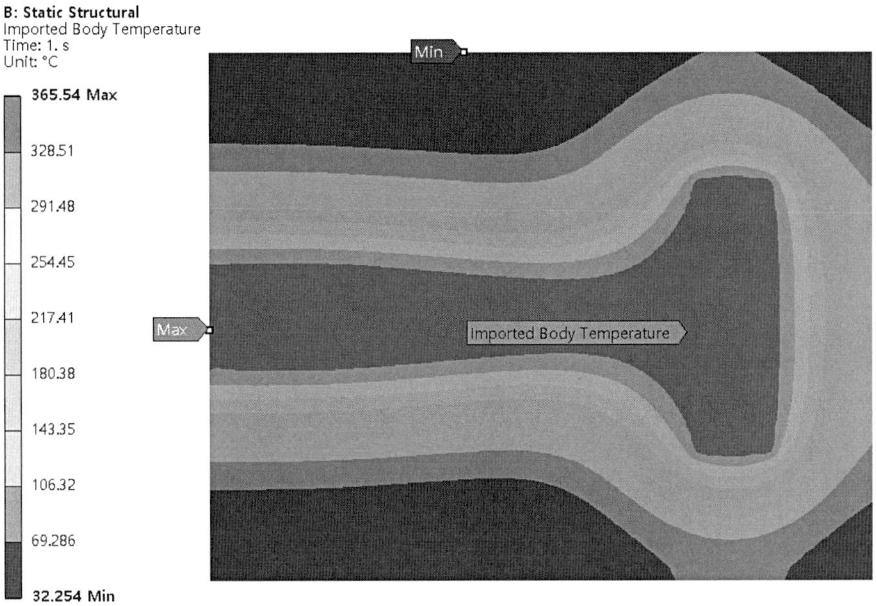

(4) 경계조건을 설정한다.

① Fixed support를 4곳 추가한다.

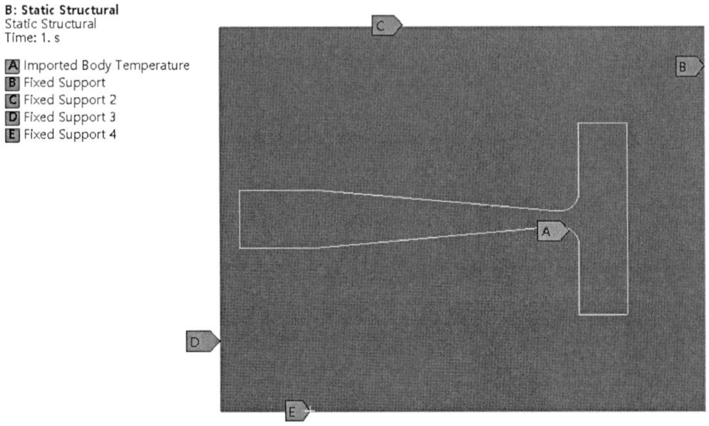

(5) 확인하고자 하는 결과 값을 Solution에 추가한다.

① Total deformation

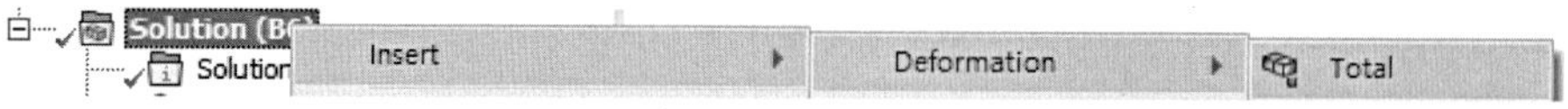

② Equivalent Stress

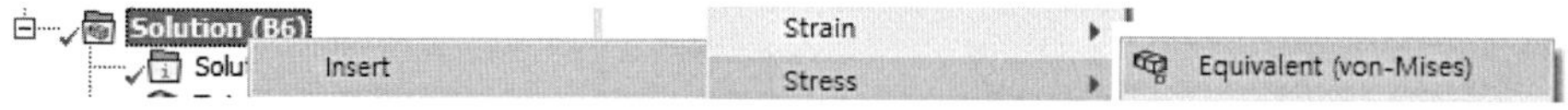

(6) 해석을 수행한다.

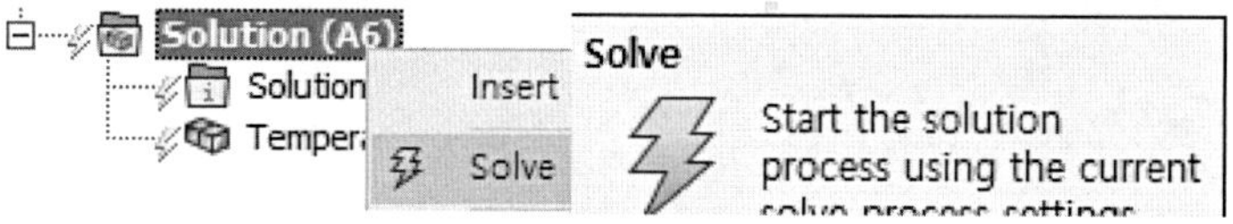

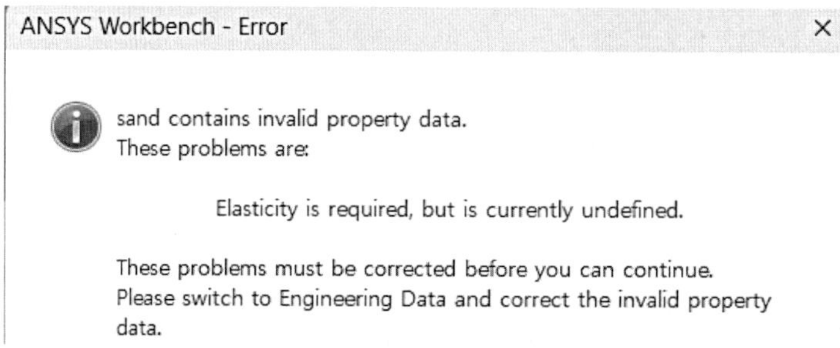

Sand의 탄성계수와 푸아송비를 추가한다.

Properties of Outline Row 4: sand

	A	B	C	D	E
1	Property	Value	Unit		
2	Material Field Variables	Table			
3	Density	1520	kg m^-3		
4	Isotropic Elasticity				
5	Derive from	Young's Modulus and Poisson's Ratio			
6	Young's Modulus	10	MPa		
7	Poisson's Ratio	0.4			
8	Bulk Modulus	1.6667E+07	Pa		
9	Shear Modulus	3.5714E+06	Pa		
10	Isotropic Thermal Conductivity	0.346	W m^-1 C^-1		
11	Specific Heat, C_p	816	J kg^-1 C^-1		

```
-----------------------------------------------------------------
Total CPU time for main thread          :        0.3 seconds
Total CPU time summed for all threads   :        2.7 seconds
-----------------------------------------------------------------
```

(7) 해석결과 확인

① Total deformation

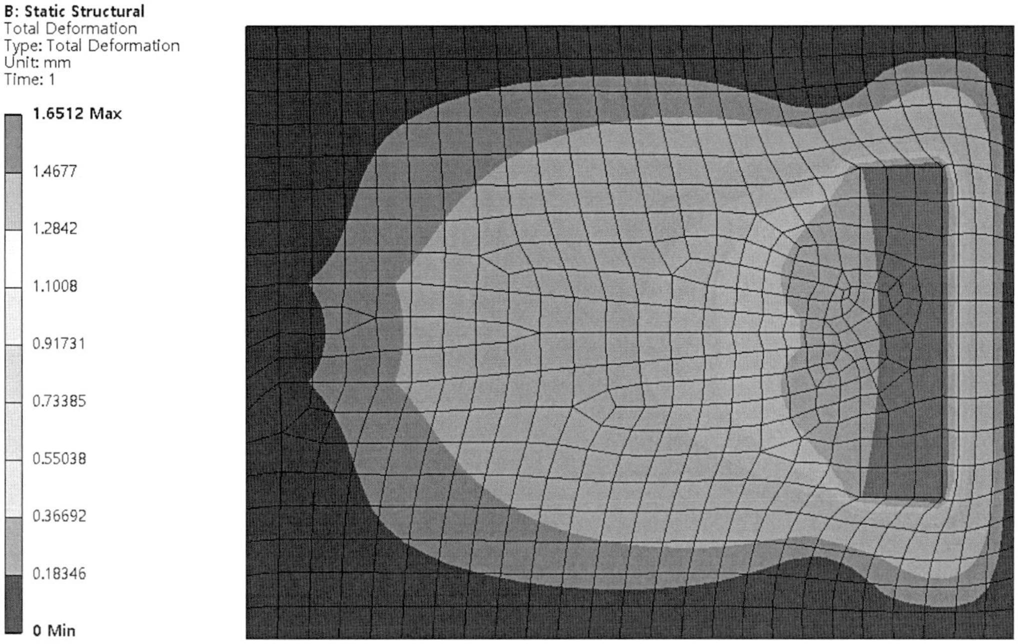

② Equivalent Stress

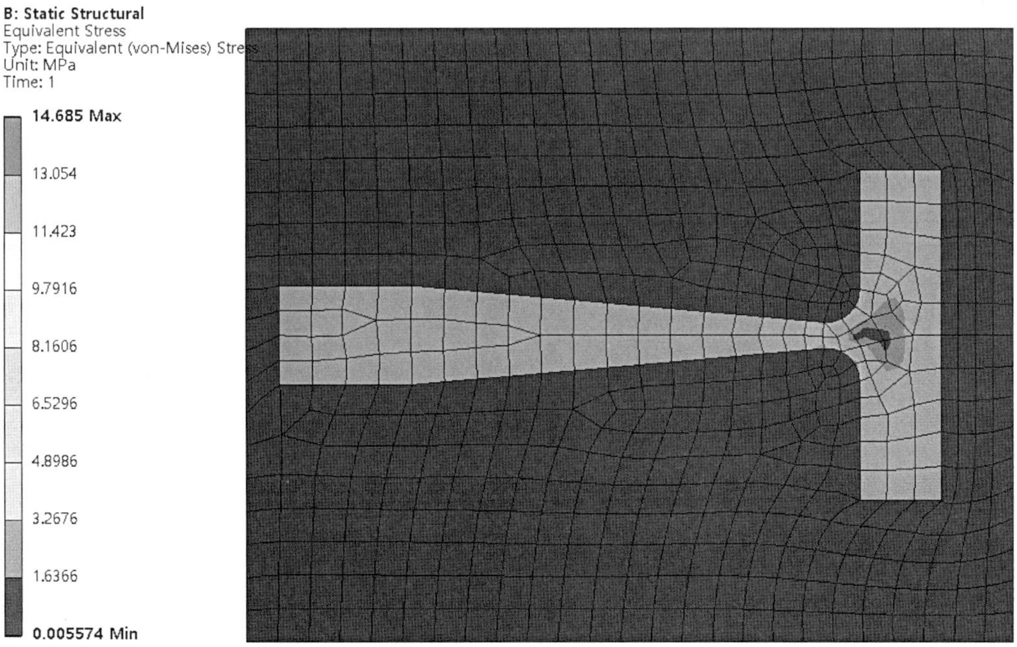

9. Crank Shaft 열해석 43)

1) 구조해석 요구사항

구조해석은 크랭크 축이 회전할 때의 열 분포 변화에 대해 해석하였다.
 크랭크 축의 재질은 구조강이다.
 크랭크 축에서 다른 부품이 맞닿아있는 부분의 열을 50도에서 1초마다 70, 100도로 상승 및 하강 변화하였고 대류조건은 50℃이다.
구조해석을 위한 메쉬는 size는 3mm 로 설정하였다.
시간대별 Temperature, Total Heat Flux를 구하여라.

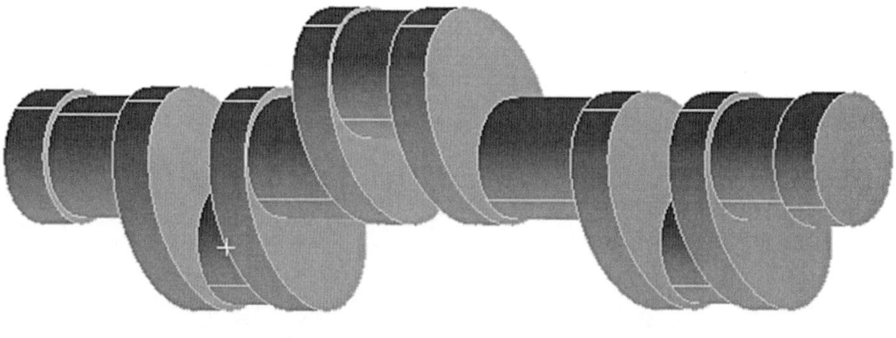

43) 2022533034 로봇메카트로닉스과 이하늘

2) 구조해석

Part 1. : Thermal Analysis

(1) ANSYS Workbench를 실행하고, Transient Thermal을 생성합니다.

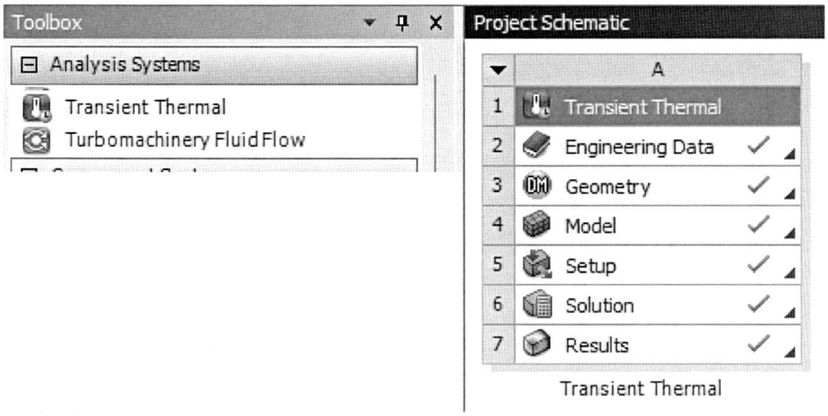

(2) 재료의 물성을 정의한다. (Engineering Data)

이번 구조해석에서는 구조강을 사용하므로 특별한 재료의 선택은 하지 않는다.

(3) 해석 모델을 불러들이거나 모델링을 수행한다. (Geometry)
Geometry Call에서 RMB(마우스 오른쪽 버튼)>import geometry>Browse...를 클릭하여 모델파일 (crank shaft.step)을 선택합니다.

(4) 해석 모델의 환경을 설정한다. (Model)
① Project Schematic에 생성된 Transient Thermal System의 Model Cell을 더블 클릭하여 Mechanical Application을 실행합니다.

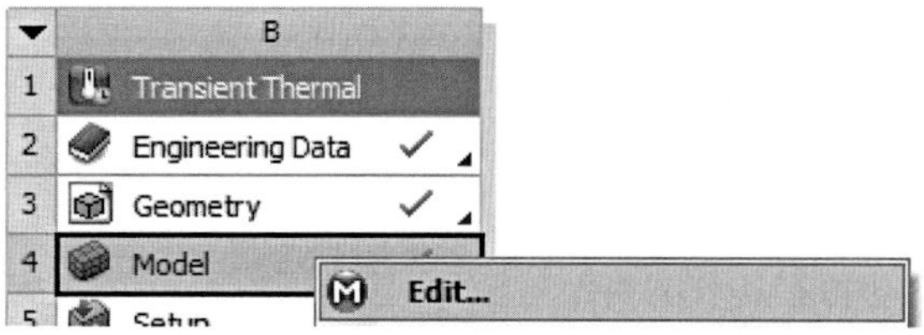

② 사용 단위를 변경한다.

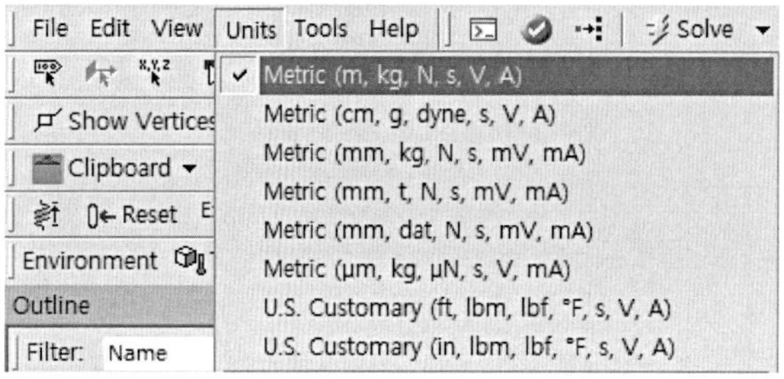

③ 모델에 적용할 재질을 Structural Steel로 변경합니다.

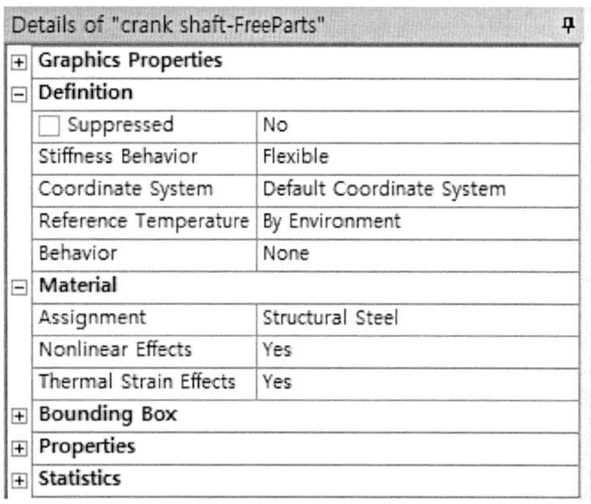

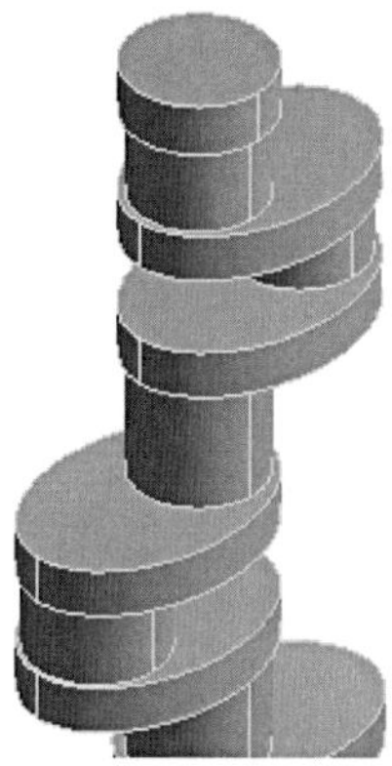

(5) 좌표계 설정 (Coordinate Systems) : 변경내용 없음

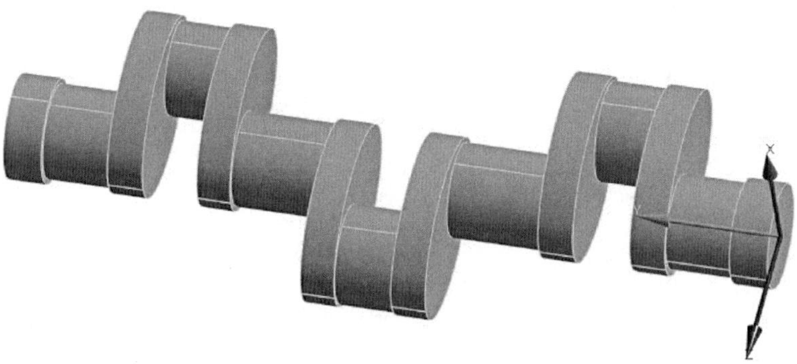

(6) 연결 관계 정의(Connections) : 기본설정을 사용한다.

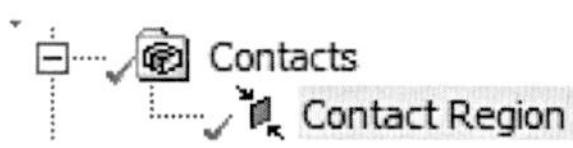

(7) 격자 모델 생성 (Mesh)

① Outline화면에서 Model > Mesh 를 선택한다.

② Detail view에서 Sizing > Element Size 선택하여 값을 3mm로 세팅한다.

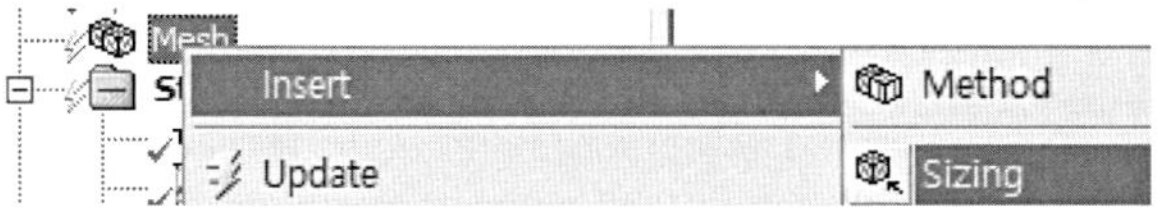

③ Outline화면에서 Model > Mesh 를 선택하고 RMB > Update 실행한다. Graphic화면에서 모델에 메시가 생성된 것 을 확인할 수 있다.

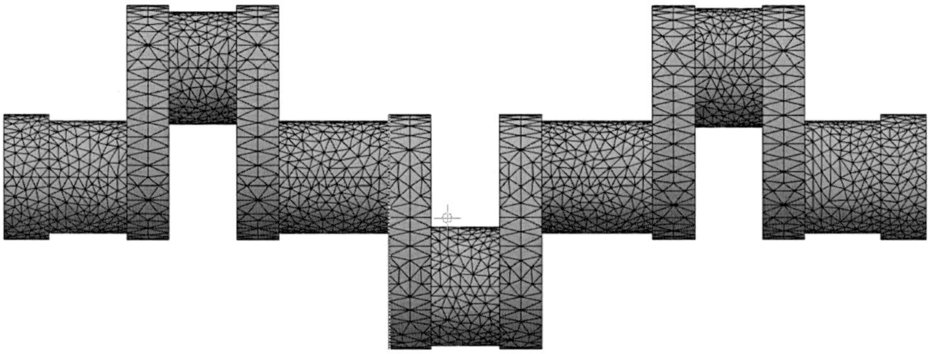

(8) 해석 설정 정의(Analysis Settings) : 기본설정을 사용한다.

① Analysis Settings > Number Of Steps : 5. s를 부여합니다.

Details of "Analysis Settings"

Step Controls	
Number Of Steps	5.
Current Step Number	5.
Step End Time	5. s
Auto Time Stepping	Program Controlled
Initial Time Step	1.e-002 s
Minimum Time Step	1.e-003 s
Maximum Time Step	0.1 s
Time Integration	On
Solver Controls	
Solver Type	Program Controlled
Radiosity Controls	
Nonlinear Controls	
Advanced	
Output Controls	
Analysis Data Management	
Visibility	

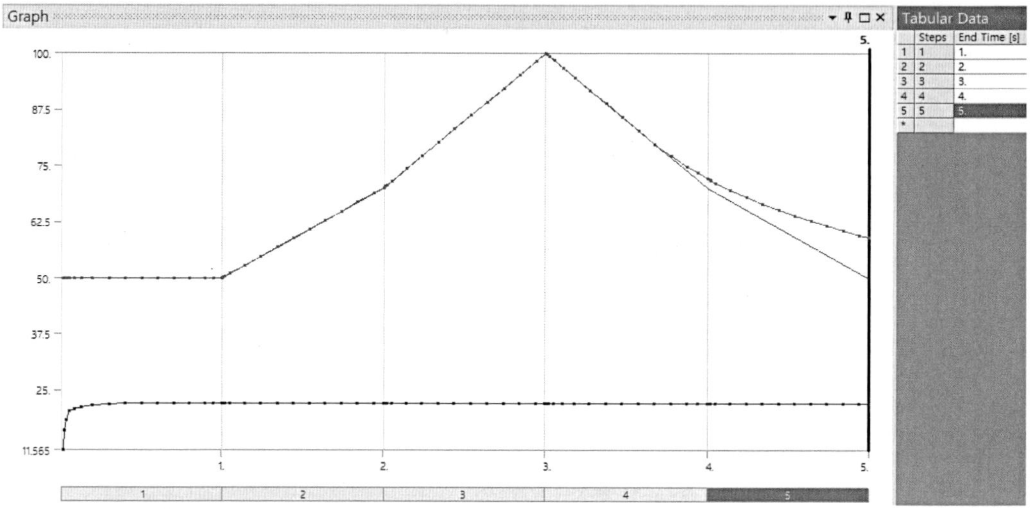

(9) 초기 조건 정의 : 설정할 내용 없음.

Details of "Initial Temperature"

Definition	
Initial Temperature	Uniform Temperature
Initial Temperature Value	22. °C

(10) 구속조건 정의

① Crank Shaft 가동부 면에 발열 온도조건을 부여합니다.

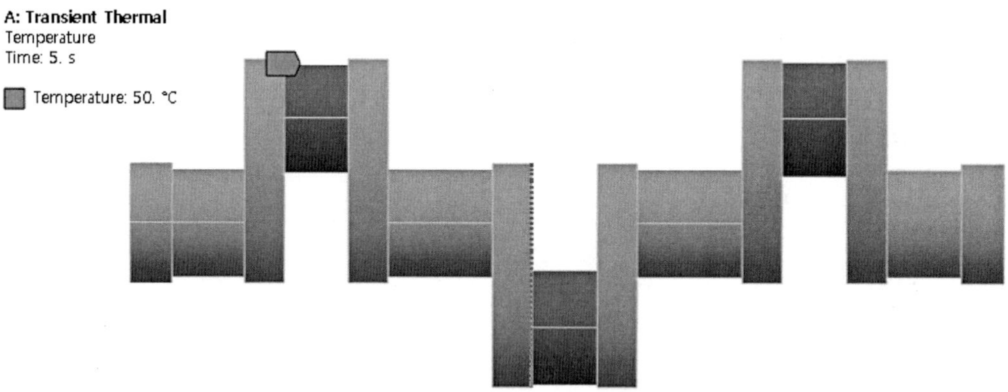

Tree Outline의 Steady State-Thermal에서 RBM>Insert>Temperature를 추가합니다.

-1. Detail View>Geometry에 해당 면을 지정합니다.

-2. Definition >Magnitude에 50을 입력합니다.

-3. 우측 하단의 표에서 Time별 Temperature를 입력합니다.

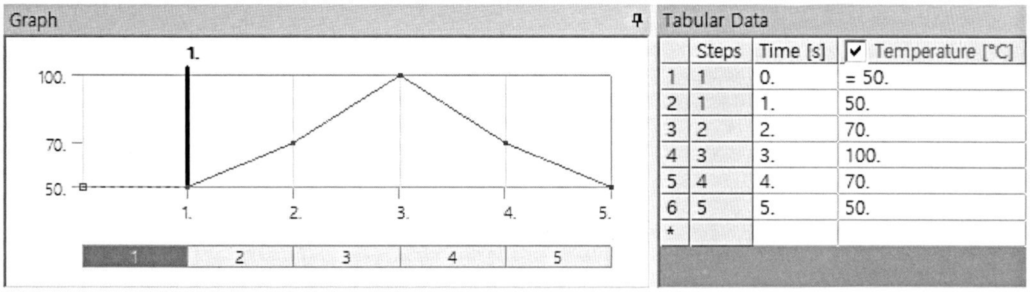

② Crank shaft에 대류를 조건을 부여합니다.

Three Outline의 Steady State-Thermal에서 RBM > Insert > Convection을 추가합니다.

-1. Detail View>Geometry에 외부 돌출 면을 지정합니다.

-2. Select Filter를 body Select로 변경 후 Crank Shaft의 전체를 선택합니다.

-3. 대류계수는 Workbench에서 제공하는 데이터를 사용하겠습니다.

Detail View >Film Coefficient 항목의 버튼을 클릭하여 추가 Menu의 Import Temperature Dependent...를 클릭합니다.

-4. Ambient Temperature에 50℃를 사용합니다.

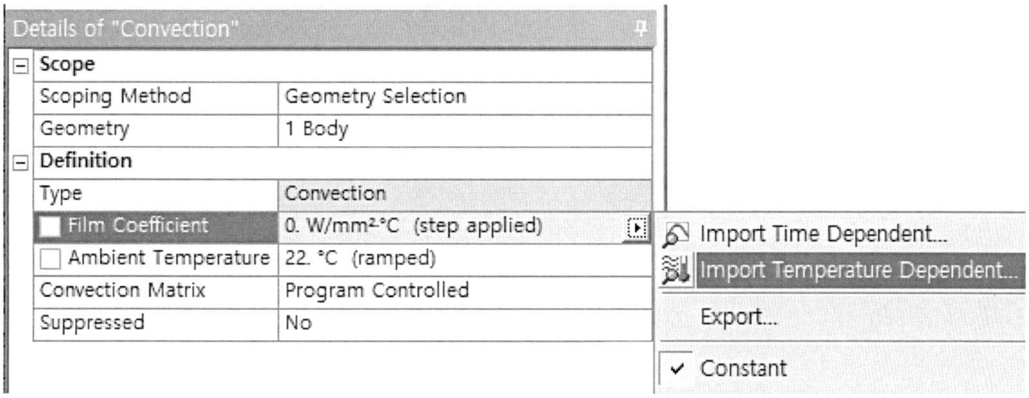

③ Convection Data들 중에서 Stagnant Air-Simplified Case 항목을 적용합니다.

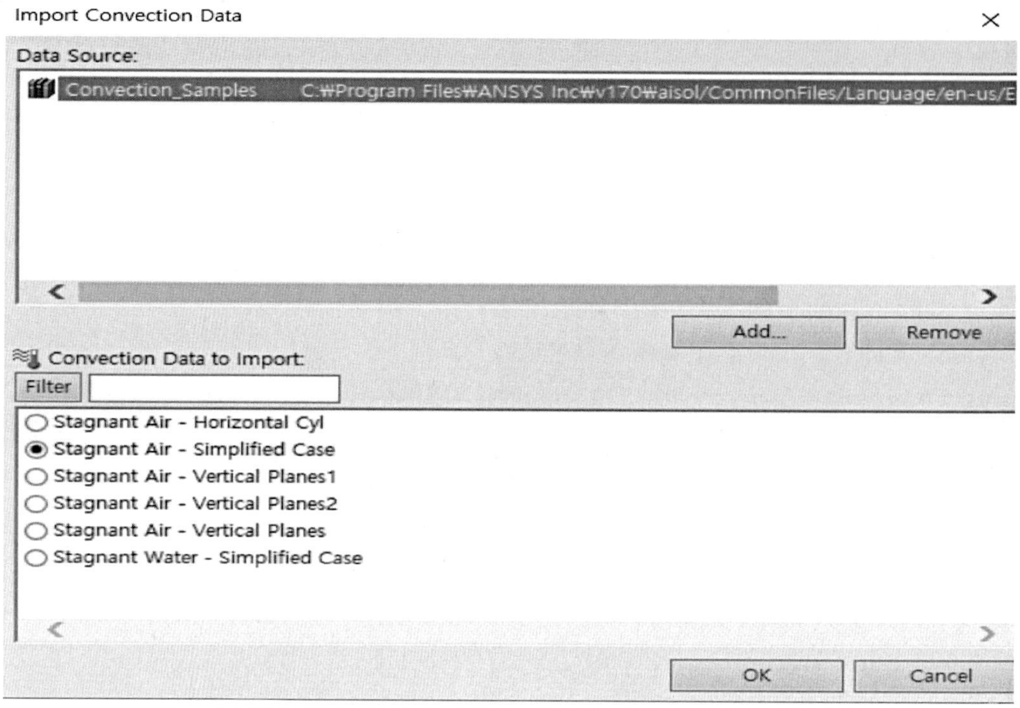
Import Convection Data
Data Source:
Convection_Samples C:₩Program Files₩ANSYS Inc₩v170₩aisol/CommonFiles/Language/en-us/E
Add...
Remove
Convection Data to Import:
Filter
Stagnant Air - Horizontal Cyl
Stagnant Air - Simplified Case
Stagnant Air - Vertical Planes1
Stagnant Air - Vertical Planes2
Stagnant Air - Vertical Planes
Stagnant Water - Simplified Case
OK
Cancel

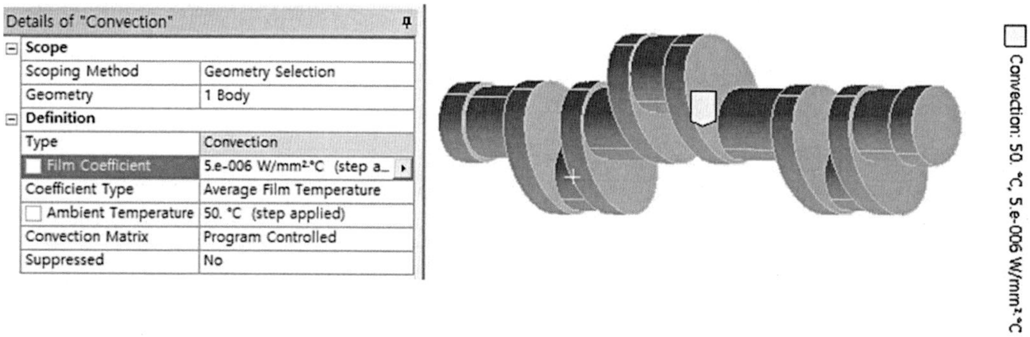
Details of "Convection"
Scope
Scoping Method
Geometry Selection
Geometry
1 Body
Definition
Type
Convection
Film Coefficient
5.e-006 W/mm²·°C (step a...
Coefficient Type
Average Film Temperature
Ambient Temperature
50. °C (step applied)
Convection Matrix
Program Controlled
Suppressed
No
Convection: 50. °C, 5.e-006 W/mm²·°C

(11) 결과 항목을 추가합니다.

결과 항목으로 Temperature, Total Heat Flux를 추가합니다.

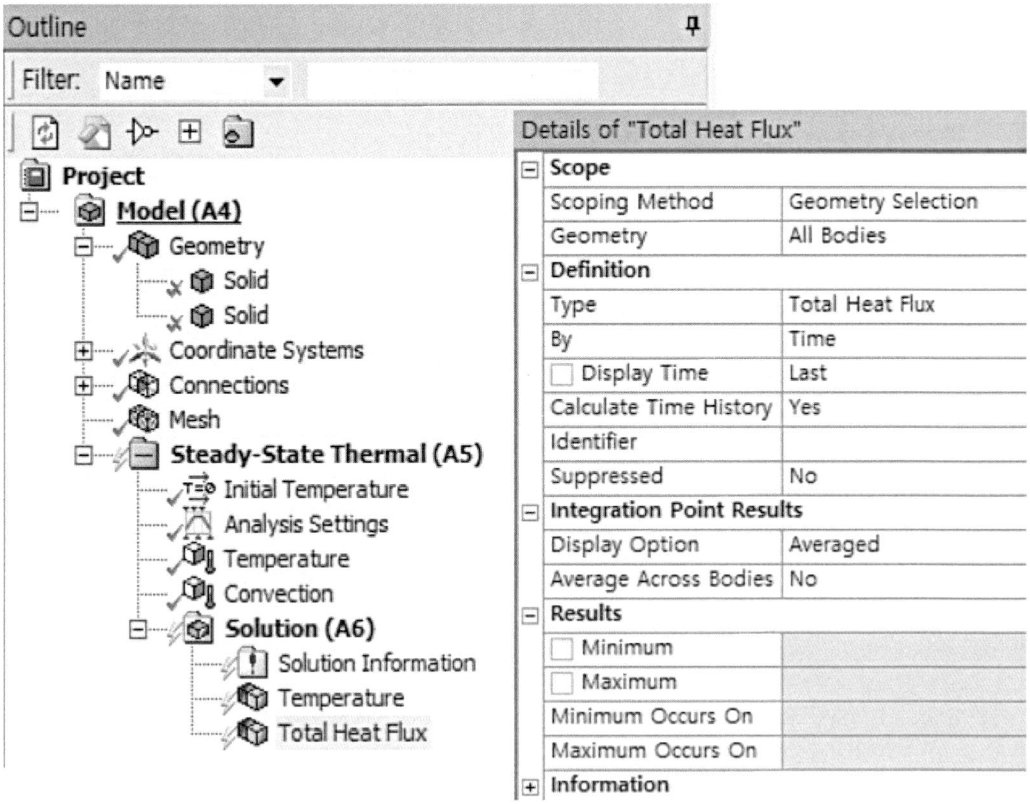

(12) 해석 수행

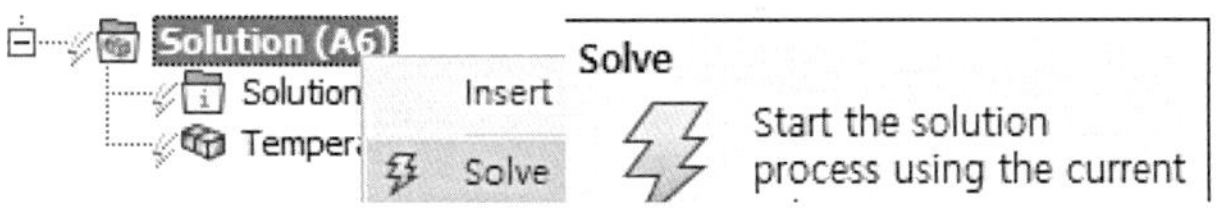

Total CPU time for main thread : 15.7 seconds

Total CPU time summed for all threads : 15.8 seconds

---

(13) 해석결과 확인

온도분포와 열속 분포를 확인합니다. Crank Shaft의 온도는 50℃에서 약 58.96℃로 분포(격자밀도에 따라 약간의 차이가 발생 가능)하며 3초 대에서 가장 높은 열 분포를 보였습니다. 최대 Heat Flux값은 약 0.22264W/mm^2입니다.

① Temperature 결과

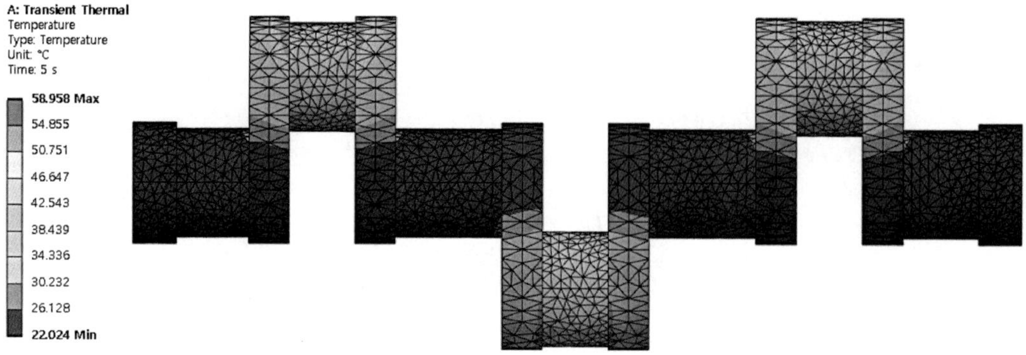

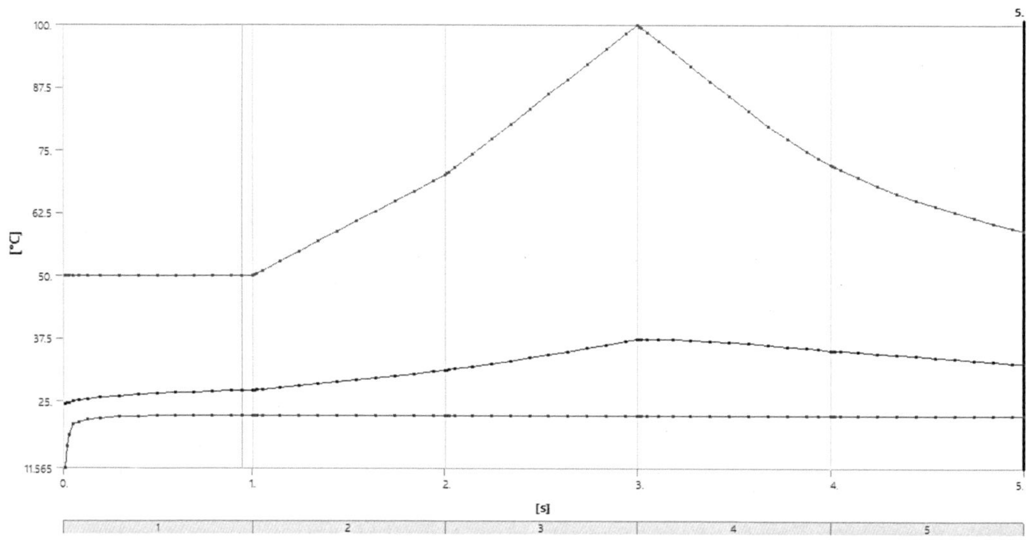

② Total Heat Flux 결과

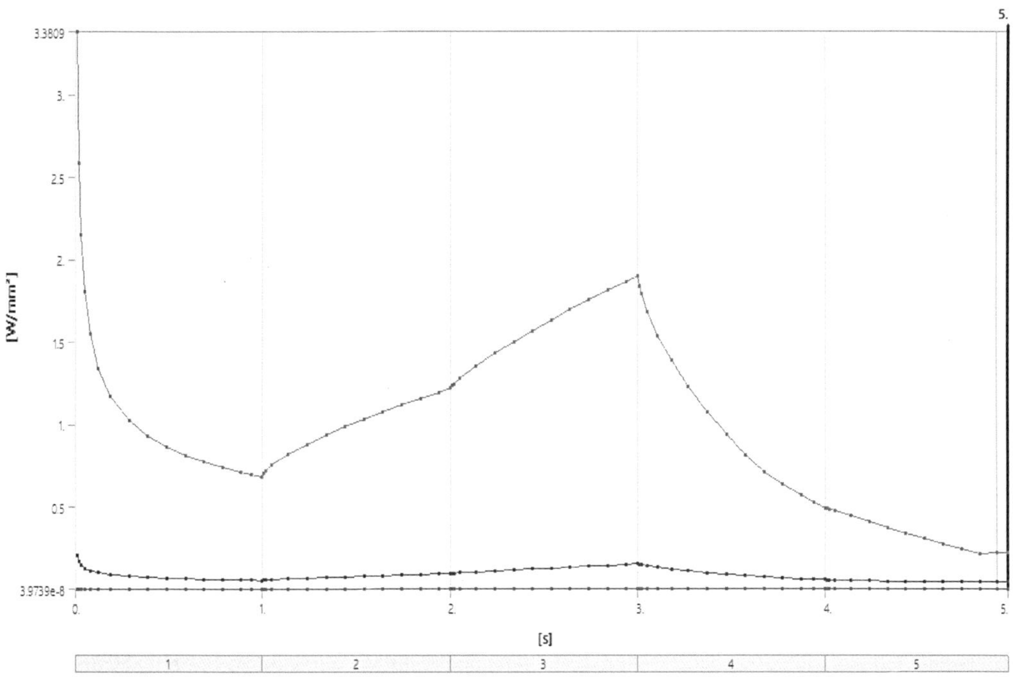

10. 그루부 용접 해석 [44)]

1) 구조해석 요구사항 [45)]

구조해석 대상 모델은 용접 박스이다. 구조물의 재질은 구조강으로 한다.
구조물의 모델에 작용하는 대기 온도는 22°C이다.
각 파트를 1초에 주기로 이동하면서 200[W]에 역류 가지고 있을 때
전체 온도 분포를 제시하시오.
양쪽 측면이 고정되어 있을 때 모델의 응력분포를 도시하시오.
구조해석을 위한 메쉬 설계는 기본값으로 한다.

원형모델

44) 한국공학대 메카트로닉스 장호재
45) https://www.youtube.com/watch?v=7iyOao_kVKY

2) 구조해석

Part 1. : Thermal Analysis

(1) ANSYS Workbench를 실행하고, Transient Thermal을 생성합니다.

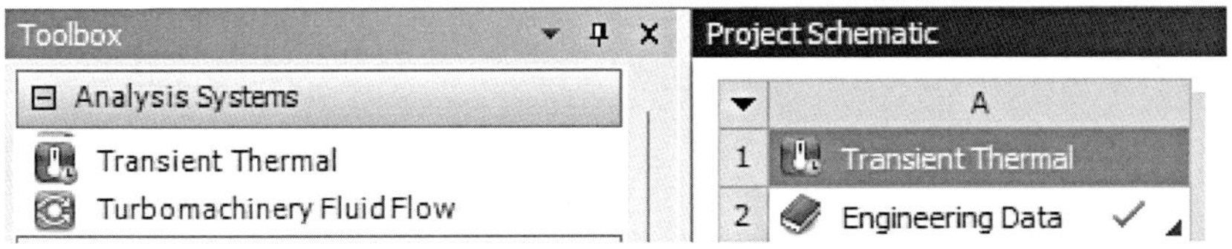

(2) 재료의 물성을 정의한다. (Engineering Data)

이번 구조해석에서는 구조강을 사용하므로 특별한 재료의 선택은 하지 않는다.

(3) 해석 모델을 불러들이거나 모델링을 수행한다. (Geometry)
Geometry Call에서 RMB(마우스 오른쪽 버튼)>import geometry>Browse...를 클릭하여 모델파일 (heat sink.stp 또는 heat.igs)을 선택합니다.

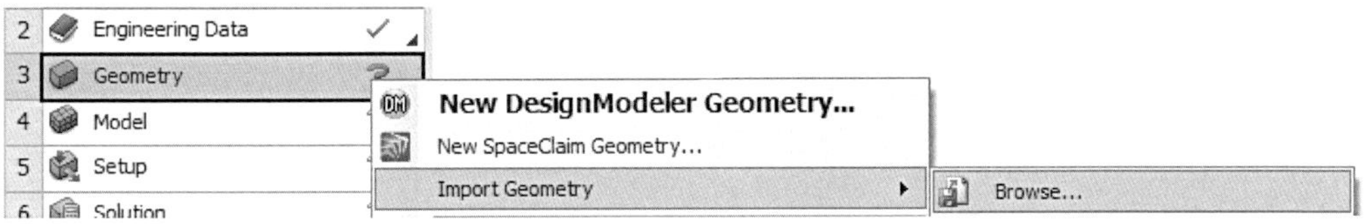

(4) 해석 모델의 환경을 설정한다. (Model)
① Project Schematic에 생성된 Transient Thermal의 Model Cell을 더블클릭하여 Mechanical Application을 실행합니다.

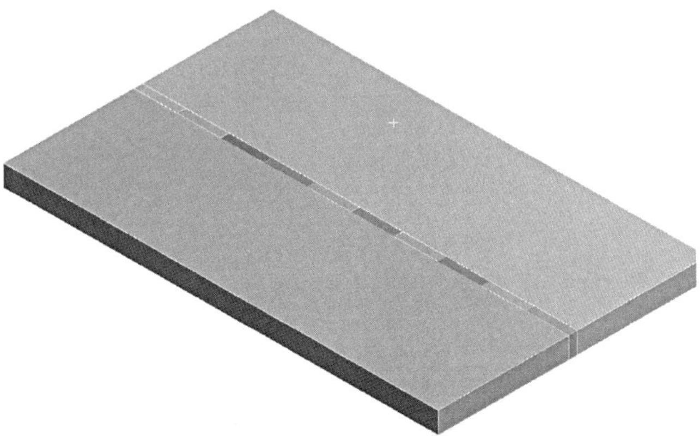

(5) 좌표계 설정 (Coordinate Systems) : 변경내용 없음

(6) 연결 관계 정의(Connections) : 기본설정을 사용한다.

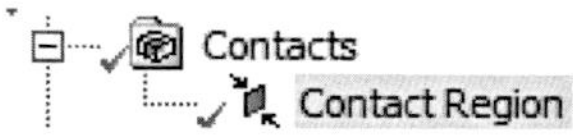

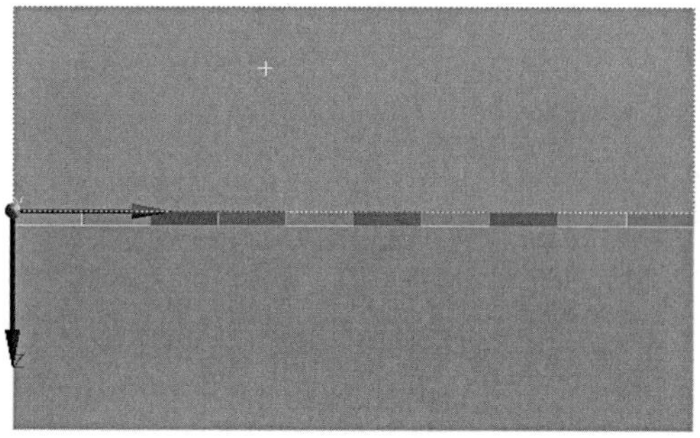

(7) 격자 모델 생성 (Mesh)
메시는 기본설정으로 한다.

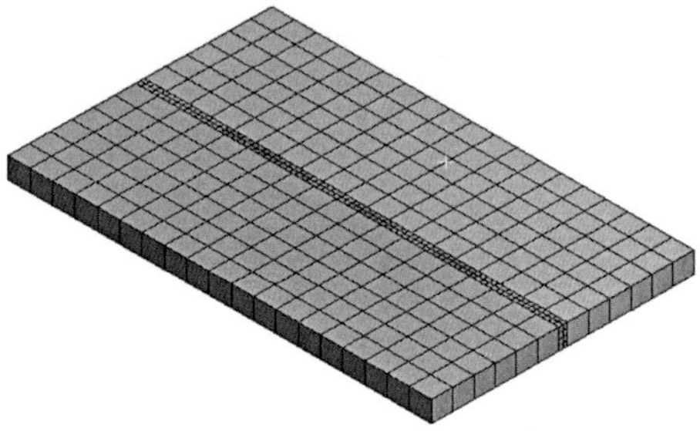

(8) 해석 설정 정의(Analysis Settings)
① 시간을 설정한다.
Transient Thermal > Analysis Settings > Step Controls > Number Of Steps > 10으로 설정한다.

Details of "Analysis Settings"	
Step Controls	
Number Of Steps	10.
Current Step Number	10.
Step End Time	10. s
Auto Time Stepping	Off
Define By	Substeps
Number Of Substeps	10.
Time Integration	On
Solver Controls	
Solver Type	Program Controlled
Radiosity Controls	
Nonlinear Controls	
Output Controls	
Analysis Data Management	
Visibility	

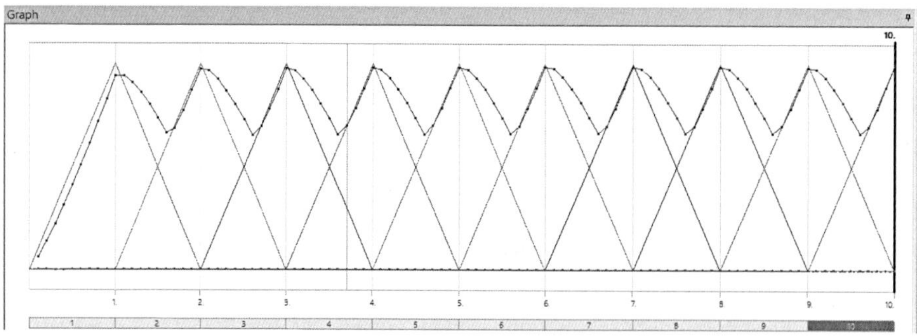

	Steps	End Time [s]
1	1	1.
2	2	2.
3	3	3.
4	4	4.
5	5	5.
6	6	6.
7	7	7.
8	8	8.
9	9	9.
10	10	10.
*		

② Transient Thermal > Analysis Settings > Step Controls > Auto Time Stepping > Off로 변경

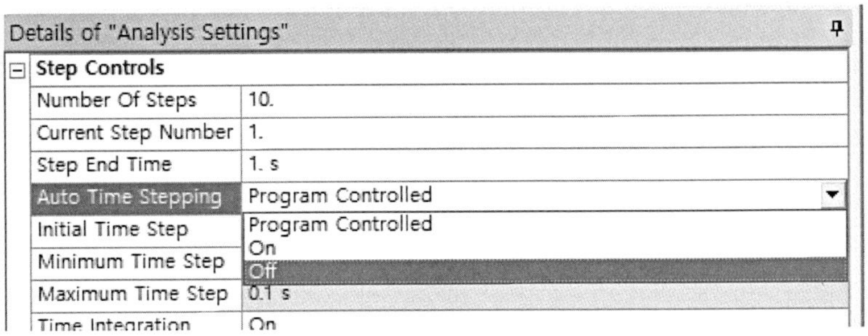

③ Transient Thermal > Analysis Settings > Step Controls > Define By > Substeps로 변경

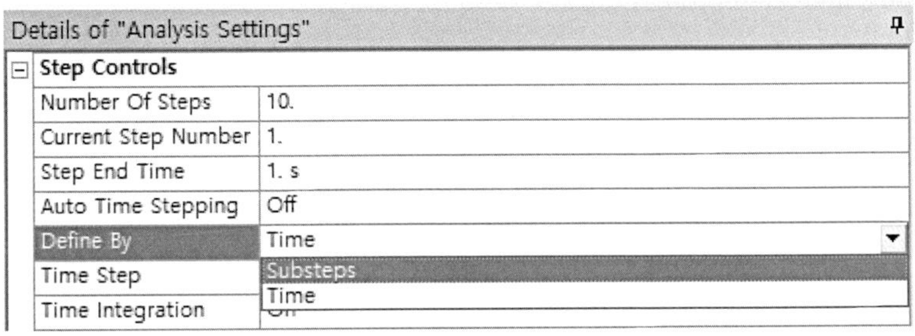

④ Transient Thermal > Analysis Settings > Step Controls > Number Of Substeps > 10으로 변경

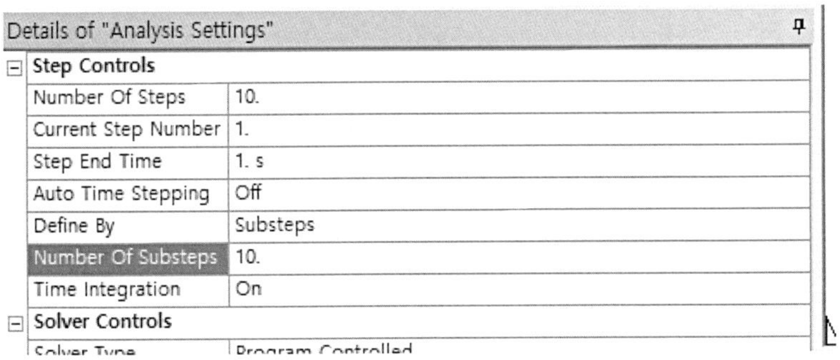

⑤ Transient Thermal > Analysis Settings > > Tabular > Steps > 2로 변경

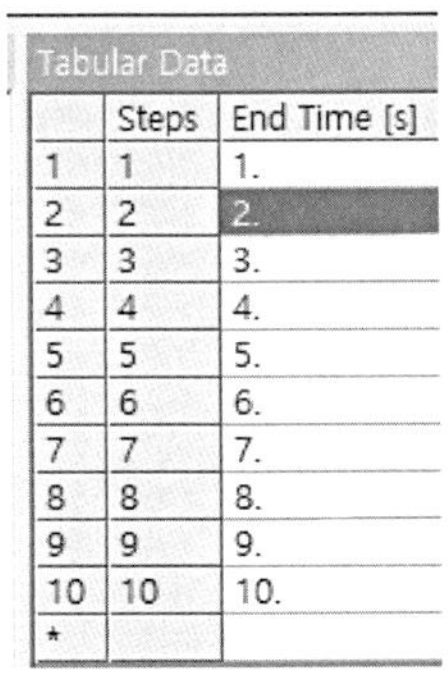

⑥ Transient Thermal > Analysis Settings > Step Controls > Auto Time Stepping > Off로 변경

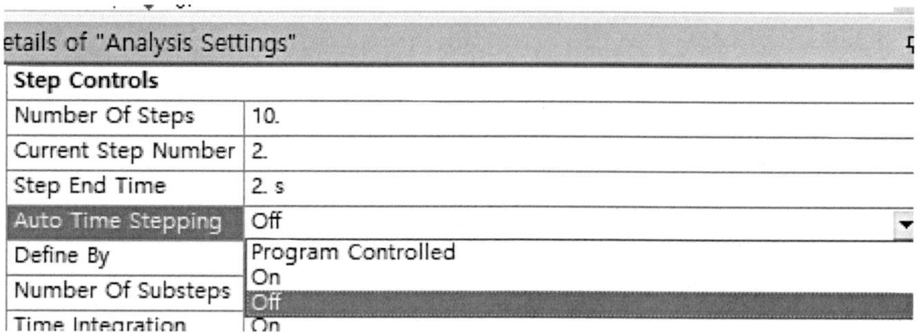

⑦ Transient Thermal > Analysis Settings > Step Controls > Define By > Substeps로 변경

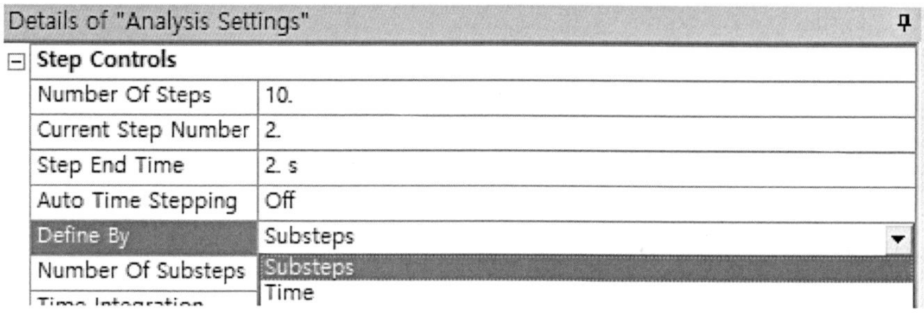

⑧ Transient Thermal > Analysis Settings > Step Controls > Number Of Substeps > 10으로 변경

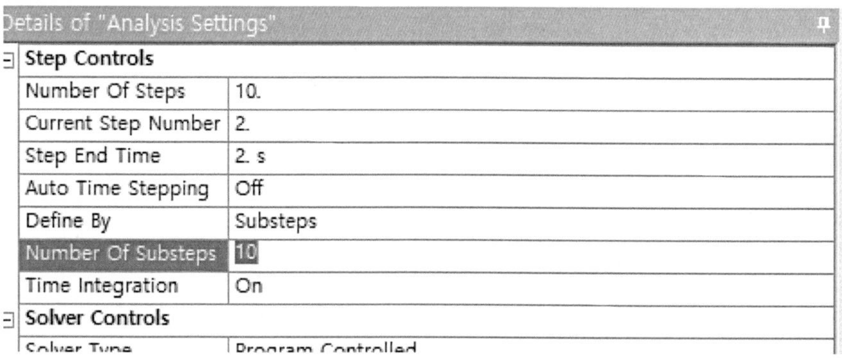

⑨ 의와 같은 방법으로 Steps 3~10을 모두 변경하시오.

(9) 초기 조건 정의 : 설정할 내용 없음.

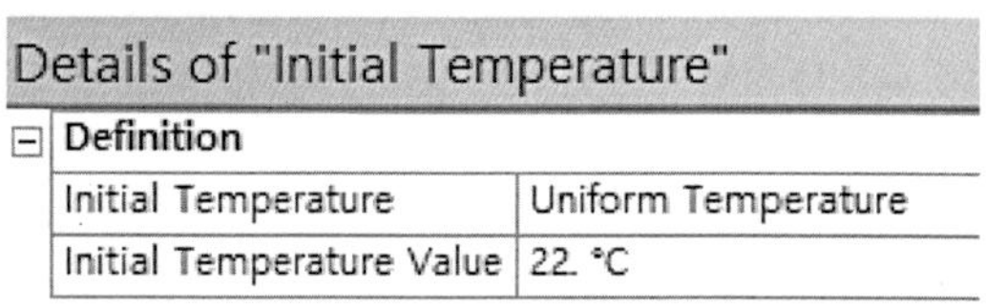

(10) 구속조건 정의

각 파트에 열흐름 온도조건을 부여합니다.
Transient Thermal에서 RBM >I nsert > Heat Flow를 추가합니다.

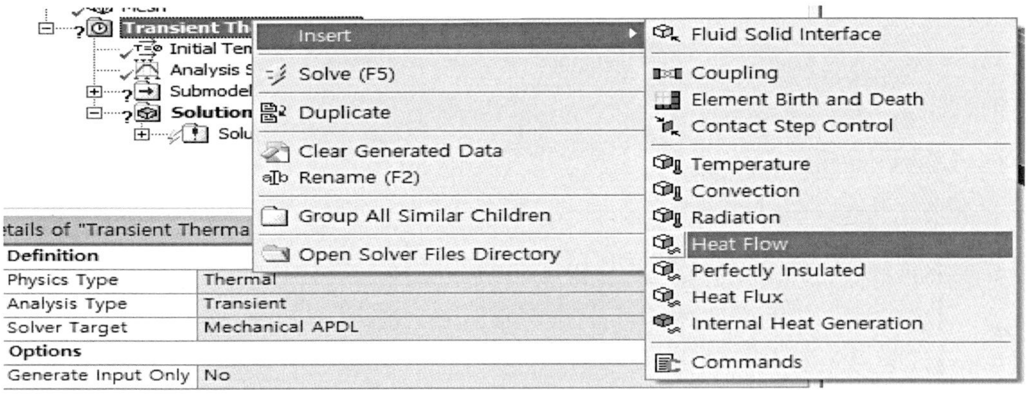

① 첫 번째 파트에 1s후 열흐름을 온도조건을 부여합니다.
Transient Thermal에서 RBM > Insert> Heat Flow > Definition > Megnitude RBM > Tabular을 선택 > Tabular Data에 1s에 200[W]을 부여합니다.

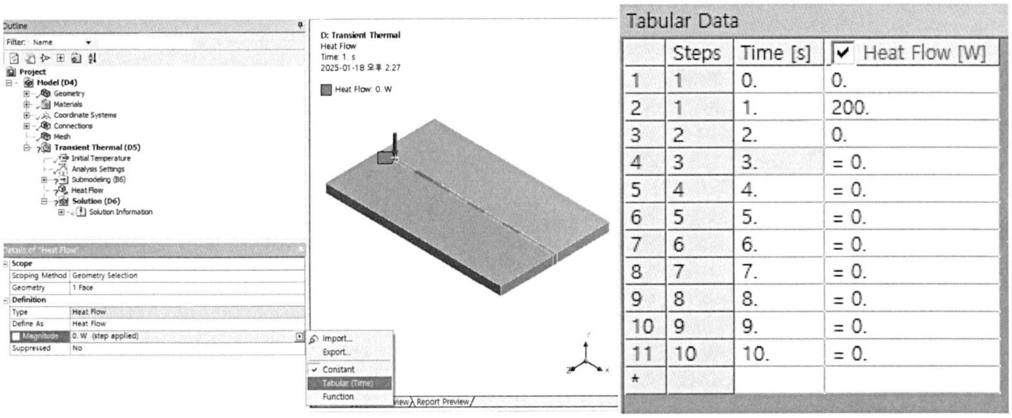

	Steps	Time [s]	Heat Flow [W]
1	1	0.	0.
2	1	1.	200.
3	2	2.	0.
4	3	3.	= 0.
5	4	4.	= 0.
6	5	5.	= 0.
7	6	6.	= 0.
8	7	7.	= 0.
9	8	8.	= 0.
10	9	9.	= 0.
11	10	10.	= 0.
*			

② Heat Flow 추가 후 두 번째 파트에 2s후 열흐름을 온도조건을 부여합니다.
Transient Thermal에서 RBM > Insert> Heat Flow > Definition > Megnitude RBM > Tabular을 선택 > Tabular Data에 2s에 200[W]을 부여합니다.

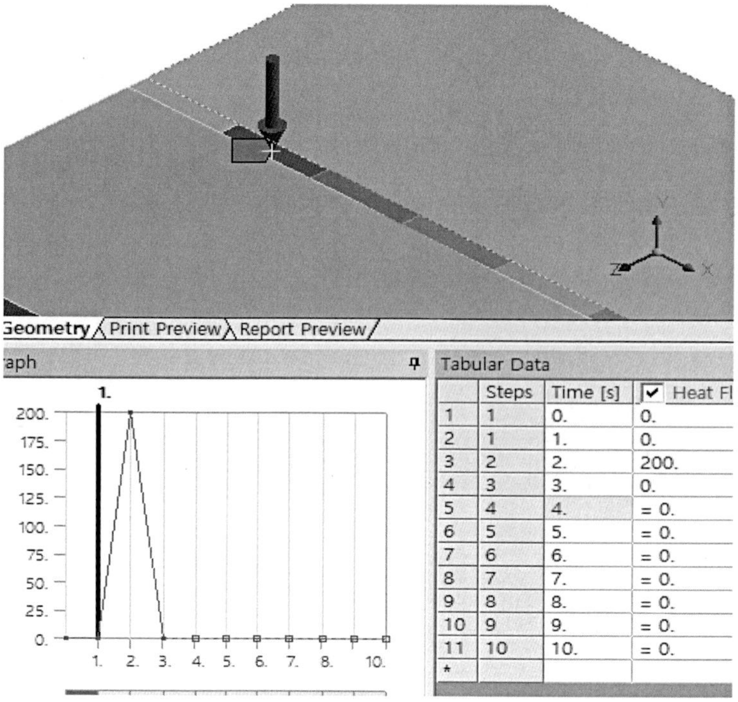

③ Heat Flow 추가 후 세 번째 파트에 3s후 열흐름을 온도조건을 부여합니다. Transient Thermal에서 RBM > Insert> Heat Flow > Definition > Megnitude RBM > Tabular을 선택 > Tabular Data에 3s에 200[W]을 부여합니다.

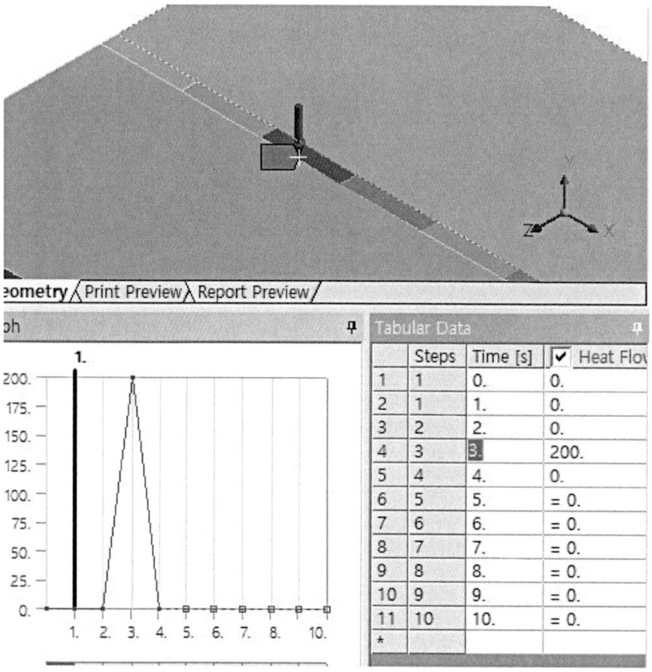

④ Heat Flow 추가 후 네 번째 파트에 4s후 열흐름을 온도조건을 부여합니다. Transient Thermal에서 RBM > Insert> Heat Flow > Definition > Megnitude RBM > Tabular을 선택 > Tabular Data에 4s에 200[W]을 부여합니다.

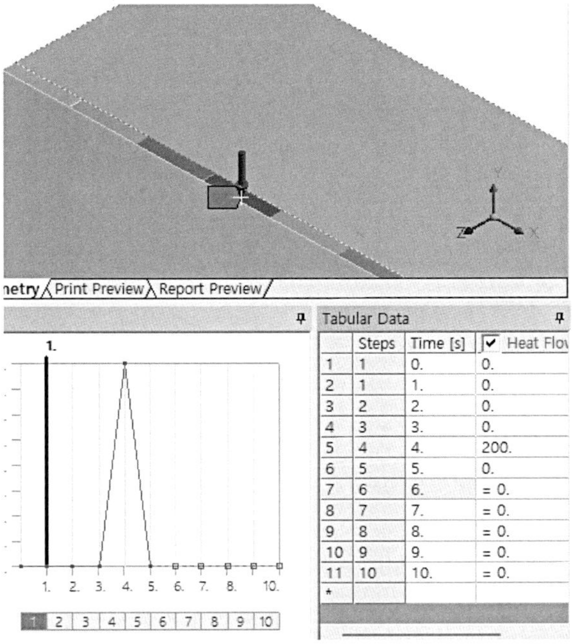

⑤ Heat Flow 추가 후 다섯 번째 파트에 5s후 열흐름을 온도조건을 부여합니다. Transient Thermal에서 RBM > Insert> Heat Flow > Definition > Megnitude RBM > Tabular을 선택 > Tabular Data에 5s에 200[W]을 부여합니다.

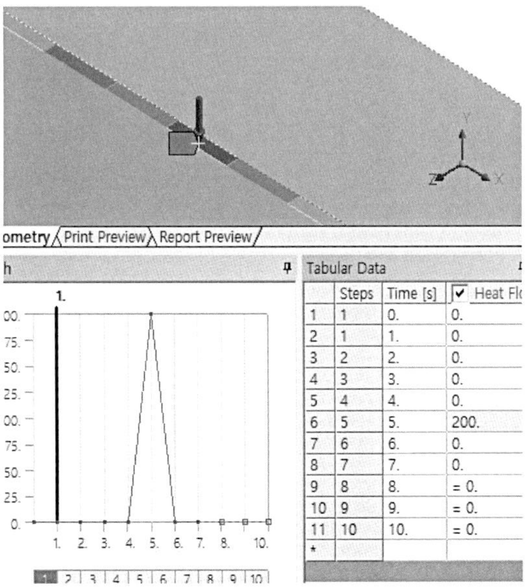

⑥ Heat Flow 추가 후 여섯 번째 파트에 6s후 열흐름을 온도조건을 부여합니다.
Transient Thermal에서 RBM > Insert> Heat Flow > Definition > Megnitude RBM > Tabular을 선택 > Tabular Data에 6s에 200[W]을 부여합니다.

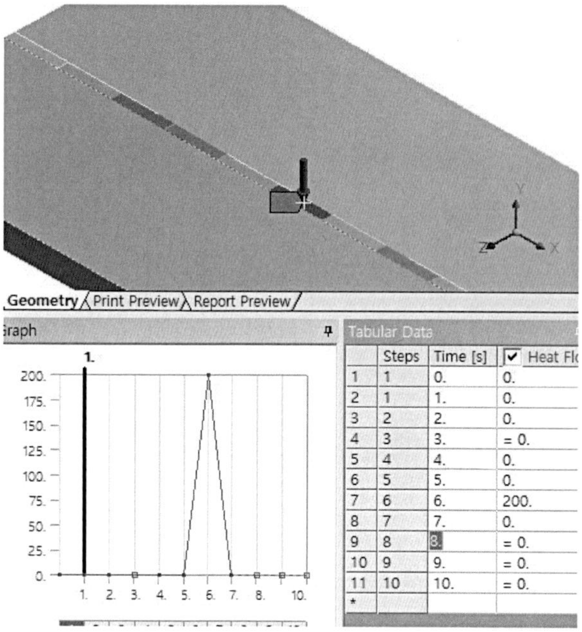

⑦ Heat Flow 추가 후 일곱 번째 파트에 7s후 열흐름을 온도조건을 부여합니다.
Transient Thermal에서 RBM > Insert> Heat Flow > Definition > Megnitude RBM > Tabular을 선택 > Tabular Data에 7s에 200[W]을 부여합니다.

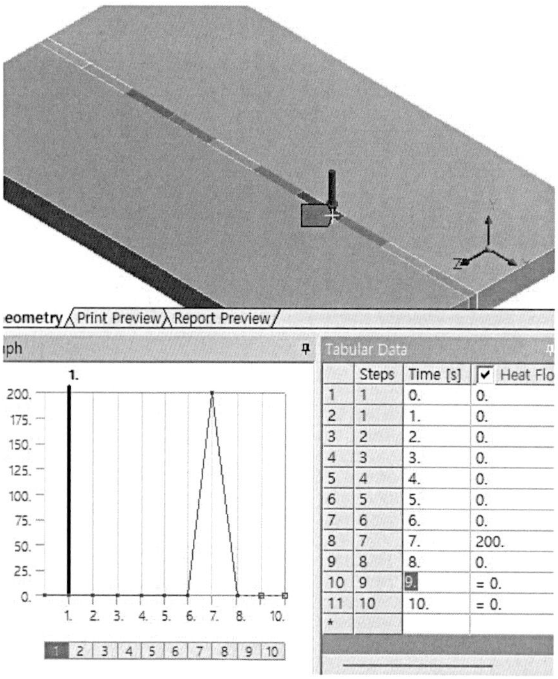

⑧ Heat Flow 추가 후 여덟 번째 파트에 8s후 열흐름을 온도조건을 부여합니다.
Transient Thermal에서 RBM > Insert> Heat Flow > Definition > Megnitude RBM > Tabular을 선택 > Tabular Data에 8s에 200[W]을 부여합니다.

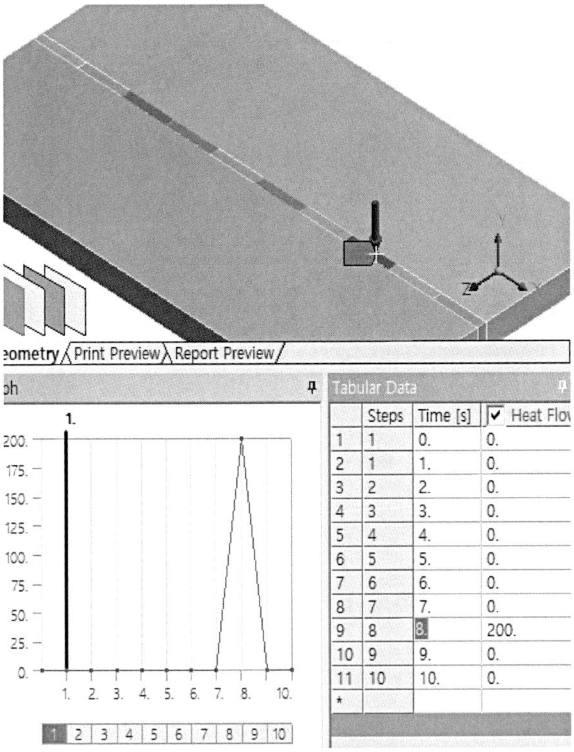

⑨ Heat Flow 추가 후 아곱 번째 파트에 9s후 열흐름을 온도조건을 부여합니다.
Transient Thermal에서 RBM > Insert> Heat Flow > Definition > Megnitude RBM > Tabular을 선택 > Tabular Data에 9s에 200[W]을 부여합니다.

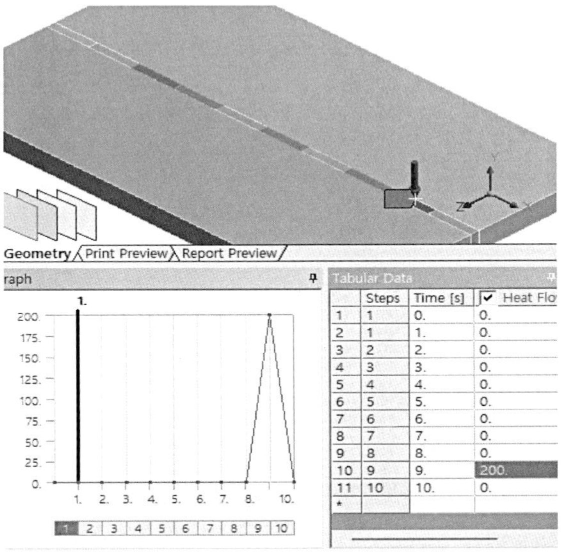

⑩ Heat Flow 추가 후 열 번째 파트에 10s후 열흐름을 온도조건을 부여합니다.
Transient Thermal에서 RBM > Insert> Heat Flow > Definition > Megnitude RBM > Tabular을 선택 > Tabular Data에 10s에 200[W]을 부여합니다.

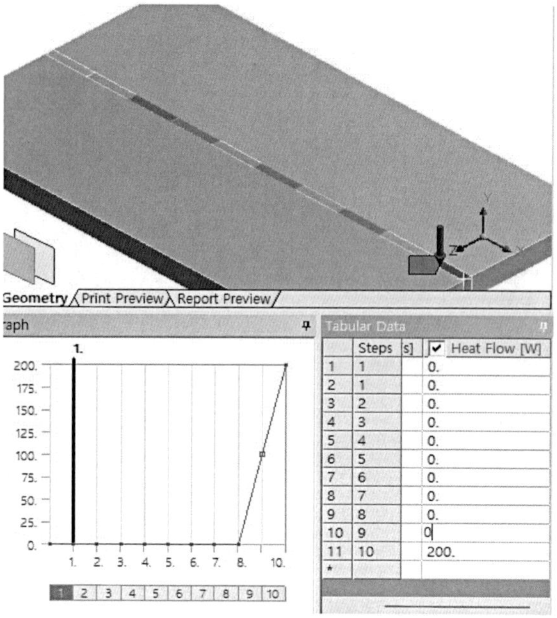

(7) 구속조건 정의

ⓐ Convection

① 상부 툴바에서 Convection을 클릭한다.

② 외부 표면에 조건을 설정하기 위해 Selection filter에서 면을 선택한다.

③ 모델 외부를 선택한다.

④ Details of "Convection"에서 Film coefficient를 클릭하고 Import Temperature Dependent를 선택한다.

⑤ Stagnant Air-Simplified Case를 선택하고 OK를 클릭한다.

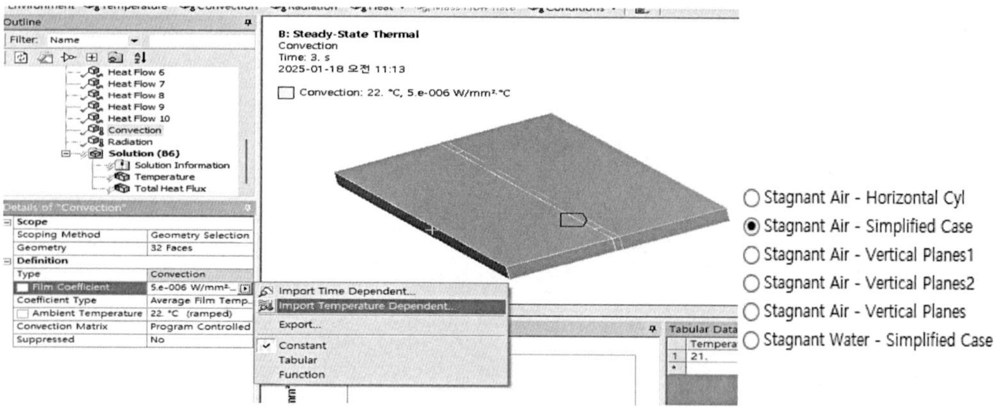

⑥ Details of "Convection"에서 Ambient Temperature를 22로 입력한다.

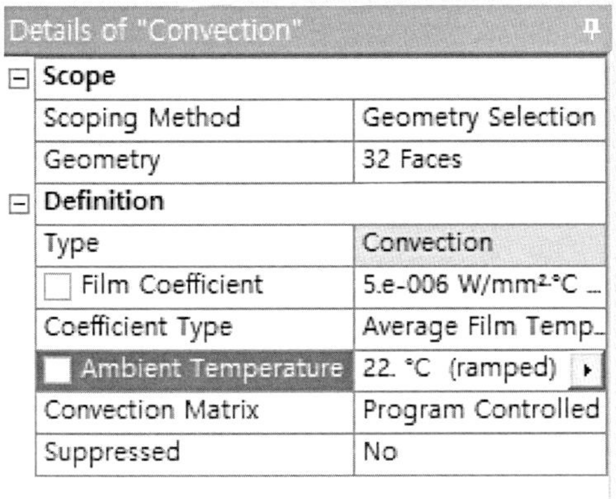

⑦ Radiation

-1. 상부 툴바에서 Radiation 을 클릭한다.

-2. 외부 표면에 조건을 설정하기 위해 Selection filter에서 면을 선택한다.

-3. 모델 외부를 선택한다.

-4. Emissivity 0.6으로 변경

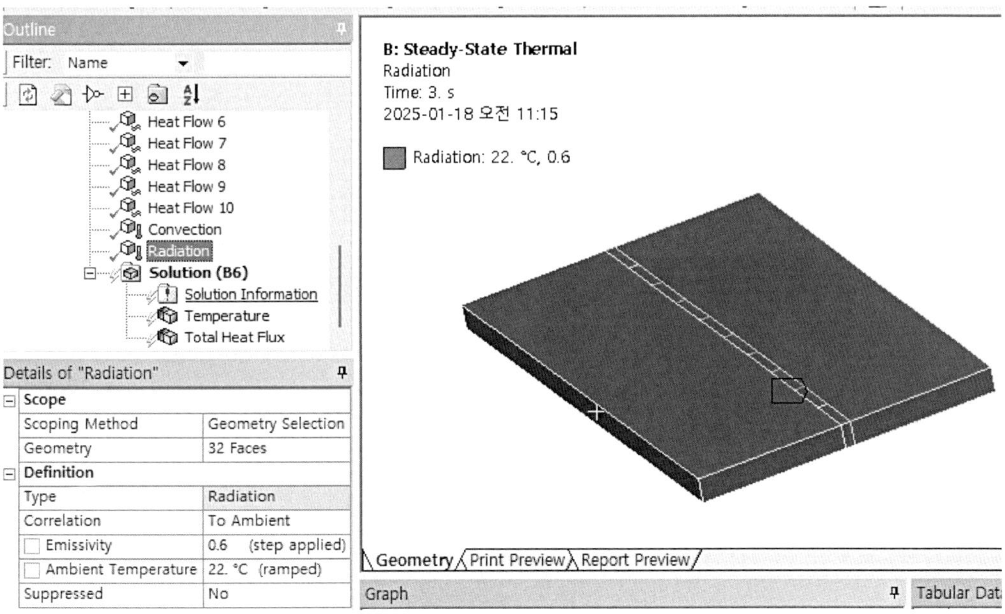

(11) 결과 항목으로 Temperature, Total Heat Flux를 추가합니다.

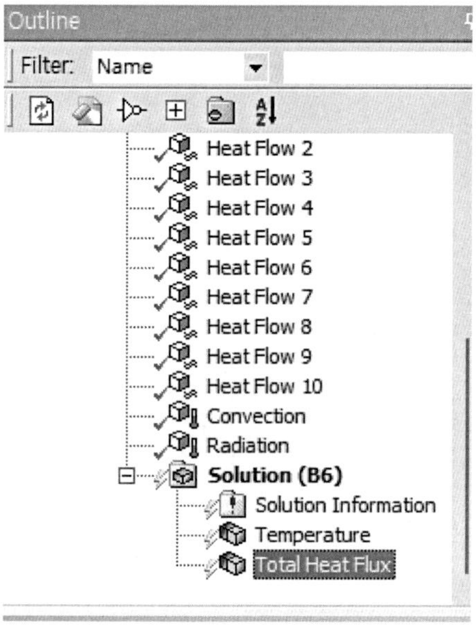

(12) 해석 수행

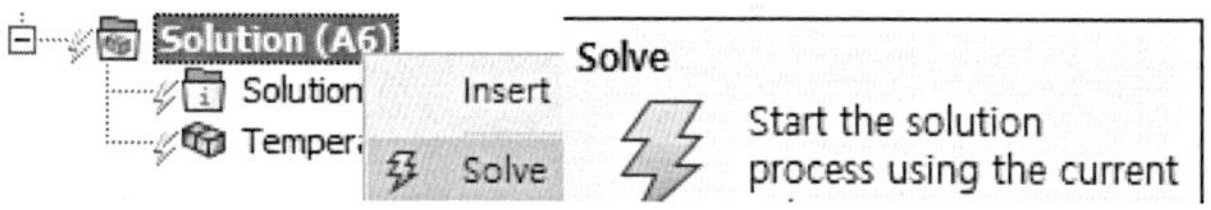


```
-----------------------------------------------------------------
Total CPU time for main thread              :      13.4 seconds
Total CPU time summed for all threads       :      14.1 seconds
-----------------------------------------------------------------
```

(13) 해석결과 확인한다.

온도분포와 열속 분포를 확인합니다. Heat Sink의 온도는 286.86℃에서 약 22.037℃로 분포(격자밀도에 따라 약간의 차이가 발생 가능)하며 최대 Heat Flux값은 약 11.835W/mm^2입니다.

① Temperature 결과

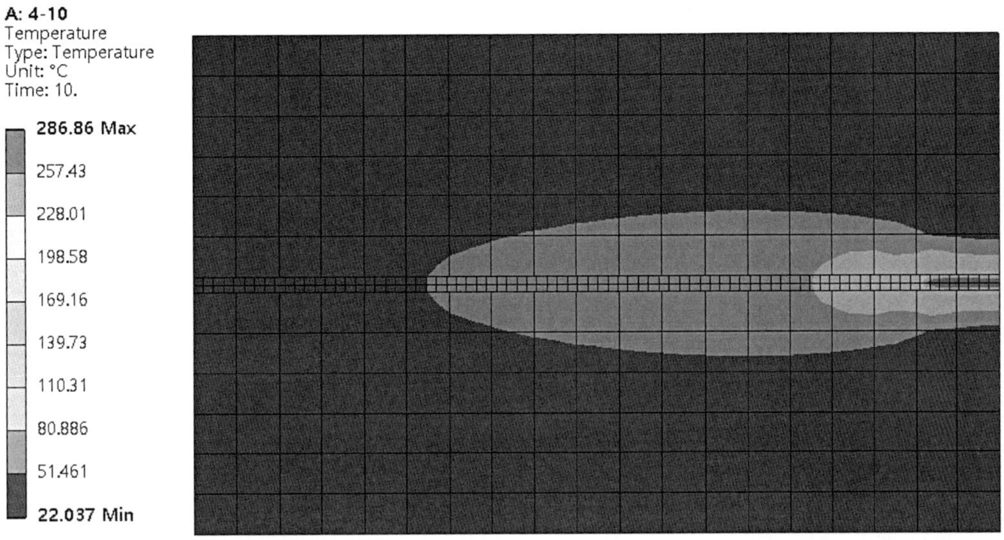

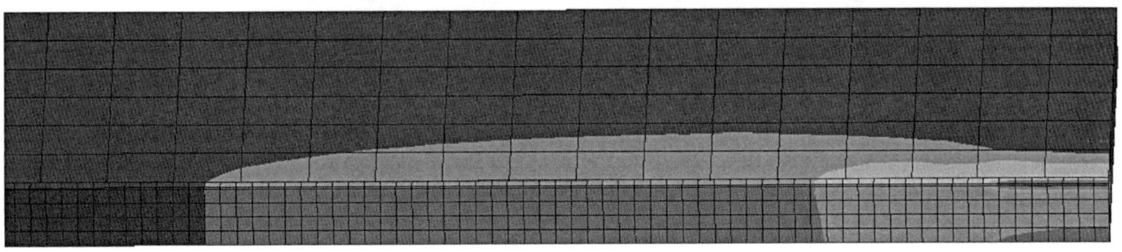

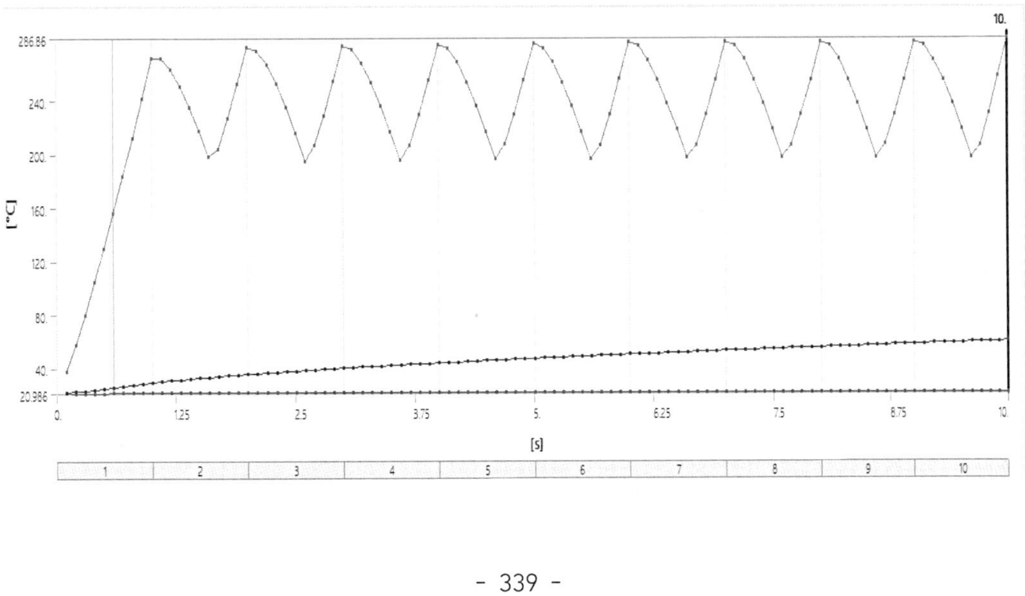

② Total Heat Flux 결과

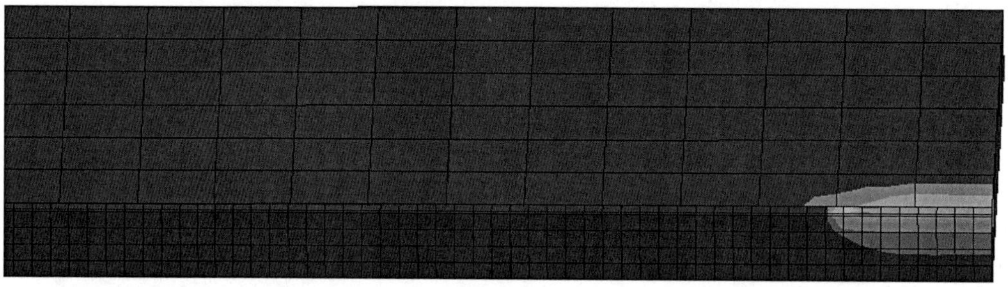

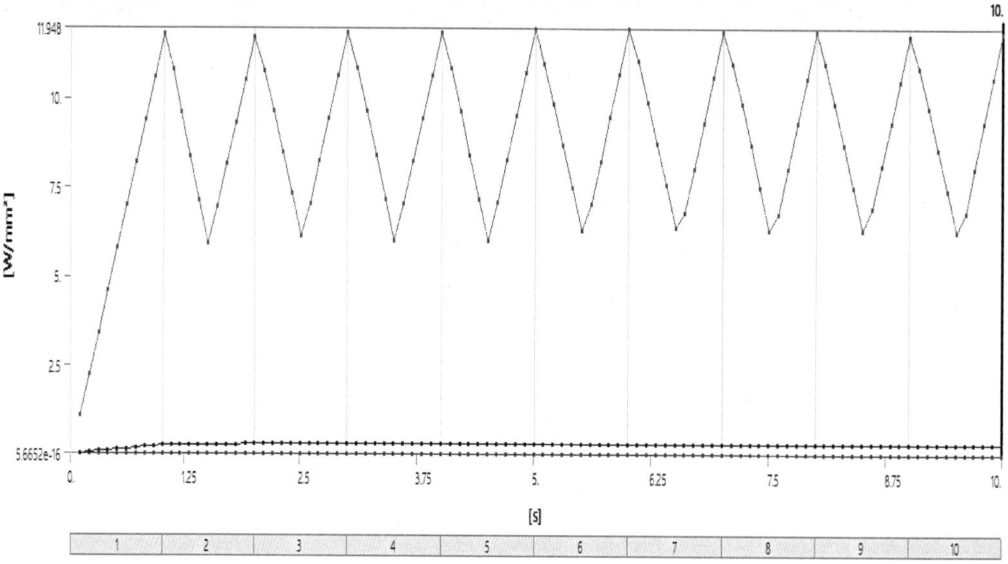

Part 2. : Static Structural Analysis

(1) 정적구조해석을 수행한다.

① Transient Thermal에서는 Stress를 계산할 수 없다. 열응력 해석을 하기 위해서는 정적구조해석을 수행해야 한다.

열응력 해석을 위하여 열전도 해석결과로 얻은 데이터를 응력 해석에 연속해서 수행한다.

② 열전도 해석 결과에 얻은 데이터를 정적구조해석으로 가져온다.

③ Toolbox에서 Static Structural을 Project Schematic에 Drag하여 놓는다

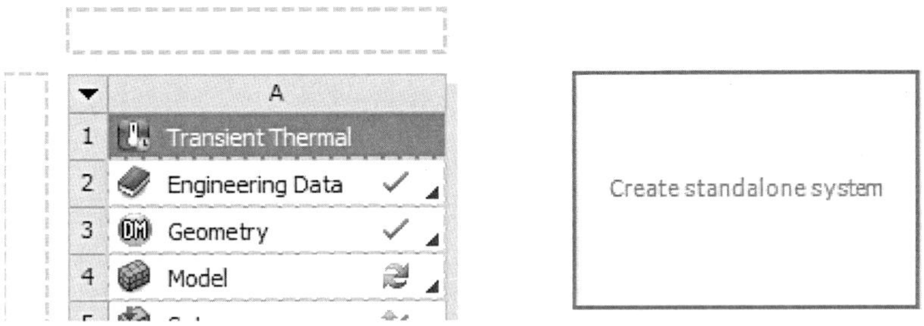

(2) Static Structural에서 Model을 더블클릭하여 Static Structural을 불러온다.

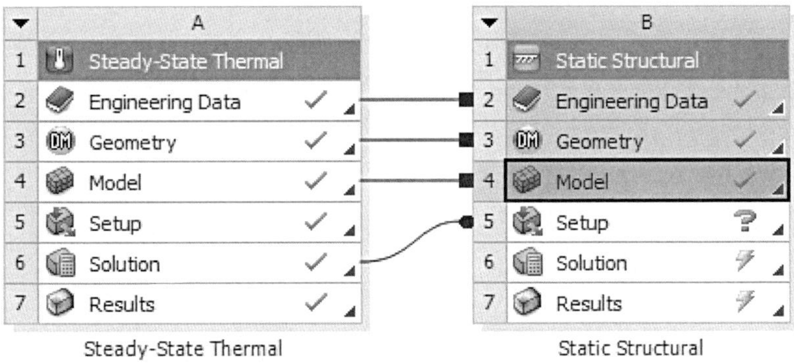

① 모델의 재질을 확인하고 메시는 기본설정으로 한다.

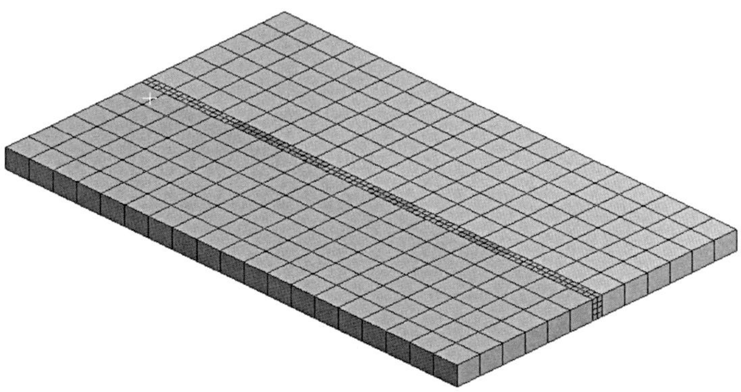

(3) 온도데이터를 불러온다.

① Static Structural에서 Imported Load를 클릭한다.

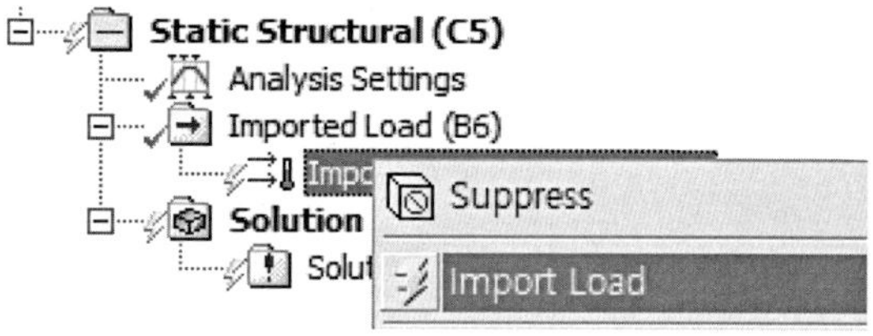

② Import Load를 해서 온도데이터를 불러온 결과.

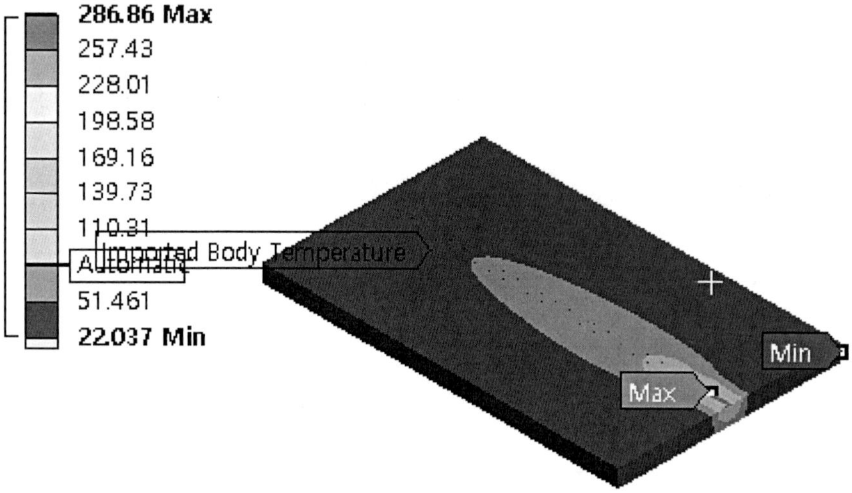

(4) 경계조건을 설정한다.

① Fixed support를 추가한다.

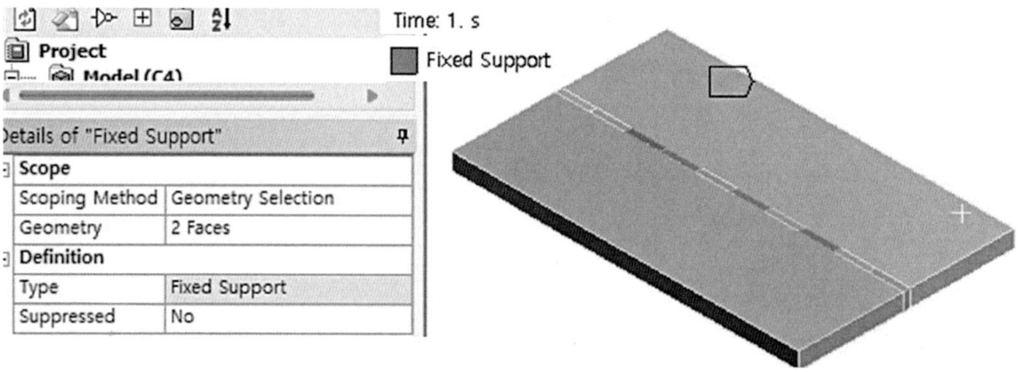

(5) 확인하고자 하는 결과 값을 Solution에 추가한다.

① Total deformation

② Equivalent Stress

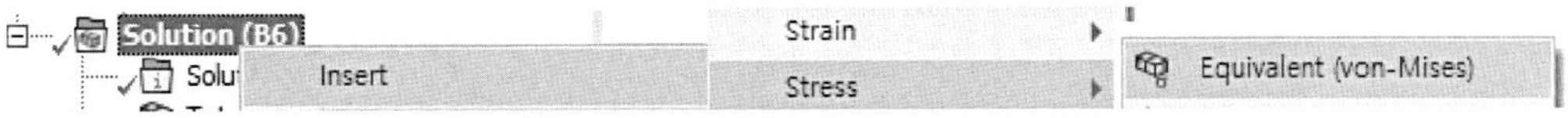

(6) 해석을 수행한다.

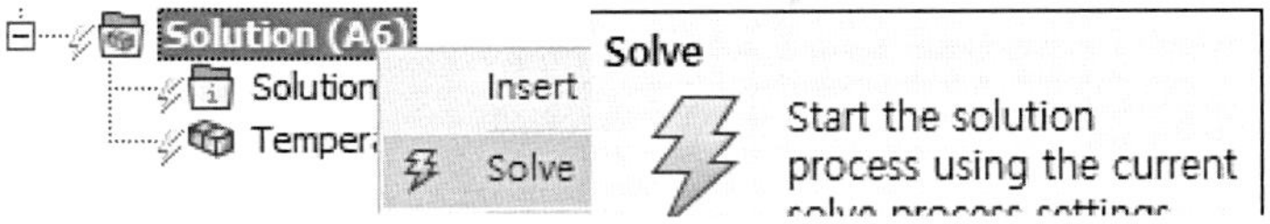

Total CPU time for main thread	:	0.6 seconds
Total CPU time summed for all threads	:	4.9 seconds

----

(7) 해석결과 확인한다.

① Total deformation

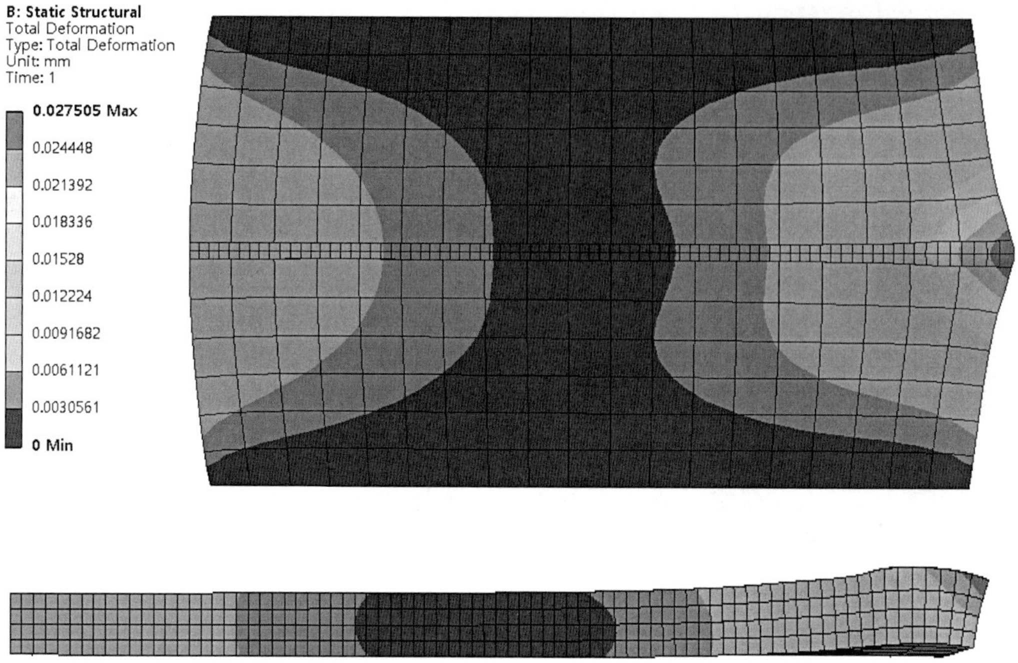

② Equivalent Stress

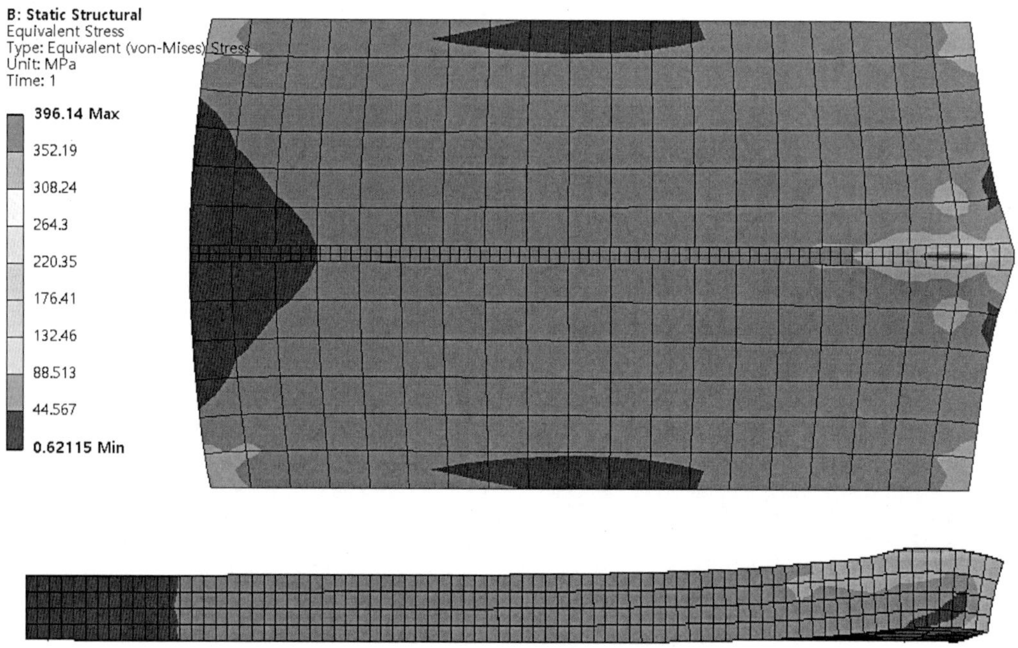